医疗器械生产质量管理规范检查指南

第二册

国家药品监督管理局医疗器械监督管理司
国家药品监督管理局食品药品审核查验中心　组织编写

中国健康传媒集团
中国医药科技出版社

图书在版编目（CIP）数据

医疗器械生产质量管理规范检查指南．第二册 / 国家药品监督管理局医疗器械监督管理司，国家药品监督管理局食品药品审核查验中心组织编写．-- 北京：中国医药科技出版社，2019.1
ISBN 978-7-5067-9889-1

Ⅰ.①医… Ⅱ.①国… ②国… Ⅲ.①医疗器械－产品质量－质量管理－规范－中国－指南 Ⅳ.①TH77-65

中国版本图书馆CIP数据核字（2018）第011198号

美术编辑 陈君杞

版式设计 大漢方圓

出版 中国健康传媒集团 | 中国医药科技出版社
地址 北京市海淀区文慧园北路甲22号
邮编 100082
电话 发行：010-62227427 邮购：010-62236938
网址 www. cmstp. com
规格 787×1092mm 1/16
印张 26 3/4
字数 482千字
版次 2019年1月第1版
印次 2022年11月第3次印刷
印刷 三河市万龙印装有限公司
经销 全国各地新华书店
书号 ISBN 978-7-5067-9889-1
定价 198.00元

《医疗器械生产质量管理规范检查指南》
第二册

编　委　会

编写单位： 国家药品监督管理局医疗器械监督管理司

国家药品监督管理局食品药品审核查验中心

主　　编 孙　磊

执行主编 石　磊

编　　者（按姓氏笔画为序）

王　昕　王玉梅　王延伟　王奇志　王爱君

卢　红　付步芳　冯晓明　乔岩梅　刘　欣

刘　歆　李一捷　李惠平　李新天　吴汉超

宋　铎　张世庆　陈　刚　陈海燕　杭　红

赵广宇　施小立　郭　准　黄　杰　蒋　波

潘　寰　燕　娟

编者的话

医疗器械是关系到人民生命健康安全的特殊产品，医疗器械的安全性、有效性直接关系到公众的健康和安全。近年来，随着医疗器械产业的快速发展，医疗器械新产品层出不穷，产品结构和医疗器械生产的组织模式也在发生巨大改变，医疗器械生产监管工作面临新的压力和挑战，对监管队伍能力和监管人员业务水平提出了更高的要求。

为贯彻《医疗器械监督管理条例》（国务院令第650号），更好地实施《医疗器械生产质量管理规范》，提高我国医疗器械质量管理体系检查工作整体水平，加强医疗器械监管队伍能力建设，国家药品监督管理局医疗器械监督管理司和食品药品审核查验中心组织专家，在总结近年来我国医疗器械质量管理体系检查工作基础上，编撰了《医疗器械生产质量管理规范检查指南》两册。

本书从技术层面结合我国多年来医疗器械监管实践，借鉴国外的先进经验，针对监管工作的实际需要，详细阐述了医疗器械生产质量管理规范的具体要求、检查要点、检查方法和检查技巧，以及常见问题和案例分析，对检查员实施现场检查具有很好的指导和借鉴作用。希望《医疗器械生产质量管理规范检查指南》的出版有助于医疗器械检查员、医疗器械监督管理人员、医疗器械生产企业人员更好地把握监管要求，使我国医疗器械监督管理工作迈上新的水平。

国家药品监督管理局医疗器械监督管理司

国家药品监督管理局食品药品审核查验中心

前　言

医疗器械质量体系管理，是实现对医疗器械生产全过程控制，降低产品风险，保障医疗器械安全有效的重要手段，也是世界各国普遍采用的管理方式和国际上评价医疗器械质量的一项基本内容，医疗器械产品质量在很大程度上取决于其生产企业质量体系完善水平，随着我国医疗器械产业迅猛发展，对医疗器械生产企业监管，特别是对生产企业质量管理体系提出了更高要求，实施《医疗器械生产质量管理规范》，确保医疗器械生产全过程的监管，对提高医疗器械产品质量至关重要，同时也是保障公众用械安全、改进监管方式、提高监管效率的重要举措。《医疗器械监督管理条例》（国务院令第650号）明确提出，生产企业应当按照医疗器械生产质量管理规范要求，建立健全与所生产医疗器械相适应的质量管理体系并保持其有效运行。按照《医疗器械监督管理条例》，原国家食品药品监督管理总局对《医疗器械生产质量管理规范》进行了修订，于2014年12月29日公告发布。

《医疗器械生产质量管理规范》是对所有医疗器械生产企业质量管理体系的通用要求，考虑到不同品种的医疗器械风险差异大、生产工艺各不相同的特点，原国家食品药品监督管理总局又针对不同类别医疗器械生产的特殊要求，制定了细化的具体规定，并以附录的形式加以明确，包括《医疗器械生产质量管理规范　附录　无菌医疗器械》《医疗器械生产质量管理规范　附录　植入性医疗器械》，以及《医疗器械生产质量管理规范　附录　体外诊断试剂》等，同时还制定了相应的现场检查指导原则。

为切实做好《医疗器械生产质量管理规范》的实施工作，理解和把握相关要求，国家药品监督管理局医疗器械监督管理司和审核查验中心组织专家编写了《医疗器械生产质量管理规范检查指南》第一册和第二册，为医疗器械生产质量管理规范的实施提供全面、深入、实用的科学参考。

《医疗器械生产质量管理规范检查指南》（第二册），是为指导和帮助医疗器械监管人员以及医疗器械生产企业，更好地理解和把握医疗器械生产质量管理规范附录的相关要求，在《医疗器械生产质量管理规范检查指南》（第一册）基础上，结合无菌医疗器械、植入性医疗器械、体外诊断试剂产品的特点和特殊要求，进行了详细分析和论述，特别是针对这三类产品，还编写了无菌医疗器械、植入性医疗器械、体外诊断试剂产品的基础知识、工艺特点、风险及控制要点等有关内容，以利于读者对这类产品加深了解，更好地把握现场检查要求。针对附录第二部分特殊要求，涵盖了条款检查指南、常见问题和案例分析以及该部分的思考题。针对每一条款具体内容，涉及条款设置目的、对条款内容的详细说明、现场检查关注重点及相应检查方法和技巧等，注意事项是对本条款需要关注内容的重点说明。

《医疗器械生产质量管理规范检查指南》(第二册)编写过程中，国家药品监督管理局医疗器械监督管理司、国家药品监督管理局食品药品审核查验中心、中国食品药品检定研究院、国家药品监督管理局医疗器械技术审评中心、北京市食品药品监督管理局、江苏省食品药品监督管理局、湖南省食品药品监督管理局、广东省食品药品监督管理局、深圳市食品药品监督管理局、重庆市食品药品监督管理局、天津市医疗器械监督检验中心、济南医疗器械监督检验中心、上海市食品药品监督管理局认证审评中心、浙江省药品认证检查中心、上海科华生物工程有限公司、乐普(北京)医疗器械有限公司、深圳市迈瑞生物医疗电子股份有限公司、先健科技(深圳)有限公司等单位领导和专家对本书的编写提出了宝贵的建议，并分别承担了本书相关章节的编写工作。其中第一篇无菌医疗器械由王延伟、冯晓明、付步芳、卢红、张世庆、李新天、王奇志、赵广宇、刘欣、潘寰、刘歆、陈刚、乔岩梅撰写；第二篇植入性医疗器械由宋铎、付步芳、冯晓明、李新天、卢红、张世庆、王奇志、赵广宇、刘欣、蒋波、陈刚、乔岩梅、李惠平、施小立撰写；第三篇体外诊断试剂由黄杰、刘歆、王玉梅、杭红、郭准撰写。

《医疗器械生产质量管理规范检查指南》(第二册)的编写得到了国家药品监督管理局相关司局以及部分省局的大力支持，在此，谨对关心和支持本书编写的各级领导和专家表示衷心的感谢！

《医疗器械生产质量管理规范检查指南》涉及内容广泛，虽经努力，但仍有许多不足之处，恳请专家和广大读者不吝赐教。

编　者

2018 年 11 月

目　录

第一篇
无菌医疗器械

第一章

无菌医疗器械基础知识

第一节　无菌医疗器械概念

YY/T0287-2017/ISO13485:2016 中将无菌医疗器械定义为“预期满足无菌要求的医疗器械”。在医疗器械的日常监管工作中，凡是企业在产品上标称“无菌”（产品包装或标签或说明书上标有“灭菌”或“无菌”字样或图示）的医疗器械，均应视为无菌医疗器械。《医疗器械生产质量管理规范附录无菌医疗器械》所涉及监管的无菌医疗器械是指由生产企业生产并灭菌后或采用无菌加工技术进行生产以无菌状态供应、医疗单位不需再进行灭菌而直接使用的医疗器械。在医疗机构灭菌的无菌医疗器械不属于本附录的范畴，但灭菌前的生产过程管理宜参照本附录。无菌医疗器械基本上都是直接接触人体，有的甚至植入或侵入到人体组织、骨或循环血液中，其中的大部分都属于较高风险医疗器械。因此，不仅要求产品的化学性能、物理机械性能和生物相容性应符合相关产品标准或产品技术要求特别是强制性医疗器械国家标准、行业标准的要求，而且必须保证产品无菌，有的产品还要求无热原，微粒污染不超过污染指数，最终灭菌医疗器械的无菌保证水平要达到 1×10^{-6} 等。

第二节 无菌医疗器械范围

国家食品药品监督管理总局令第15号《医疗器械分类规则》根据产品结构特征的不同,分为无源医疗器械和有源医疗器械;根据是否接触人体分为接触人体器械和非接触人体器械。无菌医疗器械基本都是接触人体器械,即直接或间接接触患者或者能够进入患者体内的医疗器械。根据医疗器械的使用形式,无菌医疗器械主要涉及无源接触人体器械和有源接触人体器械。

1. 无源接触人体器械

(1) 液体输送器械 如一次性使用输液器(重力式)、一次性使用静脉输液针、一次性使用动静脉留置针、一次性使用去白细胞过滤器、一次性使用无菌注射器、一次性使用无菌注射针等;

(2) 改变血液体液器械 体外循环及血液处理器械,如一次性使用中空纤维血液透析器、一次性使用吸附性血液净化器、一次性使用中空纤维血浆分离器、一次性使用腹膜透析导管、一次性使用人工心肺机体外循环管道、一次性使用机用采血器、一次性使用动静脉穿刺针、一次性使用去白细胞输血器、一次性使用无菌注射器、一次性使用血液透析浓缩物等;

(3) 医用敷料 不/可吸收外科、创面、包扎敷料,如胶原蛋白海绵、透明质酸钠凝胶、可吸收医用膜、无菌敷贴等;

(4) 侵入器械 借助手术全部或者部分通过体表侵入人体,接触体内组织、血液循环系统、中枢神经系统等部位的医疗器械,包括介入手术中使用的器材、一次性使用无菌手术器械和暂时或短期留在人体内的器械等。如中心静脉导管、冠状动脉球囊扩张导管、胸腔引流导管、脑室引流导管、脑脊液外引流导管、腰椎外引流导管、颅脑外引流导管、腹腔引流管、胸腔引流管、无菌引流管、无菌冲洗引流管、一次性吸引管、无菌食道胃吸引管、血管内导管、支架输送系统、气管切开导管、一次性使用无菌手术刀、一次性使用无菌备皮刀、一次性使用无菌手术钳、一次性使用无菌软组织剥离器等;

(5) 植入器械 借助手术全部或者部分进入人体内或腔道(口)中,或者用于替代人体上皮表面或眼表面,并且在手术过程结束后留在人体内30日(含)以上或者被人体吸收的医疗器械。如硅橡胶人工颅骨、注射用透明质酸钠凝胶、冠状动脉支架、面部整形植入物、硅橡胶皮下软组织植入体、软组织扩张器、人工乳房植入体、人工骨修复材料、同种异体骨修复材料、动物源性骨修复材料(牛骨)等;

(6) 避孕和计划生育器械 一次性使用无菌宫内节育器放置器、一次性使用无菌流产吸引管；

(7) 其他无源接触人体器械　一次性使用无菌导尿管、一次性使用无菌阴道洗涤器、一次性使用无菌阴道给药器、一次性使用无菌阴道扩张器、无菌灌肠器、无菌医用检查手套、一次性使用无菌手术服、无菌手术单（巾）、一次性使用呼吸气体过滤器等。

2. 有源接触人体器械

植入器械，如植入式心脏起搏器、植入式心脏除颤电极导线、植入式药物灌注泵、人工耳蜗植入体等。

因此，在无菌医疗器械中植入性无菌医疗器械和一次性使用无菌医疗器械占了绝大部分。植入性的无菌医疗器械，在本培训教材的第二章节中介绍，本章主要涉及使用量大、面广的一次性使用无菌医疗器械，如一次性使用输液（血）和注射器具、卫生敷料、各种医用导管等。

尽管越来越多的无菌医疗器械都在向一次性使用方向发展，然而受制造成本、环境保护、资源分配等因素的影响，仍有相当一部分医疗器械是重复性使用的。这类产品有像刀、剪钳、镊这类简单器械，又有像体内成像这类复杂器械。这些器械在使用后需要对其进行包括灭菌在内的一系列处理过程，使其达到并保持良好的使用状态。这类器械的种类繁多，结构、材料和性能也各有不同。如果企业不能正确和完整地提供再处理信息，很有可能会导致医院在处理过程中因处置不当，使得产品的性能、寿命受到影响，丧失其功能，轻者会导致产品报废，重者会引发医疗事故。因此，制造商为其提供足够详细的再处置信息是十分必要的。重复使用的无菌医疗器械在医疗机构进行再灭菌的过程不属于《医疗器械生产质量管理规范附录无菌医疗器械》管理的范畴。

第三节　无菌医疗器械及工艺特点

由于一次性使用无菌医疗器械面大量广，占了无菌医疗器械的绝大部分并且其主要制造材料和工艺有共性的特点，所以本部分内容简要介绍一次性使用无菌医疗器械及工艺特点。一次性使用无菌医疗器械是指仅供一次性使用、用后销毁的无菌医疗器械。随着医疗器械水平的不断发展，一次性使用医疗器械的种类也由早期的几个品种发展到现在上百个品种，由过去的简单产品发展到现在复杂产品。一次性使用无菌医疗器械是一类使用要求高、生产制造工艺控制管理十分严格的医疗器械，其价值的集中表现就在产品的质量上，无菌医疗器械绝大多数的品种均属于关键性医疗用品，它们直接应用于人体，进入血液和无菌部位，参与临床医疗，如稍有疏忽将会危及病人的生命安全。为此，国家在发布《医疗器械生产质量管理规范》的同时，发布了《医疗器械生产质量管理规范附录无菌医疗器械》，对生产环境、生产过程控制、人员素质、质量管理及灭菌等都做出了具体而严格的规定，以保证产品质量，防止生产过程对产品的污染。

根据产品的用途不同，可将一次性使用无菌医疗器械主要分为：

——液体输送器械和改变血液体液器械

——医用敷料

——侵入器械

——其他

1. 液体输送器械和改变血液体液器械

这类器械主要是用于将容器内的液体通过插入静脉的针头或导管输入患者血管的器械及用于静脉、皮下、肌内注射的输液（血）注射器具。根据产品的用途不同，这类医疗器械可以包括针头、导管、管路、流量调节器、滴斗、过滤器等，此类产品使用量大面广，大多数采用医用聚氯乙烯（PVC）、医用聚丙烯（PP）、医用聚乙烯（PE）等医用高分子材料，通过注塑、挤出等塑料加工工艺制成。主要产品有一次性使用输液器、一次性使用输血器、一次性使用静脉输液针、一次性使用无菌注射器、一次性使用无菌注射针、一次性使用滴定管式输液器、一次性使用输注泵、一次性使用微量采血吸管、一次性使用去白细胞滤器、一次性使用塑料血袋等。

2. 医用敷料

医用敷料是临床使用量很大的一类产品，主要有可吸收外科敷料、不可吸收外科敷料、创面敷料等，它主要由医用脱脂棉、医用脱脂纱布、医用脱脂棉粘胶混纺纱布和医用非织造布制成。其优点是原料易得、质地柔软、成本低，有较强的吸收能力，且加工容易。

但是常因渗出物污染引起伤口感染，并且揭除时常因粘连而使损伤刚生成的创伤肉芽组织形成大的瘢痕等缺陷。为此，克服传统敷料缺陷的各种新型敷料应运而生。主要有薄膜类、水凝胶类、藻酸盐类、水胶体类等。属生物敷料类的有膜型胶原生物敷料、海绵型胶原生物敷料、复合型胶原生物敷料等。开发治疗临床上难愈合的伤口（如糖尿病性溃疡、下肢动静脉疾病性溃疡、褥疮、烧伤创面等）的新型敷料也是市场的发展方向。

3. 侵入器械

侵入器械主要是各种医用导管，根据不同的分类方法可将各种医用导管分类为：按用途分可分为血管内导管、体外循环血路及透析装置、穿刺用导管及各种插管、引流管；按接触时间分：短期、长期、永久使用导管。常用的医用导管如下。

(1) 血管内导管　血管内导管主要是用于血管内介入治疗。血管内介入是指使用1~2mm粗的穿刺针，通过穿刺人体表浅动静脉，进入人体血管系统，在血管造影机的引导下，将导管送到病灶所在的位置，通过导管注射造影剂，显示病灶血管情况，在血管内对病灶进行治疗的方法，包括埃及栓塞术、血管成型术等。常用的有中心静脉导管、造影导管、球囊扩张导管。

(2) 体外循环血路　体外循环血路是指在心血管手术中供体外循环作为血液通道及其他液体或气体通道的器件。主要是由无毒聚氯乙烯导管和（或）硅橡胶管制成。基本结构包括动脉灌注管、静脉引流管、泵管、连接管等部件。按使用者的不同分为成人型、儿童型。

(3) 透析装置、穿刺用导管及各种插管、引流管　麻醉穿刺导管、各种气管插管、呼吸管路及引流管的种类很多，如气管插管、气管切开插管、呼吸道用吸引导路、一次性使用无菌导尿管、一次性无菌脑积水分流器及其组件、腹膜透析用导管、胆管治疗用导管、经皮肤穿刺胆管引流导管等。气管插管所用材料有硅橡胶、聚氯乙烯（PVC）等；一次性使用无菌导尿管所用材料有天然乳胶、硅橡胶和聚氯乙烯（PVC）等。

4. 其他

除上述几类产品外，一次性使用无菌医疗器械还有很多，例如：一次性使用穿刺包、一次性无菌阴道扩张器、一次性使用引流袋、无菌医用手套等。

第四节　风险及控制

无菌医疗器械大多是直接与人体血液或组织接触,临床使用过程中的主要风险是微粒、微生物、助剂和灭菌剂残留等。微粒物质进入人体后可引起如下异常反应:①可直接造成血管内壁损伤或血管的闭塞引起局部缺血或水肿;②微粒侵入组织(肺、脑、肾等)在巨噬细菌的包围和增殖下引起肉芽肿;③红细胞集聚在异物上会形成血栓导致血管栓塞和静脉炎;④引起过敏反应和血小板减少症状。微生物的危害:如医疗器消毒不彻底,即有活菌存在(如化脓性球菌等),当这些医疗器械使用于人体,细菌即可进入血液或无菌组织中生长繁殖,造成继发性感染,引起局部脓肿或全身性感染。如菌血症和败血症等。使病人发生高热以及系列中毒症状,甚至危及病人生命。污染微生物的医疗器械,虽用各种灭菌方法均可杀死微生物,但它的尸体、碎片以及新陈代谢产物(毒素等)仍然存在(细菌内毒素为死后释放),且一般的灭菌方法如热力等化学、物理因素对毒素没有破坏作用。所以一旦使用此类医疗器械将会出现热原反应。潜在的风险还有产品溶出物、助剂和灭菌剂残留对人体的危害。所以,控制无菌医疗器械的风险,不仅应严格把控原材料的质量、生产工艺(如加工助剂的使用等)以及灭菌过程,而且应进行生产过程污染的严格控制,主要是对微生物、微粒的控制及化学污染物的控制。污染的控制首先要从控制污染源开始,如大气中的污染物;人身上的尘埃和人体表面的脱落物,及呼吸等排出的飞沫、微生物等;还有物料、空气净化系统等,这些都是洁净室(区)主要考虑控制的污染源。同时要控制微粒和微生物的传播、扩散,有效地降低洁净室(区)内污染物的浓度。还要合理安排工艺流程和工艺布局,以避免交叉污染。

1. 环境控制

对无菌医疗器械生产的各个环节,特别是生产环境必须严格要求和控制,才能防止生产环境对无菌医疗器械的污染,保证产品质量和使用者的安全。所以,在无菌医疗器械的生产中,需要避免污染又难以进行最终清洁处理的生产过程和加工工序必须在洁净室(区)内进行,并达到规定的洁净度级别要求。

在洁净生产区的入口处应设置气闸室或缓冲间,阻止室外或低级别洁净室的污染气流,控制压差,气闸室或缓冲间的室内必须有一定的送风和回风,以发挥洁净气流的转换作用,同时,要求有两个或两个以上出入门,并有防止同时被打开的措施。

2. 人员控制

人员进入洁净室(区)会把外部污染物带入洁净室(区)内,人是洁净环境中最大的污染源,如人的皮肤微屑、衣服织物的纤维与室外大气中同样性质的微粒。由此可见,要获得生产环境所需要的空气洁净度，进入无菌医疗器械生产洁净室（区）或无菌操作洁净室（区）的人员需要进行净化，以降低人对洁净环境和产品的污染。人员净化室应包括换鞋室、存外衣室、盥洗室、洁净工作服室、气闸室或缓冲间等。企业要规定人员净化的程序和管理制度，并监督管理，以确保规定得以执行，人员清洁程序要合理，人员净化用室的布置应顺着走向布局，避免往复和交叉。

3. 包装材料控制

YY/T0313《医用高分子 包装和制造商提供信息的要求》将与产品直接接触的包装称其为初包装，将单件产品、一套操作相关的组件或成套供应的系列产品的包装称为单包装，单包装是产品销售、使用的基本单元，无菌医疗器械的无菌包装的最大单元应是单包装。多数产品的初包装若无特殊说明，一旦被打开就要立即使用。初包装要求不借助于工具便能打开，并留下打开过的迹象。如果发现包装已经破损或已被打开过，即不能再次使用。对产品初包装材料的要求是能阻止细菌进入，同时又适合于器械所经受的灭菌过程。包装主要有全塑料袋包装和纸塑包装袋两种型式。全塑料袋包装主要优点是成本低，适合于低消费的病人群体，缺点是如果医疗器械是采用环氧乙烷气体灭菌，残留的环氧乙烷气体难以挥发。另外不容易在包装上打印必要的标识。纸塑包装袋一面采用透气不透菌的透析纸，另一面采用塑料，也有局部采用透析纸的。其优点是透析纸有助于环氧乙烷散失。进口产品多采用纸塑包装形式，其缺点在于需有专门的包装设备，因此成本较高。

医疗器械的具体特性、预期的灭菌方法、预期使用、失效日期、运输和贮存等都对包装系统的设计和材料的选择带来影响。

4. 设备控制

洁净室（区）内使用的设备除满足产品品种、生产规模及其生产工艺等要求，布局要合理，便于操作、维修和保养外，还要符合空气净化的要求，具有防尘、防污染措施，其结构简单、噪音低、运转不发尘。设备、工装与管道表面要光洁、平整、不得有颗粒物质脱落，以减少污染，并易于清洗和消毒或灭菌。特别是与物料或产品直接接触的设备与工装及管道表面必须无毒、耐腐蚀、无死角，不与物料或产品发生化学反应与粘连，并且要方便、耐受清洗和消毒或灭菌。

同时，设备所用的润滑剂、冷却剂、清洗剂及在洁净区内通过模具成型后不清洗的零配件所用的脱模剂，都不得对产品造成污染，更不能产生化学和生物学危害。

第五节　灭菌工艺介绍

灭菌的定义为“用以使产品无任何形式的存活微生物的过程，且该过程应当经过确认”，灭菌是一个过程，而且是一个特殊过程，所以需要对其进行确认，经过了灭菌这个确认过的过程，非无菌医疗器械就成为无菌医疗器械。在一个灭菌过程中存活微生物的数量可用概率表示。概率可减少到很低，但不可能到零。我们都知道灭菌和消毒不是一个概念。灭菌的目的是要杀灭或除去全部微生物，而消毒的目的是要杀灭病原微生物或有害微生物，将其数量减少到无害化程度。无菌医疗器械常用的灭菌方法主要为环氧乙烷灭菌、湿热灭菌和辐射灭菌。

1. 环氧乙烷灭菌

(1) 灭菌原理　环氧乙烷(简称 EO)是一种非常活泼的灭菌剂，具有广谱、高效、穿透力强、对灭菌器械损害轻微的特点。其杀灭各种微生物的作用机制主要是烷基化作用，它可以与蛋白上的游离羟基(—COOH)、氨基(—NH_2)、巯基(—SH)和羟基(—OH)发生烷基化作用，造成蛋白质失去反应基团，阻碍了细菌蛋白质的正常化学反应和新陈代谢，从而导致微生物死亡。环氧乙烷也可以抑制生物酶的活性。但是，在杀灭微生物的同时，往往有残留的环氧乙烷，器械上的环氧乙烷残留会对人体(病人和医务人员)带来一定程度毒害。其毒性包括两个方面，一是环氧乙烷本身的毒性，二是灭菌后二次生成物的毒性。

(2) 适用范围　由于环氧乙烷在常温下为气态，蒸气压较大，所以对灭菌器械穿透性强，可以穿透微孔而达到器械的深部。其杀菌能力强且广泛，适合于包装物品的熏蒸灭菌，而广泛应用于对湿热敏感的医用塑料制品、棉毛织品和一次性医疗用品及卫生用品的灭菌。如敷料类、输液(注射)器具类、外科手套、插管导管、输氧装置、缝线、麻醉用品、节育器材及光学内窥镜、心脏起搏器以及病人寝具等；但灭菌效果受多种因素影响，对吸附多的橡胶、高分子材料、医用辅料等残留气体不易释放排除及对人体有毒害作用，而且也因为环氧乙烷易燃、易爆其使用受到一定限制。

(3) 影响灭菌效果的关键因素　环氧乙烷灭菌程序包括预热、预湿、抽真空、通入环氧乙烷气体达到预定浓度、保持一定的作用时间、换气以去除灭菌柜内环氧乙烷气体、通风以去除灭菌物品内残留的环氧乙烷等。影响环氧乙烷灭菌效果的关键因素主要是温度(包括温度范围和温度均匀性)、相对湿度、环氧乙烷浓度、作用时间、包装材料等。

① 温度：环氧乙烷气体灭菌的作用与温度有密切的关系，在一定范围内温度升高灭菌作用加强，但温度超过一定数值时灭菌效果不再加强。

② 相对湿度：灭菌器械的含水量、微生物本身的干燥程度和灭菌柜内环境的相对湿

度，对环氧乙烷的灭菌作用有显著影响。含水量太少会影响环氧乙烷的渗透和环氧乙烷的烷基化作用，降低其灭菌作用；含水量太多环氧乙烷会被稀释和水解，从而影响灭菌效果。

③ 环氧乙烷浓度：在一定的温度范围内，环氧乙烷的灭菌作用随其浓度的增加而加强，浓度加倍可以减少灭菌时间，但在较高温度时，提高浓度并不能缩短灭菌时间。

④ 作用时间：一般在其他灭菌因子不变的情况下，随着作用时间的延长，灭菌效果加强。

⑤ 其他因素：灭菌器械的表面性质和厚度、有机物、器械包装和装载方式等因素都对灭菌效果有一定的影响。

(4) 灭菌效果的监测　经环氧乙烷灭菌后，需核对所有过程监测参数和灭菌指示物，检查其灭菌效果，以证明灭菌循环达到规定要求，并且产品达到灭菌要求。判定环氧乙烷灭菌效果一般采用两种检查方法，一是化学监测法，二是生物监测法。

① 化学监测法：采用的化学指示物应符合 GB18282.1（ISO11138-1）《医疗保健产品灭菌　化学指示物　第 1 部分：通则》的要求。

常用环氧乙烷灭菌化学指示卡作为日常灭菌效果监测。在每个灭菌包内放一条化学指示卡，待灭菌后打开包装查看指示卡变色是否达标，间接判断灭菌是否合格。在使用化学指示卡时，要求所有包装内和包装外的化学指示卡均要符合标准要求。

② 生物监测法：国际公认细菌芽孢对环氧乙烷抗力最强，而细菌芽孢中以枯草杆菌黑色变种芽孢抗力最强，所以全世界都使用枯草杆菌黑色变种芽孢（ATCC9372）作为标准抗力菌株用于检测环氧乙烷灭菌效果。

使用生物指示剂是更可靠的检测灭菌效果的方法，通过存活曲线法或部分阴性法来测定微生物灭活能力。生物指示剂的布点数量，根据灭菌器的容积确定，布放点应包括产品最难灭菌的位置。采用的生物指示物应符合 GB18281.1（ISO11138-1）《医疗保健产品灭菌　生物指示物　第 2 部分：环氧乙烷灭菌用生物指示物》的要求。

生物指示剂分为菌片式和自含式，使用枯草杆菌黑色变种芽孢（ATCC9372）。对于菌片式，要求灭菌后在无菌条件下将菌片放于培养基内培养，对于自含式生物指示物，可挤破培养，培养温度和时间应严格按厂家推荐使用说明。培养结束后，所有指示剂均应无菌生长且阳性对照生长正常则判定合格。

(5) 环氧乙烷残留量　经环氧乙烷灭菌后的生物材料和医疗器械，往往有残留的环氧乙烷。环氧乙烷对人的毒害作用是很大的，可导致皮炎、溶血、致畸，不排除产生癌变的可能性，所以环氧乙烷残留量应控制在一定的范围之内。医疗器械在生产和设计时应考虑选择合适的材料和灭菌工艺，以使残留量降至最低，保证对患者造成的危害最小。进行环氧乙烷灭菌后的医疗器械应测定环氧乙烷残留量。多孔型和高分子合成材料及医用辅料比硬质光滑吸收量大且扩散慢;使用剂量越大,材料中残留量越大;作用温度越高,残留量越高;作用时间越长,残留量越大。驱散残留环氧乙烷主要有以下几种方法:自然通风法、加热通风驱散法、微波驱散法。现代的环氧乙烷灭菌器在程序运行的最好阶段大多采用脉动真空法快速驱散残留环氧乙烷。

(6) 灭菌过程确认和控制　采用环氧乙烷对医疗器械进行灭菌,其过程应按 GB18279.1《医疗保健产品灭菌 环氧乙烷 第 1 部分:医疗器械灭菌过程的开发、确认和常规控制的要求》和 GB/T18279.2《医疗保健产品的灭菌 环氧乙烷 第 2 部分:GB18279.1 应用指南》的规定进行灭菌过程确认和控制。确认包括:安装确认、运行确认、性能确认。

① 安装确认(IQ):安装确认是证明灭菌设备的选型或制造、安装符合设计和安装标准或规范的要求。应当核查灭菌器随机文件和附件的完整性,如安装记录、图纸、计算机软件、计量装置的校准等;检查灭菌器工作环境的符合性进行验证。

② 运行确认(OQ):运行确认是证明灭菌设备的运行符合设计标准或规范的要求。应验证灭菌设备有能力在指定的允差范围内提供特定的过程,如温度分布试验、湿度分布试验、泄漏试验、真空速率试验、空气循环试验(如果适用)等。

③ 性能确认(PQ):性能确认是证明灭菌设备在正常操作方法和工艺条件下能持续符合标准或规范的要求。包括物理性能确认和微生物性能确认。物理性能确认应书面证明过程的重现性,并且符合所有指定的可接受参数。这些过程包括预处理、处理、灭菌和通风阶段等,操作重现性确认一般至少需要 3 次连续运行,适当时进行微生物挑战试验。微生物性能确认,目的是应书面证明在灭菌过程后,产品的无菌性能已经达到特定的要求[无菌保证水平(SAL)=10^{-6}]。微生物性能验证的方法有生物负载法和过度灭菌法。一般情况下,EO 灭菌微生物性能确认均采用生物指示剂(BI,枯草杆菌芽孢)。进行微生物学性能验证的产品,应采用与其常规灭菌相同的包装,生物指示物应放置在被灭菌物品中最难灭菌的部位,并在预处理前就放入选定部位,且在整个灭菌周期保持该位置。生物指示物监测点的数量应能验证灭菌器内全部被灭菌物品的微生物灭活。

与 GB18279(ISO11135)系列标准相关的标准还有:

① GB/T16886.1(ISO10993-1)《医疗器械生物学评价 第 1 部分:风险管理过程中的评价与试验》;

② GB/T16886.7(ISO10993-7)《医学器械生物学评价 第 7 部分:环氧乙烷灭菌残留量》;

③ GB18281.1(ISO11138-1)《医疗保健产品灭菌 生物指示物 第 1 部分:通则》;

④ GB18282.1(ISO11140-1)《医疗保健产品灭菌 化学指示物 第 1 部分:通则》;

⑤ GB/T19972（ISO14161）《医疗保健产品灭菌 生物指示物 选择、使用及检验结果判断指南》；

⑥ GB/T19973.1（ISO11737-1）《医疗器械的灭菌 微生物学方法 第1部分：产品上微生物总数的测定》；

⑦ GB/T19973.2（ISO11737-1）《医疗器械的灭菌 微生物学方法 第2部分：确认灭菌过程的无菌试验》；

⑧ GB/T19633.1（ISO11607-1）《最终灭菌医疗器械的包装 第1部分：材料、无菌屏障系统、包装系统的要求》；

⑨ GB/T19633.2（ISO11607-2）《最终灭菌医疗器械的包装 第2部分：成形、密封和组装过程的确认要求》。

2. 湿热灭菌

（1）灭菌原理 细菌的蛋白质分子在饱和水蒸气的湿热作用下，其蛋白质分子运动加速，导致连接肽键的氢键断裂，影响分子结构的空间排列，使蛋白质凝固，导致细菌繁殖体或芽孢等微生物死亡。压力蒸汽灭菌器通过增加压力，使灭菌器内饱和蒸汽的温度不断升高，蒸汽向物品深部渗透达到物品灭菌的目的。

（2）适用范围 利用湿热蒸汽进行灭菌，要求被灭菌的物品能耐受蒸汽的压力和湿热的作用。一般适用于金属制品、陶瓷制品、玻璃制品、橡胶制品、塑料制品、水溶液制剂和食品等物品的消毒灭菌。许多高分子材料耐热不高，不适于压力蒸汽灭菌法。

（3）影响灭菌效果的关键因素 影响压力蒸汽灭菌效果的因素有两个，一是强度，二是时间。关于强度，在压力蒸汽灭菌中包含了温度和蒸汽饱和度，而饱和水蒸气压力和温度又存在固定关系，像灭菌密封且装有液体的塑料袋类器械因内外压力差而有爆炸或打开的趋向，为预防这种情况，必须向灭菌器腔体中注入空气以增加压力直到确定的压力水平。所以当应用压力高于饱和水蒸气压的灭菌工艺时，应采用饱和蒸汽及空气（蒸汽和空气的混合气体）产生压力，一般强度越高，微生物越容易死亡；时间是指所使用处理方法对微生物作用的时间，作用时间越长，微生物遭到杀灭的几率也越大。

（4）灭菌过程确认 灭菌物品的无菌保证不能依赖于最终产品的无菌检验，因为通过在产品上做无菌试验确认微生物存活概率 10^{-6} 的无菌保证水平是不科学的，而且通过做100万个产品的无菌试验来证明产品无菌事实上也是不可能的，所以应对灭菌过程进行确认和控制。采用湿热灭菌应按照GB18278.1（ISO17665-1）《医疗保健产品灭菌 湿热 第1部分：医疗器械灭菌过程的开发、确认和常规控制要求》和GB18278.2（ISO17665-2）《医疗保健产品灭菌 湿热 第2部分：应用指南》对灭菌过程进行确认和控制的要求进行灭菌过程的确认。湿热灭菌过程确认包括设计确认（DQ）、安装确认（IQ）、运行确认（OQ）、性能确认(PQ)。

① 安装确认(IQ):灭菌设备应按供应商提供的安装和使用说明书、压力容器安装注意事项、生产工艺流程等进行安装,周围应有足够的操作和维修空间。核查压力表、安全阀是否符合压力容器设计要求、辅助配套设施(包括蒸汽、压缩空气、电气、水源等)与设备要求是否相适用,且能够支持设备的正常运行;压力表及温度探头等仪器仪表的量程和精度应符合设备及灭菌工艺的要求,并由有资质的单位进行校准或检定。

② 运行确认(OQ):通过设备试运行,确认各设备单元如温度记录装置、真空泵、气动阀等能否正常工作。检查灭菌程序各阶段的运行时间及设定参数是否在可接受范围内,包括灭菌器真空泄漏率、内腔室压力变化等。空气过滤器需进行泄露试验证明其完整性,以免灭菌器械被不洁净空气污染。试验若灭菌温度、压力等工艺参数超出可接受范围能否触发报警及解除报警的方式。

③ 性能确认(PQ):其目的是确认灭菌阶段腔室温度分布的均匀性和稳定性,既要保证冷点位置的物品获得足够的杀灭时间,又要保证高温点的温度及灭杀时间符合要求,确认灭菌程序各阶段的运行时间及设定参数是否在可接受范围内;应确认物品装载方式及灭菌工艺参数,如灭菌温度、压力、时间、脉动次数等。还应进行微生物挑战性试验。微生物挑战试验(灭菌效力验证)是湿热灭菌设备确认的重要环节,采用生物指示物进行微生物负载的挑战,目的是证明灭菌后微生物的残存概率不大于 10^{-6},即灭菌后微生物存活的概率不得大于百万分之一。

与 GB18278(SO17665)系列标准相关的标准还有:

① GB18281.1(ISO11138-1)《医疗保健产品灭菌 生物指示物 第 1 部分:通则》;

② GB18281.3(ISO11138-3)《医疗保健产品灭菌 生物指示物 第 3 部分:湿热灭菌用生物指示物》;

③ GB18282.1(ISO11140-1)《医疗保健产品灭菌 化学指示物 第 1 部分:通则》;

④ GB18282.3(ISO11140-3)《医疗保健产品灭菌 化学指示物 第 3 部分:用于 BD 类蒸汽渗透测试的二类指示物系统》;

⑤ GB18282.4(ISO11140-4)《医疗保健产品灭菌 化学指示物 第 4 部分:用于替代 BD 蒸汽渗透测试的二类指示物》;

⑥ GB18282.5(ISO11140-5)《医疗保健产品灭菌 化学物指示物 第 5 部分:用于 BD 类空气排除测试的二类指示物》;

⑦ GB/T19633.1(ISO11607-1)《最终灭菌医疗器械包装 第 1 部分:材料、无菌屏障系统和包装系统要求》;

⑧ GB/T19633.2(ISO11607-2)《最终灭菌医疗器械包装 第 2 部分:成形、密封和装配

过程的确认要求》;

⑨ GB/T19973.1(ISO11737-1)《医疗器械的灭菌 微生物学方法 第1部分:产品上微生物总数的测定》;

⑩ GB/T19973.2(ISO11737-2)《医疗器械的灭菌 微生物学方法 第2部分:确认灭菌程序的无菌试验》;

⑪ YY/T0802《医疗器械的灭菌制造商提供的处理可重复灭菌医疗器械的信息》。

3. 辐射灭菌

辐射灭菌是利用放射性同位素——钴60、γ射线、电子加速器产生的高能电子束进行灭菌的技术。电离辐射可以直接作用于对生命有主要意义的大分子,如蛋白质、核酸、酶等,产生电离、激发或化学键断裂引起分子发生变化。而间接上,电离辐射作用于微生物体内的水分子,可引起水的电离和激发,生成自由基,通过产生自由基和对生物起化学腐蚀作用的活性分子来破坏微生物。

辐射灭菌有其独特的优点:如灭菌彻底、包装及常温下灭菌、无残留毒性和污染、可连续批量操作、节约能源,以及尤其适合于对湿热敏感材料的灭菌等。但也有一些缺点,如可以损坏某些不耐辐照的高分子材料,改变其机械性能(如强度),或变脆开裂,一次性投资大,安全防护、技术操作要求高等。因此,对被辐射产品的材料进行选择或改性是进行辐射灭菌必须首先要考虑的问题。采用辐射灭菌的产品主要是一次性医疗用品,如医用敷料、无纺布手术衣、乳胶手套、手术器械等。采用辐射灭菌应按GB18280.1《医疗保健产品灭菌 辐射 第1部分:医疗器械灭菌过程的开发、确认和常规控制要求》和GB18280.2《医疗保健产品灭菌 辐射 第2部分:建立灭菌剂量》及GB/T18280.3《医疗保健产品灭菌 辐射 第3部分:剂量测量指南》的要求对灭菌过程进行确认和控制。

(王延伟)

第二章

无菌医疗器械附录条款检查指南

第一节　人　　员

2.1.1　凡在洁净室（区）工作的人员应当定期进行卫生和微生物学基础知识、洁净作业等方面培训。临时进入洁净室（区）的人员，应当对其进行指导和监督。

■ 条款解读

本条款是《医疗器械生产质量管理规范附录无菌医疗器械》对进入洁净室（区）人员培训的要求，包括对临时进入洁净室（区）人员的指导和监督要求。洁净室（区）是指需要对尘粒及微生物含量进行控制的房间（区域），其建筑结构、装备及其使用均具有减少对该室（区域）内污染源的介入、产生和滞留的功能。

在洁净室（区）内人是最大的散发尘粒和微生物的污染源，而降低人对洁净环境的污染的重要途径就是培训和教育。所以，在企业内部凡是因工作需要有可能进入洁净区的人员（不限于生产操作及质量检验人员）都应定期进行个人卫生和微生物学基础知识、洁净技术方面的培训，特别是对于新进人员上岗前必须进行培训，考核合格后才能上岗。培训内容还应包括：如何洗手和对手进行消毒，明确什么是不适当的活动，并尽量避免之，应穿着适当的内衣和工作服，明白如何穿着洁净服或无菌服。

通过不断的培训和教育，不仅使员工获得相关的知识，更重要的是使员工牢固地建立关于洁净、无菌、微粒、微生物、交叉污染等的概念和意识，培养良好的行为和卫生习惯，从而降低人对洁净环境和产品的污染。

洁净室（区）一般不允许非相关人员进入，可在走廊内或观察窗观察。若必须进入洁净室（区），对于临时进入洁净室（区）的人员，如客户要求、监管人员工作需要、《医疗器械生产质量管理规范》或质量管理体系检查人员等，需要由经过培训的人员进行现场指导和监督，并严格按程序带领进入，人数不应超过规定，且不应对洁净环境产生不利影响。

培训的记录应当保存：如所用的教材或课件、培训老师的相关信息、花名册、考试题和试卷等；临时进入洁净区的人员的情况也应当做好记录。

■ 检查要点

(1) 检查培训计划和记录，是否能够证实对在洁净室(区)工作的人员定期进行了卫生和微生物学基础知识、洁净技术和操作等方面的培训。

(2) 检查相关文件和资料，对临时进入洁净室的人员(包括外来人员)进出洁净区的指导和监督做出了规定并进行了记录。

■ 检查方法

可通过现场结合工作岗位询问相关知识并观察洁净室(区)人员穿洁净服或无菌服与个人卫生状况、动作行为及查阅培训记录的方式进行检查；对于外来人员进入洁净室(区)的指导和监督情况应检查文件规定和记录。

■ 注意事项

(1) 对新员工是否在上岗前进行了相关的培训，并考核合格后才上岗。

(2) 在生产现场观察操作人员的习惯动作，是否具有良好卫生习惯。

(3) 对外来人员的指导和监督是否充分和有效。

2.1.2　应当建立对人员的清洁要求，制定洁净室(区)工作人员卫生守则。人员进入洁净室(区)应当按照程序进行净化，并穿戴工作帽、口罩、洁净工作服、工作鞋。裸手接触产品的操作人员每隔一定时间应当对手再次进行消毒。裸手消毒剂的种类应当定期更换。

■ 条款解读

由于人员清洁情况会影响无菌医疗器械的生产环境，从而影响无菌医疗器械的质量，所以企业应在质量管理体系文件中对人员清洁的要求做出明确规定。企业应制定洁净室(区)工作人员卫生守则，包括不能使用有污染的化妆品、佩戴首饰、尽可能减少额外或多余的活动、严禁将个人物品带入、不准穿洁净服离开洁净区域等。并按规定戴符合洁净区要求的工作帽、口罩；穿洁净工作服或无菌工作服和工作鞋或鞋套。

人员进入洁净室（区）会把外部污染物带入洁净室（区）内，特别是人本身就是一个重要的污染源，如人的皮肤微屑、衣服织物的纤维与室外大气中同样性质的微粒。由此可见，要获得生产环境所需要的空气洁净度，进入无菌医疗器械生产洁净室（区）或无菌操作洁净室（区）的人员需要进行净化，以降低人对洁净环境和产品的污染。人员净化室是指人员在进入洁净室（区）前按一定程序进行净化的辅助用室，应包括换鞋室、存外衣室、盥洗室、洁净工作服室、气闸室或缓冲间等。企业要规定人员净化的程序和管理制度，并进行监督检查，以确保规定得以执行。人员清洁程序要合理，人员净化用室的布置应顺着走向布局，避免往复和交叉。

为了保护人员净化用室的清洁，要在更衣前将外出鞋脱去，换上清洁鞋或鞋套，在此处需特别注意两种鞋不要交叉污染，外出鞋和将要穿的鞋应有明显不易随意跨越的界限。在洁净室（区）内不应穿拖鞋。盥洗室水龙头开闭不宜采用手动式。在洁净区内人员应严格遵守从低洁净度区域向高洁净度区域方向流动。在洁净区的入口处应设置气闸室或缓冲间，阻止室外或低级别洁净室的污染气流，控制压差，气闸室或缓冲间的室内必须有一定的送风和回风，以发挥洁净气流的转换作用，同时要求有两个或两个以上出入门，应有防止同时被打开的措施。

对于从事直接接触产品的工作人员进入洁净区，要对手进行消毒，在工作开始前手不能接触产品以外的物品，每隔一定时间还应考虑对手的再消毒问题。特别是手工组装产品的工序，操作人员的手要经常接触半成品、成品、专用工具等，并随着手掌出汗也容易染菌或滋生细菌，所以手是一个很大的污染源，应严格控制手的卫生管理，对操作人员除严格要求进入洁净区时用消毒液泡手外，操作时还应定时进行消毒。如有些企业规定每隔一两个小时用消毒液擦洗一次手，这些方法都可以有效地防止手对产品的污染。手的再消毒方式要可行，且有效果，不应对操作人员的手造成伤害和对产品有不利的影响。还应当考虑使用两种以上的消毒剂，并定期更换，以免产生耐药菌株。对于戴手套工作的，手套及其包装应满足洁净环境的要求，不能产生污染，如微粒、微生物应进行控制，以满足产品质量的要求。

■ 检查要点

(1) 检查工作人员卫生守则，是否对人员清洁、进出洁净区的程序、洁净服的穿戴作出规定。

(2) 现场观察人员进入洁净室（区）是否按照程序进行净化，并按规定正确穿戴工作帽、口罩、洁净工作服、工作鞋或鞋套。

(3) 检查消毒剂配制或领用记录，是否按要求定期更换裸手消毒剂的种类。

■ 检查方法

在现场检查利用进入洁净区的机会让陪同人员示范进入洁净区的人员净化程序，并在生产现场注意观察洁净区人员穿戴、动作等的情况；查阅相关文件时，核查文件规定是否与现场实际情况相一致。

■ 注意事项

(1) 净化程序和设施是否能有效去除进入洁净区人员身体上的污染物。

(2) 洁净区内人员净化用室的面积是否与洁净度等级和工作人员数量相适应。

2.1.3　应当制定人员健康要求，建立人员健康档案。直接接触物料和产品的人员每年至少体检一次。患有传染性和感染性疾病的人员不得从事直接接触产品的工作。

■ 条款解读

这一条是对人员健康的要求。当人员健康状况会对产品质量有影响时，企业应根据操作人员与产品接触的形式和对产品质量的影响程度，提出对员工健康的要求，在相关文件中做出明确的规定。要按规定对有可能接触产品的员工进入企业都要进行体检，并建立健康档案。

在生产过程中与原材料或产品或初包装材料直接接触的工作人员，每年至少体检一次，体检须由有职业健康资质的医疗卫生部门进行，并保存体检时由医疗卫生单位出具的原始检查或化验记录。企业应识别并规定患有传染性和感染性疾病的人员是否能从事直接接触产品的工作，诸如发烧、流行感冒、痢疾、皮肤受伤等能否进入洁净区，并按规定进行监督检查和记录。对于采用无菌加工技术来保证产品无菌的，对健康的要求应当更加严格。对外来人员进入洁净室(区)，应声明无影响产品质量的传染性疾病。

■ 检查要点

(1) 检查人员健康要求的文件，是否对人员健康的要求做出规定，并建立了人员健康档案。

(2) 检查洁净间内直接接触物料和产品的人员的体检报告或健康证明，是否按规定时间进行体检，患有传染性和感染性疾病的人员未从事直接接触产品的工作。

■ 检查方法

查看相关文件和医疗机构体检的原始报告及企业为职工建立的健康档案，是否规定了不得从事直接接触产品的传染性和感染性疾病，并按规定进行体检。

■ 注意事项

体检单位是否有相关疾病检查和诊断的资质。

2.1.4 应当明确人员服装要求，制定洁净和无菌工作服的管理规定。工作服及其质量应当与生产操作的要求及操作区的洁净度级别相适应，其式样和穿着方式应当能够满足保护产品和人员的要求。洁净工作服和无菌工作服不得脱落纤维和颗粒性物质，无菌工作服应当能够包盖全部头发、胡须及脚部，并能阻留人体脱落物。

■ 条款解读

这一条要求企业应在质量管理体系文件中对洁净工作服和无菌工作服的管理做出具体规定，其中应包括对洁净鞋或鞋套、工作帽、口罩或手套（若有）的要求。对工作服的形式、材料、洗涤、消毒、整理和存放，以及洗涤、消毒方法和频次都要明确提出要求。

洁净区操作人员所穿洁净工作服或无菌工作服、工作帽应选质地光滑、不产生静电、不脱落纤维和颗粒性物质的材料制作，洁净工作服和工作帽应能有效遮盖内衣、头发，并能有效阻止内衣脱落物和人体脱落物向洁净区内弥散等。无菌工作服还应当能够包盖胡须及脚部。服装的设计还应考虑清洗、穿着方便。

洁净工作服要集中定期在相应级别的洁净环境中清洗、晾干。同时还考虑水质对洁净服或无菌工作服清洗效果的影响，对于水质差、水质不稳定，含食盐、机械杂质，微生物较高的水，如江、河、湖、井水等天然水，不能直接用于清洗洁净工作服或无菌工作，应用符合标准要求的饮用水进行粗洗，洁净工作服的末道清洗用水至少为纯化水；有热原（细菌内毒素）要求并进行无菌操作使用的无菌工作服的末道清洗用水应为注射用水。洁净工作服清洗后应进行消毒并密封保管和存放，开封使用后每天应进行消毒。无菌工作服清洗后应进行灭菌处理并密封保管和存放，以备使用。在脱外出鞋和穿洁净工作鞋间可穿拖鞋但在洁净区内不得穿拖鞋。直接接触产品的人员应戴口罩，以防止人员呼吸、讲话、打喷嚏时气流或唾液喷向产品，口罩应选用不掉纤维的材质，口罩应每天清洁消毒一次。

不同洁净度级别洁净区内使用的洁净工作服或无菌工作服应有不同标识、区别使用，并在符合要求的洁净环境中清洗、晾干和整理。

■ 检查要点

(1) 检查洁净工作服和无菌工作服管理文件的规定是否符合洁净环境的要求。

(2) 检查洁净工作服和无菌工作服是否由质地光滑、不易产生静电、不脱落纤维和颗粒性物质的材料制作的。

(3) 现场观察工作人员对洁净工作服和无菌工作服穿着是否符合要求。

■ 检查方法

在进入洁净区进行检查时查看服装材料和型式并观察洁净区工作人员的穿戴情况，查阅文件规定是否相符。

■ 注意事项

(1) 洁净工作服的末道清洗用水、消毒方式和日常保存方式能否满足洁净环境的要求。

(2) 无菌工作服的末道清洗用水、灭菌方式和日常保存方式能否满足无菌操作的要求。

常见问题和案例分析

◎ 常见问题

(1) 缺少对临时进入洁净区的人员状况及指导、监督记录或记录信息太少。

(2) 只有企业的健康合格证，健康档案中未保存医疗机构出具的体检原始报告。

(3) 脱外出鞋时的换鞋处界限不能有效防止交叉污染。

(4) 进洁净区的洗手装置与进入洁净区的人员数量不相适应。

(5) 脱外出衣后穿着会脱落纤维的内衣进入穿洁净工作室，存在交叉污染。

(6) 利用紫外线灯对洁净工作进行消毒，存在着照射不充分的情况。

(7) 无菌工作服(接触的产品有热原要求)的末道清洗用水不是注射用水。

◎ 典型案例分析

【案例一】 某无菌医疗器械生产企业，产品在100 000级洁净区内下生产。检查组准备进入净化车间进行生产现场检查时，公司陪同人员将检查人员穿着的洁净服拿到更鞋处（一更的外面一间）进行外包拆除后提供给现场检查人员。该洁净服为企业购入后未拆封过的洁净服。

分析：根据上述现场情况，企业存在三个问题：问题一，人员进入洁净区的净化程序不合理。更鞋处（一更的外面一间）属于非洁净区域，在此处拆除洁净服外包装并给检查人员穿戴，洁净服已暴露在非洁净的空气环境中而被污染，人员穿戴该洁净服进入洁净的生产车间，会将外部环境的污染物带入到洁净区域内，给洁净车间环境造成污染。问题二，临时进入车间人员的洁净服使用管理不规范。首先，企业采购的洁净服是否符合洁净环境的要求，是否可以直接进入洁净区使用；其次，企业购入的洁净服的储存条件、期限是否能保证未拆封的衣服仍符合洁净服的要求，如企业都未进行确认而直接作为临时人员进入洁净车间的洁净服，则可能存在污染洁净车间和产品的风险。问题三，企业指导临时人员进入车间的内部陪同人员对洁净车间的要求不熟悉，“洁净”意识淡薄，企业对人员的培训不到位。

【案例二】 某生产无菌医疗器械的企业，产品的无菌不是通过最终灭菌而是通过无菌操作技术来实现的。现场检查发现经灭菌的无菌工作服随意塞于整衣袋内，企业提供检查人员穿着的两套无菌工作服外袋无标识，追溯无菌工作服的灭菌记录，上述两套无菌工作服已超过灭菌后的有效期限。无菌工作服未经折叠，揉成一团，从灭菌袋中取出时裸手直接接触无菌工作服外表面，更衣过程中裸手直接接触手套、口罩、洁净服的外表面，易造成工作服污染。

分析：无菌工作服采用未经验证的折叠方式进行灭菌，未能保证随意折放于灭菌袋内的工作服按照正常的灭菌条件达到灭菌效果，工作人员穿着灭菌不彻底的工作服后会对无菌加工区域造成交叉污染；企业的无菌工作服外袋无标识或者编码，工作人员则无法实现无菌工作服的日常有效追溯管理，导致使用超过灭菌有效期限的工作服；在无菌加工区域使用超过灭菌有效期限的无菌工作服后会对无菌加工区域造成交叉污染；无菌工作服如未按规定的折叠方式置于灭菌袋中，在更衣过程中裸手直接接触的无菌工作服、口罩、手套的外表面，污染了无菌工作服，进入无菌加工区域后易造成交叉污染。

（王延伟　王奇志）

第二节 厂房与设施

2.2.1 应当有整洁的生产环境。厂区的地面、路面周围环境及运输等不应对无菌医疗器械的生产造成污染。行政区、生活区和辅助区的总体布局应当合理，不得对生产区有不良影响。厂区应当远离有污染的空气和水等污染源的区域。

■ 条款解读

为了最大程度的降低污染，无菌医疗器械生产企业首先要有整洁、卫生的生产环境。环境不好不仅不能确保无菌医疗器械的质量，同时也会造成净化系统成本的增加。所以无菌医疗器械生产企业加工厂厂址的选择和厂区的规划要考虑其环境对洁净室（区）的影响。无菌医疗器械对生产环境的要求可分三个层面：一是制造厂厂址周围环境的要求，二是厂区或洁净区周围环境的要求，三是洁净区的要求。这一条款主要是对厂址周围环境和厂区环境的要求。

1. 厂址周围的环境

无菌医疗器械生产企业的加工厂要选择在卫生条件好，空气清新，大气含尘、含菌浓度低，无有害气体，自然环境好的地区建设。不宜选择在有严重空气污染的城市工业区。特别是加工厂的周围不能有严重的空气和水等的污染源。厂址还应远离铁路、码头、机场、交通要道以及散发大量粉尘和有害气体的工厂、贮仓、堆场等严重空气污染、水质污染、振动或噪声干扰的区域。目前，《洁净厂房设计规范》《医药工业洁净厂房设计规范》均要求洁净厂房新风口与交通干道边沿的最近距离宜大于 50 米。

2. 厂区内的环境

厂区的地面、路面及运输等不要对无菌医疗器械的生产造成污染。厂区内主要道路要宽畅，路面平整，并选择不易起尘的材料建造。厂区的布局要合理，行政区、生活区和辅助区不能对生产区有不良影响，人流、物流设置合理。垃圾、闲置物品等不应露天存放等，总之厂区的环境不应对无菌医疗器械的生产造成污染。在厂区内要求人流、物流宜分开，主要是考虑到避免物流对进入洁净区的人员的污染。为了使洁净厂房更加规范，对新建、扩建的无菌医疗器械生产企业，建议由有资质的单位进行设计和施工。

如果无菌医疗器械生产区是建设在企业的大型工业区域内，应选择位于环境好，且远离有可能产生污染的产品生产区，不相关货物和人员少经过的区域，特别是洁净室（区）周围要清洁、整齐。要尽量减少露土面积，扩大绿地面积。因为绿化有良好的吸尘、阻尘作用，且绿化宜以种植草坪为主，种植对大气含尘、含菌浓度不产生有害影响的林木，宜种植枝叶茂盛的常绿树种，但不宜种花和产生花絮、绒毛、粉尘等对大气有不良影响的树种。

■ 检查要点

(1) 现场检查洁净区周围应当整洁、无积水和杂草。厂区的地面、路面、周围环境及运输等不应对产品的生产造成污染。

(2) 检查地面、道路平整情况及减少露土、扬尘的措施和厂区的绿化，以及垃圾、闲置物品等的存放情况。

(3) 工厂周围应没有空气和水等的污染源。

■ 检查方法

通过查阅企业的规划设计图和实地考察的方法，对洁净厂房所在区域的周边大环境和厂区的环境进行检查。

■ 注意事项

如果当地因企业不可抗拒的原因，出现了可能污染情形，如空气、水、交通运输，应检查企业是否采取了有效避免污染的措施。

2.2.2　应当根据所生产的无菌医疗器械的质量要求，确定在相应级别洁净室（区）内进行生产的过程，避免生产中的污染。空气洁净级别不同的洁净室（区）之间的静压差应大于 5 帕，洁净室（区）与室外大气的静压差应大于 10 帕，并应有指示压差的装置。必要时，相同洁净级别的不同功能区域（操作间）之间也应当保持适当的压差梯度。

■ 条款解读

无菌医疗器械直接或间接接触人体，二、三类无菌器械多为直接与人体血液或组织接触，对其生产的各个环节，特别是生产环境必须严格要求和控制，才能防止生产环境对无菌医疗器械的污染，保证产品质量和使用者的安全。所以，在无菌医疗器械的生产过程中，需要避免污染又难以进行最终清洁处理的生产过程或加工工序必须在洁净室（区）内进行，并达到规定的洁净度级别要求。这就要求企业要根据产品的预期用途或与人体接触的形式、生产过程控制和标准要求、加工工艺，分析、识别并确定需要在洁净室（区）内进行生产的过程。

为了保证洁净室在正常工作或空气平衡暂时受到破坏时，气流都能从空气洁净度高的区域流向空气洁净度低的区域，使洁净室的洁净度不会受到污染空气的干扰，所以洁净室必须保持一定的静压差，以防止外界污染物随空气流动侵入洁净室（区）内。即要保持内部的压力高于外界的压力，洁净度级别高的洁净室（区）的压力比级别低的压力要高。空气洁净级别不同的洁净室（区）之间的静压差值应大于5帕，洁净室（区）与非洁净区或室外大气之间的静压差值应大于10帕，并应在不同级别洁净度洁净区间的适当位置和要求高的关键洁净室（区）设置指示压差的装置。

关于压差梯度是指洁净度级别相同的相邻洁净室（区）之间，产品清洁程度要求相对高的静压差高一些，或者说如果两个相邻洁净室内的加工过程可能会有一定影响，担心受到影响的高一些，避免洁净度低的区域的污染物传入洁净度高的区域，而造成交叉污染。特别要注意不相邻而共用洁净走廊时压差梯度的合理性问题。

■ 检查要点

(1) 检查相关文件，是否明确了生产过程的洁净度级别。

(2) 现场检查是否在规定的相应级别洁净室(区)内进行生产，是否能避免生产中的污染。

(3) 现场检查是否配备了指示压差的装置，空气洁净级别不同的洁净室（区）之间以及洁净室（区）与室外大气的静压差是否符合要求。

(4) 现场检查相同洁净级别的不同功能区域(操作间)，污染程度高的区域应当与其相邻区域保持适当的压差梯度。

■ 检查方法

通过查阅企业的洁净厂房的平面布局图或工艺流程图等相关文件，是否确定了在洁净区内生产的过程；通过洁净区检测报告的数据和平面布局图，分析洁净区的布局是否能避免污染，并计算压差梯度是否合理。检查生产现场时注意观察压差表（计）设置的合理性，通过开关门的方式判断压差计是否灵敏的反应压差变化。

■ 注意事项

(1) 关于压差的设置，并不是要求每间洁净室都要有压差指示装置，一般在不同级别洁净度洁净室（区）之间容易观察的位置和相同级别洁净室（区）要求比较高的关键洁净室（区），设置便于随时观察压差的指示装置。

(2) 对于下面几个条款中未能覆盖的或不是单一用途的无菌医疗器械，其环境洁净度级别根据产品相似、相近或用途相同、相似、相近的原则，并遵循宜高不宜低的原则，如果选用了较低级别的洁净室（区）就必须进行充分的验证，以证明其能够满足产品质量的要求。如无菌手术衣和手术用卫生敷料，要根据手术部位、其与人体接触的类型和风险程度，并结合生产工艺条件等，确定适宜的生产环境的洁净度级别。

2.2.3　植入和介入到血管内的无菌医疗器械及需要在10 000级下的局部100级洁净室(区)内进行后续加工(如灌装封等)的无菌医疗器械或单包装出厂的配件，其末道清洁处理、组装、初包装、封口的生产区域和不经清洁处理的零部件的加工生产区域应当不低于10 000级洁净度级别。

■ 条款解读

在无菌医疗器械的生产中，哪些产品的哪些过程或工序可以安排在非洁净区内？哪些产品的哪些过程或工序必须设置在洁净区内？其洁净度级别应为多少才能满足要求？这要根据无菌医疗器械的预期用途、性能要求和所采用的加工工艺进行分析、识别以后，才能确定在合适的、相应级别的洁净室(区)内进行生产的工序或过程。洁净室(区)内有多个工序时，宜根据各工序的不同要求，采用不同的空气洁净度等级。在满足生产工艺要求的条件下，洁净室(区)的气流组织可采用局部工作区空气净化和全室空气净化相结合的形式，如10 000级下的局部100级洁净室(区)。

在无菌医疗器械的生产过程中，企业应当优先考虑采用使污染降至最低限的生产技术，以保证医疗器械不受污染或能有效排除污染。作为政府监督管理部门出台的规范也要倡导技术进步，建议应用先进的技术，包括采用先进的生产工艺，使用先进的生产设备、工装(模具)和设施等，以便与环境控制一起形成了控制污染的双重保障，以确保无菌医疗器械的质量。

对于经穿刺术或手术完全植入和介入到血路或心脏内的无菌医疗器械或单包装出厂的配件，其末道清洁处理、组装、初包装、封口的生产区域和不经清洁处理的零部件的加工生产区域应当不低于10 000级洁净度级别。产品示例如下。

(1) 植入到血路或心脏内的无菌医疗器械　血管支架、心脏瓣膜、人工血管、起博电极、人工动静脉瘘管、血管移植物、体内药物释放导管和心室辅助装置等。

(2) 介入到血路内的无菌医疗器械　各种血管内导管(如中心静脉导管)、支架输送系统等，上述医疗器械及其相关生产过程至少要安排在10 000级洁净室(区)内。

(3) 需要在10 000级下的局部100级洁净室(区)内进行后续加工(如灌装封等)的无菌医疗器械：血袋等。

■ 检查要点

(1) 检查相关文件规定的洁净度级别是否符合要求。

(2) 检查洁净区检测报告是否达到相应级别洁净度要求。

■ **检查方法**

查阅文件规定和洁净区的检测报告。

■ **注意事项**

确定洁净度等级的检测,应由有资质的检测单位出具的报告,日常检测可企业自测。

2.2.4　与血液、骨髓腔或非自然腔道直接或间接接触的无菌医疗器械或单包装出厂的配件,其末道清洁处理、组装、初包装、封口的生产区域和不经清洁处理的零部件的加工生产区域应当不低于 100 000 级洁净度级别。

■ **条款解读**

凡是与血液、骨髓腔或非自然腔道直接或间接接触或接入的无菌医疗器械或单包装出厂的配件,在下列区域生产:一是不进行清洁处理或无法进行清洁处理的零件、部件或配件加工的生产区域环境;二是在非洁净区加工需要进入到洁净区内进一步加工,进行末道清洁处理的生产区域环境;三是产品组装、初包装及其封口等生产区域的环境,均应不低于 100 000 级洁净度级别。产品示例如下。

(1) 植入到人体组织的无菌医疗器械　如起搏器、药物给入器械、神经肌肉传感器和刺激器、人工肌腱、乳房植入物、人工喉、骨膜下植入物和结扎夹等。

(2) 主要与骨接触的无菌医疗器械　矫形钉、矫形板、人工关节、骨假体、人工骨、骨水泥和骨内器械等。

(3) 与血液直接接触的无菌医疗器械　血浆分离器、血液过滤器等,其特点是与血液直接接触,与人体的血液循环系统是属于间接接触。

(4) 与血路上某一点接触,作为管路向血管系统输入的无菌医疗器械　其特点是间接地通过药液或血液与人体血路接触,如一次性使用输液器、一次性使用输血器、一次性使用静脉输液针、延长器、转移器等。

■ **检查要点**

(1) 检查相关文件规定的洁净度级别是否符合要求。

(2) 检查洁净区检测报告是否达到相应级别洁净度要求。

■ **检查方法**

查阅文件规定和洁净区的检测报告。

■ **注意事项**

确定洁净度等级的检测，应由有资质的检测单位出具的报告，日常检测可企业自测。

2.2.5　与人体损伤表面和粘膜接触的无菌医疗器械或单包装出厂的配件，其末道清洁处理、组装、初包装、封口的生产区域和不经清洁处理的零部件的加工生产区域应当不低于300 000级洁净度级别。

■ **条款解读**

凡是与人体损伤表面和黏膜接触的无菌医疗器械或单包装出厂的配件，在下列区域生产：一是不进行清洁处理或无法进行清洁处理的零件、部件或配件加工的生产区域环境；二是在非洁净区加工需要进入到洁净区内进一步加工，进行末道清洁处理的生产区域环境；三是产品组装、初包装及其封口等生产区域的环境，均应在不低于300 000级洁净室（区）内进行。产品举例如下。

（1）与损伤表面（伤口或其他损伤体表）接触医疗器械　溃疡、烧伤、肉芽组织敷料或治疗器械、大"创可贴"类等。

（2）与黏膜接触医疗器械　无菌导尿管、无菌气管插管、阴道内或消化道器械（胃管、乙状结肠镜、结肠镜、胃镜）、宫内避孕器等，其特点是不经穿刺或切开术进入体内的器械。

■ **检查要点**

（1）检查相关文件规定的洁净度级别是否符合要求。

（2）检查洁净区检测报告是否达到相应级别洁净度要求。

■ **检查方法**

查阅文件规定和洁净区的检测报告。

■ **注意事项**

确定洁净度等级的检测，应由有资质的检测单位出具的报告，日常检测可企业自测。

2.2.6 与无菌医疗器械的使用表面直接接触、不需清洁处理即使用的初包装材料，其生产环境洁净度级别的设置应当遵循与产品生产环境的洁净度级别相同的原则，使初包装材料的质量满足所包装无菌医疗器械的要求；若初包装材料不与无菌医疗器械使用表面直接接触，应当在不低于 300 000 级洁净室（区）内生产。

■ 条款解读

初包装材料是指与产品直接接触的包装材料。GB/T19633.1（ISO11607-1）《最终灭菌医疗器械的包装 第 1 部分：材料、无菌屏障系统、包装系统的要求》和 GB/T19633.2（ISO11607-2）《最终灭菌医疗器械的包装 第 2 部分：成形、密封和组装过程的确认要求》采用“无菌屏障系统”这样一个术语来表述最终灭菌医疗器械的初包装。由包装材料企业生产的用于医疗器械包装的纸袋和纸塑组合袋等称之为“预成形无菌屏障系统”。作为特例，设计成由保护套等封口器件和器械的密封性来确保器械预期与液体接触部分无菌的“无菌液路包装”也被认为是“无菌屏障系统”。

包装系统通常由无菌屏障系统和保护性包装两部分组成。无菌屏障系统是为最终灭菌医疗器械提供基本的无菌屏障（医疗器械在这一系统内灭菌）；保护性包装则是为无菌屏障系统提供附加保护的次级包装（如外包装箱或货架包装）。

GB/T19633.1（ISO11607-1）在引言中描述到：“设计和开发最终灭菌医疗器械包装的过程是一项复杂而艰苦的工作。器械组件和包装系统共同构建了产品的有效性和安全性，使器械在使用者手中能得到有效使用。”之所以把最终灭菌医疗器械包装的设计认为是一项十分复杂的过程，是因为影响器械包装设计的因素很多，医疗器械包装的目标是能对器械进行灭菌、使用前提供无菌保护，保持其无菌水平，使器械在最终能无菌使用。医疗器械的具体特性、预期的灭菌方法、预期使用、失效日期、运输和贮存等都对包装系统的设计和材料的选择带来影响。

根据初包装材料与产品的接触形式，可分为两种情况：一种是直接接触产品，且与产品的使用表面接触；另一种是直接接触产品，但并不与产品的使用表面接触，只是与产品的非使用表面接触。这里的使用表面是指产品上与人体或药液接触的表面。

第一种情况：初包装材料与无菌医疗器械直接接触，且与其使用表面直接接触、不清洗即使用的初包装材料和预成型无菌屏障系统（包括器械的保护支撑装置），其生产环境洁净度级别的设置建议遵循与产品生产环境的洁净度级别相同的原则，使初包装材料的质量满足所包装无菌医疗器械的要求。如血管内导管的初包装材料，是直接与产品使用表面或接触人体的组织、血液等的表面接触，因为血管内导管是在 10 000 级洁净区内生产，建议其初包装也在10 000级洁净室（区）内生产。如果不是在与所包装的器械的洁净室（区）内生产，应对其质量是否满足无菌医疗器械的要求进行验证，并提供验证文件和证明。

第二种情况：初包装材料与无菌医疗器械直接接触，但不与无菌医疗器械使用表面直接接触的材料和预成型无菌屏障系统（包括直接接触器械的保护支撑装置），其末道清洁处理和不经清洁处理的包装组件生产的洁净室（区），应在不低于300 000级洁净室（区）内生产。如一次性使用输液器、一次性使用输血器和一次性使用无菌注射器等的初包装材料至少要在300 000级洁净室（区）内生产。

另外，对于采用无菌操作技术加工的医疗器械或单独包装出厂的配件所用初包装材料和预成型无菌屏障系统，其末道清洁处理和不经清洁处理的包装组件（如容器、密封件）生产的洁净室（区）宜不低于100 000级。

如果经过验证，初包装材料在保证质量的条件下可以进行清洁处理，建议末道清洁处理的生产区域也应遵循与产品生产环境的洁净度级别相同的原则。

■ 检查要点

（1）检查相关文件规定的洁净度级别是否符合要求。

（2）检查洁净区检测报告是否达到相应级别洁净度要求。

■ 检查方法

查阅文件规定和洁净区的检测报告。

■ 注意事项

（1）如果企业不是自己生产初包装材料，应提供所采购初包装材料的生产环境满足要求的证据。

（2）确定洁净度等级的检测，应由有资质的检测单位出具的报告，日常检测可企业自测。

2.2.7　对于有要求或采用无菌操作技术加工的无菌医疗器械（包括医用材料），应当在10 000级下的局部100级洁净室（区）内进行生产。

■ 条款解读

对于本条款中的“有要求”，我们可认为是由于与人体接触的方式或应用部位的需要引起的产品本身质量的要求，也可能是医疗器械监督管理部门有要求，也可能是产品的强制性标准（国家标准或行业标准）有要求。

关于无菌加工，凡是标示“无菌”的医疗器械（包括医用材料）必须用适当的和确认过的方法生产。我们国家已制定了用于医疗器械最终灭菌确认和控制的系列标准，如：GB18278 工业湿热灭菌、GB18279 环氧乙烷灭菌、GB18280 辐射灭菌。但是，当一种医疗器械要求无菌却又不能进行最终灭菌时，无菌加工过程为之提供了另一种选择。无菌加工适用于以下两种确定的情形，一是液体的无菌制备和灌装；二是能在其容器内进行最终灭菌的固体产品的无菌处理、传输和包装。

对于直接与无菌灌装产品接触的所有产品部件或组件，在无菌加工之前需要进行预灭菌。产品则是在微生物和微粒水平保持在规定水平和人员干预最小的受控区域内进行加工。因此，必须在 10 000 级下的局部 100 级洁净（室）区内进行生产。局部 100 级洁净度一般是通过层流罩或生物安全柜或超净工作台实现。

无菌加工是一个要求严格的过程。生产企业应按照相关法规，参照 YY/T0567 系列行业标准的要求，使用确认过的体系、经适当培训的人员、受控的环境以及完整的文件化加工过程，确保最终产品无菌。

最终灭菌采用已知致死力的过程进行灭菌，而无菌加工的无菌保证只能通过与该过程所相关的设施、设备和人员等因素来推断。还宜保留产品的开发数据，以用来支持无菌生产后的容器和（或）密封系统对无菌状态的保持性。

无菌加工中需要考虑的主要要素包括：

(1) 人员的培训；

(2) 厂房、设备和设施的布局和规范；

(3) 微粒和微生物环境监视规程；

(4) 水、蒸汽、空气及其他过程用气系统；

(5) 生产操作的描述和步骤，包括：人员、材料、物流、溶液制备和相关接受准则；

(6) 灭菌过程的使用和确认，包括消毒；

(7) 培养基模拟灌装和容器 / 密闭系统的确认方法和数据要求；

(8) 接受准则、调查评审和放行 / 拒收判定的操作准则。

采用无菌操作技术加工无菌医疗器械（包括医用材料），要求在 10 000 级下的局部 100 级洁净室（区）内进行生产。如血袋生产中抗凝剂、保养液的灌装、液体产品的无菌制备和灌装，以及不能在其容器内进行最终灭菌的固体产品的无菌处理、传输和包装等，要在 10 000 级下的局部 100 级洁净室（区）内进行生产。

YY/T0567《医疗保健产品的无菌加工》分为六个部分：

第 1 部分：通用要求；

第 2 部分：过滤；

第 3 部分：冻干法；

第 4 部分：在线清洗技术；

第 5 部分：在线灭菌；

第 6 部分：隔离体系统。

■ 检查要点

（1）检查相关文件规定的洁净度级别是否符合要求。

（2）检查洁净区检测报告是否达到相应级别洁净度要求。

■ 检查方法

查阅文件规定和洁净区的检测报告，并现场观察在线检测情况（需要时）。

■ 注意事项

确定洁净度等级的检测，应由有资质的检测单位出具的报告，日常检测可企业自测。

2.2.8　洁净工作服清洗干燥间、洁具间、专用工位器具的末道清洁处理与消毒的区域的空气洁净度级别可低于生产区一个级别，但不得低于 300 000 级。无菌工作服的整理、灭菌后的贮存应当在 10 000 级洁净室（区）内。

■ 条款解读

本条款是对辅助区域的要求，包括洁净工作服清洗、干燥和穿洁净工作服室，专用工位器具的末道清洗与消毒区域，洁净区的洁具间等，可以比相应的生产区域的空气洁净度级别低一个级别。例如，在 10 000 级洁净区内穿的洁净工作服的清洗与干燥、洁具的清洗与存放、专用工位器具的末道清洁处理等应至少在 100 000 级洁净区内。无菌工作服的整理、灭菌后的贮存应在 10 000 级洁净室（区）内。

为了减少洁净工作服或无菌工作服的清洗房间或占用的面积，可采用就高不就低的原则使用一个满足最高洁净级别的清洗间从高到低分时段来清洗，但不能将不同级别洁净室（区）内的洁净服进行混洗、混放和混穿。洁净工作服的末道清洗应使用纯化水，并按规定进行消毒处理，但在 10 000 级下的局部 100 级洁净区内使用的无菌工作服的末道清洗应使用注射用水，并应进行灭菌处理。对于接触没有热原要求的产品的人员所穿的无菌工作服末道清洗可用纯化水进行末道清洗，并进行灭菌。如在无菌室做微生物试验穿的无菌工作服。

■ 检查要点

(1) 检查相关文件规定的洁净度级别是否符合要求。

(2) 检查洁净区检测报告是否达到相应级别洁净度要求。

■ 检查方法

查阅文件规定和洁净区的检测报告。

■ 注意事项

确定洁净度等级的检测，应由有资质的检测单位出具的报告，日常检测可企业自测。

2.2.9　洁净室（区）应当按照无菌医疗器械的生产工艺流程及所要求的空气洁净度级别进行合理布局，人流、物流走向应当合理。同一洁净室（区）内或相邻洁净室（区）间的生产操作不得互相交叉污染。

■ 条款解读

1. 工艺流程和洁净度

洁净室（区）应按无菌医疗器械加工过程顺向布置，工艺流程要紧凑、合理，物料传递路线要尽量短，以利于操作和过程控制。人流、物流各行其道，严格分开，禁止交叉往复，避免人员的走动可能会对产品造成污染。这种人流和物流的分开和不交叉可以从空间上实现，有时也可以从时间上实现。在洁净区内尽量减少产品的流转和人员的走动。同一种产品建议在同一建筑体内相连通的洁净区内完成加工、内包装及其封口。如果中间必须离开洁净区，必须有防止污染的有效措施。

洁净室（区）还应按空气洁净度级别，从高到低，由内向外布置。洁净度高的洁净室（区）宜布置在人员最少经过或达到的区域，不同洁净度级别的洁净室（区）按从高到低由里及外布置。不同洁净度级别的洁净室（区）之间相互联系应有防止污染的措施，如气闸室或双层传递窗。要实现将生产工艺流程和空气洁净度级别有机地结合起来，实现二者恰到好处的统一。

对于同一洁净室（区）内或相邻洁净室（区）的生产操作不应产生交叉污染，换句话说就是如果会产生交叉污染的生产过程就不能处于同一洁净室内，如果是在相邻洁净室（区），应保持一个合理的压差梯度。不同级别的洁净室（区）之间应有气闸室（缓冲室）或能有效防止污染的措施，零配件的传送通过双层传递窗等。

2. 器具清洗间

洁净区内生产使用的器具必须在洁净室（区）内清洗，其清洗室的空气洁净度级别应与产品要求相适应。100 级、10 000 级洁净室（区）的设备及器具宜在本区域外清洗，其清洗室的空气洁净度可以低于生产区一个级别。

3. 洁具间

清洁工具洗涤、干燥及洁具存放宜设独立的、卫生且通风良好的洁具间，洁具间也应当是洁净室。洁具不应存放在洁净生产区内。清洗间和洁具间不宜直接与洁净生产区相连，在其中间最好设置缓冲区。

4. 中间存放区

洁净区内应有与生产规模相适应的中间产品存放区。存放区内应安排待检区、合格区和不合格区，并有明显标识。在洁净区内生产的零配件还需要进一步在洁净区内加工或组装时，一般不要放置到非洁净区，若一定要离开洁净区，应有严格的防污染措施。

5. 物料传递

洁净区与非洁净区或不同洁净度级别的洁净室（区）之间的物料传递应通过双层传递窗，如采用传送带时，为防止交叉污染，宜在隔墙两侧分段传送。

■ 检查要点

(1) 检查洁净室（区）的人流、物流走向是否合理，是否能够避免交叉污染。

(2) 检查不同级别的洁净室（区）之间是否有气闸室（缓冲室）或能有效防止污染的措施。

(3) 检查洁净室（区）和非洁净室（区）之间是否有缓冲设施。

■ 检查方法

通过查阅洁净室（区）的平面布局图或工艺流程图，并结合进入洁净区查看生产现场进行核查。

■ 注意事项

现在有的企业采用不隔断的大洁净室（区），若同一洁净室（区）内存在同一产品的不同的生产过程或生产不同的产品，应特别注意是否会存在交叉污染的情况。

2.2.10　洁净室（区）空气洁净度级别指标应当符合医疗器械相关行业标准的要求。

■ 条款解读

无菌医疗器械生产洁净室（区）的洁净度等级，按洁净室（区）空气中的含尘浓度和含菌量，分为四个等级：100 级、10 000 级、100 000 级、300 000 级。洁净室（区）空气洁净度级别划分见表 1-1。

表 1-1　洁净室（区）空气洁净度级别

洁净度级别	尘埃最大允许数，个 /m³		微生物最大允许数	
	≥0.5μm	≥5μm	沉降菌数个 / 皿	浮游菌数个 /m³
100 级	3500	0	1	5
10 000 级	350 000	2000	3	100
100 000 级	3 500 000	20 000	10	500
300 000 级	10 500 000	60 000	15	—

在国际标准 ISO14644-1《洁净室及其环境控制　第 1 部分：空气洁净度分级》中的空气洁净度等级见表 1-2。

表 1-2　洁净室及洁净区空气中悬浮粒子洁净度等级

ISO 等级序数（N）	大于或等于表中粒径的最大浓度限值[pc/m³—空气浓度限值按下式计算]					
	0.1μm	0.2μm	0.3μm	0.5μm	1μm	5μm
ISO Class1	10	2				
ISO Class2	100	24	10	4		
ISO Class3	1000	237	102	35	8	
ISO Class4	10 000	2370	1020	352	83	
ISO Class5	100 000	23 700	10 200	3520	832	29
ISO Class6	1 000 000	237 000	102 000	35 200	8320	293
ISO Class7				352 000	83 200	2930
ISO Class8				3 520 000	832 000	29 300
ISO Class9				35 200 000	8 320 000	293 000

注：由于涉及测量过程的不确定性，故要求用三个有效的数据来确定浓度等级水平。

空气中悬浮粒子洁净度以等级序数 N 命名。每一被考虑的粒径 D 的最大允许粒子浓度按下式确定：

$$C_n=10^N\times\left(\frac{0.1}{D}\right)^{2.08}$$

式中：C_n—被考虑粒径的空气悬浮粒子最大允许浓度（pc/m³·空气）。C_n 是四舍五入至相近的整数，通常有效位数不超过三位数；

N—ISO 等级级别，数字不超过 9，ISO 等级级别 N 之间的中间数可以按 0.1 为最小允许增量进行规定；

D—被考虑的粒径（μm）；

0.1—常数，其量纲为 μm。

表 1-2 列出的空气中悬浮粒子洁净度等级及其相应的大于或等于被考虑的粒径的粒子浓度。在有争议的情形下，从上式得出的浓度 C_n 可作为标准值。

目前一般洁净度的检测指标有六个：温度、相对湿度、压差、风速或换气次数（层流）、微粒、菌落数或浮游菌。

■ 检查要点

查看环境检测报告，是否符合选定级别的标准（YY0033）要求。

■ 检查方法

检查企业提供的能够证明洁净室（区）达到规定的洁净度级别的检测报告、测试数据及相关资料。

■ 注意事项

评价洁净室（区）是否达到规定的级别微粒数应用≥0.5μm 和≥5μm 两个指标，微生物数用浮游菌或沉降菌两个指标中的一个即可。

2.2.11　洁净室（区）的温度和相对湿度应当与产品生产工艺要求相适应。无特殊要求时，温度应当控制在 18~28℃，相对湿度控制在 45%~65%。

■ 条款解读

对于洁净室（区）温度、相对湿度，如果产品的生产工艺对温度和相对湿度有特殊要求时，应根据工艺要求确定，如烘干室等。如果没有特殊要求时，一般温度控制在 18~28℃，相对湿度控制在45%~65%，这主要是考虑工作人员的舒适度。温度、相对湿度从条文的字面上看好似不是强制性要求，但如果生产工艺没有特殊要求时企业应按该执行规定。有一种情况需要注意，是可能会将生产过程中由于某些原因导致生产环境的温度、相对湿度不易控制当作生产工艺的特殊要求来对待，从而放宽或提高或降低温度、相对湿度的控制范围。

所以，企业一定要根据生产工艺要求和《医疗器械生产质量管理规范附录无菌医疗器械》的要求在相关文件中做出明确、科学、合理的规定，特别是对产品质量不能有不利影响。一般情况下，温度和相对湿度每班均要进行记录。

■ 检查要点

检查温度和相对湿度装置和日常控制记录是否符合规定的要求。

■ 检查方法

企业一般都会于洁净室（区）内设置温、湿度计（表），可以在查看生产现场注意观察，为了掌握日常控制情况，可查阅日常监测记录。

■ 注意事项

应注意由于某些原因导致生产环境的温度、相对湿度不易控制当作生产工艺的特殊要求的情况。

2.2.12 进入洁净室（区）的管道、进回风口布局应当合理，水、电、气输送线路与墙体接口处应当可靠密封，照明灯具不得悬吊。

■ 条款解读

洁净室（区）的洁净度是通过空气净化调节系统输送洁净空气，以控制和调节洁净室（区）内的温度、湿度、静压差、尘埃数、菌落数，及新鲜空气量等环境参数。各级别洁净度的空气净化处理一般应采取初效、中效、高效过滤器三级过滤。

空气净化调节系统设计时应合理布置送风口和回风口。风口对气流组织有着关键作用，根据送回风量，选择合适的风口，均匀分配，同时避免柱和梁的阻挡。最大可能的减少风量扰动对气流产生的负面效应。应合理利用回风，但是凡工艺过程中产生大量有害物质或气体的生产工序不应利用回风，还应设局部排风装置，排风装置应有防倒灌措施，如中效过滤排风机组。送风、回风和排风的启闭应联锁，系统的开启程序为先开送风，再开回风和排风机，关闭时联锁程序应相反。回风口必须有初效过滤器，以防止在关闭风机时，外界空气中的尘埃倒灌入洁净室（区）。

洁净室（区）的气流应满足洁净度和人体健康的要求，如关键工作操作点应位于洁净空气流的上风侧，对散发有害物质的工作点，人的头部应避免在其空气流正对的下风侧。应使洁净室（区）气流流向单一。非层流洁净室内设置操作台时，其位置应远离回风口。产品也不应摆放在回风口附近，因为回风口处的洁净度比较差。回风口应均匀布置在洁净室（区）的下部，高度应低于工作台面。洁净室（区）内有局部排风装置时，其位置应设在工作室气流的下风侧，以免气流短路。

在设计、建造和对洁净室（区）进行装修时，应考虑使用时便于清洁处理和洁净环境的保持，能耐受清洁处理和消毒或灭菌。所以，洁净室（区）内的水、电、气等输送线路和管道要尽可能暗敷。电气管线管口、安装于墙上的各种电器设备与墙体接缝处应密封。洁净室（区）的顶棚及进入洁净室（区）内的管道、送回风口与墙壁或顶棚的部位均应密封。

洁净室（区）应选用外部造型简单、不易集尘、便于擦拭的照明灯具。宜采用吸顶式安装，不得悬吊，应与顶棚接口密封。同时，照明灯具的使用还要考虑便于维修，并在维修时不产生污染。

■ 检查要点

(1) 洁净室（区）的管道布置是否便于清洁处理和洁净环境的保持。

(2) 送、回风口布局是否合理。

(3) 进入洁净室（区）水、电、气输送线路等与墙体接口处是否可靠密封。

(4) 照明灯具是否为悬吊式。

■ 检查方法

进入洁净室（区）时现场观察送、回风口的布局情况和各种管道与墙体接口处的密封性及灯具的安装，是否会对洁净环境产生不利的影响。

■ 注意事项

若送、回风采用顶送顶回的方式，企业应提供不会产生送风和回风短路的证据。

2.2.13　洁净室（区）内操作台应当光滑、平整、不脱落尘粒和纤维，不易积尘并便于清洁处理和消毒。

■ **条款解读**

洁净室(区)内使用的操作台(包括操作人员的坐凳)的结构要简单,所有暴露在外面的表面(包括底面)都应光滑无缝,不脱落纤维和颗粒状物质,便于清洁处理、消毒或灭菌。除非很有必要,操作台最好不要抽屉。一般应选用不锈钢或无毒塑料,不可用木质或油漆台面。

■ **检查要点**

(1) 洁净室(区)内操作台是否光滑、平整、不脱落尘粒和纤维,并不易积尘。

(2) 是否便于清洁处理和消毒或灭菌。

■ **检查方法**

进入洁净室(区)时现场观察,所有的工作台不应脱落尘粒和纤维、不易积尘,并适应所使用的消毒方法。

■ **注意事项**

操作人员在洁净室(区)坐的凳子也应光滑、平整、不脱落尘粒和纤维,并不易积尘,且便于清洁处理和消毒或灭菌。

2.2.14　生产厂房应当设置防尘、防止昆虫和其他动物进入的设施。洁净室(区)的门、窗及安全门应当密闭,洁净室(区)的门应当向洁净度高的方向开启,洁净室(区)的内表面应当便于清洁,不受清洁和消毒的影响。100 级的洁净室(区)内不得设置地漏。在其他洁净室(区)内,水池或地漏应当有适当的设计和维护,并安装易于清洁且带有空气阻断功能的装置以防倒灌,同外部排水系统的连接方式应当能够防止微生物的侵入。

■ **条款解读**

无菌医疗器械生产厂房,特别是进入洁净区的通道不应是开放式、畅通无阻的,应有防尘、防污染、防止昆虫和其他动物及异物混入的设施,设施的形式可以是多种多样,只要有效就行,如互锁门、门帘、挡鼠板、风幕、捕蝇灯等,或其组合。

洁净区的门和窗结构要简单、表面光滑、密封性好,不易积尘,易擦洗。门框不设门槛,窗与内墙平齐,不留窗台,如有窗台时宜呈斜角,以防积尘并便于清洗。洁净室的门要向洁净度要求高的方向开启，以保持洁净区的正压，防止洁净度要求低的或外界未净化的空气进入洁净区；洁净区与外界接触的玻璃窗应有良好的密封性（建议使用双层密封窗），不得采用木质门窗。如果洁净室（区）的门不能作为安全门使用，须设置专门的安全门，安全门要向安全疏散方向开启，平时密封良好，遇紧急情况时易于打开。安全通道应无障碍，净化路线不应做安全通道。

洁净室（区）的内表面，包括地面、墙面、顶棚和隔断表面应平整、光滑、无裂缝，接口严密，无颗粒物脱落，不积尘。

洁净室（区）内的水池、地漏不得对无菌医疗器械产生污染。洁净度为 100 级的洁净室（区）内不应设地漏，10 000 级、100 000 级洁净室（区）内，也应少设地漏，如必须设置时，要求地漏材质不易腐蚀，内表面不易结垢，有密封盖，开启方便，且带有空气阻断功能的装置以防废气倒灌，同外部排水系统的连接方式应当能够防止微生物的侵入。必要时还应根据工艺要求进行消毒或灭菌处理。

■ 检查要点

(1) 生产厂房是否设置了防尘、防止昆虫和其他动物进入的设施。

(2) 洁净室（区）的门、窗及安全门的密封性，洁净室（区）的门的开启方向是否符合要求。

(3) 洁净室（区）的内表面是否便于清洁处理，不受清洁和消毒或灭菌的影响。

(4) 若有 100 级的洁净室（区），是否设置有地漏；在 100 级以外的洁净室（区）内，若设置了地漏，是否符合要求。

■ 检查方法

进入洁净室（区）时现场观察。

■ 注意事项

如果由于开启方向原因，洁净室（区）的门不能作为安全门使用，须设置专门的安全门。

2.2.15　洁净室（区）内使用的压缩空气等工艺用气均应当经过净化处理。与产品使用表面直接接触的气体，其对产品的影响程度应当进行验证和控制，以适应所生产产品的要求。

■ 条款解读

本条款是对洁净室（区）内使用的工艺用气的要求。在无菌医疗器械的生产和检验过程中，都有可能会使用各种气体，如吹塑、挤塑，使用气体检漏，清洗后用气体吹干等。

对进入洁净室（区）内、在使用中会释放到洁净室（区）中，会污染洁净环境和产品的工艺用气，包括压缩空气或各种元素气体等应进行控制，要选择适宜的能满足洁净区要求的产气设备，如优先选用无油空压机等，应对气体进行净化处理，如加装油汽分离、汽水分离和过滤等气体净化处理装置，这些装置的结构和原理表明经过处理的气体确实能满足无菌医疗器械的质量要求。

对于接触无菌医疗器械使用表面的气体，即气体通过或吹向无菌医疗器械上与药液、人体血液或组织接触的表面，对这类工艺用气经过处理后达到什么状况，其对产品的影响程度如何，是否能满足产品质量的要求，还应进行验证，并按验证时的要求对工艺用气进行日常控制。主要是验证和控制工艺用气中所含的微生物和微粒（包括液体微粒），以免对产品造成二次污染。

■ 检查要点

(1) 检查工艺用气的净化处理装置及管路设置，工艺用气是否经过净化处理。

(2) 对与产品使用表面直接接触的气体是否对产品所造成的影响进行了评价和验证，并根据评价和验证的结果规定了控制措施并实施。

■ 检查方法

采用现场检查和查阅设备档案的方式检查工艺用气的净化处理装置的设置及其原理能否达到净化处理的目的；并检查其验证和日常控制记录。

■ 注意事项

验证的项目和方法应能反映实际应用情况，并且是可行的。

2.2.16　洁净室（区）内的人数应当与洁净室（区）面积相适应。

■ 条款解读

本条款是对洁净室（区）的工作人员要与洁净室（区）的面积相适应，以免洁净室（区）

的人员过于密集，影响生产环境，从而影响产品质量。因为人是无菌性医疗器械生产中主要的污染源，如人体表面、呼吸道、人的动作等都会产生污染物。

1. 人体表面

如皮屑、细菌、头发、有机物、汗水、汗毛等。虽然人们经常清洁皮肤，但由于人类不断参加生产活动，频繁接触被污染的环境和物体；存在于皮肤深层的微生物又不易除去，随人体排汗降温，不断向外排放微生物而污染环境、物品。据有关资料记载，一个人静止时每分钟可散发微粒（皮屑、毛发、微生物等）、小水珠达 250 万个，其大小为 0.3~1μm。正常人体表面及腔道微生物分布详见表 1-3。

表 1-3　正常人体微生物的分布

部位	主要微生物种类
口腔	白色葡萄球菌、绿色链球菌、类白喉杆菌、梭形杆菌、螺旋体、真菌
胃	一般无菌
肠道	大肠埃希菌、产气杆菌、变形杆菌、铜绿假单胞菌、葡萄球菌、粪链球菌、产气荚膜杆菌、破伤风杆菌、真菌、腺病毒等
鼻咽腔	葡萄球菌、绿色链球菌、类白喉杆菌、卡基儿球菌、铜绿假单胞菌、大肠埃希菌、副大肠埃希菌、变形杆菌、腺病毒
尿道	（男）前尿道：白色葡萄球菌、类白喉杆菌 （女）无菌或少数革兰氏阳性球菌
阴道	阴道杆菌、大肠埃希菌、粪链球菌、耻垢分枝杆菌
皮肤	葡萄球菌、类白喉杆菌、大肠埃希菌、变形杆菌、真菌
外耳道	葡萄球菌、类白喉杆菌、铜绿假单胞菌、非病原性抗酸菌
眼结膜	白色葡萄球菌、结膜干燥杆菌、类白喉杆菌

可见做好个人卫生，严格做好上班前的洗手及工间不时消毒手指皮肤的重要。

2. 呼吸道

呼气、咳嗽、喷嚏等均可呼喷出大量的有机物、细菌、真菌等。由于鼻咽部存在大量微生物，人在正常呼吸时，每分钟可向大气排放 1000~1500 个菌。在上呼吸道感染时，咳嗽和喷嚏播散飞沫、微生物的作用更强烈（表 1-4）。

所以，对于以控制生物为目的的洁净室，必须限制上呼吸道感染人员进入洁净室。由于上述的原因，口罩的使用也是必不可少的。

洁净厂房的要求是对 0.5μm 以上的微粒进行控制，为此人员在洁净区内的一举一动都将成为微粒物质的发生源。操作人员各种动作产生的微粒数及其动作增加微粒数情况列于表 1-5。

表 1-4　喷嚏和咳嗽所产生的飞沫滴情况

颗粒直径(μm)	颗粒数量		颗粒直径(μm)	颗粒数量	
	喷嚏	咳嗽		喷嚏	咳嗽
<1	800 000	66 000	4~	16 000	700
1~	686 000	21 300	8~15	1600	38
2~	101 000	2800	总数	1 604 600	90 838

表 1-5　每分钟操作人员运动产生的 0.3μm 以上的微粒数

尘粒数	动作说明	尘粒数	动作说明
100 000	站立或坐、没有动作	7 500 000	行走 5.6km/h
500 000	手、前腕、颈、头部动作	10 000 000	行走 8.15km/h
1 000 000	手、前腕、颈、头部动作、下肢动作	15 000 000	
2 500 000	站立后坐下，或相反	30 000 000	跳跃
5 000 000	行走 3.2km/h		

因此，洁净室人员的各种动作均要加以限制，并对操作人员进行教育，使他们充分理解洁净室限制各种动作的意义，这是很重要的。

因为每个人都能散播微生物和颗粒，因此任何人员，包括那些临时的或短暂进入洁净区域的人员，都有可能与产品或工作环境接触(包括未实际生产产品的时间)，都可能对产品或工作环境造成污染，因此除了对进入洁净室(区)内人员的服装、清洁和健康状况因素进行控制之外，还应控制进入洁净室(区)内的人数，使其与洁净室(区)面积相适应。

洁净室(区)的人数控制一般是在洁净室区设计时根据生产需要设定的。GB50073-2013《洁净厂房设计规范》4.3.5 中规定："根据不同的空气洁净度等级和工作人员数量，洁净厂房内人员净化用室和生活用室的建筑面积应合理确定，并宜按洁净区设计人数平均每人 2~4m^2 计算"，这里的人均面积是指人员净化用室和生活用室的面积，而非指洁净室(区)面积，这里间接说明，人员净化用室和生活用室已经对洁净室容纳人员数有了限制。GB50073-2013《洁净厂房设计规范》6.1.5 中规定："洁净室内的新鲜空气应取下列两项中的最大值：1. 补偿室内排风量和保持室内正压值所需新鲜空气量之和；2. 保证供给洁净室内每人每小时的新鲜空气量不小于 40m^3"。

因此，洁净室(区)内的人数可以这样计算管理：①保证室内每人每小时的新鲜空气量不小于 40m^3，从而可以依据各个区域送风量来推算出洁净室(区)内可容纳的最大人员数量；②根据洁净厂房内人员净化用室和生活用室的建筑面积，推算出洁净室(区)内可容纳的最大人员数量；③生产企业根据上面两条中确定的最大人员数量，合理选择应实际控制的最大人员数量，对生产企业确定的实际控制的最大人员数量进行验证，证明确定的最大人员数量能够确保洁净室(区)内无菌医疗器械生产的洁净度要求。

■ 检查要点

(1) 检查洁净室(区)工作人员数量上限的验证记录,以确认能够满足洁净控制要求。

(2) 核实现场工作人员数量并查看相关记录,是否超过验证时所确认的人员数量上限。

■ 检查方法

查阅人员上限的验证记录,抽查核实现场工作人数。

■ 注意事项

分清人均净化面积和人员净化用室的概念。

常见问题和案例分析

◎ 常见缺陷

(1) 厂区绿化的植物散发尘粒、纤维,如花粉、絮状物等。

(2) 与生产区相邻的生活区有物品露天堆放或开放性生活垃圾等物。

(3) 同一洁净室(区)内不同的生产过程或生产不同的产品,存在交叉污染。

(4) 同级别洁净区内不同洁净室,存在要求高的与要求低的或有可能产生污染的,其间的压差梯度不合理。

(5) 外购的初包装材料,未提供出在相应洁净环境下生产的证据。

(6) 人流、物流存在交叉污染的情况。

(7) 为了符合消防要求,洁净区的门不是向洁净度要求高的方向开启。

(8) 对洁净室(区)工作人员的上限未进行验证。

◎ 典型案例分析

【案例一】 检查员在某无菌医疗器械企业的洁净室进行现场检查时,发现装配操作人员的手普遍很干燥和粗糙,甚至有的有细皮屑脱落。经询问陪同人员说,操作人员进洁净区用酒精对手进行消毒,每隔两个小时,再用酒精擦手进行再消毒,时间长了手就这样。

分析:人工装配操作人员的手直接接触产品,手上皮屑脱落有的看得见,还有更多看不见的细微颗粒,这本身就有可能会对产品造成污染。因此消毒效果不仅要考虑杀灭微生物,还应考虑对手的保护,从而保证产品质量。

【案例二】 检查员在某无菌医疗器械企业的洁净室进行现场检查时,发现装配操作人员戴着手套在操作。走出洁净区后检查员让陪同人员带着查看了所用手套的存放情况,发现所用手套放置在纸盒中,仅其包装形式就不能满足洁净环境的要求。

分析:如果不是裸手操作,而是戴手套,应当考虑手套的生产环境,是否是在洁净环境中生产或用纯化水在洁净环境中进行末道清洗并干燥后密封包装。也可以由使用企业进行清洁处理,并进行验证是否能满足洁净操作的要求,如测试一下微粒和微生物初始污染。否则,手套就会给生产环境和产品带来很严重的污染。

(王延伟)

第三节 设 备

2.3.1 生产设备、工艺装备和工位器具应当符合洁净环境控制和工艺文件的要求。

■ 条款解读

这一条款是对洁净区内使用的生产设备、工艺装备和工位器具的要求。要求洁净区内使用的全部设备(不仅限于生产设备)与工艺装备等正常运转时不应因发尘、扬尘、积尘和不便于清洁处理而影响洁净区的洁净度。因此,要求进入洁净区内的设备,除满足产品品种、生产规模及其生产工艺参数等要求,布局要合理,便于操作、维修和保养外,还要符合空气净化的要求,具有防尘、防污染措施,其结构简单、噪音低、运转不发尘。

生产设备、工艺装备、管道的表面无能应光洁(滑)、平整、无缝隙、无颗粒性或纤维性物质脱落,并易于清洗或清洁处理和消毒或灭菌。

若购置的设备和设施不能满足洁净区和无菌医疗器械生产的要求应进行改造和装饰。如对于表面不平整、暴露在外面的传动机构和部件建议用不锈钢或其他不影响环境和产品质量的类似材料罩起来。

工艺装备是属于人、机、料、法、环、测中"法"的重要条件之一,即为了保证加工工艺(作业指导书或工艺规程)实施的基础手段。工艺装备质量的好坏对生产能力和产品质量起着决定性的作用,特别是那些靠工艺装备来保证产品质量的生产过程,如输液器生产中导管的挤出模具、滴斗的吹塑模具等,完全是通过对工艺参数的控制并借助模具来保证零件的外观、尺寸和内在品质。因此,必须制定工艺装备的管理文件,在外购或外协工艺装备的验收,自制工艺装备的检验及新工艺装备的检验,在用工艺装备的检查、维护和管理及维修等方面做出规定,以保证工艺装备的质量,从而保证所生产零配件的质量,进而保证医疗器械成品的质量。

使用工位器具的目的就是为了在生产过程中保障产品或零配件运送、传递和储存时免受污染和损坏,所以要配备足够数量的工位器具,也就是说在生产现场,从原料开始到产品包装前,所有的物料、零配件和半成品都应放置在清洁的专用工位器具中,而且工位器具表面要光洁、平整、不得有物质脱落,要具有良好的密封性,易于清洗和消毒。一般生产区与洁净室(区)、不同级别的洁净区内的工位器具要严格分开存放、有明显标记,以免混用产生交叉污染。

■ 检查要点

(1) 现场考察洁净区内使用的所有设备、工艺装备、工位器具不能对洁净区产生污染。

(2) 现场考察洁净区内使用的所有设备、工艺装备、工位器具满足生产工艺文件规定的要求。

(3) 检查设备、工艺装备、工位器具的管理规定中是否体现了维持洁净环境的要求。

■ 检查方法(增加内容)

查阅文件规定并进行现场考察,所有设备、工艺装备、工位器具均应满足洁净区的要求和生产要求。

■ 注意事项

工位器具会不会起到防止污染、损伤产品的作用。

2.3.2 洁净室(区)空气净化系统应当经过确认并保持连续运行,维持相应的洁净度级别,并在一定周期后进行再确认。

若停机后再次开启空气净化系统,应当进行必要的测试或验证,以确认仍能达到规定的洁净度级别要求。

■ 条款解读

1. 空气净化系统

生产环境的洁净度是保证无菌医疗器械质量的前提,无菌医疗器械生产中最常用的空气净化系统主要有初效、中效、高效空气过滤器和空调机组、风管等的送风系统,一般在空气净化送风系统中装有加湿装置、去湿装置、空气温度调节装置和风量调节及控制系统等。新风经初效过滤器与回风混合再经空气温度调节装置、风机、中效过滤器、高效过滤器送至洁净室(区)。无菌医疗器械生产中通过使用空气洁净技术,使洁净室(区)空气中的悬浮粒子数、微生物(沉降菌数或浮游菌)和洁净室(区)温、湿度及压差等符合《医疗器械生产质量管理规范》本附录规定的洁净度级别的要求,以及生产工艺的要求,从而确保医疗器械的生产质量。

2. 空气净化系统的确认

为确保空气净化系统能够达到生产环境的要求,洁净厂房设施安装完成后,应对空气净化系统进行确认，确认包括设计确认、安装确认、运行确认和性能确认。

(1) 设计确认　根据国家相关规范(如《洁净厂房设计规范》《医药工业洁净厂房设计规范》等)、《医疗器械生产质量管理规范附录无菌医疗器械》的要求、所生产产品需要的洁净度级别控制要求、生产工艺流程等对空气净化系统设计文件和资料进行核查，以确保空气净化系统的设计能够满足规范和产品对生产环境的要求。建议由有医药工业洁净厂房设计资质和(或)经历的单位进行设计。

(2) 安装确认　对空气净化系统安装的正确性、合理性、规范性进行确认，检查系统的制作加工与安装、设备与仪器仪表的品牌和型号选择是否符合设计文件或相关文件(如招标文件)的要求。同样建议由有洁净室或净化系统安装资质和(或)经历的队伍进行安装和施工。

(3) 运行确认　确认空气净化系统中的设备、设施包括控制系统等能否达到设定的空气洁净度参数要求。可以在确认所有相关设备、系统的监控设施运行正常时，通过测试高效过滤器的密封性、洁净室(区)的气流组织、空气微粒和微生物、风速和(或)换气次数、静压差、温度、相对湿度、自净时间等进行确认。是否达到洁净室(区)洁净度等级的设置，以静态测试结果为依据。

(4) 性能确认　确认空气净化系统包括设备、仪器和设施等在设定条件下运行时能持续达到预期要求。可以通过选择几个周期的动态测试结果，如空气微粒和微生物、风速和(或)换气次数、静压差、温度、相对湿度、自净时间等进行评价。

3. 再确认

经过一段时间的运行后或对系统进行了检修或更换了主要设备等，应对空气净化系统进行再确认，确保其仍能为医疗器械生产提供符合规范要求及生产工艺要求的环境条件。

4. 关于连续运行

本条款要求，洁净室(区)空气净化系统应当保持连续运行，维持相应的洁净度级别，若停机后再次开启空气净化系统，应当进行必要的测试或验证，以确认仍能达到规定的洁净度级别要求。

如果无菌医疗器械的生产企业在停止生产后，仍然需要保持洁净(室)区空气净化系统的连续运行。由于在此段时间内不进行生产活动，没有人员在现场，生产设备也不工作，可以在保持空气中微粒和微生物达到洁净度级别的前提条件下，通过适当放宽温度、相对湿度，适当降低送风量、静压差，适当减少新风，若有排风可适当停止部分排风，即非生产模式。怎么样做才算“适当”，在由非生产模式转向生产模式运行时，过渡时间的长短、自净时间等需要进行验证，通过验证确定并采用对生产和非生产时采取不同的运行模式，保持空气净化系统的连续运行。

如果由于节假日、停产或设备检修等原因，洁净室（区）空气净化系统需要停机，不能保持连续运行，那么停机后再次开启空气净化系统，应当进行必要的测试或验证，以确认仍能达到规定的洁净度级别要求。如投入生产前进行全项的检测，全部指标合格后才能重新投入生产；节假日等经常性停机，经过验证的过程控制方法能够满足洁净生产环境的要求，不需要每次停机后都进行验证，只按验证的过程控制方法进行控制就可以，但经过一定的时间或净化系统调整、大修后要进行再验证。

■ 检查要点

(1) 检查洁净室（区）空气净化系统的确认和（或）再确认记录。

(2) 如果洁净室（区）空气净化系统不连续使用，应当通过验证明确洁净室（区）空气净化系统重新启用的要求，并查看每次启用空气净化系统前的操作记录是否符合控制要求。

(3) 如果未进行验证，在停机后再次开始生产前应当对洁净室（区）的环境参数进行检测，确认达到相关标准要求。

■ 检查方法

检查企业的质量管理体系文件时，查阅对空气净化系统连续运行、停机后重新启用方面的规定，及按规定所进行的确认、验证记录；在现场检查空气净化系统时，询问工作人员连续运行的情况，并查看运行记录。

■ 注意事项

空气净化系统连续运行中非工作运行模式参数的确定和验证的验证情况。

2.3.3　应当确定所需要的工艺用水。当生产过程中使用工艺用水时，应当配备相应的制水设备，并有防止污染的措施，用量较大时应当通过管道输送至洁净室（区）的用水点。工艺用水应当满足产品质量的要求。

■ 条款解读

企业应当根据产品质量要求和生产工艺确定生产过程中所需要的工艺用水（饮用水、纯化水、注射用水）的种类和用量，配置相应的设备设施，以满足生产过程中对工艺用水的需求。若产品的加工过程需要工艺用水时，如产品需要进行清洗或工艺用水参与产品的形成过程，甚至成为产品的组成成分，企业须配备所需要工艺用水的制备设备，当工艺用水的用量较大时，应通过管道输送到洁净区的用水点。

关于工艺用水应当满足产品质量的要求，经过政府监管部门的监管人员、企业代表、行业的专家进行广泛的讨论，达成共识：对于直接或间接接触心血管系统、淋巴系统或脑脊髓液或药液的无菌医疗器械，如果工艺用水是最终产品的组成成分时，必须使用符合《中国药典》要求的注射用水，即不仅注射用水的性能指标要符合《中国药典》的要求，制备方法也要和《中国药典》的规定相一致（纯化水经蒸馏）；如果工艺用水仅仅是用于末道清洗，可以使用符合《中国药典》要求的注射用水或用超滤等其他方法产生的同等要求的注射用水，也就是说，注射用水的性能指标要求必须符合《中国药典》的要求，但制备方法可以和《中国药典》规定的相一致，也可以不一致，应支持采用先进的技术和工艺，但所用的技术和工艺必须有科学依据。与人体组织、骨腔或自然腔体接触的无菌医疗器械，末道清洗用水允许使用符合《中国药典》要求的纯化水，但对于植入人体的无菌医疗器械末道清洗最好是使用注射用水。

纯化水和注射用水的检测项目在《中国药典》上均有规定，企业应规定科学、合理的工艺用水的检测频次，并按规定的频次进行检测。如果饮用水不是公共供水系统提供的自来水，应提供符合饮用水国家标准要求的证据，如有资质的单位出具的检验报告等。

工艺用水是通过对制水系统的验证和日常监控来保证水质的质量符合要求，水质检验是作为日常控制的手段之一，并非是作为工艺用水放行使用的依据。水质情况肯定是波动的，但应在控制指标以内变化。

对于纯化水，由于洗手、清洗洁净服、工位器具，与产品接触的设备或工作台面等的清理卫生、消毒剂的配制等用量较大，企业应当具备制备纯化水的条件，并通过管道输送到用水点。如果在产品的生产加工过程中使用注射用水，在用量很少的情况下，即便是产品的组成成分，也应当允许企业购买按药品管理的灭菌注射用水。因为在制水设备不经常工作的情况下，购买的灭菌注射用水比企业自己制备的注射用水更有质量保证，可作为特殊情况处理，不强制要求一定要具备注射用水制备设备。不管是企业制备工艺用水还是购买工艺用水，在水的存放和往洁净区输送或传递中都要有防止污染的措施，确保工艺用水在传递或输送时不会造成产品的再次污染和对环境的不利影响。

■ 检查要点

（1）检查企业对所需工艺用水的种类和用量的分析报告或确定制备工艺用水设备的相关资料。

（2）检查工艺用水制备设备是否能满足产品生产中工艺用水的要求，包括材质和结构组成，水的输送方式及其防污染措施等。

(3) 对于直接或间接接触心血管系统、淋巴系统或脑脊髓液或药液的无菌医疗器械，若水是最终产品的组成成分时，是否是符合《中国药典》要求的注射用水或用于末道清洗是否是注射用水；对于与人体组织、骨腔或自然腔体接触的无菌医疗器械，末道清洗用水是否是符合《中国药典》要求的纯化水。

(4) 如果注射用水的用量很少时，是否购买的是合法企业生产的灭菌的注射用水。

■ 检查方法

现场考察工艺用水的制备设备系统状态，查阅情况和文件资料的检查两部分，但在实际检查过程中应特别注意现场查看、询问、记录的情况与企业的文件规定、记录的符合性。

■ 注意事项

现场查看洁净区(室)内工艺用水输送管道的布局情况，使用工艺用水的功能间是否均设置了出水点。

2.3.4 应当制定工艺用水的管理文件，工艺用水的储罐和输送管道应当满足产品要求，并定期清洗、消毒。

■ 条款解读

当需要工艺用水时，企业应在文件中对工艺用水的管理做出规定，包括工艺用水的制备、检验、储存，制水系统验证、水质监控等；工艺用水的储罐和输送管道应用不锈钢或其他无毒材料制成，以满足产品质量的要求，并且工艺用水的储罐和输送管道应定期清洗、消毒，定期应有具体期限，清洗、消毒要规定具体的方式方法。特别是工艺用水管道的清洗和消毒，不仅要保证清洗、消毒效果的有效性，还要能有效排出清洗、消毒后残留的液体。

为指导医疗器械生产企业做好工艺用水质量管理工作，提高工艺用水质量安全保证水平，国家食品药品监督管理总局《医疗器械工艺用水质量管理指南》，给出了工艺用水的概念、使用范围和质量管理指南。工艺用水是指医疗器械产品实现过程中使用或接触的水的总称，以饮用水为源水，主要包括符合《中国药典》规定的纯化水、注射用水和灭菌注射用水，还包括体外诊断试剂用纯化水、血液透析及相关治疗用水、分析实验室用水等。工艺用水主要用于：可作为产品的组成成分；可用于试剂的配制；可用于零部件、半成品或外协件、成品、包装材料的清洁；可用于产品的检验；可用于洁净环境的清洁；可用于洁净室（区）内直接接触产品的工艺装备、工位器具、设施设备的清洁；可用于洁净室（区）内工作服及人员的清洁等。

■ 检查要点

⑴ 现场查看工艺用水的储罐和输送管道应当用不锈钢或其他无毒材料制成，应当定期清洗、消毒并进行记录。

⑵ 检查工艺用水的种类、使用环节、制备方法、使用过程以及储存的规定，及工艺用水有关的法规文件、技术标准，应有明确的工艺用水的标准。

■ 检查方法

现场查看制水设备的输送管道的材质和结构组成；询问制水人员制水设备管道的清洗消毒要求（频次、消毒方法、操作流程）、工艺用水的使用环节和储存要求是否与管理规定一致。

■ 注意事项

工艺用水的水种和流向标识，使用多种水时，输水管道上应明示工艺用水种类以及流向。

2.3.5 与物料或产品直接接触的设备、工艺装备及管道表面应当光洁、平整、无颗粒物质脱落、无毒、耐腐蚀，不与物料或产品发生化学反应和粘连，易于清洁处理、消毒或灭菌。

■ 条款解读

这一条要求设备、工艺装备及管道上与产品和物料接触的表面不得污染产品。凡是与形成产品的物料、半成品或产品接触的设备、工艺装备及管道表面，在设计、选型时应当考虑其结构形式和表面加工的技术要求应能达到光洁、平整、无死角，易于清洗和消毒或灭菌；所选择或使用的材质必须无毒、耐腐蚀、无颗粒物质脱落，不会与物料或产品发生化学反应和粘连，能够耐受所用的清洗和消毒或灭菌方法。如果选用的是普通工业生产用的设备，如工业注塑机、挤出机等，与产品和物料接触的表面会对产品有不良影响，要重新进行改装。自制或外购的工艺装备及管道，在设计、制造、选材或选购时必须符合本条款的要求。

■ 检查要点

(1) 检查设备、工艺装备、管道设计结构、材质及加工要求是否符合要求。

(2) 检查设备、工艺装备、管道的实际工作状况是否满足要求。

■ 检查方法

查阅设备、工艺装备、管道的设计图样；核查生产现场中设备、工艺装备、管道的实际工作情况。

■ 注意事项

所用消毒或灭菌方法是否会产生影响产品质量的残留物。

常见问题和案例分析

◎ 常见缺陷

(1) 设备为普通工业产品生产设备，表面不光滑，且凹凸不平，传动部件(如齿轮、链条、皮带等)暴露在外面。

(2) 设备上与产品接触的表面为普通油漆表面，且有脱落痕迹。

(3) 工艺用水的输送管道为普通塑料管。

(4) 洁净室(区)的工位器具为网状塑料盒。

(5) 挤出塑料导管的冷却水为饮用水。

◎ 典型案例分析

【案例一】 某无菌手术衣生产企业，无纺布的下料、剪裁、缝制均在非洁净区内，加工完成后通过双层传递窗进入洁净区，进入洁净区内进行包装和封口，通过双层传递窗进入非洁净区并灭菌。

分析：进入洁净区前应当增加进行清洁处理的过程，以保护洁净区的环境条件和满足产品微粒物质、落絮等指标要求。

【案例二】 检查员在审核洁净室(区)日常管理的记录中发现：2016 年 11

月7日净化车间开启时间为8:30，温、湿度记录时间为8:40，生产过程中首检记录为8:35，检查员询问洁净区的负责人有关洁净区停用并净化系统停止工作后再启动的管理要求，洁净车间负责人介绍：一是企业放长假后洁净区都要重新打扫、清洁消毒，然后对洁净区进行全部检测合格后才能开工；二是对于星期六、星期天停机后洁净区也要打扫卫生后才能开工；三是平时每个工作日，谁先到公司谁开空气净化系统，先到先开工，洁净区内的员工都知道这些要求，没有制定作业文件。

分析：从净化车间日常管理的记录可以判断，空气净化系统启动后工人直接进入车间进行了生产作业；从洁净车间负责人介绍的第二种情况，可以判断洁净区在停用后，开工前虽然进行了清洁，但清洁后在未知洁净区状况是否符合要求的情况下进行了生产作业；从洁净车间负责人介绍的第三种情况，可以判断净化车间停用后、重新启动空气净化系统工作人员就直接进入了生产作业；从车间负责人介绍中，我们还初步掌握了企业未对净化车间停用重新启动后的要求进行验证和做出规定。

【案例三】 检查员在某无菌生产企业检查过程时，发现该企业文件规定用于产品配制的工艺用水为外购普通饮用水企业生产的瓶装"蒸馏水"。该企业生产规模较大，企业自身未配备蒸馏水制水设备，洁净室生产现场直接使用瓶装蒸馏水连接生产设备。检查员要求企业提供工艺用水的管理文件，该企业仅提供了供应商检测报告以及企业依据GB5749-2006《生活饮用水卫生标准》检测的工艺用水检测报告，不能提供工艺用水验证报告、供应商审核报告以及"蒸馏水"质量标准。

分析：蒸馏水不是《医疗器械工艺用水质量管理指南》中明确的工艺用水种类；企业生产规模较大，用水量大，直接将瓶装水放入洁净车间，接入生产设备，而不配备制水设备、不使用管道输送，对生产环境和产品质量控制均带来不利影响；企业没有提供瓶装蒸馏水的验证报告，其水质要求、瓶装形式、运输形式均未验证，也未对瓶装蒸馏水供应商进行审核，自身也不具备瓶装蒸馏水的检测能力，不能确认其采购瓶装蒸馏水是否满足产品质量要求。

【案例四】 检查员在某无菌生产企业现场检查时，发现洁净车间中仅清洗间、器具洗涤间通入了纯化水输送管路，洁具间工艺用水点未通入纯化水输送管路，生产车间的拉管机的冷却及洁净服的清洗均采用饮用水。查看质量管理体系文件，发现生产用拉管机冷却水及洁净服清洗用水应使用纯化水。

分析：企业未根据产品质量和生产工艺来确定所需工艺用水的种类和用量，在生产过程中因产水量与实际用量不相适应，擅自改为饮用水，未对变更工艺用水是否会造成产品污染进行验证，不能确保产品质量安全。

【案例五】 检查员到某无菌高分子材料生产企业现场检查时，发现该企业的不合格品记录显示，大部分不合格品的问题是中间品注塑件表面出现黑点。检查员针对这一情况，在生产现场时查看了料筒内部情况，发现料筒内壁及螺杆上黏结烧焦物，且料筒、螺杆表面不光滑。

分析：该料筒与物料直接接触，注塑物料易黏结在料筒表面，由于企业大批量连续生产，难以及时清理，导致出现黑点。该企业未对工艺设备进行验证，没有配置表面光洁、平整且不与物料粘连的注塑机料筒，也没有建立合理的注塑机清理操作规范，不能确保产品质量安全。

（王延伟　潘寰）

第四节　设 计 开 发

2.4.1　生产企业灭菌的，应当明确灭菌工艺(方法和参数)和无菌保证水平(SAL)，并提供灭菌确认报告。

■ 条款解读

灭菌过程作为无菌医疗器械生产的特殊过程，是医疗器械生产过程中的需要定期验证和重点控制的过程。产品灭菌的目的是使产品无任何类型的存活微生物，在灭菌过程中，微生物的死亡规律是用指数函数表示的。因此任何单位产品上微生物的存在可用概率表示，概率可以减少到很低，但不可能为零，该概率可用无菌保证水平（SAL）表示，通常无菌概念是指无菌保证水平（SAL）达到 10^{-6}，即一百万件产品中可能存在活微生物的概率为 1。

无菌医疗器械生产常用的灭菌方法有：环氧乙烷灭菌（EO 灭菌）、辐照灭菌、高压蒸汽灭菌等。生产企业应该根据自己的产品特点选择合适的灭菌方式，并通过充分地验证建立灭菌方法，确定灭菌参数。

医疗器械灭菌确认一般分为安装确认（IQ）、操作确认（OQ）和性能确认（PQ）。①安装确认是指：获得证据并用文件证明灭菌设备及其附属设施，已按照规定的要求被提供和安装；②操作确认是指：当设备按程序运行时，获得证据并用文件来证明已安装的设备，有能力在指定的允差范围内提供特定的过程；③性能确认是指：获得证据并用文件证明设备能够在预先设定的参数下持续运行，且这个过程加工后的产品是无菌的，性能确认一般包括物理性能确认和微生物性能确认，器械所使用的材料对灭菌方法的适用性，也是性能确认中的重点。

■ 检查要点

(1) 检查是否有重点设备的安装确认报告。是否制订了灭菌工艺操作规程，操作规程中是否明确了灭菌方法和详细的灭菌操作过程、灭菌参数和无菌保证水平。是否保持了每一灭菌批的灭菌过程参数记录，灭菌记录应当可追溯到产品的每一生产批。

(2) 检查是否编制了灭菌确认方案，方案是否经过评审（灭菌确认方案参见 2.6.9）。

(3) 检查是否按照灭菌确认方案进行了灭菌确认，在产品、灭菌设备、工艺参数等发生变化时是否对灭菌过程进行再确认。查看灭菌确认报告。

(4) 若存在使用第三方的灭菌设备，查看是否能够提供第三方资格认证的有关报告以及最终的确认方案、记录和报告。

■ 检查方法

根据灭菌工艺操作规程，现场询问负责灭菌工艺的技术人员有关的灭菌参数和工艺过程，留心其回答是否与操作规程一致。

■ 注意事项

结合 2.6.9，对灭菌确认中的产品性能确认不仅包括微生物性能确认，还包括物理性能确认，即灭菌过程对产品和包装物理机械性能的影响。

2.4.2 如灭菌使用的方法容易出现残留，应当明确残留物信息及采取的处理方法。

■ 条款解读

容易出现灭菌剂残留的灭菌方式主要是环氧乙烷灭菌，以及戊二醛、甲醛、过氧乙酸灭菌等，通过这些方式灭菌后，必须用适当的方式去除残留的灭菌剂，比如解析、清洗，并且这些去除灭菌剂的方式必须是经过验证的，根据验证结果，如果这些灭菌残留物无法通过后期加工和处理方式予以彻底去除，就必须在技术要求中给出限量和检验方法，并确保灭菌剂残留量在安全的限量内。残留物许可限量的建立可参考 GB/T16886.17《医疗器械生物学评价 第 17 部分 可沥滤物允许限量的建立》，环氧乙烷灭菌的限量要求和检测方法可参照 GB/T16886. 7《医疗器械生物学评价 第 7 部分 环氧乙烷灭菌残留量》。

■ 检查要点

(1) 如采用了容易产生灭菌剂残留的方法灭菌，检查是否编制了去除灭菌剂残留的生产工艺操作规程，该工艺是否经过验证，查看验证方案和验证报告。

(2) 检查是否编制了灭菌剂残留量的检测操作规程，检查是否按照操作规程进行了检测，查看检测报告。

(3) 如采用了容易产生灭菌剂残留的方法灭菌，检查是否制订了灭菌剂的无害化管理规程，并查看相应记录。

■ 检查方法

(1) 如采用了容易产生灭菌剂残留的方法灭菌,现场查看是否具有去除灭菌剂残留所需要的设备,以及是否具有将灭菌剂无害化处理的设备。

(2) 对于采用环氧乙烷灭菌的,是否规定环氧乙烷的解析条件和环氧乙烷残留量检测方法,是否验证了解析全过程,是否有验证报告。

(3) 对于采用环氧乙烷灭菌的,检验必备的气相色谱仪或分光光度计是否经过校准并有标识,检验所用的标准物质是否有溯源文件。如果是参数放行,是否建立了灭菌参数放行的规程,灭菌参数放行的过程是否进行了确认和再确认。

■ 注意事项

环氧乙烷等灭菌剂是毒性较大的物质,必须严格控制其在产品上的残留量在安全范围内。另外,为防止用过的灭菌剂对环境的污染,灭菌剂的安全使用和无害化处理也是需要关注的环节。

常见问题和案例分析

◎ 常见缺陷

(1) 产品辐照灭菌确认不完整,例如辐照剂量、时间的确认,辐照对产品物理机械性能的影响等。

(2) 产品采用环氧乙烷灭菌后,缺少解析条件(如解析时间,是否强制通风等)、解析后残留物时间变化曲线等,解析过程未经过有效验证。

◎ 典型案例分析

【案例一】 检查员在检查某无菌医疗器械生产企业时,发现产品采用的是戊二醛灭菌,但企业未能提供戊二醛残留量的验证报告。

分析:该产品是在戊二醛溶液中保存的,戊二醛溶液既是灭菌剂,又是保存液。根据产品说明书,产品使用前需要用生理盐水清洗三遍,但企业并不能提供证据表明清洗三遍后戊二醛残留量是安全的。因此,必须进行戊二醛残留量的验证试验，保证残留量在安全的范围内。

【案例二】 检查员在检查某无菌医疗器械生产企业时，产品采用的是环氧乙烷灭菌，产品灭菌后放置于解析室。查看解析工艺验证文件，未见有湿度、温度，换气次数，叠放方式、多点取样、挑战样品取样等因素对解析效果的影响分析，也未见在给定条件下、产品灭菌后残留物随时间变化的曲线。

分析：采用环氧乙烷灭菌的产品，灭菌后环氧乙烷会或多或少地吸附在产品表面，因此灭菌后的解析过程是非常重要的。解析室的湿度、温度，换气次数，产品的叠放方式都会影响环氧乙烷的解析速率；在给定的条件下，需要确定环氧乙烷的解析时间，即产品灭菌后至产品的环氧乙烷残留量合格，产品在解析室放置的时间。绘制产品灭菌后环氧乙烷残留量随时间变化的曲线是确定解析时间的有效方法，例如绘制产品灭菌后 3 天、5 天、7 天、9 天等时间点的环氧乙烷残留量随时间变化的曲线，就可以推断大致解析时间。

【案例三】 检查员在检查某无菌医疗器械生产企业时，产品采用的是环氧乙烷灭菌，企业提供的程序文件有对用过的环氧乙烷无害化处理的内容，但在生产现场未见有将灭菌剂无害化处理的设备或装置。

分析：环氧乙烷灭菌剂是毒性较大的物质，为防止用过的灭菌剂对人员和环境的污染，在进行环氧乙烷灭菌操作时，一定要安全第一，做好个人防护和环境保护。执行灭菌操作后的环氧乙烷一定要经过严格的无害化处理，处理工艺需要经过确认，确认处理后的物质安全才能排放到环境中。

（付步芳　冯晓明）

第五节 采 购

2.5.1 应当对采购物品进行检验或验证,需要进行生物学评价的材料,采购物品应当与经生物学评价的材料相同。

■ 条款解读

本条款是对需要进行生物学评价的材料的采购要求。材料是指任何用于医疗器械及其部件的合成或天然的聚合物、金属、合金、陶瓷或其他无生命活性的物质,包括无生命活性的组织。

1. 医疗器械生物学评价的基本原则

(1) 材料或器械的选择与评价应遵循一定的评价程序。

(2) 在设计阶段就应对材料的选择和试验程序进行判断并形成文件。

(3) 专家评价的原则:生物学评价应由具有理论知识和实践经验、能对各种材料的优缺点和试验程序的适用性进行判断的专业人员进行策划、实施并形成文件。

2. 选择器械材料时要考虑的因素

在医疗器械的设计过程中,设计者要首先考虑选择何种材料。在确定所选用的材料之前,应收集有关材料信息,权衡各种材料的优缺点。为保证最终产品在人体上使用的安全性,评价程序应包括对所选材料的生物学评价。

选择器械材料时,为满足器械的各种性能要求,就要考虑以下诸多因素:

(1) 化学性能;

(2) 生物学性能;

(3) 物理学性能;

(4) 电学性能;

(5) 形态学性能;

(6) 力学性能;

(7) 其他性能。

在考虑一种材料与组织的相互作用时,不能决然脱离开器械的总体设计。在与组织作用方面最好的材料未必一定能使器械有最好的性能。材料与组织间的作用仅是材料的一个特性。

3. 最终产品生物学评价应考虑的因素

产品设计完成后,还要考虑最终产品的生物安全性。除材料外还有其他因素影响最终产品的生物安全性，这些因素（不局限于所选用的材料）包括：

(1) 生产所用材料；

(2) 助剂、工艺污染和残留；

(3) 可沥滤物质；

(4) 降解产物；

(5) 其他成分以及它们在最终产品上的相互作用；

(6) 最终产品的性能与特点。

应尽可能在生物学评价之前，对最终产品的可浸出化学成分进行定性和定量分析，这将有助于进行生物学评价。

对化学成分进行定性和定量分析，虽不属于生物学试验的项目，却是医疗器械生物学评价体系的重要组成部分。对材料进行定性定量分析的结果，可能避免不必要的生物学试验，ISO10993-18 对此有详细的描述。

对医疗器械进行生物学评价时，不是一开始就进行生物学试验，而要经过对材料定性来确定器械是否有同类上市产品，然后再根据器械是否与同类产品有相同的生产特性、人体接触特性和灭菌方法等来确定器械是否需要进行生物学试验。因此，进行生物学评价时，应充分利用材料的有关性质及其变动性、其他非临床试验、临床研究及有关信息和市场情况信息。采取这样的评价，结果可能不必再进行生物学试验。

4. 应在“材料定性”基础上利用信息进行生物学评价

有些器械所用材料在出版文献中报道过有好的理化性能，并且器械有长期安全使用史，在这种情况下，生产商应出具其产品所用材料与合法的市售产品材料相同的证明。要确定某一医疗器械是否需要进行生物学试验，要在“材料定性”的基础上与同类器械或材料比较。

(1) 材料定性　对材料定性的目的是获取器械材料的成分信息。器械的成分信息可从以下几方面获取：

① 公认的材料名称；

② 材料理化特性信息（分子量、玻璃转化温度、熔点、密度和溶胀等）

③ 从材料的供应方获取材料的成分信息（商品名、产品代号、规范、成分与配方等）；

④ 从器械的加工方获取加工助剂的成分信息；

⑤ 化学分析；

⑥ 有关产品标准；

⑦ 管理部门建立的材料控制文件或材料注册体系。

(2) 与同类产品比较　与同类产品材料比较不是单指比较两个材料是否完全等同，

而应从生物安全的角度比较。与同类产品材料比较的原则是，所选用的材料的毒理学或生物安全性不能低于同类临床材料，以下示例都能表明毒理学等同性：

① 所选用材料的成分和可浸提物与经临床确认过的材料等同；

② 所选用材料符合现行标准中所规定的该材料的使用目的、接触时间及接触程度；

③ 所选用材料具有其接触程度比本器械更大的临床应用史；

④ 所选用材料浸提物质限量不超过 ISO10993-17 规定的允许极限；

⑤ 所选用材料的化学成分或残留物比同样接触条件的临床材料更具有毒理学安全性；

⑥ 所选用材料的化学成分或残留物与同样接触条件的临床材料具有相同的毒理学安全性；

⑦ 所选用材料与同样接触条件的临床材料仅有的区别在于前者所用的添加剂、污染 / 残留物要少或已被除去；

⑧ 所选用材料与同样接触条件的临床材料仅有的区别在于前者的可浸提物的水平降低了。

(3) 是否需要进行生物学试验的确定　在确定某一医疗器械是否需要进行生物学试验时，如何正确而又统一地运用好以上评价程序，使所有医疗器械的生物学评价尺度一致，是当前人们关心的话题。要对新医疗器械新产品提出生物学免试，生产者应向审查者提供下列证明材料：

① 详细的材料特性和材料一致性的详细证明；

② 同材料、同品种的上市产品，且该已上市产品具有安全使用史的文献资料；

③ 新产品与上市产品有相同的加工过程、人体接触（临床应用）和灭菌过程的证明。如有不同，应有该不同不会影响生物安全性的证明和（或）试验数据。

■ 检查要点

(1) 检查采购物品的检验或验证记录，对于需要进行生物学评价的材料，是否符进行了生物学评价或试验。

(2) 对于没有进行生物学评价与试验的材料，是否与经生物学评价的材料相同。

■ 检查方法

检查生物学评价或试验记录或与经生物学评价的材料相同的证明材料。

■ 注意事项

若提供的是与经生物学评价的材料相同的证明材料，注意所提供材料的科学性和权威性。

2.5.2　对来源于动物的原、辅材料应当满足产品质量控制要求。

■ 条款解读

动物源医疗器械是指医疗器械中含有来源于动物的材料，这些材料是多种多样的，可以构成该医疗器械的主要部件（如牛 / 猪源心脏瓣膜、羊肠缝合线、止血材料等）、涂层或者浸渗剂（如肝素、明胶、胶原等），也可成为生产过程中所用的辅助材料（如牛脂等）。动物组织及其衍生物的使用可能会比非动物来源的材料（如金属、塑料以及织物等）使医疗器械具有更好的性能，但是在另一方面，它们应用到人体则又会增加病毒传播和免疫原性等方面的安全风险。

目前我国动物源医疗器械的开发生产和国外进口动物源医疗器械的临床应用均呈日益增多的趋势，对动物源医疗器械携带病毒和传播性因子风险的监控问题已不容忽视。因此，如果生产动物源性医疗器械，企业应在质量管理体系文件中对来源于动物的原、辅材料的质量进行控制，从而满足产品质量控制的要求。使动物源医疗器械的应用风险降至最低，最大限度保障这类无菌医疗器械的安全应用。

1. 风险管理

如果在医疗器械的设计和制造中使用了动物源性材料，在医疗器械的风险管理中应执行 YY/T0316《医疗器械 风险管理对医疗器械的应用》，按该标准的要求对用动物组织及其衍生物生产的医疗器械的以下典型危害进行风险分析。

(1) 细菌、霉菌或酵母菌的污染。

(2) 病毒或像致病物质，或引起海绵状脑病，或蛋白酶传染性因子，或类似物质（如BSE、瘙痒病）等传播媒介的污染。

(3) 不希望的热原反应、免疫反应或毒理学反应。

对于不同的动物源性医疗器械，其免疫原性风险也会因取材动物的种类、取材部位的不同而不同，因此需在充分分析免疫原性风险的基础上再对其进行有效的控制。对感染病毒和（或）传染性病原体的风险分析需包括动物的饲养、运输、屠宰，动物源性材料的取材、加工处理，以及动物源性医疗器械在人体的使用等各个环节。

2. 来源、收集与处置

医疗器械中所用的动物组织一般是由生产企业取自于各种来源的动物，如牛或羊或市售的饲养动物（包括鱼）。有些工厂还专门将源于动物的材料处理成最终产品（如明胶），用于作为最终医疗器械生产厂的原材料。YY/T0771.2《动物源医疗器械 第2部分 来源、收集与处置的控制》规定了源于动物材料生产的医疗器械的动物和组织的索源、收集和处置(包括贮存和运输)的控制要求(不包括体外诊断医疗器械)。

3. 病毒的去除和控制

医疗器械生产企业应充分认识病毒和传播性海绵状脑病(TSE)因子去除与灭活是保证产品安全性的重要因素,应执行YY/T0771.3-2009《动物源医疗器械 第3部分 病毒和传播性海绵状脑病(TSE)因子去除与灭活的确认》,对病毒去除和灭活工艺进行验证或确认,同时也应关注其他一系列的因素,包括索源、收集、处置、贮存、加工、组织和(或)动物源细胞的试验、产品生产环境的控制、装配和包装。企业还要考虑实际中的各生产环节引入的污染以及病毒和传染源的去除和(或)灭活。

4. 以脱细胞角膜基质产品为例

(1) 风险管理 对于脱细胞角膜基质需要增加对病毒和(或)传染性病原体感染以及免疫原性风险的分析、控制以及残余风险的分析。鉴于使用动物源性材料所带来的潜在风险,申请者/制造商需具体说明在所申报的脱细胞角膜基质中使用动物源性材料同使用非动物源性材料相比具有哪些优势,以便充分评价使用动物源性材料的风险/受益比。对于不同的动物源性脱细胞角膜基质,其免疫原性风险也会因取材动物的种类、取材部位的不同而不同,因此需在充分分析免疫原性风险的基础上再对其进行有效的控制。

对感染病毒和(或)传染性病原体的风险分析需包括动物的饲养、运输、屠宰,动物源性材料的取材、加工处理,以及脱细胞角膜基质在人体的使用等各个环节。因此,产品风险分析报告应至少增加以下内容。

① 使用动物源性材料的原因,对于所用动物源性材料可否用其他材料替代,以及动物源性材料与其他材料的比较分析。

② 对动物在饲养过程中可能感染病毒和(或)传染性病原体的风险分析(包括饲养方式、饲养条件、动物源性蛋白质饲料的使用情况、防疫情况、运输等方面)和相应的控制措施(若附有国外官方或第三方出具的证明性文件,需提交原件或公证件)。

③ 对取材和加工处理等过程中产品可能感染病毒和(或)传染性病原体的风险分析和相应的控制措施(若附有国外官方或第三方出具的证明性文件,需提交原件或公证件)。

④ 对产品使用过程中人体可能由动物源性医疗器械感染病毒和(或)传染性病原体的风险分析和相应的控制措施。

⑤ 对产品使用过程中人体可能因为接触动物源性材料而产生的免疫原性方面的风险分析和相应的控制措施。

对于感染病毒和传染性病原体的风险控制需至少从源头控制和病毒灭活两方面着手，仅依靠源头控制或仅依靠病毒灭活都无法确保风险降至最低。为确保风险的可控性，企业需建立起一套追溯体系，以便在发现不良事件时能够及时查出原因并采取措施以防止类似不良事件的再次发生。此外，定点饲养、定点采购、定点屠杀，以及根据国家相关规定进行动物防疫、检疫，都是降低病毒和传染性病原体传播风险的必要手段。

(2) 来源、收集与处置　为降低动物源性材料的免疫原性风险，一般需在生产工艺中采取相应处理措施以降低其免疫原性，如脱细胞处理、提纯，以及采用其他物理或化学方法对具有潜在免疫原性的物质（如核酸、蛋白、多糖、脂质、α-Gal 抗原和其他小分子物质等）进行去除或对其抗原表位进行消除 / 隐藏。生产企业需对其降低材料免疫原性的有效性进行验证。然而，这些处理措施以及灭活和去除病毒和（或）传染性病原体的处理步骤有可能是以牺牲材料本身的使用性能或增加新的风险为代价的，生产企业需充分评估其对产品的不利影响，以保证产品最终能够安全有效地使用。因此，相关文件中至少应有以下内容。

① 动物的种属（若风险与品系有关还需明确品系）、地理来源（对于无法确定地理来源的种属，宜提供来源动物生存期间的识别与追溯信息）、年龄（与风险有关时适用，如动物对自然发生的传播性海绵状脑病的易感性）、取材部位（组织的类型和解剖来源）、动物及取材组织健康状况的具体描述。

② 对于常规定点饲养的动物种类（如猪），提供制造商与动物定点饲养单位（或双方分别与中间商）签订的长期供货协议及饲养单位的资质证明（营业执照、税务登记证、组织机构代码证、卫生许可证、动物防疫条件合格证、养殖场土地合法使用证明等）；如果涉及中间商（如动物源性材料供应商），需提供所有中间商的有关资质证明（营业执照、税务登记证、组织机构代码证、卫生许可证等）。

③ 对于常规定点屠宰的动物种类，提供制造商（或动物源性材料供应商）与屠宰单位签订的合同及屠宰单位的资格证明（营业执照、税务登记证、组织机构代码证、卫生许可证、生猪定点屠宰证书、检疫 / 防疫证明）。

④ 对所执行的检疫标准的描述，以及所取材动物的检疫 / 防疫证明性资料，一般包括动物检疫合格证、动物防疫合格证、对动物进行防疫接种的兽医卫生合格证等。

⑤ 制造商对保存每一批动物可追溯性文件（该文件中至少应包括：该产品所用动物的地理来源、取材部位、动物的可追溯性标识、动物饲养、检疫、屠宰及加工方面的情况）的承诺；这里提到的批是指在同一环境中饲养、检疫、屠宰或加工的一组动物。

⑥ 对生产过程中灭活和去除病毒和（或）传染性病原体工艺过程的描述及有效性验证数据或相关资料，包括反复冻融和辐照法进行病毒灭活的方法。

⑦ 对清除(或降低)动物源性材料免疫原性工艺过程的描述、质量控制指标与验证性实验(例如按照 GB/T16886.20-2015《医疗器械生物学评价　第 20 部分　医疗器械免疫毒理学试验原则和方法》进行的免疫毒理学试验,参照 YY/T0606.25 进行的残留 DNA 检测及 α-Gal 抗原的检测,或通过其他物理的或化学的试验间接地证明产品免疫原性可得到有效控制)数据或相关资料。

(3) 病毒灭活有效性验证资料

① 验证研究设计

第一、病毒灭活有效性验证研究通常是将已知量的指示用活病毒,加入到模拟的原液(材料)或者不同生产工艺阶段的中间产品中,然后定量测定经特定工艺步骤或者技术方法处理后病毒滴度下降的幅度,由此评价工艺的去除 / 灭活病毒效果。所采用的病毒定量检测分析方法需具有充分的灵敏度和可重复性,需设计适宜的重复样本试验和对照,以确保结果具有统计学意义上足够的精确性(同一检测方法内不同样本间差异的 95% 可信限宜达到 ±0.5 log 以内,否则需对检测结果的可信度进行充分的论证)。需考虑研究材料中的某些特殊成分可能会对检测的准确度造成干扰,尽量设计采取相应措施避免这些干扰。若无法避免,必要时需对干扰进行定量评估。若采用感染性病毒检测以外的其他方法进行病毒测定,需提供充分的论证依据和理由。

第二、需合理设计与实际生产工艺相关的病毒去除 / 灭活研究试验方案。一般只对病毒去除 / 灭活的有效工艺步骤进行验证,不必对每个生产工艺步骤都进行验证。采用模拟生产工艺(缩小的工艺)的方法,需尽可能模拟真实生产过程,小规模过程每一相关步骤的有效性宜根据过程参数(如 pH 值、浓度、体积、温度、设施、反应时间、成分)的比较形成文件,按照能代表去除和(或)灭活病毒能力最差情况的条件进行设计。需分析生产工艺中各种参数的偏差对病毒灭活效果的影响。

第三、如果可能,试验样品中的病毒宜不经过进一步的处理(如超速离心、透析)或储存而直接进行检测。在进一步处理或储存无法避免时,如消除或中和抑制因子或毒性物质,或储存一段时间来确保所有样品能一起用滴定法测定,则宜采用适当的对照,以确定这些过程对研究结果的影响,如稀释影响。监测系统中样品的影响,包括毒性反应,也会对检测限带来影响,因此宜予以记录。需详细说明样本制备及验证试验的过程并论证其合理性。

第四、病毒灭活、去除的有效性同脱细胞角膜基质的结构、尺寸和形状以及病毒在材料中的分布有关,在研究设计中宜对此予以考虑。当验证样品为固体材料时,需尽量模拟生物材料的病毒负载方式,使负载病毒充分而且均匀地侵入到材料的内部。若此法不可行,则需采用对于去除 / 灭活效果更为不利的病毒负载方式。

第五、为达到有效地去除 / 灭活效果，通常需联合使用灭活与去除步骤，甚至多个从机制上能够互补的去除和(或)灭活步骤。要获得对每个有效步骤的准确评价，必须保证每个步骤在起始时加入了足够多的病毒负载量。然而，所加入的病毒悬液的体积宜不超过所有要使携带病毒的产品的 10%，从而试验样品的携病毒的量与生产材料保持相近。一般需将病毒加入到每个待验证步骤的中间品内，有些情况下则将高滴度的病毒直接加入到未处理的原液(材料)中，然后检测两个步骤之间病毒滴度的下降情况。计算病毒滴度的降低量要基于染毒的原材料中可检测的病毒量，而不是基于所加入的病毒量。

第六、应尽可能获取病毒灭活的动力学资料，以便测量出曲线的斜率和确定灭活全部病毒所必需的理论时间。灭活研究宜这样来策划，即在不同的时间(包括零时)采样，从而建立灭活曲线。通常开始阶段病毒灭活较快，然后跟有一个缓慢阶段。主要是以第二阶段的研究来表征灭活过程

第七、在进行去除研究时，如通过将病毒分离为沉淀物或去除某些组分来降低病毒感染性，则需对被除去的样品也进行研究。宜尽可能给出病毒在不同部分间的对比分布。

② 指示病毒的选择：首先，需要选择与生产过程中采用的原材料可能含有病毒种类的相关病毒，不能用相关病毒的，要选择与其理化性质尽可能相似的指示病毒；第二，所选择的病毒理化性质应有代表性(病毒大小、核酸类型以及有无包膜)，其中至少应包括一种对物理和(或)化学处理有明显抗性的病毒；第三，指示病毒滴度需要尽可能高(病毒滴度一般需≥10^6/mL)。

这些病毒根据生产工艺研究情况，对物理和(或)化学处理具有不同的耐受性。病毒的耐受性与特定的处理方式有关，只有在了解病毒生物特性和生产工艺特定情况下才能使用这些病毒，而且实际结果会随着处理情况的变化而变化。比如脱细胞角膜基质 CH-aPCS 进行病毒工艺灭活工艺验证时选用的是伪狂犬病毒、猪细小病毒、水泡性口炎病毒和呼肠孤病毒。

③ 效果的判定

——病毒去除 / 灭活的总量(降低系数)：验证的目的是为了确定生产工艺去除 / 灭活病毒的能力，获得生产全过程中估计去除 / 灭活病毒的总量(用去除 / 灭活前后病毒滴度的常用对数的差值表示)。如果脱细胞角膜基质的生产工艺中包含了两步或两步以上病毒去除 / 灭活步骤(这里指不同机制的步骤)，需分别进行病毒灭活效果验证。一般降低的总量是各步降低病毒量的总和。但是由于病毒验证的局限性，如分步骤中病毒降低量≤1log 则不宜将其计算在总量中。原则上病毒降低总量≥4logs(即病毒滴度下降到未灭活时滴度的百万分之一)表示该工艺去除 / 灭活病毒有效。比如脱细胞角膜基质 CH-aPCS 进行病毒工艺灭活工艺验证，结果是伪狂犬病毒降低量(log10)为 5.688logs、

猪细小病毒降低量（log10）为 4.816logs、水泡性口炎病毒降低量（log10）为 5.750logs 和呼肠孤病毒降低量（log10）为 6.125logs，均满足病毒降低量（log10）≥4logs。

然而，在去除和（或）灭活研究的设计和执行中许多因素将导致病毒去除和（或）灭活过程能力的不正确估计。这些因素包括以下方面：不同实验室的病毒株可能对相同处理敏感性有所不同；对用于确认去除和（或）灭活步骤的病毒是在组织培养中制备的情况，去除和（或）灭活研究中组织培养出的病毒的特性可能与天然病毒有差异（如自然病毒和培养病毒在纯度和聚集程度不同）；全部生产过程降低感染性的能力通常用每一阶段降低系数取对数的总和表示，尽管这是计算总降低系数的有用方法，但有些情况下对数换算值相加可能没有效（如在降低受换基体吸附的影响时）；对病毒感染性的灭活经常遵循一个两阶段曲线，开始是快速阶段，然后进入缓慢阶段。原因可能是经受一个特定灭活阶段存活下来的病毒提高了对下一个阶段的抵抗力。其结果是，总的降低系数不一定等于各阶段（每次接种新病毒）降低系数之和。

例如：如果该抗力是采取聚集的形式而得以提高，其感染性可以不同程度地抵抗固定（fixation）和灭菌处理；如果灭活曲线与历史数据相比不够典型，宜给予特别考虑；对滴定度降低取对数表示降低系数，说明残留病毒感染性大幅度降低，但其数值永远不可能降至零。

——去除 / 灭活动力学：评价验证结果不能仅考虑病毒降低量，同时也要考虑病毒灭活动力学。需以作图的形式报告灭活动力学验证结果。如果病毒残留量很快降到最低检出限度值，则说明此方法灭活病毒效果较好；如果病毒灭活速率缓慢，在灭活结束时才达到最低检出限度值，则不能认为是一个有效的病毒灭活方法。如果灭活曲线与历史数据相比不够典型，宜给予特别的考虑和解释。

④ 关于朊蛋白：由于目前尚难以采用朊蛋白（如传播性海绵状脑病因子）的指示因子对去除朊蛋白的工艺进行验证，因此对牛、羊源性材料制品的传播性海绵状脑病安全性还主要是对源头进行控制。基于目前对朊蛋白灭活工艺验证的认知程度，对于牛、羊源性医疗器械，可以接受按照所进行的病毒灭活有效性验证资料。随着对朊蛋白研究水平的不断提高，相应的要求也将随时调整。

■ 检查要点

（1）检查企业对来源于动物的原、辅材料控制要求的文件规定。

（2）检查病毒去除与灭活的工艺及工艺验证资料。

（3）检查采购的动物源性材料对去除病毒进行控制的记录（包括风险管理）是否满足产品质量的控制要求。

(4) 检查现场生产环境的控制是否满足产品质量的控制要求。

■ **检查方法**

在查阅企业质量管理体系文件时核查对来源于动物的原、辅材料控制要求的相关规定、病毒去除与灭活工艺文件(包括工艺验证的记录);现场检查生产环境的控制情况。

■ **注意事项**

动物源性医疗器械的病毒控制参见 YY/T0771(ISO22442)系列标准的实施。

2.5.3　无菌医疗器械的初包装材料应当适用于所用的灭菌过程或无菌加工的包装要求,并执行相应法规和标准的规定,确保在包装、运输、贮存和使用时不会对产品造成污染。

应当根据产品质量要求确定所采购初包装材料的初始污染菌和微粒污染可接受水平并形成文件,按照文件要求对采购的初包装材料进行进货检验并保持相关记录。

■ **条款解读**

最终灭菌医疗器械初包装的目的是能进行灭菌、使用前提供无菌保护、保证无菌水平并无菌使用。医疗器械的具体特性、预期的灭菌方法、预期使用、有效日期、运输和贮存都对初包装的设计和材料的选择及包装过程带来影响。因此,企业选用的初包装材料不仅要适用所包装的无菌医疗器械,而且要适合所选用的无菌医疗器械的灭菌方法,并保证包装材料和包装型式在有效期内保持产品无菌,以及在包装、运输、贮存和使用时不会对无菌医疗器械造成污染。所以要参照 GB/T19633.1(ISO11607-1)《最终灭菌医疗器械的包装　第 1 部分　材料、无菌屏障系统、包装系统的要求》和 GB/T19633.2(ISO11607-2)《最终灭菌医疗器械的包装　第 2 部分　成形、密封和组装过程的确认要求》等相关标准对无菌医疗器械的初包装材料进行选择并对其包装过程进行确认。

设计和开发最终灭菌医疗器械包装的过程是一项复杂而艰苦的工作,因为影响器械包装设计的因素很多,医疗器械包装的目标是能对器械进行灭菌、使用前提供无菌保护,保持其无菌水平,使器械在最终能无菌使用。医疗器械的具体特性、预期的灭菌方法、预期使用、失效日期、运输和贮存等外都对包装系统的设计和材料的选择带来影响。无菌医疗器械组件和包装系统共同构建了产品的有效性和安全性,使无菌医疗器械在使用者手中能得到有效使用。

众所周知，无菌供应的医疗器械的无菌保证水平为 10^{-6}，这也要求包装的无菌保证能力达到“百万无一失”的水平。这意味着若依靠检验来证实这一水平，就需要对百万件产品的包装进行检验，这显然是不现实的。因此，除了使用经确认的灭菌过程和对灭菌进行常规控制外，还要对包装的成形建立完善的质量体系，包装过程的有效性需要进行确认（包括设备的安装确认、运行确认和性能确认），“质量体系”是“质量保证”的前提，GB/T19633.1（ISO11607-1）规定，无菌医疗器械包装的生产、组装应在一定的质量体系下运行（但不一定要取得第三方质量体系认证）。

无菌屏障系统应评价的特性有很多，GB/T19633.1（ISO11607-1）把这些要求归纳为个以下五个方面的特性。

（1）微生物屏障特性。

（2）生物相容性和毒理学特性。

（3）物理和化学特性。

（4）与成型和密封过程的适应性。

（5）与预期灭菌过程的适应性。

在上述无菌屏障系统的特性中，微生物屏障特性是最为人们关注的风险。包装系统的微生物屏障特性由包装材料的微生物屏障特性和接合处的微生物屏障特性两方面组成。

在包装系统的设计与开发中要进行性能试验和稳定性试验，性能试验是证实灭菌后的无菌屏障系统的完好性；稳定性试验则是证实无菌屏障系统在器械的有效日期内始终保持其完好性。两项试验的作用如下。

（1）评价包装系统与所经受的灭菌过程的适应性（性能试验）。

（2）评价有效期内包装系统与器械的相适应性（性能试验和稳定性试验）。

（3）确定无菌屏障系统始终保持其完好性的有效日期（稳定性试验）。

进行性能试验时，应是在规定的成形和密封极限下、经过所有规定的灭菌过程的最坏状况的无菌屏障系统上进行。

包装系统贮存的有效日期是通过稳定性试验来确定的。稳定性试验分实际时间老化方案（采用正常贮存条件）和加速老化方案（提高环境温度，以相应缩短试验周期）两种。前者是必须进行的，且两项试验最好同时开展。显然，实验时间老化试验数据优先于加速老化试验数据。但要得到实际老化试验数据需要很长的时间，采用加速老化试验方案可使医疗器械投放市场的日期大大提前。但是，医疗器械的有效日期不是完全由包装的老化试验数据决定的。很多情况下，器械的有效日期是依据器械保持其性能的安全有效性来确定的。在这种情况下，性能有效日期的稳定性试验宜与包装稳定性试验一起进行。

关于初始污染菌和微粒污染的内容见 2.7.4 条款的相关内容。

最终灭菌医疗器械包装材料的相关要求和试验标准如下。

YY/T0698《最终灭菌医疗器械包装材料》,包括以下部分:

第1部分:吸塑包装共挤塑料膜要求和试验方法;

第2部分:灭菌包裹材料要求和试验方法;

第3部分:纸袋(YY/T0698.4所规定)、组合袋和卷材(YY/T0698.5所规定)生产用纸要求和试验方法;

第4部分:纸袋要求和试验方法;

第5部分:纸与塑料膜组合的热封和自封袋和卷材要求和试验方法;

第6部分:用于低温来灭菌过程或辐射灭菌的无菌屏障系统生产用纸要求和试验方法;

第7部分:用于环氧乙烷或辐射灭菌的医用可密封无菌屏障系统生产用涂胶纸要求和试验方法;

第8部分:蒸汽灭菌器用重复性使用灭菌容器要求和试验方法;

第9部分:可密封组合袋、卷材和盖材生产用无涂胶聚烯烃非织造布材料要求和试验方法;

第10部分:可密封组合袋、卷材和盖材生产用涂胶聚烯烃非织造布材料要求和试验方法。

无菌医疗器械包装试验方法标准如下。

YY/T0681《无菌医疗器械包装试验方法》分为以下部分:

第1部分:加速老化试验指南;

第2部分:软性屏障材料的密封强度;

第3部分:无约束包装抗内压破坏;

第4部分:染色液穿透法测定透气包装的密封泄漏;

第5部分:内压法检测粗大泄漏(气泡法);

第6部分:软包装材料上印墨和涂层抗化学性评价;

第7部分:用胶带评价软包装材料上印墨或涂层附着性;

第8部分:涂胶层重量的测定;

第9部分:约束板内部气压法软包装密封胀破试验;

第10部分:透气包装材料阻微生物屏障分等试验;

第11部分:目力检测医用包装密封完整性;

第12部分:软性屏障膜抗揉搓性;

第13部分:软性屏障膜和复合膜抗慢速戳穿性。

■ 检查要点

(1) 检查看企业对所用的初包装材料进行选择和(或)确认的资料;最终灭菌医疗器械的包装要求参见 GB/T19633《最终灭菌医疗器械的包装》。

(2) 检查采购文件是否确定了所采购初包装材料的初始污染菌和微粒污染可接受水平。

(3) 检查进货检验记录,是否符合文件要求。

■ 检查方法

查阅初包装的设计和试验技术资料应符合 GB/T19633《最终灭菌医疗器械的包装》的要求,有效期的确定依据和能够满足 YY/T0681《无菌医疗器械包装试验方法》的要求,以及采购初包装材料的初始污染菌和微粒污染可接受水平的确定依据。

■ 注意事项

(1) 最终确定的寿命期应取决于实际时间的老化试验结果。

(2) 初包装是外购时,应检查供方生产环境条件符合要求的证据。

常见问题和案例分析

◎ 常见缺陷

(1) 对于需要进行生物学评价的材料,仅采用制成产品后按产品技术要求进行全性能检验代替生物学评价。

(2) 未对初包装材料的初始污染菌规定可接受水平(或限度)。

◎ 典型案例分析

【案例一】 企业确定的某无菌医疗器械的有效期为三年,但没有提供确定的依据。

分析:产品贮存的有效日期是通过稳定性试验来确定的。稳定性试验分实际时间老化方案(采用正常贮存条件)和加速老化方案(提高环境温度,以相应缩短试验周期)两种。前者是必须进行的,且两项试验最好同时开展。显然,实验时间老化试验数据优先于加速老化试验数据。而且，医疗器械的有效日期既要考虑包装材料的老化试验数据，又要考虑医疗器械保持其性能的安全有效性来确定。所以，产品有效日期的稳定性试验宜与包装稳定性试验一起进行。

【案例二】 检查员在某无菌导尿管生产企业现场检查时，发现企业原材料仓库中，多个待投料的原材料包装上的牌号不一致。检查员查看该企业采购程序文件、原材料接收操作规程和物料采购清单，发现文件仅规定在原材料接收时查看合格证，采购清单仅列明原材料种类，未详细到牌号。

分析：虽然该企业规定了原材料的种类，但是由于材料的牌号不一致，其性能存在差异，可能导致成品的安全性能下降，企业仅查看原材料随附的合格证，未建立合理的验证或检验方法，未在原材料接收时进行合理的验证和检验，不能确保产品质量安全。同时，原材料牌号不同，其原料配比存在差异，企业未对不同牌号的原材料进行生物学评价，也未要求供应商提供不同牌号原材料的生物学评价资料，导致产品生物安全性存在隐患。

【案例三】 检查员在某无菌敷料医疗器械生产企业现场检查时，发现该企业的不合格品记录显示，大部分不合格品的问题是产品颜色与要求不一致。检查员针对企业原材料进行检查，发现该企业产品的关键原材料为壳聚糖，有多个供应商，企业和供应商的质量协议中仅对壳聚糖的脱乙酰度进行了规定。

分析：壳聚糖是甲壳素脱*N*-乙酰基的产物，一般从虾、蟹等甲壳动物的外壳中提取，是来源于动物的原材料。该类原材料由于提取于甲壳类动物外壳，因此来源的产地、动物种类较为复杂，杂质成分不一，导致最终成品的颜色存在差异。企业未对原材料进行必要的质量控制，没有分析原材料的安全风险，没有对原材料的原料的来源、生产工艺、病毒去除、灭活方法等提出控制要求，不能确保产品质量安全。

（王延伟　卢红　张世庆）

第六节　生 产 管 理

2.6.1　生产过程中产生粉尘、烟雾、毒害物、射线和紫外线等有害物质的厂房、设备应当安装相应的防护装置，建立其工作环境条件的要求并形成文件，以进行有效控制。

■ 条款解读

本条款是对生产过程中产生的粉尘、烟雾、毒害物、射线和紫外线等有害物质进行防护的要求，这里说的防护包括两个层面的含义：对生产过程人员的防护和对产品的防护。

植入医疗器械生产过程中，可能产生有害物质。如金属骨科植入物机械抛光、喷砂和高分子粒料混合、粉碎等过程中会产生大量粒径不一的有害粉尘；金属部件等离子喷涂、酸洗、钝化、电解、焊接过程，高分子材料和部件输送、光固化过程，清洗、黏结、表面涂层，动物源性材料的清洗、灭病毒、脱脂脱细胞处理等生产过程，一些原材料、辅料本身易分解，易挥发，以及成品环氧乙烷或辐照灭菌等过程常常分别产生烟雾、腐蚀性化学物质、毒性物质、有害射线、紫外线等。这些生产过程中产生的粉尘、烟雾、腐蚀性化学物质、射线、紫外线等有害物质既可能对生产岗位人员健康造成影响，也可能对生产环境和产品产生有害影响。企业应当根据其工艺过程特点，对这些污染物进行监视、测量，获取有效数据，必要时，应安装相应防护装置，如防粉尘、防烟雾、防有毒物质、防辐射，以及防燃防爆设施 / 装置等，以保证这些岗位的操作人员不受伤害。如金属骨科植入物抛光过程、同种异体骨粉碎工序等均应有除尘或防护装置，环氧乙烷灭菌车间应有防燃防爆装置，等等。监测和防燃防爆装置，等等。企业应保存相关劳动卫生、环境卫生、化学危险品管理的相关法规文件，并根据相关法规制定工作环境要求的文件，根据相关规定，防护设施 / 装置还需要通过必要的环评、安全生产或消防审批。

企业应当对生产过程中产生的有害物质进行识别，对需要进行有害物质防护的生产过程进行有效管理。制定相应的管理文件，在制定管理文件之前，还应当对产生的有害物质进行必要的测试、验证和（或）确认，例如挥发性气体在空气中的浓度、粉尘的粒度和含量、有害射线的单位剂量、场强、活度等，并根据测试、验证和（或）确认结果，确认是否符合相关法规或者标准要求，是否对生产的产品产生影响，对不符合要求或者产生影响的危害物，应编制防护相关工作环境控制要求和人员防护要求文件。在实施防护过程中，企业还应采取必要的监视和测量，收集相关数据，进行统计处理，例如建立对粉尘危害的警戒线，能够确认防护措施对人员防护和产品防护持续有效。多数植入医疗器械以无菌形式提供，部分或全部生产工序通常需要在规定的洁净环境下生产。对粉尘、烟雾、毒害物、射线和紫外线等有害物质进行防护时，还应特别考虑防护措施不会对洁净环境产生不当影响。

常见的防尘措施有：设置独立的、无回风粒料粉碎间；设置负压吸引等捕尘装置；设置不同车间的压差，有效避免污染物对邻近车间的影响；建立自动密闭吸料系统，等等。常见的防烟雾措施包括设置独立的工作专区、设置专用的吸烟装置等；粉碎间相对于其他房间为负压系统，设置负压吸引等捕尘装置，同时考虑新风进入的平衡；在注塑车间中建立自动密闭粒料输送系统；腐蚀性化学物质、毒性物质、有害射线、紫外线等主要的防护措施包括专人操作和管理、设置独立工作区、工作台，设置专用防护装置、设置有效的密封、隔离、屏蔽、稀释、排放、监测等设施/装置。

常见的人员防护措施有：禁止孕妇、哺乳期妇女、病毒携带者等特殊人群从事相关工作；人员培训合格方能上岗；临时人员进入相关环境/工作区域必须接受必要的防护培训；所有人员必须按规定佩戴防护口罩、防护手套、防护头盔、防护眼镜等个人防护用品；对环氧乙烷灭菌岗位工作人员进行严格防护，不得违规进入环氧乙烷灭菌工作区，不得违规排放环氧乙烷气体，对车间的环氧乙烷浓度实行监测。需要对辐照灭菌的灭菌剂量进行监测，对辐照剂量个体监测，超剂量暂时调离岗位等。

■ 检查要点

(1) 检查企业是否对生产过程可能产生粉尘、烟雾、毒害物、射线和紫外线等有害物质的过程进行识别、管理，并形成相应的、独立或合并的防护管理文件；现场检查其包括防护设施/设备/装置、人员防护等综合防护措施是否与其生产过程产生有害物质的风险相匹配，评价综合防护措施的有效性。

(2) 检查企业是否按规定实施产品和人员防护，如防护设施/设备/装置是否按规定维护（适用时）、人员防护按规定实施、工作环境按规定监测等。

(3) 检查企业是否按规定保留培训、防护及其工作环境监测等相关记录。

■ 检查方法

根据产品的生产工艺特点（包括原材料特点），结合工艺流程图，判断生产过程中各子工序是否会产生粉尘、烟雾、毒害物、射线和紫外线等有害物质。如有，检查企业相关管理文件和实施记录，结合现场动态核查，综合评价防护措施对人员及产品的影响。

■ 注意事项

综合防护措施既包括产品和操作人员的防护，也包括对内部和外部环境的防护或保护。

注意这些有害物可能会导致产品质量不合格（如微粒污染、化学残留物，包括有机溶媒、有害元素等），或者对产品产生的安全隐患。

2.6.2　应当制定洁净室（区）的卫生管理文件，按照规定对洁净室（区）进行清洁处理和消毒，并保存记录。所用的消毒剂或消毒方法不得对设备、工艺装备、物料和产品造成污染。消毒剂品种应当定期更换，防止产生耐药菌株。

■ 条款解读

本条款是对洁净室（区）卫生管理的要求。

洁净室（区）指需要对尘粒及微生物含量进行控制的房间（区域），其建筑结构、装备及其作用均具有减少该房间（区域）内污染源的介入、产生和滞留的功能。洁净室（区）的洁净度可以通过洁净环境内单位体积空气中含大于或等于某一粒径的悬浮粒子和微生物最大允许统计数来体现。本附录和 YY/T0033《无菌医疗器械生产管理规范　洁净室（区）污染控制要求》都对植入性医疗器械不同产品生产环境洁净度控制水平提出了明确的要求。为了使洁净室（区）洁净度满足要求，必须对洁净室（区）进行综合卫生管理。卫生管理既包括对进入洁净室（区）人流、物料的管理，也包括洁净室（区）本身设施、设备、环境及其人员、物料、产品的动态管理。

企业应当制定洁净室（区）的卫生管理文件，卫生管理文件应当覆盖洁净室（区）相关的人员（如工作人员与临时人员等）、设施（如空调系统等）、设备（各类生产设备等）、工艺装备 / 工位器具、物料与产品、过程与空间。涉及上述卫生管理的文件既可独立成文，也可以与相关作业指导书内容合并。卫生管理文件可以涉及以下适用内容：设备清洁规定；工装模具清洁规定；工位器具清洁规定；物料清洁规定；操作台、场地、墙壁、顶棚清洁规定；清洁工具的清洁及存放规定；洁净室（区）空气消毒规定；人员进入洁净室（区）程序；岗位操作人员手消毒规定，消毒剂选择、使用的管理规定等。

常用的消毒剂包括 75% 乙醇、异丙醇、84 消毒液、新洁尔灭等。企业应当对消毒剂消毒效果的有效性进行评价或验证。选用的消毒剂或消毒方法不得对设备、工艺装备、物料和产品造成污染。为了防止产生耐药菌株，消毒剂品种应当定期更换，更换频率应当在验证的基础上做出明确的规定。

企业应当按照规定对洁净室（区）进行清洁处理和消毒，清洁处理和消毒的对象不仅包括洁净室（区）的地面、墙面、天花板，还包括洁净室（区）内放置的设备、工艺装备、物料和产品等。洁净室（区）安排生产时，通常生产前、工艺操作开始前、结束后、阶段工序结束后、生产品种更换前等节点，都应当安排必要的清洁处理或消毒，更换产品时要保证有足够的时间清场、清洁。应当按标准操作程序对设备、容器、生产工具进行清洁，以去除上一批次生产的残留物。洁净区的清洁卫生工具应当采用不易发尘、不易脱落纤维、不易滋生细菌的材料。洁净区的清洁卫生工具不应当跨区使用后，使用后应当按照规定要求进行清洁、消毒并放置在规定室（区）。

企业应当保留必要的洁净室（区）清洁处理和消毒记录，以证明其对洁净室（区）污染控制能够满足规定要求。

■ 检查要点

(1) 检查企业所有涉及洁净室（区）的卫生管理文件，综合评价其文件是否覆盖洁净室（区）“人、机、料、法、环”所有相关过程及其产品；文件内容是否规定了清洁、清洗和消毒的方式、方法和频次，评价其是否具有可操作性。

(2) 检查企业实际洁净室（区）清洁处理和消毒方法是否与规定相一致。

(3) 检查消毒剂选择和消毒方法的验证方案及其验证报告，确认其结果是否包括对消毒效果的验证，是否会对设备、工艺装备、物料和产品造成二次污染。确认消毒剂更换周期是否与评价或验证结果一致。

(4) 现场查看，确认企业的卫生管理与其规定相一致并保留必要的记录。

■ 检查方法

查看洁净室（区）的卫生管理文件，与洁净室（区）清洁处理和消毒相关的工作人员交谈，了解与清洁处理和消毒有关的程序、方法、步骤，正在使用的消毒剂品种，更换的频次等，并与企业相关文件规定核对。

■ 注意事项

应注意洁净室（区）的卫生管理水平与企业规模、产品类型、生产方式、空调系统能力、现场人员能力、意识等多种因素相关，好的卫生管理制度可以适当弥补硬件的不足。不同企业可能有不同的清洁和消毒要求，如部分企业不需要对洁净室（区）进行常规空气消毒即可满足规定要求；有些企业要求接触产品的员工戴手套，不再设置手消毒要求；有些企业因设置了成品终末清洁程序，可能对前工序的清洁要求较低等。检查员应全面系统查看相关数据，重点关注企业实际洁净度控制水平是否与其产品风险相匹配。

2.6.3　生产设备所用的润滑剂、冷却剂、清洁剂及在洁净室（区）内通过模具成型后不需清洁处理的零配件所用的脱模剂，均不得对产品造成污染。

■ 条款解读

本条款要求生产设备所用的各类助剂，如润滑剂、冷却剂、清洁剂和脱模剂等不得对产品产生污染。

植入性医疗器械生产过程常常使用注/挤塑设备、切/车/铣/刨/钳等机械加工设备，部件加工后还需经物理/化学抛光、钝化等工序进行部件表面处理。上述工序会用到很多助剂，如脱模剂、润滑剂、冷却剂、抛光剂/液、电解液、钝化液、氧化液、交联剂、纯化液、清洁剂等。冷却剂、清洁剂主要通过化学合成得到，润滑剂和脱模剂除了来自石油提炼、化学合成外，也有来源于动物油脂的原材料。上述助剂既有亲水的，也有疏水的；既有单方的，也有复方的；既可能仅残留在产品表面，也可能残留在产品内部。若不进行必要的清除，其残留会对产品造成污染。

脱模剂常常已添加在塑料粒子中，企业应加强对供方管理和重要物料的验证，以保证脱模剂残留对产品污染风险可控；其他加工助剂主要通过设置洗脱、清洗程序使其残留控制在可接受水平，洗脱、清洁程序应当建立在过程验证的基础上。应对产品所涉及的化学污染物进行识别，如果在加工过程中涉及了这些化学污染物，这些污染物是否会污染产品，采取了什么去除污染的措施，如清洗、浸提、萃取等，清洗过程中如果使用了化学清洗剂，是否进行后续清洗，并对清洗剂的残留进行检测，清洗的效果是否经过测试、验证并予以确认，如果在清洗过程中不能有效去除这些污染物，是否确定了产品技术要求（确定许可限量）、检验方法，以控制这些污染物的残留量符合要求。

考虑到植入性医疗器械的风险，若水是最终产品的组成成分时，应当使用符合《中国药典》要求的注射用水；对于直接或间接接触心血管系统、淋巴系统或脑脊髓液或药液的无菌医疗器械，末道清洗应当使用符合《中国药典》要求的注射用水或用超滤等其他方法产生的无菌、无热原的同等要求的注射用水；与人体组织、骨腔或自然腔体接触的无菌医疗器械和其他植入性医疗器械，末道清洗用水应当使用符合《中国药典》要求的纯化水。

■ 检查要点

1. 现场检查，根据企业工艺流程、生产工艺特点综合判断产品加工过程中，是否会使用脱模剂、润滑剂、冷却剂、抛光剂 / 液、电解液、钝化液、氧化液、交联剂、纯化液、清洁剂等加工助剂，企业是否对加工助剂控制设置必要的洗脱 / 清洁等工序。

2. 检查与各类助剂残留控制相关的规定及其相关记录，包括必要的供方管理与采购验证记录、洗脱 / 清洗验证报告、洗脱 / 清洗作业指导书及相关记录等，综合评价各类助剂控制的适宜性和有效性。

■ 检查方法

现场查看，询问采购或洗脱/清洗等相关岗位操作人员，并有针对性地查阅相关文件，确认企业已在验证的基础上建立了产品生产加工助剂污染控制程序，确认相关记录能够证明企业产品生产助剂污染控制满足规定要求。

■ 注意事项

由于产品生产加工助剂在洗脱 / 清洗后，其残留量常为痕量，可以通过检验分析的方法确认其最终残留量，也可以通过过程验证 / 确认，过程参数监视 / 测量等方法控制加工助剂残留水平。此外，在物料供应和生产加工工序固定的前提下，产品生物相容性实验 / 评价，也是评价产品加工助剂污染控制效果的间接方法之一。

2.6.4　应当制定工位器具的管理文件，所选用的工位器具应当能避免产品在存放和搬运中被污染和损坏。

■ 条款解读

本条是对生产过程中工位器具管理的要求。

本条所称的工位器具主要指为了满足生产需要，方便生产人员操作，在生产现场使用的，用来暂存、存放、处置、转移生产用物料、产品或工具的各种辅助器具。工位器具包括但不限于：工作台、工具柜、工具车、置物柜、零件存放架、分装台（架）、周转盒 / 箱 / 架、运转小车等。工位器具设计的是否合理、适用，在很大程度上影响着企业生产现场作业环境以及物流的正常进行。

植入性医疗器械部分工序需要在规定级别的洁净室（区）内生产，工位器具需要耐清洗、消毒;同种异体骨生产用工位器具须耐消毒、灭菌处理;可吸收性胶原纯化等需要选用可耐高温除蛋白处理的玻璃器具。企业应当根据产品品种、生产规模、生产工序特点等来确定工位器具的种类、材质、型号、规格、数量、使用地点及其标识,所选用的工位器具应当既便于清洁、管理,又能避免产品在存放和搬运中被污染和损坏。企业应当制定工位器具管理文件,对工位器具的使用进行管理,并针对重要工位器具建立专门台账,实施全面管理。

洁净室(区)工位器具应当专区管理,特别是直接周转后续不再进行清洁处理的物料、零/部件、产品的工位器具,不宜跨洁净级别使用,洁净室内不同产品的工位器具应分类摆放,避免污染,对工位器具的清场、清洗、烘干应该做出相应的规定。

专用工位器具的末道清洗与消毒区域的空气洁净度级别可低于生产区一个级别。300 000 级洁净室(区)使用的工位器具,其洗涤、干燥以及贮存的环境洁净度级别应与产品生产环境一致;10 000 级洁净室(区)使用的工位器具的洗涤、干燥,其环境洁净度级别不得低于 100 000 级;局部 100 级洁净室(区)使用的工位器具若直接接触产品,干燥后应及时灭菌。

■ 检查要点

(1) 检查是否制定了有关工位器具使用、清洗、消毒的管理文件,规定了必要的记录要求。

(2) 根据产品工艺流程图,现场查看工位器具的设计和选择是否合理,产品在存放和搬运中是否不被污染和损害。

(3) 检查是否建立了必要的工位器具的管理台账,台账的内容是否与现场工位器具管理情况一致。

■ 检查方法

选择一种或数种典型工位器具,询问相关人员工位器具的使用、清洗、消毒、管理的要求,确认是否与工位器具管理文件要求一致。现场查看工位器具是否满足产品防护要求,表面是否光洁、平整、易于清洗和消毒、无脱落物;是否能够避免产品在存放和搬运中被污染和损坏;工位器具是否按区域存放,不同洁净级别的工位器具是否严格区别和分开,并有明显标识。

■ 注意事项

重点关注洁净室(区)工位器具管理和特殊工序/特殊物品用工位器具的管理。对产品质量影响较大的工位器具,应关注其验证结果,如同种异体骨洁净室(区)工位器具清洁、消毒/灭菌效果的有效性是否经过验证等。

2.6.5　进入洁净室(区)的物品,包括原料和零配件等必须按程序进行净化处理。

对于需清洁处理的无菌医疗器械的零配件,末道清洁处理应当在相应级别的洁净室(区)内进行,末道清洁处理介质应当满足产品质量的要求。

■ 条款解读

本条款是对进入洁净室(区)物品的净化要求。进入洁净室(区)的原材料、直接接触产品的初包装材料和零配件,在运输、贮存和传递中应能防止被污染,同时也应注意防止其外包装污染洁净室(区)工作环境。

企业应当为进入洁净室(区)物品设立必要的设施和设备,如设置外清室、脱外包装室、除尘(缓冲)室等,物料净化室与洁净室(区)之间应设置气闸室或双层传递窗,用于传递物料和其他物品。如进入洁净室(区)的物品是采购或外协物品,企业应当在采购质量协议中对采购物品的生产/清洁程度及其保持清洁度的相关措施进行明确,如初包装、零配件的生产/加工工序要求、生产/加工环境、包装要求、运输要求等,以避免采购物品被污染。若物品为自产,也应当对其进入洁净室(区)前与清洁度相关的要素,如生产环境、是否需要进行初步清洁、包装材料/层数/是否密封、如何外清等进行规定与管理。

通常易产尘的纸质外包装材料应当在进入洁净室(区)前去除;不易产尘的外包装材料在进入洁净室(区)前,应当在相应的脱包装间(缓冲间)去除外包装,脱外包(换用洁净区专用工位器具)后经外清处理(吸尘/清洁等)程序,方可通过规定的物料传递通道进入洁净室(区),并存放于规定的区域。

洁净间的物料清洁程度(包括物料的包装情况)应进行验证,对不同物料的脱包规定是否能够满足要求,应进行相应的测试、验证和确认。

经过验证,进入洁净室(区)的物品若能达到规定要求的清洁度,可以直接使用或投入生产工序,达不到规定清洁度要求的原材料或零配件,则应进行必要的清洁。清洁度较低的原材料或零部件,必要时应当在进行洁净室(区)前进行初洗,如机械加工后零部件、胶原生产用牛腱、透明质酸钠生产用鸡冠等。初洗完成后,其末道清洁应当在规定级别的洁净室(区)精洗室进行。主要与骨接触的植入性无菌医疗器械或单包装出厂的配件、主要与组织和组织液接触的植入性无菌医疗器械或单包装出厂的配件,其末道清洁处理区域应当不低于100 000级洁净度级别;主要与血液接触的植入性无菌医疗器械或单包装出厂的配件,其末道清洁处理区域应当不低于10 000级洁净度级别;与人体损伤表面和黏膜接触的植入性无菌医疗器械或单包装出厂的零部件，其末道清洁处理区域应当不低于 300 000 级洁净度级别。

企业应当针对进入洁净室（区）物品（包括原料和零配件等）建立清洁程序，明确这些物品进入洁净室（区）前后的清洁要求和达到清洁度要求所经历的处理过程，如是否需要进入洁净室（区）前初洗、脱包、外清和进入洁净室（区）后精洗 / 贮存等。企业应当在验证的基础上编制必要的作业指导书，明确具体的清洁方法、使用的工具 / 清洁介质、频次、标准、监视测量方式方法等，并保留必要的清洁记录。

常用的清洁介质有水、气、有机 / 无机单方 / 复方溶液等。洁净室（区）末道精洗常用的介质有纯化水、注射用水、清洁气、无水乙醇、75% 酒精等。精洗后的物品应当经验证后采取必要的防尘措施、规定贮存条件与贮存时间，防止清洁后的物品再次污染。

对于动物源性产品，清洗过程包括对有害残留物的去除，如病原体、支原体、有害抗原物、残留物或其他外源性因子的去除，其去除效果应进行相应的工艺验证。

■ 检查要点

（1）适用时，现场检查是否配备了符合要求的初洗区、脱包装间、外清间或除尘（缓冲）室；适用时，是否在洁净室（区）设置了符合要求的精洗室。

（2）检查是否针对原材料与零部件的清洁度进行规定，适用时，是否针对相关过程开展清洁工艺验证，并在此基础上制订了进入洁净室（区）前 / 后物品清洁操作规程或作业指导书，规程或作业指导书内容是否包括：清洁目的、方法、工具、清洗介质、频次、要求等。

（3）是否按规程或作业指导书进行操作并保留相关清洁记录。

■ 检查方法

适用时，现场检查初洗区、脱包装间、外清间或除尘室、洁净室（区）精洗室的设计是否合理，初洗、精洗工序是否在符合要求的区域内进行。查看进入洁净室（区）的物品，包括原料和零配件的净化程序验证报告、清洁相关规程 / 作业指导书、清洁相关记录，现场核实物品清洁程序（包括处理介质等）是否按规定实施，综合评估其清洁措施是否能满足产品质量要求。

■ 注意事项

清洗介质除了有工艺用水外，还可能是工艺用气，有机溶剂如乙醇等，这些清洗介质及清洗过程（包括清洗后干燥工序）都应经过确认并进行常规控制，清洗后的干燥工艺应该特别注意。查阅文件时，重点检查清洗工艺的验证情况。

2.6.6　应当建立清场的管理规定，以防止产品的交叉污染，并做好清场记录。

■ 条款解读

本条是关于生产过程中清场管理的要求。

“清场”从字面上可以理解为清洁和（或）清理场地，清场是生产管理中的一项重要内容。清场的目的，是为了防止产品生产过程中不同批号、不同品种、不同规格之间的混淆、错配、漏配、污染等差错的发生，对所使用的设备 / 器具、材料、产品、工作区域、工作现场进行全面清理，确认无前批生产遗留物及其他异物的过程。

植入性医疗器械不同品种、不同生产工序、不同生产方式，其清场的方式、方法也可能有所不同。正式的清场通常涉及至少四个方面。

（1）物料，包括：原辅料、半成品、成品、包装材料、剩余的材料、散装品、印刷的标志物等。

（2）生产指令、生产记录等书面文字材料。

（3）生产中的各种状态标志等。

（4）清洁卫生工作。

为了规范清场，防止产品产生污染及生产操作发生差错和混淆，企业应当建立清场作业指导书，对清场的目的、要求、责任人、范围、程序、频次、方法、记录、检查等做出详细的规定，以便生产操作人员和检查人员共同遵循和执行。不同品种、不同岗位、不同工序的清场规定若有不同，应当分别规定。

对清场的要求包括但不限于以下各个方面。

（1）地面无积尘、无结垢，门窗、室内照明灯、风管、墙面、传递窗外壳无积灰，室内不得存放与生产无关的杂物。

（2）使用的工具、容器、工位器具等应清洁、无异物，无前次产品的遗留物，并按照工位器具管理规定归位摆放。

（3）设备内外无前次生产遗留的产品，无油垢。

（4）直接接触产品的机器、设备及容器应每天清洗或清理。

（5）生产工序需更换不同规格、型号时，生产现场、生产设备、周转工位器具等应当清理干净，合格品与不合格品应分类存放，多余的标签、标识物及包装材料应全部按规定处理。

（6）清场工作应有清场记录。清场记录应包括工序、清场前产品的品名、规格、批号、数量、流向、清场日期、清场项目、检查情况、清场人、复核人及其签字，清场记录应纳入批生产记录。

(7) 清场完毕并确认合格后,放置已清场标识。

(8) 停机或检修时,现场、设备均应清理干净。

■ 检查要点

(1) 检查清场管理规定,是否对清场目的、要求、责任人、范围、程序、频次、方法、记录、检查等做出详细的规定。

(2) 现场检查,并结合清场记录评价是否按照清场规定实施清场。

■ 检查方法

查看清场管理相关规定与清场记录,询问生产工序相关人员清场的方法、频次等,结合现场清场后未动态生产工序情况,综合评价企业清场是否符合规定要求。

■ 注意事项

关注清场管理规定中是否对清场的频次,清场的有效期做出要求。连续生产中,同一品种,不同型号规格的生产指令下达后,由于有共用的生产工序 / 生产区域,可能不涉及全面清场,仅涉及部分相关工序、区域的局部清场。企业应当针对不同的清场范围与要求,做出明确的规定。

2.6.7 应当建立批号管理规定,明确生产批号和灭菌批号的关系,规定每批产品应形成的记录。

■ 条款解读

本条是关于批号管理的要求。

批号指用于识别一个特定批的具有唯一性的数字和(或)字母的组合。生产批指在一段时间内,同一工艺条件下连续生产出的具有同一性质和质量的产品。灭菌批指在同一灭菌容器内,同一工艺条件下灭菌的具有相同无菌保证水平的产品。

在医疗器械的生产、经营、使用、监管过程中,医疗器械的批号相当于是产品的有效身份“识别码”,在产品质量管理以及使用跟踪管理方面起着重要的作用。批号管理是生产管理的重要内容,其管理水平直接体现产品生产过程可追溯的范围与程度。植入性医疗器械生产过程中,常涉及物料批、零部件批、半成品批、成品批、灭菌批的管理。物料批 / 零部件批的管理有助于识别物料 / 零部件质量对半成品、成品的质量影响;半成品批的管理有助于识别半成品质量特性形成过程相关影响因素及其质量对最终成品质量的影响；灭菌批的管理有助于识别灭菌过程对灭菌效果的影响；成品批管理有助于识别生产全过程各相关因素对成品质量的影响。无论是物料批、零部件批、半成品批、成品批、灭菌批，应明确这些“批”与生产批的“唯一性”关系，例如实行了物料批、灭菌批管理的产品，除了有原料批、灭菌批“批号”之外，还必须有生产批的批号。

植入医疗器械上市后，在流通与使用过程中，生产批与灭菌批同时作为重要追溯信息，记载在与流通、贮存、销售、使用相关的记录中。

建立产品批号管理规定的目的是规范产品批号的编制原则、方法、给定程序和监督管理，确保每批产品都有特定的批号，并可对每批产品的生产和销售历史进行追溯。企业应当制定批号管理规定，对每种医疗器械生产批的批号，以及重要物料 / 零部件、半成品、成品、灭菌批批号的编制规则、成品批与灭菌批的关系进行详细规定。企业也应在医疗器械设计开发完成后，对每批产品应当形成的所有记录（含生产记录）进行规定，规定也应涉及每批产品生产记录中必须记录的重要物料 / 零部件、半成品、成品、灭菌批号相关信息，并在相关表达中予以明确。

特定医疗器械的批号通常是唯一性的数字和（或）字母的组合，多数企业采用物料、零部件、半成品、成品字母代码和物料 / 零部件入库、零部件 / 半成品 / 成品生产日期组合形成特定医疗器械批号编制规则，也有企业采用随机产生的条形码、二维码等编制企业特定医疗器械批号。企业通常采用特定医疗器械或其字母代码和灭菌起始日或完成日日期形成灭菌批号，有多个灭菌炉的，或同一日有两个灭菌批的，以灭菌日期叠加经过定义的数字字母组合形成灭菌批号。企业应当理顺灭菌批号与生产批号的关系，同一个灭菌批可以由不同的生产批组成，同样同一个生产批也可能有多个灭菌批。在同一灭菌容器内，同一工艺条件下灭菌的具有相同无菌保证水平的产品，可以称为一个灭菌批。通常在一个灭菌柜内完成经确认的完整灭菌过程后的所有批次的产品可以组成一个灭菌批，同一灭菌批产品的微生物存活概率是相同的。

无论采用何种批号编制方法，批号的编制均应遵循科学、合理、易识别、唯一性的原则，以保证可以追溯和审查该批医疗器械的生产历史。

一个批的最小单位可以是单一产品。一般来讲，植入性医疗器械都是批量生产的，在一定的周期内采用同一工艺、同一原材料生产出来的植入性医疗器械应该具有较高的均质性。鉴于植入性医疗器械的高风险性，如心脏起搏器、颅内植入物、乳房植入物、眼内充填物等，医疗器械应当在批号管理的基础上，添加序列号，以便体现同一批号产品生产中的个体差异，例如：不同人员的手工操作的差异；生产设备的差异、生产过程的差异等。按序列号管理的植入性医疗器械，其生产记录中应当记录对产品质量特性差异产生较大影响的相关要素及其相关信息，便于对每个产品的生产历史进行详细追溯，便于产品与患者信息实现“一对一”的对应，利于对患者于进行随访、对植入物取出、取出分析和对植入物整个生命周期的监测和管理。医疗器械的各类批号经标识后，原始批号不应被擅自更改。

■ 检查要点

（1）查看批号管理相关文件，确认其是否明确了与其医疗器械生产相关的物料批、零部件批、半成品批、成品批、灭菌批（若适用）、序列号等批号的编制规则，是否明确规定了生产批和灭菌批的组批方法，是否明确了生产批号和灭菌批号的关系，是否明确了每批产品生产中应形成的记录。

（2）查看相关医疗器械生产批记录，确认企业批号管理是否与其规定相一致。

（3）根据企业批号管理相关文件及其相关记录，结合采购、物料周转、成品库房等现场管理情况，综合评价企业的批号管理制度建立与实施能否满足其可追溯性要求。

■ 检查方法

选择典型医疗器械一个生产批号，查看其全部生产记录，核查其物料批、零部件批、半成品批、成品批、灭菌批（若适用）形成过程相关“人、机、料、法、环”等质量影响要素及其相互关系是否全程清晰、明确，同时结合生产现场管理情况综合评价企业生产过程可追溯性是否符合规定要求。

■ 注意事项

抽取特定医疗器械批生产记录样本，评价其批号管理能力时，一定要结合生产现场动态管理情况，特别要关注企业生产过程中的“零料”管理能力，防止出现“生产过程纸上可追溯，实际不可追溯”的现象。

2.6.8 应当选择适宜的方法对产品进行灭菌或采用适宜的无菌加工技术以保证产品无菌，并执行相关法规和标准的要求。

■ 条款解读

本条是对产品灭菌方法选择的要求。

灭菌指用以使产品无任何形式的存活微生物的过程，且该过程应当经过确认。无菌指产品上无存活微生物的状态。无菌加工指在受控的环境中进行产品的无菌制备及产品的无菌灌装，该环境的空气供应、材料、设备和人员都得到控制，使微生物和微粒污染控制到可接受水平。

植入性医疗器械通常以无菌状态交付，由于产品需植入人体，产品微生物污染控制是无菌植入性医疗器械的重要质量特性，必须严格控制，以符合法规和标准的规定要求。植入性医疗器械设计开发阶段，就需要综合植入性医疗器械材质、结构特点、预期用途、包装设计、灭菌易得性、经济性等因素选用合适的灭菌方法或采用适宜的无菌加工技术，以确保产品灭菌效果符合要求。金属骨科植入物等植入性医疗器械以非灭菌状态交付，产品使用前方需要灭菌，产品设计开发时也需考虑其包装对预期灭菌方法的适应性、灭菌前的产品清洁度等风险，并采取相应的风险管理措施。

常用的灭菌方法有物理法（高压蒸汽灭菌、干热灭菌等）、化学法（环氧乙烷灭菌、过氧化氢灭菌等）和辐射法（γ 射线灭菌、电子束灭菌等），或者采用无菌加工技术来保证产品无菌。每种灭菌方法都有其特点。针对不同的植入性医疗器械，从经济性、灭菌易得性、对产品既有质量特性影响、灭菌剂残留风险、无菌可靠性等方面评估，各有优缺点。如水为产品组成成分的植入医疗器械不宜选用环氧乙烷灭菌；对高温敏感的植入医疗器械不能选择温热灭菌法；产品材质对辐射敏感的医疗器械则不宜采用辐照灭菌；不能耐受灭菌的产品，只能采用适宜的无菌加工工艺。特定植入性医疗器械选择具体灭菌方法时，应综合各类影响因素，优先选择经济、易得、可靠的灭菌方法。

灭菌过程是植入性医疗器械重要特殊生产过程，系列标准对该过程给予了规范与指导，表 1-6 是与灭菌过程相关的主要国家标准与行业标准。企业应当选择具备专业知识和能力的人员，在下列标准的指导下，对灭菌过程进行严格确认，编制相关作业指导书、培训能胜任灭菌岗位的操作人员，设置必要的灭菌设施、设备或选择适宜的灭菌供应商，对灭菌过程进行充分的监视与测量，以保证灭菌效果。

表 1-6 与灭菌过程相关的主要国家标准及行业标准

序号	标准号	年代	标准名称
1	GB18278.1	2015	《医疗保健产品灭菌 湿热 第 1 部分：医疗器械灭菌过程的开发、确认和常规控制要求》
2	GB18279.1	2015	《医疗保健产品灭菌 环氧乙烷 第 1 部分：医疗器械灭菌过程的开发、确认和常规控制的要求》
3	GB/T18279.2	2015	《医疗保健产品的灭菌 环氧乙烷 第 2 部分：GB18279.1 应用指南》
4	GB18280.1	2015	《医疗保健产品灭菌 辐射 第 1 部分：医疗器械灭菌过程的开发、确认和常规控制要求》
5	GB18280.2	2015	《医疗保健产品灭菌 辐射 第 2 部分：建立灭菌剂量》
6	GB/T18280.3	2015	《医疗保健产品灭菌 辐射 第 3 部分：剂量测量指南》

续表

序号	标准号	年代	标准名称
7	GB/T32310	2015	《医疗保健产品灭菌　化学指示物　选择、使用和结果判断指南》
8	GB/T19972	2005	《医疗保健产品灭菌　生物指示物　选择、使用及检验结果判断指南》
9	GB/T19973.1	2005	《医用器材的灭菌　微生物学方法　第1部分:产品上微生物总数的估计》
10	GB/T19973.2	2005	《医用器材的灭菌　微生物学方法　第2部分:确认灭菌过程的无菌试验》
11	GB/T19974	2005	《医疗保健产品灭菌　灭菌因子的特性及医疗器械灭菌工艺的设定、确认和常规控制的通用要求》
12	YY/T1478	2016	《可重复使用医疗器械消毒灭菌的追溯信息》
13	YY/T0615.1	2007	《标示"无菌"医疗器械的要求　第1部分:最终灭菌医疗器械的要求》
14	YY/T0615.2	2007	《标示"无菌"医疗器械的要求　第2部分:无菌加工医疗器械的要求》
15	YY/T0567.1	2013	《医疗保健产品的无菌加工　第1部分:通用要求》
16	YY/T0567.2	2005	《医疗产品的无菌加工　第2部分:过滤》
17	YY/T0567.3	2011	《医疗保健产品的无菌加工　第3部分:冻干法》
18	YY/T0567.4	2011	《医疗保健产品的无菌加工　第4部分:在线清洗技术》
19	YY/T0567.5	2011	《医疗保健产品的无菌加工　第5部分:在线灭菌》
20	YY/T0567.6	2011	《医疗保健产品的无菌加工　第6部分:隔离器系统》
21	YY/T0567.7	2016	《医疗保健产品的无菌加工　第7部分:医疗器械及组合型产品的替代加工》

环氧乙烷灭菌管理的基本要求如下。

(1) 有独立分隔灭菌区域和与其规模相适应的灭菌设备。

(2) 灭菌区域能保证待灭菌和已灭菌产品分开存放,待灭菌产品和已灭菌产品各行其道,并有明显标识。

(3) 应有防爆、防火和强制通风设施。

(4) 应掌握待灭菌产品微生物初始污染情况,每台灭菌设备和工艺均应验证,并具验证证明文件。

(5) 应制定灭菌常规控制文件、灭菌器操作规程、灭菌器维护保养规程和环氧乙烷气体存放管理制度。

(6) 操作人员应严格按灭菌工艺文件操作并有完整灭菌过程及参数记录。

(7) 灭菌排放的环氧乙烷残气应处理并达到相应环保要求。

(8) 建立解析管理制度,有与灭菌能力相适应的解析区域,解析产品与检验合格品区域分开,标记明显。

(9) 有能力对灭菌效果进行检验/验证/确认。

辐射灭菌的基本要求如下。

(1) 有独立分隔辐射产品库与未辐射产品库且有明显标识。

(2) 通过检验 / 验证确定产品初始污染菌数。

(3) 产品材质与包装材料辐射后应完好、无损、无质量变化。

(4) 对产品及包装对辐射剂量、原材料和贮存条件的影响因素进行验证 / 确认，确定产品和包装最大可接收剂量。

(5) 保存与辐照灭菌相关的记录（包括必要的过程监测记录）。

(6) 有能力对灭菌效果进行检验 / 验证 / 确认。

采用无菌加工技术生产的产品，其各个部件（产品、容器和密封件）应分别经过灭菌（或无菌）处理，在高洁净度的环境中组装成最终产品，产品装入最终包装容器后不再进行灭菌处理。对这类产品，首先应识别和评估各个工艺步骤对最终产品无菌性、热原和微粒等质量特性影响程序、对其他产品质量的影响程度，并在适宜的工艺控制点采取必要的控制措施。无菌加工工序需进行无菌有效性验证。验证报告应包括但不限于以下内容。

(1) 厂房和设施，洁净、设备布局图。

(2) 生产流程介绍（重点是无菌过滤、物料储运，关键操作等）。

(3) 容器，密封部件的灭菌和去热原过程，完整的批生产记录。

(4) 灌装程序和要求，灌装设施、类型和尺寸，容器体积、数量，环境监测，正常的工艺和工艺参数，灌装失败时采取的补救措施。

(5) 环境监测，方法，频次，不合格时采取的措施。

(6) 密封系统的完整性。

(7) 卫生学检查（无菌、内毒素或其他外源性因子）方法。

(8) 工艺过程验证，包括空气净化，去热原过程、包装材料灭菌过程、过滤除菌过程，实验室控制过程的验证等。

如果产品采用委托灭菌，委托双方至少符合以下基本要求。

(1) 委托方与受托方应为法人企业。

(2) 应充分了解产品灭菌相关风险，在充分考虑产品本身、产品包装设计等影响因素的前提下，识别并确定适宜的灭菌方法，开展初始污染菌的监测，明确灭菌过程的控制要求。

(3) 双方应签订具有法律效力的委托灭菌协议。

(4) 制订对受托灭菌企业资质和能力进行评审的文件，并保持相关记录。

(5) 委托方与受托方共同对委托灭菌产品的灭菌过程进行确认，必要时对灭菌过程进行再确认，并保持相关记录。

(6) 受托方应具备所承担的灭菌能力，能够按法规和标准要求对灭菌过程进行过程管理、监视 / 测量，具备自动记录灭菌过程主要过程参数的能力。委托方还应与受托方确定适宜的方法保存每一灭菌批的灭菌过程记录，灭菌过程记录应可追溯到产品的每一生产批，委托方应明确产品灭菌批与生产批之间的关系。

■ 检查要点

(1) 检查企业设计开发、工艺验证、灭菌生产记录 / 无菌加工生产记录、过程参数控制、过程监视与测量、产品检验相关文件与记录，确认企业是否有对所选用的灭菌方法或无菌加工技术进行分析、论证，产品灭菌方法是否适宜；企业是否执行相关国家标准与行业标准，最终结果是否符合法规和标准要求。

(2) 检查企业灭菌工艺 / 无菌加工工艺相关生产规范 / 岗位作业指导书，随机抽查一年内企业灭菌相关的生产与检验、验证相关记录，结合现场对灭菌设施、设备、岗位操作人员、相关记录等方面的实际考察，综合评估企业是否按工艺验证结果编制工艺规范 / 作业指导书；是否按规定进行灭菌并保留相关灭菌记录。

(3) 若企业委托灭菌，企业是否按规定对供方进行审核与管理，签订具有可操作性的质量协议，共同对灭菌工艺开展工艺确认，按合同规定获取灭菌工艺参数，按法规、标准与企业规定开展必要的检验、验证 / 确认、质量分析与反馈，持续对委托灭菌工序进行严格管理，确保灭菌效果符合规定要求。

■ 检查方法

查看企业设计开发（包装设计文件、灭菌方法 / 无菌加工技术论证、灭菌 / 无菌加工工艺验证报告、灭菌 / 无菌加工工序作业指导书等）相关文件，综合评价灭菌或无菌加工方法的适宜性。综合企业资源（厂房设施与设备、人员与培训）配备、工序验证 / 确认、工序规范与作业指导书编制、灭菌 / 无菌加工工序生产与过程参数控制 / 过程检验等相关记录，综合评价企业灭菌 / 无菌加工工序的适宜性与有效性。

如果产品采用委托灭菌，根据医疗器械生产企业供应商审核指南对提供灭菌服务的供应商应当审核其资格证明和运营能力，并开展现场审核。同时应重点关注以下几个方面：对产品灭菌方法适宜性的评价；供方评价准则和相关评价记录；灭菌确认报告及原始记录，包括再确认形成的相关文件和记录；灭菌过程记录是否与灭菌确认的内容一致，发生变更后是否经过了再确认；当采用 EO 灭菌时，应查看产品解析的场所和条件；产品的交付与接收是否与协议中规定的内容一致，是否满足产品可追溯性的要求；协议中涉及的与产品质量相关的其他文件和记录。

■ 注意事项

注意企业灭菌 / 无菌加工方法、设施 / 设备、人员、灭菌供应商、过程验证结果、过程控制参数、过程监视与测量、过程检验等方面的变更，确认企业是否按规定对变更进行处置，以保证灭菌过程和灭菌效果能够符合法规、标准和企业规定要求。

2.6.9　应当建立无菌医疗器械灭菌过程确认程序并形成文件。灭菌过程应当按照相关标准要求在初次实施前进行确认，必要时再确认，并保持灭菌过程确认记录。

■ 条款解读

本条是对灭菌过程确认的要求。

灭菌过程是无菌医疗器械生产过程的重要子过程，同时也是无法采用经济、可行的方法通过后续的检验和试验准确评定其质量的特殊过程，所以应当对整个灭菌过程进行确认和定期的再确认。灭菌确认的开展包括：制定计划、实施计划、记录过程、撰写确认报告等。在产品、灭菌器、工艺参数等发生变化时应对灭菌过程进行再确认。产品的生物负载特性，灭菌处理参数，如压力、温度、湿度、EO 浓度、真空度等，在初次灭菌前应进行确认，产品、灭菌器、工艺参数变化时应进行再确认。委托灭菌时，企业也应当与供方共同对灭菌过程按法规和标准开展过程确认和再确认。常用的湿热、环氧乙烷、辐照灭菌过程的开发、确认和常规控制要求具体内容可分别参考 GB18278、GB18279、GB18280 系列标准。无菌加工要求可参考 YY/T0567 系列标准。

■ 检查要点

(1) 是否编制了产品灭菌过程确认的程序文件，并规定进行再确认的条件、周期等。

(2) 在初次对产品进行灭菌前，是否对灭菌过程进行确认。在产品、灭菌器、工艺参数等发生变化时是否对灭菌过程进行再确认。

(3) 灭菌过程或无菌加工过程的确认是否符合相关标准的规定，记录或报告是否经过评审和批准。

(4) 若采用无菌加工技术保证产品无菌，是否按有关标准规定，进行了过程模拟试验。

(5) 是否保持了灭菌过程确认的记录。

■ 检查方法

检查灭菌过程或无菌加工过程的确认是否符合相关标准要求；确认记录或报告是否经过评审和批准。若采用无菌加工技术保证产品无菌，是否按有关标准要求进行了过程模拟试验。

以下以环氧乙烷灭菌为例说明现场检查重点。

(1) 检查环氧乙烷灭菌剂技术规范、灭菌有效性试验报告，确认环氧乙烷是否符合工业用环氧乙烷标准(GB/T13098-2006)，合格证、生产企业名称等，是否与灭菌确认时一致。检查环氧乙烷灭菌剂进货及存放控制。检查供货商资质、验收、存放，处置规定，现场检查确认是否符合规定。

(2) 查看在用灭菌设备及辅助系统设备类型、型号、能力和运行范围的详细说明(设备的技术规格)，查看灭菌柜技术规范并与灭菌确认报告比对，确认是否能满足灭菌要求(温度、湿度探头的数量、控制范围、体积、控制软件等)。

(3) 检查灭菌工艺参数规定，确认灭菌参数监控变量(真空度、压力、温度、湿度等)是否满足灭菌工艺性能要求，过程参数控制是否与灭菌记录内容一致；是否确认了灭菌参数变量的有效性，在各参数控制范围内灭菌是否有效。灭菌参数控制的计算机软件是否经过确认，软件是否具备参数控制功能，灭菌设备的安装、运行、试运行和性能确认的记录和文件(确认报告)。检查灭菌柜验收报告。现场检查各项仪表的校准标识，检查灭菌器维护记录，包括泄露测试记录、现场询问灭菌器空气过滤器更换、探头、蒸发器擦拭等频次的要求。预处理的时间、温湿度探头数量、产品摆放和分隔形式的记录，并符合规定，现场检查是否与文件规定、灭菌确认报告一致。灭菌时，有真空度、环氧乙烷浓度(体积和最终压力)、柜内温度、压力和被灭菌产品温度监测方式，并符合规定。检查灭菌记录，以上内容与文件规定一致。有灭菌(灭菌周期)时间的记录，并符合规定。预处理、抽真空和真空保持、灭菌保持时间的记录，和确认报告一致。通风时间和温度，柜内压力的改变的记录，检查记录，和确认报告一致。

(4) 证明灭菌工艺对产品和包装无不良影响，检查相关分析报告，特别是检查如果加工工艺中有残留水分而导致环氧乙烷超标的可能，检查包装材料(包括供应商)与灭菌确认时所用的包装材料是否一致。

(5) 若过程中使用了生物指示剂，应检查生物指示剂，是否和灭菌报告所使用的指示剂一致。

(6) 是否有对挑战器械(过程检测器材)的描述和使用方法的规定。是否设计和确定了挑战器械(提供挑战器械的样本)，常规监测中(每一批)是否放置了挑战器械，生物指示剂检查记录或报告中是否包括挑战器械检查结果。(挑战器械：模拟产品的过程监测检材，挑战器械应和产品一致，并在最难灭菌的部位放置的生物指示剂，这种过程监测检材用于常规监测中)。

(7) 灭菌后采取的放行方式。若采用生物指示剂放行，物理参数应符合规定，包括按企业标准要求环氧乙烷残留量合格的出厂检验报告，生物指示剂培养后无试验菌生长(检验记录)，挑战器械中生物指示剂检查结果为阴性(检验记录)。灭菌后采用参数放行产品(若适用)预处理，灭菌柜、解析室应分别设置参数，灭菌柜中应有环氧乙烷浓度监测设备，灭菌物理学、微生物学鉴定符合参数放行规定。灭菌后采用无菌检查放行的产品，无菌检查方法应符合《中国药典》的要求。

■ 注意事项

人员、设备、设施、产品、方法、过程控制、过程监视与测量、时间与环境等多种因素共同影响灭菌过程，影响灭菌效果，因此，灭菌过程确认方案需要充分考虑多种因素对灭菌过程的干扰，采取综合措施，将多种影响因素进行分类控制，在首次灭菌确认的基础上，企业只有在一定时间段内(建议为一年)系统收集灭菌相关信息，综合分析、评价、反馈，才能形成完整的灭菌确认报告。应注意完整的灭菌确认与再确认之间的区别。此外，还应关注企业产品(含初包装)微生物初始污染与灭菌过程确认结果之间的相互关系。灭菌过程常使用计算机软件控制系统，检查时应同时关注相关计算机软件的验证 / 确认结果及其应用情况。

以下针对国内医疗器械企业常用的环氧乙烷灭菌和辐射灭菌，详细说明检查中的注意要点。

1. 环氧乙烷灭菌

(1) 灭菌除考虑如何使产品达到 10^{-6} 无菌保证水平外，还需考虑环氧乙烷残留物(EO，ECH)的去除、产品初包装完整性、产品本身与灭菌工艺的兼容性等问题。环氧乙烷灭菌过程中往往伴随气压变化，如果包装和产品本身透气性不好，则可能造成包装破损和产品损坏。选择待灭菌产品的初包装时，应针对特定灭菌过程考虑特定的主要设计和制造因素。

(2) 环氧乙烷是易燃易爆气体，其与空气的混合物在 3%~100% 范围内具有潜在爆炸性。在有惰性气体(如 N_2、CO_2)存在情况下，则混合气的安全浓度范围大大提高(图 1-1)。美国 AAMI TIR 14 标准中要求灭菌柜内不得存在可燃性气体混合物。

(3) 环氧乙烷对人体健康有一定危害性，动物实验表明，环氧乙烷有致癌和致畸作用，环境中安全浓度范围是 5mg/m^3(不超过 15 分钟)和 1mg/m^3(8 小时)。生产企业宜在其

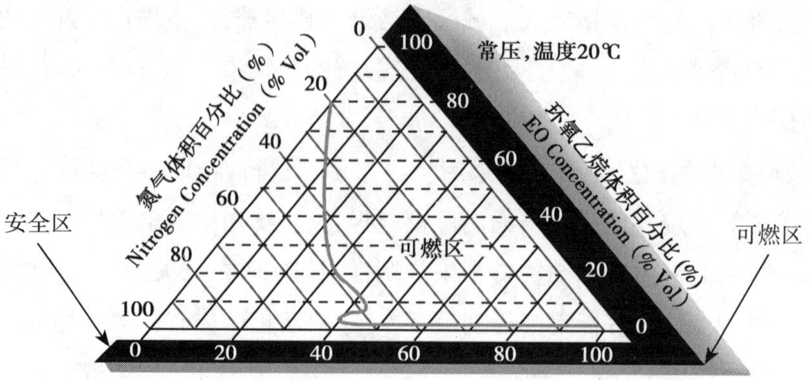

图 1-1　环氧乙烷 - 氮气 - 空气混合气可燃范围图
Flammable Region of Ethylene Oxide/Nitrogen/Air Mixtures

灭菌车间设置环氧乙烷浓度监测装置。

(4) 检查环氧乙烷灭菌柜及辅助设备的安装确认(IQ)报告，是否对灭菌系统(适当时，包括预处理室或预处理柜、解析柜或解析室等)的计算机控制软件进行了确认。

(5) 检查环氧乙烷灭菌柜及辅助设备的运行确认（OQ）报告，确定所有用于监视、控制、指示或记录的仪器是否处于校准有效期内。

(6) 在引入新的或更改的产品、包装、装载模式、设备或过程参数时，应进行性能确认，除非证明其与之前已确认的产品、包装或装载模式的组合等效。

(7) 检查微生物性能确认(MPQ)报告　生物指示物应放置于产品中最难灭菌的部位。

(8) 检查是否对产品中的环氧乙烷残留进行了评估。应按照 GB/T16886.7 建立产品中环氧乙烷残留物的限量，并对解析过程进行确认。

(9) 检查日常控制所用生物指示剂是否与灭菌确认中所使用的生物指示剂一致，生物指示剂的存放是否符合标签上推荐的温、湿度条件，对生物指示剂的培养条件(温度、时间)是否符合生物指示剂的说明书。检查企业是否存在未经充分验证就擅自缩短生物指示剂培养时间的情况。

(10) 环氧乙烷灭菌过程中的尾气处理、排放应符合当地的环保要求，可以通过检查相关检验报告、证明文件来评估符合性。

(11) 检查灭菌失败后企业的措施，是否进行了根因分析和调查，必要时采取纠正措施。

(12) 检查企业在设计变更、工程变更时，是否考虑了这些变更对灭菌的影响，是否在必要时对灭菌过程进行了再确认。

(13) 是否采取了环氧乙烷尾气吸收处理措施，是否能够提供环氧乙烷废气 / 废液排放符合当地环保法规要求的证据。

2. 辐射灭菌

辐射灭菌的确认一般包含以下几个组成部分。

(1) 规定在灭菌加工中使用的辐射的类型，例如 γ 射线、电子束、X 射线。如果是电子束或 X 射线，应规定电子束的能力水平。

(2) 应对产品、产品包装的变更或产品在包装中的位置摆放加以规定；对产品生产工艺（包括生产完毕后，等待灭菌的时间）进行规定，以保证产品在提交灭菌时其初始污染菌水平是可控的。

(3) 过程定义，包括建立最大可接受计量（见 GB18280.1-2015，8.1）和灭菌剂量。

(4) 确认　安装鉴定、运行鉴定、性能鉴定。

(5) 过程有效性的保持。灭菌剂量的持续有效性由以下方式证明：①确定生物负载以监视与生物负载规定限度相关的产品中存在的微生物数量；②执行灭菌剂量审核，以监测产品上的生物负载的辐射抗力。

(6) 在产品的原料来源、组装工艺、清洗和干燥，以及包装等各生产环节如发生任何变更，应评估这些变化对初始污染菌数量和种类的影响，以免影响灭菌效果。

(7) 辐照灭菌剂量可以累积，因此企业在决定进行二次灭菌时，应注意辐照剂量的叠加效应，避免超过产品所能耐受的最高辐照剂量。

(8) 在产品、装载、包装以及灭菌过程没有任何变化的情况下，辐射灭菌的剂量审核一般 3 个月进行一次（详见 GB18280.1-2015，12.1.3）。

2.6.10　应当制定灭菌过程控制文件，保持每一灭菌批的灭菌过程参数记录。灭菌记录应当可追溯到产品的每一生产批。

■ 条款解读

本条是对灭菌过程控制及其记录的要求。

灭菌过程是无菌医疗器械最重要的生产过程之一，企业应当在灭菌过程确认报告的基础上，制定灭菌过程控制文件。灭菌过程控制文件编制应当考虑影响灭菌过程有效性及其他相关因素，如灭菌设备适用性、适用灭菌设备可调节范围、灭菌过程参数、过程监视与测量、产品灭菌前 / 后管理、人员要求、安全生产要求、人员防护要求等。灭菌过程控制文件及其相关记录应明确需要监视过程参数。为保证灭菌过程参数数据的可靠性，企业应当采用设备自动记录灭菌过程参数。灭菌记录至少应当包括灭菌地点、灭菌设备、灭菌人员、灭菌剂种类、数量、产品型号 / 规格、数量、批号、产品装载方式、灭菌过程参数完整记录及其评价结果、化学指示物(若适用)放置及灭菌前后变化情况、生物指示剂放置及灭菌前后微生物存活数量变化情况、产品解析及灭菌剂残留情况、产品放行检验结果等。企业应当按制规定的灭菌控制文件管理灭菌过程,保留灭菌相关记录,保证灭菌记录可经追溯到产品的每一生产批。

■ 检查要点

(1) 查看灭菌过程控制文件,这些文件应包括:灭菌工艺文件;灭菌设备操作规程;灭菌设备的维护、保养规定等。

(2) 抽查不同季节的一个或数个典型产品的灭菌记录,确认企业是否按照灭菌过程控制文件和灭菌操作规程管理灭菌过程,灭菌记录是否完整、清晰、可溯源到产品的每一生产批。

■ 检查方法

查看灭菌确认报告和灭菌控制文件,确认灭菌控制文件的全面性、完整性及其与相关文件与现场的一致性;现场查看灭菌环境、灭菌设施/设备、灭菌过程管理及其灭菌相关记录,确认企业灭菌过程管理、灭菌结果是否符合规定要求,灭菌过程和参数记录是否完整、齐全,具有可追溯性。

■ 注意事项

(1) 检查时应同时关注灭菌岗位人员胜任工作情况。

(2) 一个灭菌容器内混装一种或多种产品时,灭菌放行检验以灭菌容器为单位而不以产品批为单位,此时可能出现部分产品或部分型号规格无检验记录情形。

(3) 灭菌过程参数记录应自动记录,记录不得更改,不得以手工方式记录。

(4) 如委托灭菌,灭菌供应商应按质量协议提供必要的过程管理记录或信息,如产品装载、环氧乙烷生物指示剂放置位置、数量,辐照剂量监测点数、剂量吸收值等。

2.6.11　对直接或间接接触心血管系统、淋巴系统或脑脊髓液或药液的零配件应当至少能追溯到产品生产所用的原材料、灭菌设备和生产环境。

■ 条款解读

医疗器械产品应该具有可追溯性,以便在需要时能够第一时间找到患者,追溯医疗器械的历史。可追溯性是指一种能力,医疗器械需要有这样的能力,一旦产品不能满足要求而可能发生不良事件,可用于分析原因和进一步改进。追溯的程度是根据产品或零配件的风险程度和需要来确定的。不同的产品或零配件可以有不同的追溯程度,对直接或间接接触心血管系统、淋巴系统或脑脊髓液或药液的原材料或零配件,风险程度较高,应当至少能追溯到产品生产所用的最初原材料、灭菌设备和生产环境。

例如生物心脏瓣膜产品,其核心部件瓣膜一般是用猪主动脉瓣或牛心包瓣为原料制成,对于猪主动脉瓣或牛心包瓣的来源动物,制造商应保存每一批动物可追溯性文件,该文件中至少应包括:该产品所用动物的种属、地理来源、取材部位、动物的可追溯性标识、动物饲养、检疫、屠宰及加工方面的情况。生物心脏瓣膜的金属瓣架一般用不锈钢、钛、钴镍合金或其他超硬、耐腐蚀金属等制成,制造商应保存每一批瓣架原料的可追溯性文件,如不锈钢牌号、采购记录、供应商资质等。另外,人工心脏瓣膜产品的灭菌方式和生产环境都应该在相关可追溯性文件中记录。

对于一些对产品质量影响较大的原材料,比如敷料中的羧甲基壳聚糖、羧甲基纤维素盐、眼科用全氟丙烷气体、重水、硅油等,往往由各种应用的材料精制而来,应追溯到原始材料的产地、供应商和原始批号。

■ 检查要点

(1) 是否编制了可追溯性程序文件,文件中是否规定了可追溯的范围、程度和途径,并能实现追溯。

(2) 对直接或间接接触心血管系统、淋巴系统或脑脊髓液或药液的零配件的材料是否至少能追溯到产品生产所用的原材料、灭菌设备和生产环境。

(3) 检查标识,核查批生产记录。

■ 检查方法

现场检查标识和生产批记录,是否能达到追溯性的要求。

■ 注意事项

如产品中含有直接或间接接触心血管系统、淋巴系统或脑脊髓液或药液的零配件,应特别关注这类零配件生产过程的溯源性问题。

2.6.12　应当根据对产品质量影响的程度规定各种无菌医疗器械产品和材料的贮存条件。贮存场所应当具有相应的环境监控设施。应当控制和记录贮存条件，贮存条件应当在标签或使用说明书中注明。

■ 条款解读

产品和材料的贮存是企业满足法规、用户要求的重要保障措施的组成部分，确定产品和材料贮存的要求并配备相应的环境监控设施，如防止产品变质或损坏，需要低温保存的产品应确定储存的温度要求、配备相应的资源并实施存储的控制。如果有时间效应的产品还应该控制储存的期限或用相应的措施尽可能减少储存时间对产品的影响，不同的物料应尽可能分开存放，并分别标识。

■ 检查要点

(1) 管理文件是否根据对产品质量影响的程度明确规定了原材料、半成品、成品的贮存条件，并在标签和使用说明书中注明。

(2) 是否对贮存条件进行记录。

(3) 物料的出库记录是否遵守了先进先出的原则。

(4) 企业贮存场所是否具有环境监控设施。

■ 检查方法

现场到仓库查看贮存措施是否有效落实，仓库内是否有防止产品损坏(如氧化、受潮、光照、鼠蚀、污染等)的设施。入库、出库记录是否完整，环境检测记录是否完整，有没有不符合文件要求的记录。

■ 注意事项

关注需要特殊贮存条件的物料，如需要低温、阴凉，特定温、湿度要求的物料是否编制了相应的文件并得到妥善贮存。

常见问题和案例分析

◎ 常见缺陷

(1) 不少企业在产品防护方面重视不够、措施不力，表现在：①认识不够，认为产品防护可有可无；②管理文件未有明确的规定（原材料器件未采取防护措施，加工过程半成品、工装模具防护，成品防护不到位等）；③对防护措施日常监测和再评价不力；④人员意识培训未有此项内容。

(2) 消毒剂未按规定定期更换。

(3) 洁净车间工艺布局有交叉往复的现象，如洁净车间无专用的洁具间，洁具清洗与洗衣间共用；未设置物料净化间等。

(4) 同产品使用表面直接接触、不清洗即使用初包装透析袋，其生产厂方洁净度级别（100 000级）低于产品生产的洁净度级别（10 000级），不符合YY0033的要求。

(5) 10 000级净化车间内有木质（密度板）台面，且棱边已磨损，易产生尘粒污染。

(6) 产品进入洁净车间后清洗及包装前半成品的清洗均采用洁净布乙醇擦拭清洗方法，仅依据初始污染菌测试结果进行清洗效果确认，未能提供洁净布是否落屑、清洗后产品微粒残留及乙醇残留等验证记录，清洗过程确认不充分。

(7) 企业无法提供原材料材料更改带来的风险分析和风险管理记录。

(8) 100级净化台仅有日常监测沉降菌项目的记录，未能提供YY0033标准规定的尘埃粒子、风速等项目定期检测记录。

(9) 风险管理未能覆盖产品实现的全过程，风险管理报告缺少降低风险的措施。

(10) 某些工艺实际操作与作业指导书的规定不相符。

◎ 典型案例分析

【案例一】 企业提供的环氧乙烷灭菌验证报告中显示灭菌验证使用的是3号柜，加药量是5~6kg，但抽查灭菌批2016072602产品灭菌加工单，其中灭菌使用的是2号柜，加药量是15kg，与验证数据不一致，且不能提供2号柜的确认记录。企业灭菌在验证报告（LL/YZ-EO-2015）中标明空间/负载温度均匀性确认需使用30个温度传感器，但未能提供30个温度传感器灭菌周期的原始监测记录；也不能提供灭菌验证批样品的生物负载测试记录。不符合规范无菌附录2.6.9。

分析：规范无菌附录2.6.9规定，企业应当建立无菌医疗器械灭菌过程确认程序并形成文件。灭菌过程应当按照相关标准要求在初次实施前进行确认，必要时再确认，并保持灭菌过程确认记录。

环氧乙烷灭菌是需要确认的过程，应对灭菌系统（灭菌柜及其辅助设备和计算机软件）的安装、运行、性能进行充分确认，确定设备的有效性以及灭菌有效性。更换设备、包装、装载模式及参数时应提供性能确认报告。企业实际生产与确认时使用的不是同一台设备，又不能提供实际生产用2号灭菌柜的确认报告，不能证实灭菌过程的有效性。该案例中企业虽然提供了3号柜的灭菌确认报告，但未能提供确认过程中温、湿度值监测有效性的证据，也未能提供证据证实生物负载测试的测试结果，无法证实设备能力及灭菌确认的有效性。

【案例二】 检查员在检查无菌一次性医疗器械冲洗管路、冲洗袋、腹膜透析外接管等，发现如下6项缺陷：①冲洗袋等封口参数工艺文件中仅有封口温度，未查见封口速度要求；②封口验证报告中企业验证封口机速度为“低速”“中速”“高速”三档，但实际封口机调速旋钮刻度档位显示为共八档，企业未能提供证明资料，证明验证的三档与封口机的八档对应关系，且封口验证报告中未见封口撕裂强度、包装完整性等测试数据；③未能提供冲洗袋导管挤出参数验证报告；④部件清洗验证报告中清洗后效果仅以外观判定清洗效果，未见产品微生物负载等定量指标的描述；⑤腹膜引流袋中导管挤出速度工艺文件中为50转/分钟 ±10转/分钟，作业指导书中为45转/分钟 ±10转/分钟，两者不一致；⑥覆膜引流袋导管挤出工艺文件中导管挤出内径为4.5mm±0.1mm，对应图纸中内径为4mm，两者不一致等。以上缺陷不符合“规范”生产管理第四十六条，企业应当编制生产工艺规程、作业指导书等，明确关键工序和特殊过程。第四十九条，企业应当对生产的特殊过程进行确认，并保存记录，包括确认方案、确认方法、操作人员、结果评价、再确认等内容。

分析：①对于无菌医疗器械来说包装封口是一个特殊工序，包装封口是决定产品安全性的重要工序之一，也是无菌产品普遍存在的工序之一。包装封口不好直接影响产品对外界污染、微生物的屏蔽作用。其中一般封口机主要控制参数为封口温度和封口时间的结合(特殊除外),所以工艺文件中无封口速度实际影响实际操作。②封口工艺参数、验证报告和实际封口机的情况应对应起来,保持一致,否则无法操作,存在风险。③挤出工序也为特殊工序之一,一般通过验证的挤出参数控制挤出的产品质量。参数未经验证也存在生产风险。④无菌医疗器械的末道清洗也是控制产品质量的重要环节之一。末道清洗对最终产品在灭菌前减少污染程度、减少热原等有着重要的影响。故合理设定清洗有效性结果判定依据非常重要。⑤⑥工艺文件和现场作业指导书应保持一致,否则无法指导现场生产。

(冯晓明　付步芳　赵广宇　刘歆　陈刚　乔岩梅)

第七节　质量控制

2.7.1　应当具备无菌、微生物限度和阳性对照的检测能力和条件。

■ 条款解读

在无菌医疗器械的生产过程中，围绕产品“无菌”或“灭菌”和（或）消毒，除了包括众所周知的产品放行中的无菌试验以外，还包括日常生产过程控制中对生产环境空气中的微生物和表面（指与器械密切接触，特别是与器械应用面接触的表面，如传送带、工位器具、操作台、手套等）微生物的控制、用生物指示物（菌液和菌片）进行产品放行，以及产品灭菌确认中的无菌试验、初始污染菌和纯化水与注射用水的微生物限度检测等，也需要无菌试验、阳性对照试验、阴性对照试验、微生物限度试验。无菌试验、阴性对照需要在无菌室内进行；常规检验方法和培养基、试剂等的灵敏度检查、阳性对照试验，包括菌液的制备需要在阳性对照室内进行，阳性对照室应配置生物安全柜，应严格与无菌室和微生物限度室隔离；初始污染菌和微生物限度试验，以及洁净区空气和表面微生物控制时消毒效果的测定，需要在微生物限度室内进行。因此，对于无菌医疗器械生产企业来说，拥有符合要求的无菌室、阳性对照室和微生物限度室，具有所需的试验仪器设备、所用的试验技术以及相应仪器的使用和操作的程序和规程，且由有资格和资历并经培训的专业人员从事微生物检验是十分必要的。

无菌试验应参照《中国药典》无菌检查法的要求，在无菌条件下进行，试验环境必须达到无菌检验的要求，即在B级背景下的A级单向流洁净区域或隔离系统中进行，微生物限度检查应在不低于D级背景下的B级单向流空气区域内进行。A级和B级区域的空气供给应通过终端高效空气过滤器（HEPA）。检验全过程应严格遵守无菌操作，防止微生物污染，防止污染的措施不得影响供试品中微生物的检出。单向流空气区、工作台面及环境应定期按医药工业洁净室（区）悬浮粒子、浮游菌和沉降菌的测试方法的现行国家标准进行洁净度确认。隔离系统应定期按相关的要求进行验证，其内部环境的洁净度须符合无菌检查的要求。日常检验还需对试验环境进行监控。微生物实验室应按相关国家标准制定完整的洁净室（区）和隔离系统的验证和环境监测操作规程，环境监测项目和监测频率及对超标结果的处理应有书面程序。监测项目应包括对空气悬浮粒子、浮游菌或沉降菌、表面微生物及物理参数（温度、相对湿度、换气次数或气流速度、压差等）的有效控制和监测。洁净实验室悬浮粒子的监测按照《医药工业洁净室（区）悬浮粒子的测试方法》的现行国家标准进行；沉降菌的监测按照《医药工业洁净室(区)沉降菌的测试方法》的现行国家标准进行；浮游菌的监测按照《医药工业洁净室(区)浮游菌的测试方法》的现行国家标准进行。隔离系统应按相关的要求进行验证，其内部环境的洁净度须符合无菌检查的要求。

■ 检查要点

(1) 检查是否具备符合要求的无菌、微生物限度和阳性对照的检测环境条件。

(2) 检查是否配备了相应的设备和设施(如超净工作台、恒温培养箱、生化培养箱、压力蒸汽灭菌器、薄膜过滤设备、生物安全柜等)。

(3) 检查是否配备了具有资质或经历或培训的检测人员。

■ 检查方法

现场考察微生物试验环境和设备及设施，查阅检(监)测记录是否达到规定的要求；查阅人员档案检查检测人员的资质或经历或培训证明。

■ 注意事项

无菌、微生物限度、阳性对照检测环境是否按标准规定的要求，定期进行检测。

2.7.2 应当对工艺用水进行监控和定期检测，并保持监控记录和检测报告。

■ 条款解读

本条款是对工艺用水监控和定期检测的要求。企业应当制定工艺用水检验规程，确定工艺用水的检验项目、方法和检验周期，按照法规及相关标准要求对工艺用水指标进行定期检验，并保存工艺用水检验记录。对于法规及标准尚未明确规定的，企业应当对水质检验的项目、检验周期进行验证和确认。

应当按照现行有效版本的《中国药典》规定的检测项目和方法对工艺用水进行检测。纯化水的检测项目应包括：酸碱度、硝酸盐、亚硝酸盐、氨、电导率、总有机碳或易氧化物、不挥发物、重金属、微生物限度；注射用水的检测项目应包括：酸碱度、氨、硝酸盐、亚硝酸盐、电导率、总有机碳、不挥发物、重金属、细菌内毒素、微生物限度；灭菌注射用水的检测项目包括：酸碱度、氯化物、硫酸盐与钙、二氧化碳、易氧化物、硝酸盐与亚硝酸盐、氨、电导率、不挥发物、重金属与细菌内毒素。工艺用水水质的日常监测项目一般为酸碱度、电导率和氨。

关于工艺用水的水质监测频率和全性能检测周期，企业应当在验证的基础上做出规定。《一次性使用无菌医疗器械产品(注、输器具)生产实施细则》(2001年修订)中曾规定，可以借鉴。日常监控项目为每班进行一次，全性能检测为每周进行一次。企业还应当确定工艺用水取样点，制定取样点分布图，至少应当包括总送水口、总回水口及管路最远端取样点，并确保取样点设置合理。

饮用水(即纯化水原水)应符合GB5749-2006《生活饮用水卫生标准》，实验室用水应符合GB/T6682-2008《分析实验室用水规格和试验方法》。

企业应当具备理化指标、微生物限度的检验能力和条件，微生物限度检测条件应符合2.7.2条的要求。

工艺用水的制水系统涉及需按计量器具进行检定或校准的仪器、仪表等应当定期检定或校准，且标识明显，并保存检定或校准证书。

国家食品药品监督管理总局关于发布《医疗器械工艺用水质量管理指南》的通告(2016年第14号)中要求，应当结合实际生产需要对工艺用水质量进行定期分析，编写分析报告，并保存相关记录。

■ 检查要点

(1) 检查企业是否有工艺用水管理规定，工艺用水检测项目和检测要求是否符合相应级别的水质要求，是否规定了取样点和检测的频次等内容。

(2) 检查生化实验室是否有用于工艺用水检验的有关设备、器具、试剂及储存环境，试剂如为自行制备，是否标识试剂名称、制备人、制备日期以及有效期等信息。

(3) 检查工艺用水监控记录、检测报告是否符合文件的规定要求。

■ 检查方法

检查体系文件时查阅工艺用水水质监控和周期检查的项目、频次是否做出了规定，检查实验室时考察工艺用水的检测条件、设备设施和能力。

■ 注意事项

(1) 纯化水和注射用水的检测项目是否符合现行有效的《中国药典》的要求。

(2) 若饮用水是企业对天然水(井水或地表水等)进行处理后获得，应由有资质的部门出具的符合国家标准的报告或记录。

2.7.3　应当按照医疗器械相关行业标准要求对洁净室（区）的尘粒、浮游菌或沉降菌、换气次数或风速、静压差、温度和相对湿度进行定期检（监）测，并保存检（监）测记录。

■ 条款解读

新建的洁净厂房是否达到了产品生产所需要的或设计时所要求的洁净度级别，在持续的生产过程中洁净室（区）是否能够保持所要求的洁净度等级，只有通过对整个洁净厂房的所有洁净室（区）进行检（监）测才能知道。通过对每个洁净室（区）的温度、相对湿度、静压差、换气次数（100 级层流洁净区测风速）、尘埃粒子数、菌落数或浮游菌数进行测试，只有洁净室（区）的这六项指标都达到所要求的洁净度级别，才能综合评定该洁净室（区）达到了某洁净度级别要求，只有所有的洁净室（区），包括洁净走廊、缓冲间、辅助洁净间等均达到所要求的洁净度要求，才能说明该洁净厂房达到了要求，该洁净厂房才能投入或继续使用。企业应对新建的洁净厂房在投产前建议由有资质的检验单位进行静态检测，并出具有综合判定结论的检验报告，洁净室（区）洁净度等级的设置以静态为依据。在日常生产中要按规定的频次进行监测，企业可以根据自己的产品质量、生产现场情况、净化系统的运行状况、企业周围的环境条件等，确定科学、合理的监测频次。因为产品是在动态条件下生产出来的，所以日常监测建议在动态条件下进行，如果动态条件下测试的六项指标均达到要求，洁净室（区）可以继续使用。如果动态监测有的指标不符合要求，就要进行静态检测，这时如果静态检测合格，说明空气调节净化系统没有问题，说明影响因素来自生产过程，要进行原因分析，如果这种影响因素还会影响到产品质量就要采取纠正措施。如果这种影响因素无法消除，而且不影响产品质量，企业应根据验证数据确定科学、合理的动态监测指标，日常监测在此指标范围内该洁净室（区）可以继续使用。

关于初始污染菌和微粒的检（监）测，主要是对所确定的洁净室（区）的洁净度级别或当前洁净室（区）的状况是否能满足产品质量要求的验证，当然产品的初始污染菌情况还是确定灭菌工艺要考虑的因素。因此，产品初始污染菌和微粒的检（监）测宜安排在洁净室（区）的检（监）测后较近的时间内进行。这里的产品污染菌和微粒的检（监）测并不是批批检的概念，企业可结合实际生产情况和产品质量跟踪监督的需要，规定合理的期限，或适时进行检（监）测，并进行数据统计分析。检（监）测的目的是为了收集信息，找出变化规律或影响产品质量的因素，改进或提高产品质量，通过对初始污染菌和微粒的检（监）测是否可发现其与洁净室（区）检（监）测的数据或其他相关因素的变化有一定的关系，可画出控制图分析一下有无规律或趋势，以便进行有针对性的控制。

关于洁净区的检(监)测,一般来说,在洁净室施工结束进行工程验收时,建议请有能力或有资质的单位进行检测;日常检(监)测企业可以自行检(监)测。若监管部门有规定或要求时,执行监管部门的规定或要求。

洁净室(区)的检测依据是:GB50591-2010《洁净室施工及验收规范》、GB/T16292-2010《医药工业洁净室(区)悬浮粒子测试方法》、GB/T16293-2010《医药工业洁净室(区)浮游菌的测试方法》、GB/T16294-2010《医药工业洁净室(区)沉降菌的测试方法》。

■ 检查要点

(1) 检查洁净室(区)的监测记录,检查项目和检测周期是否符合 YY0033 标准要求。

(2) 现场查看使用的培养基是否符合 GB/T16294-2010 中规定的要求。

(3) 现场查看是否配备了尘埃粒子计数器、风速仪(或风量罩)、温湿度计、压差计等设备,是否经过检定或校准,是否在有效期内。

(4) 现场核查压差、温湿度等是否符合文件规定要求。

■ 检查方法

查阅文件中对洁净室(区)检(监)测的规定和记录;现场查看洁净室(区)检测的仪器配备及使用情况包括是否在校准有效期内,并核查压差和温、湿度控制情况。

■ 注意事项

微生物检测室的级别设置应符合《中国药典》的要求(若监管部门有规定或要求时应按其要求),日常监测应按 YY0033 的要求进行动态检(监)测。

2.7.4 应当根据产品质量要求确定产品的初始污染菌和微粒污染的控制水平并形成文件,明确中间品的存储环境要求和存放时间,按文件要求定期检测并保持相关记录。应当定期对检测记录进行汇总和趋势分析。

■ 条款解读

1. 生物负载的概念

"生物负载"(bioburden)通常用于描述材料或产品上的存活微生物的总量。生物负载不仅包括灭菌前医疗器械上自然形成的污染菌总量,又称初始污染菌,也可用以表述为了验证之目的医疗器械上人工接种的微生物的总量;可用以表述经受某一灭菌过程后医疗器械上微生物存活总量，也可用以表述为非无菌供应器械上的微生物总量；可用以表述医疗器械上微生物总量，也可用于表述生物指示物上的微生物总量。

灭菌前微生物污染是指来自多种污染源的污染物的总和。因此还应注意进料和（或）部件的微生物水平，以及产品生产、组装和环境的控制。无菌医疗器械生产企业，首先要采取各种措施使医疗器械来自各种来源的外来污染减至最少，其次是采取有效的灭菌措施保证其产品无菌。医疗器械产品灭菌前，即使是在标准化生产条件下按照医疗器械质量体系进行生产，也可能携有微生物，尽管数量很少。然而，由于医疗器械的多样性、生产过程各异、环境控制也不同，各种器械上生物负载差异很大，像有些标准那样对所有器械统一给出初始污染菌极限是不合理的。同样，要对某一产品上的生物负载准确测定也是不可能的，只能用一经确认过的技术对其进行估测。

2. 器械生物负载估测的应用领域

通过微生物污染水平的研究可以了解器械生物负载。GB/T19973.1（ISO11737-1）要求生物估测需在下列几种情况下进行。

(1) 对灭菌过程的确认和再确认的过程中，用以直接建立起经受灭菌条件的程度与生物估测值之间的联系。如采用辐照灭菌时，用以确定辐照剂量（详见 GB18280）。

(2) 对灭菌过程的确认和再确认，不用以直接建立起经受灭菌条件的程度与生物估测值之间的联系，但要求对生物负载有一大体了解（如采用湿热灭菌和环氧乙烷灭菌，详见 GB18278 和 GB18279）。

(3) 经上述（1）灭菌确认的无菌产品的生产过程的常规控制。

(4) 经上述（2）灭菌确认的无菌产品的生产过程的常规控制。

生物负载估测还可用于医疗器械生产质量体系，作为下列过程的要素之一。

(1) 全面环境监控过程。

(2) 提取微生物时洗脱过程有效性的评价。

(3) 对规定了微生物清洁度的非无菌供应的产品的过程控制。

(4) 监控原材料、部件或初包装。

3. 生物负载估测技术建立与确认

医疗器械微生物污染估测技术的主要步骤是：选择样品→收集试验项目→送入试验室→提取微生物（如需要）→移入培养基→培养→计数和定性（如适用）→数据分析。GB/T19973.1（ISO11737-1）对这些步骤都给出了原则性要求和方法指南。由于医疗器械的多样性，期望通过一种方法去适合于任何器械的微生物估测是做不到的，尤其是从器械上提取微生物的技术，受器械的大小、结构、性质等影响很大。对此，GB/T19973.1（ISO11737-1）推荐了一系列供选用的提取方法。

当用生物负载估测值确立灭菌过程的处理程度时，估测值的精确性是十分重要的。当用于生产过程的常规控制时，同样也需要使用一个准确的微生物估测方法，来监测灭菌前生物负载是否变化到了会影响灭菌过程的有效性的水平。因此，实验室专业人员应根据具体产品，设计相应的微生物估测的方法，并按ISO11737-1对方法进行确认。确认包括对提取微生物技术的确认和计数方法的确认两个方面。确认工作应形成文件。

负责进行生物负载估测的人员宜运用原材料、部件、生产环境、生产过程和产品的特性方面的知识为每一步选择适当的方法。

4. 生物负载估测技术的应用

产品在灭菌前自然形成的生物负载（初始污染菌）的高低，反映了生产环境的控制能力。利用微生物估测技术可以帮助控制生产，并为环境控制的决策提供依据。以最初确认中得出的生物负载估测值作为基准，定期对产品生物负载监测，从而能够反映出生产过程的改变或环境的改变。因此，通过设定过程控制极限并适时进行走势分析，可以很好地实现对生产过程或环境改变进行控制和预警。

（1）过程监控的极限设置　应根据器械的生物负载的历史数据设立一个用于过程监控的生物负载估测极限值。在日常监测中，一旦超出了该极限，就应该及时查找原因，并采取必要的纠正措施。GB/T19973.1（ISO11737-1）还规定，应定期对极限值的适宜性进行评审；当对极限提出修改时也应进行评审。

（2）过程控制的走势分析　进行走势分析的目的是找出已经发生过程改变的证据，即使估测值是在规定的极限内。对数据进行走势分析，可以及时为生产过程发出预警。该分析是通过检查偏离估测值正常随机分布的数据来进行的。应注意，生物负载计数逐渐向上漂移的过程特征，会被偶尔发生的偏移或已知的周期波动（季节影响）所掩盖，从而可能不被发现。若可行，检查“波动均线”会有助于发现这种漂移。

■ 检查要点

（1）检查是否有产品的初始污染菌和微粒污染控制水平的文件规定，文件中是否明确了中间品的存储环境要求和存放时间。

（2）检查初始污染菌和微粒污染检测记录，是否符合文件规定要求。

（3）检查是否对初始污染菌和微粒污染控制数据进行了汇总和趋势分析。

■ 检查方法

查阅初始污染菌和微粒污染控制水平的文件规定和按文件规定所进行的初始污染菌和微粒污染检测记录及数据汇总和趋势分析资料。

■ **注意事项**

所确定的初始污染菌和微粒污染控制水平的依据和验证情况。

2.7.5 应当根据产品留样目的确定留样数量和留样方式，按照生产批或灭菌批等进行留样，并保存留样观察记录或留样检验记录。

■ **条款解读**

通过留样可以对产品质量的稳定性作进一步的考察或进行产品的质量追溯，为改进工艺、改进无菌医疗器械包装、确定无菌医疗器械贮存条件和运输条件、确定无菌医疗器械有效期，提供科学依据，同时也为无菌医疗器械在流通或使用环节出现质量纠纷时提供可靠的依据。所以企业应根据产品历史质量状况和生产工艺的稳定程度，在质量管理体系文件中制定留样管理办法，规定留样目的、数量、考察或试验的项目等。企业是按生产批留样还是按灭菌批留样，是批批留还是定期或不定期留，留样数量为多少，应根据企业确定的留样目的来确定。如果留样目的与灭菌过程相关应按灭菌批留等，留样的数量应至少能达到留样目的所需要的用量。

■ **检查要点**

(1) 查看是否制定了留样管理办法，并确保每个生产批或灭菌批均应留样（文件中是否根据留样的目的明确了留样的数量、留样方式、观察方法、观察频次等内容）。

(2) 现场查看是否有留样室（或留样区），留样室（或留样区）的环境是否满足产品质量特性的要求，是否配备了满足产品质量要求的环境监测设备，是否有记录。

(3) 查看留样台账、留样观察或检验记录是否符合文件规定要求。

■ **检查方法**

检查留样室时，查看现场环境条件是否满足留样要求，询问留样目的，检查留样数量，与质量管理体系文件中的相关规定进行比较，跟踪几个留样的观察和（或）留样检验记录，并检查其结果的信息反馈与应用情况。

■ **注意事项**

留样数量是否按留样目的进行确定的并能满足留样目的的要求。

常见问题和案例分析

◎ 常见缺陷

(1) 不具备无菌、微生物限度和阳性对照的检测能力和条件。

(2) 检验人员进(出)无菌和微生物限度或阳性对照室时存在交叉污染。

(3) 对中间品的存放时间未进行验证。

(4) 产品留样数量不能满足留样目的检验要求。

◎ 典型案例分析

【案例一】 某无菌医疗器械生产企业的无菌检验室、阳性对照室和微生物限度检测室共用穿无菌服、缓冲间。

分析:进、出无菌检验室、阳性对照室或微生物限度检测室的检测人员在穿无菌服和缓冲间相遇,有可能产生交叉污染。

【案例二】 对某企业工艺用水进行检验时发现微生物指标、pH 值不合格。

分析:水染菌浓度过高,可能与管道、储水罐污染或滤膜失效、更换不及时等因素有关,也可能与管道设计不合理、存在过长的死水段有关。染菌浓度过高的纯化水会直接导致医疗器械初始污染菌的增加,进而有可能影响到灭菌的可靠性;pH 值低可能与阴阳树脂配比不当、阳树脂再生不完全、阴树脂交换能力损失有关,也可能与 pH 计灵敏度下降有关。

【案例三】 在开展对某企业在 100 000 级洁净环境检测时,发现换气次数小,仅为 8 次 / 小时,不符合 YY0033 要求。

分析:YY0033要求 100 000级洁净区换气次数应≥15次 /小时,换气次数小意味着送风风量偏低,一般有 4 种情况会造成这个问题:①洁净车间在设计和建造时没有选配好适用于整个洁净车间的送风系统,当总风向各个管道各个房间输送风量时,就会使整体车间内每个房间的送风量都偏低,甚至在送风管道末端的房间会出现没有送风的现象;②由于洁净车间使用年限较长,导致送风系统老化或送风道泄漏,都会造成风量低;③风机段的风阀或者洁净间内的送风阀没有开启到适和的比例,导致出现风量够但是吹不到房间的现象;④高效过滤器堵塞造成风送不到洁净间内,也会造成风量较低。风量低导致净化效果差,所生产的产品容易被污染,这样就达不到无菌的效果了。

(王延伟　刘欣)

思考题

(1) 灭菌与消毒的区别。

(2) 简述无菌医疗器械的定义和范围。

(3) 无菌医疗器械有效期是如何确定的?

(4) 为什么洁净室(区)内的人数应当与洁净室(区)面积相适应?

(5) 怎样进行空气净化系统的确认?

(6) 为什么要对初始污染菌和微粒污染检测记录进行汇总和趋势分析?

(7) 医疗器械常用的灭菌方式有哪些?

(8) 如何保持洁净室(区)的洁净度?

(9) 在洁净室(区)内防止物料交叉污染的措施有哪些?

(10) 物料贮存有哪些注意事项?

(11) 对于需清洁处理的无菌医疗器械的零配件,末道清洁处理有哪些要求?

参考文献

[1] 国家食品药品监督管理局.医疗器械监管技术基础[M].北京:中国医药科技出版社,2009.

[2] 国家食品药品监督管理局.医疗器械生产经营监管[M].北京:中国医药科技出版社,2013.

[3] 奚廷斐.医疗器械生物学评价[M].北京:中国质检出版社,中国标准出版社,2012.

[4] 国家食品药品监督管理局.无源医疗器械及医用材料[M].北京:中国医药科技出版社,2010.

[5] 国家药典委员会.中华人民共和国药典[M].四部.北京:中国医药科技出版社,2015.

[6] GB50073-2013,洁净厂房设计规范[S].

[7] GB50457-2008,医药工业洁净厂房设计规范[S].

[8] YY/T0287-2017/ISO13485:2016,医疗器械 质量管理体系 用于法规的要求.

[9] YY0033-2000,无菌医疗器具生产管理规范[S].

[10] YY0466-2003,医疗器械 用于医疗器械标签、标记和提供信息的符号[S].

[11] YY/T0316-2003,医疗器械 风险管理对医疗器械的应用[S].

[12] JJF1001-2011,通用计量术语及定义[S].

第二篇

植入性医疗器械

第一章

植入性医疗器械基础知识

第一节　植入性医疗器械概念

植入性医疗器械包括无源植入性医疗器械和有源植入性医疗器械。不同的标准和法规对植入性医疗器械的定义不尽相同，但所表达的含义是基本相同的。

YY/T0287-2003/ISO13485:2003《医疗器械 质量管理体系 用于法规的要求》将植入性医疗器械分为植入性医疗器械和有源植入性医疗器械，并且分别定义了植入性医疗器械和有源植入性医疗器械，其中对植入性医疗器械的定义为："任何通过外科手段来达到下列目的的医疗器械：全部或部分插入人体或自然腔口中；或为替代上表皮或眼表面用的；并且使其在体内至少存留30天，且只能通过内科或外科的手段取出。注：该定义适用于植入性医疗器械，而不适用于有源植入性医疗器械。"对有源植入性医疗器械的定义为："任何通过外科或内科手段，拟部分或全部插入人体，或通过医疗手段介入自然腔口且拟留在体内的有源医疗器械"。

医疗器械行业标准YY/T0287-2017《医疗器械 质量管理体系 用于法规的要求》对植入性医疗器械进行了新的定义。植入性医疗器械是指："只能通过医疗或外科手术去除的医疗器械，预期其：被全部或部分插入人体或自然腔道中，或替代上表皮或眼表面，并且存留至少30天。"并对植入性医疗器械的定义包含有源植入性医疗器械进行了注释。

国际标准化组织外科植入物标准化技术委员会(ISO/TC150)，将植入性医疗器械分为无源植入性医疗器械和有源植入性医疗器械，并对植入性医疗器械、无源植入性医疗器械、有源植入性医疗器械分别进行定义：

植入性医疗器械：用于下述目的的器械，全部导入人体，或取代上皮表面或眼表面，通过外科侵入方法，保留在上述操作位置的器械(注：通过外科侵入方法，部分导入人体并保留在操作位置至少30天的医疗器械也认作是植入性医疗器械)。

无源植入性医疗器械：除了由人体或重力直接产生的能量外，不依靠电能或其他能源来发挥其功能的植入性医疗器械。

有源植入性医疗器械：依靠电能或其他能源而不是直接由人体或重力产生或转化的能源来发挥其功能的植入性医疗器械（注：在有源植入性医疗器械和患者之间传递能量、物质或其他元素而无任何明显变化的医疗器械不认为是有源植入性医疗器械）。

2016 年 1 月 1 日起施行的《医疗器械分类规则》对植入器械的定义为："借助手术全部或者部分进入人体内或腔道（口）中，或者用于替代人体上皮表面或眼表面，并且在手术过程结束后留在人体内 30 日（含）以上或者被人体吸收的医疗器械。"

综上所述，植入性医疗器械的概念可以这样理解：借助手术，全部进入人体或腔道（口）中，并且在手术过程结束后留在人体内 30 日（含）以上或者被人体吸收的医疗器械是植入性医疗器械；借助手术，部分进入人体内或腔道（口）中，并且在手术过程结束后留在人体内 30 日（含）以上或者被人体吸收的医疗器械是植入性医疗器械；借助手术，用于替代人体上皮表面或眼表面，并且在手术过程结束后留在人体内 30 日（含）以上或者被人体吸收的医疗器械是植入性医疗器械。

植入性医疗器械的发展依赖于研发、生产、医疗水平的提高和材料科学的发展，特别是生物医用材料的发展。

植入性医疗器械所使用的生物医用材料按属性可分为：生物医用金属材料、生物医用高分子材料、生物医用陶瓷材料、生物医用复合材料、生物衍生材料、可降解生物材料、组织工程及支架材料等。

1. 生物医用金属材料

生物医用金属材料指医用的金属和合金，又称外科植入性医疗器械用金属材料。临床应用的医用金属材料主要包括外科植入性医疗器械用锻造不锈钢、纯钛、钛 6 铝 4 钒合金、钛 6 铝 7 铌合金、钴铬钼合金、镍钛记忆合金以及铸造钴铬钼合金、医用贵金属等。

2. 生物医用高分子材料

高分子材料在生物医用材料领域中应用最为广泛，其优良的易于通过设计调整或控制的理化性能，使其应用到医学的各个领域。高分子材料按来源可分为天然高分子材料和合成高分子材料。天然的如多糖类、蛋白类，合成的如超高分子量聚乙烯、聚醚醚酮（PEEK）、聚乳酸、聚甲基丙烯酸系列等。

3. 生物医用陶瓷材料

生物医用陶瓷材料，包括氧化物陶瓷、磷酸盐陶瓷、生物玻璃陶瓷等。按其性质可分为三类，一类为生物惰性陶瓷，即可在体内保持稳定的陶瓷，如氧化铝、氧化锆等。另一类为生物活性陶瓷，指可通过体内发生的生物化学反应，与组织形成牢固的化学键性结合的陶瓷，如羟基磷灰石、生物玻璃陶瓷等。另外还有在体内可发生降解和吸收的可降解生物陶瓷，如β-磷酸三钙生物陶瓷等。

4. 生物医用复合材料

生物医用复合材料是由两种或两种以上材料复合而成。生物医用高分子材料、生物医用金属材料以及生物医用陶瓷材料均既可作为复合材料的基材，又可作为其增强体或填料，它们相互配合形成性质各异的生物医用复合材料。其分类按基材分为高分子基、陶瓷基、金属基等；按增强基体形态和性质分为纤维增强、颗粒增强、生物活性物质充填等；按材料与组织发生的反应分为生物惰性、生物活性和可吸收生物医用复合材料。

5. 生物衍生材料

这类材料是由天然生物组织经过特殊处理而形成的。生物组织可取自同种或异种生物体，特殊处理包括维持组织原有构型而进行的固定、灭菌和消除抗原性的较轻微的处理，以及拆散原有构型，重建新的物理形态的强烈处理。前者如猪心瓣膜、牛心包、人脐动脉、速冻的骨片等；后者如再生的胶原、弹性蛋白、透明质酸、壳聚糖等。

6. 可降解生物材料

可降解生物材料是指在生物体内能被逐渐破坏，包括形态、结构破坏和性能蜕变的一类材料。根据材料的来源，可降解生物材料分为天然可降解生物材料和合成可降解生物材料两大类。后者又可分为化学合成和生物合成两类。天然的可降解生物材料指来源于动植物、无机物或人体内天然存在的大分子物质，如甲壳素、纤维蛋白、胶原蛋白、壳聚糖、纤维素衍生物、石膏等。合成的可降解生物材料是指用化学方法或生物合成的物质，如α-聚酯类包括聚乳酸、聚羟基乙酸及其共聚物、聚己内酯、聚酸酐、聚氨基酸、聚磷腈、磷酸三钙等。

7. 可吸收材料

外源性材料或物质直接或者在特定的降解后可以通过机体细胞和(或)组织，或者可以被细胞和(或)组织吸收。该类材料或物质被称作可生物吸收材料或物质。(参考 ASTM F1635-11)

对可生物吸收的高分子材料来说，首先发生降解，其降解产生的低分子物质可以被细胞和(或)生物组织吸收。可生物吸收的高分子材料包含了生物降解的过程，也就是可生物吸收的高分子材料必须是可生物降解的材料。

8. 组织工程及支架材料

组织工程学这一术语是1987年提出的，其定义为：应用工程学和生命科学的原理和方法来了解正常的和病理的哺乳类组织的结构——功能的关系，并研制活的生物组织代用品，用以修复、维持、改善人体组织的功能。

组织工程材料有四大要素:种子细胞、支架、生长因子和培养环境。种子细胞指培养、存活、扩增最后形成组织的原始细胞。支架作为细胞以及细胞生长因子的载体,使种子细胞赖以定向分化增殖发育成相应的组织。生长因子是具有定向诱导和激活细胞分化、增殖、维持细胞生物活性等生物效应的蛋白类物质。培养环境指适合由细胞增殖培育成组织的生理环境。

组织工程是生物医学工程领域中一个快速发展的新方向。这门交叉学科的核心是应用生物学和工程学的原理和方法来发展具有生物活性的人工替代物,用以维持、恢复或提高人体组织的功能。经过优化设计的工程组织植入人体内后,可与受体的活组织有机地整合,达到彻底治疗的目的,是其他传统治疗方式所无法比拟的。

第二节　植入性医疗器械范围

植入性医疗器械包括所有符合植入性医疗器械定义的医疗器械产品。植入性医疗器械主要分为无源植入性医疗器械和有源植入性医疗器械，大多数植入性医疗器械以无菌状态交付，少数植入性医疗器械既可以无菌状态交付，又可以非无菌状态交付，但对于植入性医疗器械最终均需无菌状态才可以使用。

无源植入性医疗器械主要包括骨接合及脊柱植入物、骨与关节替代物、心血管植入物、神经外科植入物、乳房植入物、非血管支架、眼内人工晶体、宫内节育器、齿科种植体等。

有源植入性医疗器械主要包括植入式心脏起搏器与除颤器、植入式人工耳蜗、植入式输液泵、植入式神经刺激器、植入式血泵等。

第三节　植入性医疗器械产品及工艺特点

植入性医疗器械种类繁多，下面仅举例说明典型的植入性医疗器械。

1. 骨接合及脊柱植入物

从广义上讲，骨接合植入物包括脊柱植入物，但由于在医学上脊柱类骨科疾病治疗属于一大类，故有时将脊柱植入物单独作为一类植入物。另外，有时也将骨接合植入物和脊柱植入物统称为骨科内固定植入物。

骨接合植入物是指为骨、软骨、肌腱或韧带结构提供支持的无源植入性医疗器械。

一般地说，骨接合植入物用于创伤处理或矫形外科。骨接合物保持断骨复位并稳定骨（或周边）结构，使骨能愈合或融合，和（或）提供支持或矫正。当达到其目的时，骨接合植入物或被摘除，或被留在原位。

骨接合植入物主要包括：接骨板、接骨螺钉、矫形用钉、髓内针、带锁髓内钉、脊柱固定器、椎间融合器及矫形用棒、股骨颈固定钉等。

通常，骨接合植入物采用外科植入物用金属材料制造，生产工艺主要采用机械加工，生产过程中主要应关注材料的改性、加工的精度、产品表面处理、产品的清洗、包装等方面。采用非金属材料制造的骨接合植入物，所使用的材料主要包括可吸收的聚乳酸、不可吸收的聚醚醚酮等，目前，采用聚乳酸制造的骨接合植入物主要用于受力较小的颅颌面以及软组织固定，采用聚醚醚酮制造的骨接合植入物主要用于柔性连接、椎间融合等，采用非金属制造骨接合植入物，生产工艺主要采用合成、注塑、机械加工等，生产过程中主要应关注产品的污染、材料的性能、加工的精度、产品的缺陷、产品表面状态、包装等方面。

2. 关节替代物

关节替代物是指用于提供类似人体自然关节功能并与相应的骨连接的植入物，包括辅助性的植入部件和材料。目前，关节替代物主要包括髋关节假体、膝关节假体、肩关节假体、肘关节假体、踝关节假体、腕关节假体、指关节假体等，使用材料主要是金属、超高分子量聚乙烯、高交联聚乙烯、氧化铝陶瓷、氧化锆陶瓷、聚甲基丙烯酸甲酯、羟基磷灰石和其他涂层材料等。

关节替代物生产工艺主要采用锻造、铸造、机械加工、喷涂、烧结、化学沉积等，生产过程中主要应关注材料的改性、关节面精度、锥连接精度、产品表面处理、产品的清洗、灭菌等方面。

另一方面人工关节的固定、不稳定性骨折的内固定等还需要一种新的生物医用材料。因此新型的生物材料——骨水泥成为人们关注的热点。生物骨水泥在发展过程中形成了两大体系：聚甲基丙烯酸甲酯（PMMA）骨水泥和磷酸钙骨水泥。

最常见的骨水泥是聚甲基丙烯酸甲酯（PMMA）骨水泥，也称丙烯酸酯类骨水泥。丙烯酸酯类骨水泥是一种由粉剂和液剂组成的室温自凝黏结剂，粉剂中含有甲基丙烯酸甲酯-苯乙烯共聚物及引发剂过氧化二苯甲酰，液剂中同时含有聚阻剂和促进剂。PMMA骨水泥已广泛应用于骨科临床，主要用于人工关节假体的固定，骨水泥固定可保证术后假体的即时稳定，在骨组织-骨水泥-假体界面上无任何微动，允许术后早期负重等。但PMMA属于生物惰性材料，不能与宿主骨组织形成有机的化学界面结合，另外凝固聚合过程中产生热量、单体的细胞毒性作用、可操作时间有限等不足也暴露了其临床应用的缺点。

磷酸钙骨水泥（calcium phosphate cement，CPC），是由一种或几种磷酸钙盐粉末的混合物与调和用的液相发生水化发应，在生理条件下自固化，得到与人体骨组织相近的固化产物，因此具有一定的可降解性和良好的生物相容性。CPC固相由各种磷酸钙和钙盐组成，其组成可随预期生成物性质（Ca/P比等）的不同而变化，不同研究者研制出了不同种类的磷酸钙骨水泥。CPC良好的生物相容性、骨传导性、可降解性和低放热性，植入后可以迅速形成骨性结合，能任意塑形及诱导骨组织再生的这些特性，使CPC可以用于不稳定骨折的治疗和骨缺损的充填。

3. 心血管植入物

心血管植入性医疗器械主要包括：人工心脏瓣膜、人工血管、血管支架、封堵器和腔静脉滤器等。

人工心脏瓣膜是一种治疗心脏瓣膜疾病或缺损的心脏植介入医疗器械。1960年人工心脏瓣膜首次应用于临床，之后经历了机械瓣、生物组织瓣、介入瓣等阶段，目前已成为心血管治疗领域一种非常重要的医疗器械。

如果要比较不同人工心脏瓣膜的“综合”特征和表现是非常困难的，甚至是不可能的。不同的研究对人工心脏瓣膜的评价标准也各有不同。如果要研究人工心脏瓣膜的长期特性，还需要对大样本量的患者进行长期的观察。在当前阶段，我们需要在人工心脏瓣膜材料、设计、治疗方法等多个方面进行改进和创新。人工心脏瓣膜植入患者以及潜在的心瓣疾病发病人群的年龄对于瓣膜选择和使用寿命的估计是非常重要的数据。适合主动脉瓣置换的人工心脏瓣膜也许并不适合二尖瓣的置换。因此，不可能确定一个标准来判断哪种设计是“最好”的人工心脏瓣膜。

心血管疾病是危害人类健康的常见疾病之一，比较严重的患者，其主要的和辅助的治疗手段为血管移植，自体血管来源有限，因此，临床上需要大量的人工血管作为移植替代物。人工血管是许多严重狭窄或闭塞性血管的替代品，多是以尼龙、涤纶、聚四氟乙烯等合成材料人工制造的，适用于全身各处的血管移植手术，大、中口径人工血管应用于临床已取得满意的效果。但由于血液容易凝固在人工血管内壁,如果人工血管太细就容易堵塞,这一直是开发人工血管的难处。

血管支架是指在病变血管段置入内支架以达到支撑狭窄闭塞段血管,减少血管弹性回缩及再塑形,保持管腔血流通畅的目的。部分带药支架还具有预防再狭窄的作用。血管支架按使用部位,主要分为冠状脉支架、外周血管(髂动脉、肾动脉、颈动脉等)支架、大动脉血管支架(胸主动脉覆膜支架、腹主动脉覆膜支架等)、脑血管支架等。

血管支架按材质分为金属(医用不锈钢、镍钛记忆合金等)支架、覆膜支架及生物可降解支架。金属支架应用临床治疗后取得了令人瞩目的疗效,但其易导致血栓形成,再狭窄率高,造成血管壁损伤等。针对以上不足,目前已经研制开发出带药支架、覆膜支架及生物可降解支架等。理想的血管支架应与血管功能的修复时间一致,且具有较好的血管支撑力,有效地减少支架再狭窄。

血管支架按在血管内展开的方式,可分为自扩张和球囊扩张式两种。前者如Z型支架及网眼状的支架等,其可在血管内自行扩张。后者自身无弹性,依靠球囊扩张到一定径值而贴附于血管内。

血管支架按照表面处理情况分可分为裸支架、涂层支架和覆膜支架。裸支架表面仅作抛光处理;涂层支架在金属表面涂以肝素、氧化钛等物质;覆膜支架即在金属支架外表覆以可降解或不可降解的聚合物薄膜。

血管支架按功能分可分为单纯支撑型支架和治疗型支架,治疗型支架包括在支架外表涂带药物或利用支架外的覆膜携带治疗物质的支架或放射性支架。

心脏缺损封堵器作为介入治疗的植入物,主要用于治疗先天性心脏病:如房间隔缺损、室间隔缺损和动脉导管未闭,在临床上得到广泛的应用。动脉导管未闭封堵器的基本结构为镍钛记忆合金编制成的自膨性蘑菇状装置,内附高分子生物材料封堵体。房间隔缺损封堵器和室间隔缺损封堵器由镍钛合金网密集编织而成的自膨性双盘结构,结构和原理与动脉导管未闭封堵器相似。

左心耳封堵器作为介入治疗的植入物,主要用于防治房颤并发脑卒中。医学研究发现房颤并发脑卒中的原因是左心耳内血栓形成和脱落,封堵左心耳可以达到减少或预防脑卒中的目的。

下肢深静脉血栓是临床上经常遇到的一种血管疾病,深静脉血栓一旦脱落,可沿着血管走向到达肺动脉,导致肺动脉栓塞,部分病人可在数分钟内死亡,因此腔静脉滤器作为预防肺动脉栓塞的有效手段,而在临床广泛运用。

4. 神经外科植入物

神经外科植入物主要包括:弹簧圈、颅内动脉瘤夹、颅内覆膜支架等。弹簧圈、颅内动脉瘤夹、颅内覆膜支架主要是用于治疗脑动脉瘤的医疗器械。

脑动脉瘤血管内栓塞治疗的适应证与栓塞材料密切相关，20世纪80年代多采用可脱性球囊，主要用于栓塞一些无法手术夹闭的动脉瘤，但球囊很难适应动脉瘤不规则的形状，有可能撑破动脉瘤，引起动脉瘤破裂。此后，弹簧圈用于动脉瘤栓塞，但其可靠性差，一旦推出微导管则不能回撤，易发生意外栓塞。近年来，新型可解脱弹簧圈的应用，使动脉瘤栓塞治疗有了很大的发展，栓塞指征不断扩大，疗效明显提高。

颅内动脉瘤夹是供神经外科手术治疗脑动脉瘤时，阻断脑动脉瘤血供的产品，主要用于使颅内动脉瘤颈或囊永久闭塞的装置。主要由钛合金或钴铬镍合金制造，生产工艺主要采用冷加工定型，生产过程中主要应关注金属材料的加工硬化、尺寸精度、产品的清洗等方面。

颅内覆膜支架采用载瘤动脉血管重建理念，可以隔绝、闭塞颅内动脉瘤，并保留载瘤动脉通畅，恢复病变区域正常的血流动力学，实现载瘤动脉的解剖重构，达到治疗动脉瘤的目的。

5. 乳房植入物

乳房植入物（也称乳房假体）是由一个弹性体外壳（如硅橡胶）和壳内填充物组成，壳内通常填充硅凝胶或是具有保留形状记忆功能的柔软黏着性硅凝胶，也可由盐水溶液来填充。硅凝胶和盐水溶液是目前研究较多并被较广泛应用的填充物。乳房植入物的研发和生产过程中应关注生物相容性、壳体完整性、杂质元素残留、微粒污染、挥发物质、（可渗出、可浸提）小分子物质、硅凝胶内聚力、抗疲劳、抗冲击性能等。

6. 非血管支架

非血管支架是指植入部位为血管系统以外的管腔支架，目前已有多种非血管支架得到广泛应用，如胆道支架、食道支架、气管支架、前列腺尿道支架及胃、十二指肠支架等。目前，这些非血管支架主要由镍钛记忆合金丝编织而成，有些支架表面覆膜。

7. 牙种植体

牙种植体是指通过外科手术的方法植入到人体缺失牙部位的颌骨内，为义齿提供支持和固位的医用装置。常见的牙种植体有：叶状种植体、圆柱形种植体、螺旋种植体、锚状种植体等，种植体按其材料不同，分为金属与合金材料类、陶瓷材料类、复合材料类。牙种植体常用的材料主要是纯钛及钛合金，生物活性陶瓷以及一些复合材料。

8. 宫内节育器

宫内节育器主要分为含铜宫内节育器和惰性宫内节育器。含铜宫内节育器是目前使用最广泛的一类活性宫内节育器，利用铜对精子或受精卵的杀伤作用来增强避孕效果，是目前国内使用量最大的品种。主要种类为：VCu 宫内节育器、OCu 宫内节育器、TCu 宫内节育器、宫腔形宫内节育器(分为含铜和不含铜)。

9. 眼内人工晶体

人工晶体是模仿自然晶状体的透镜。晶状体是眼内唯一的具调焦能力的聚焦透镜,用于将从角膜进入,通过虹膜的成像光束聚焦于眼底视网膜上,达到清晰视力。患白内障病人的晶状体呈老化混浊状态,造成视力减弱,甚至失明。当手术摘取老化的晶状体后,由于失去了眼内唯一的聚焦透镜,视物无法正常聚焦于眼底而无视力,必须补偿聚焦后才能恢复视力。

人工晶体由双凸面或平、凸面或凸、凹面的单片透镜与支撑透镜的襻构成,襻与透镜的结合有一体加工制成的单件式和分体加工后粘或焊接制成的多件式两种,多件式的襻与透镜可以是单一材料和不同材料。聚甲基丙烯酸甲酯(PMMA)是最先用于制造人工晶体的材料,经过长期临床验证是一种较为理想的人工晶体的材料。

10. 植入式心脏起搏器

植入式心脏起搏器是一种很精巧的、可靠程度很高的电脉冲刺激器,是应用一定型式的起搏脉冲发生器,与特制的导线(即起搏导管电极)连接,和起搏电极发送电脉冲刺激心脏,使激动不能或传导不好的心脏应激而起搏的医疗器械。

植入式心脏起搏器,即一般意义上的心脏起搏器。正常情况下,人体心脏右心房的窦房结能自动地、有节律地发出电脉冲,通过心肌神经传导系统向心脏各部位发出指令,使心肌收缩,心脏跳动,向全身泵送血液。若心肌神经传导系统发生障碍或者窦房结、房窦结不能有规律地发出电脉冲、下传电脉冲,心脏就会出现心律失常,甚至停跳,危及患者生命。心脏起搏器可以对患病的心脏根据需要给予直接电刺激,人为地使心跳正常起来。

基本原理:用一定的脉冲电流刺激心脏,使有起搏功能障碍或房室传导功能障碍等疾病的心脏按一定频率应激收缩,这种方法称为人工心脏起搏。心脏起搏器能产生一定强度和宽度的电脉冲,通过导线和电极将电脉冲释放给心脏,刺激心肌。

预期用途:人工心脏起搏器能治疗一些严重的心律失常。心律失常是由多种病因引起的心肌电生理特性改变的一种疾病,而某些严重的心律失常如高度或完全性房室传导阻滞、重度病态窦房结综合征等,药物疗效差。但安装使用起搏器后却能收到显著的效果,并可大大降低死亡率。

11. 植入式人工耳蜗

人的耳蜗毛细胞是接受声音的感觉细胞,它可以将声音信号转换成电信号,刺激听觉神经组织。当耳蜗毛细胞损伤严重时,就会出现严重的耳聋。人工耳蜗就是替代已损伤毛细胞,通过电流使听觉神经重新获得声音信号的一种电子装置。具体来说,人工耳蜗是将患者周围的声音信号进行电信号转换后,利用植入到耳蜗的电极,直接刺激听觉感应细胞,使患者感知到周围的声音。

人工耳蜗主要由语音处理器和植入体组成。其中语音处理器由麦克风、语音处理系统、传送电极或发射线圈组成。植入体部分由接收电极或接收线圈、刺激电极组成。

12. 填充物

(1) 骨科填充物 骨科填充物是骨替代物的一种型式,而常见的骨替代物是人工骨,人工骨可用于椎体间融合、后外侧融合、对骨不连结的处理、创伤后骨完整性的重建和骨肿瘤切除后缺损处的填充。自体骨移植是骨移植的"金标准",但自体骨移植受到许多限制,如供区损伤、植骨量不足、不能制备特殊的形状等,这些限制促进了骨移植替代材料的研究。同种异体骨已被广泛应用,同种异体移植物可以是松质骨、皮质骨或两者一起使用。虽然同种异体骨来源较广泛,但它有传播疾病、引发免疫排斥、处理后生物及机械特性改变、增加病人的经济负担等缺点,由于经济、伦理或宗教的原因,不能在世界范围内获得,因此,除了自体骨、同种异体骨外,科研人员开发研制了很多理想的骨移植替代材料的人工骨,人工骨按所使用的材料分类,主要包括:医用生物陶瓷材料人工骨、医用生物高分子材料人工骨、医用金属材料人工骨、医用复合材料人工骨、医用纳米材料人工骨、动物源人工骨等。人工骨也可依据其骨传导、骨诱导和成骨特性进行分类。

理想的人工骨应当具有成骨性、生物相容性、可吸收降解、可提供结构支撑、临床使用方便、价格低廉等特性。但根据其具体用途,满足其中一些特性可能要比其他的特性更重要。

复合材料人工骨可以是具有骨传导性的基质与骨诱导和成骨活性物质的组合,有可能替代自体骨。

目前常用的骨科填充物主要有以下几种类型。

① 生物活性陶瓷:作为骨填充、修复材料已经在临床上大量应用,但由于这些材料都是高温烧结后的块状或颗粒状,不具有可塑性。医生在手术过程中无法按照病人骨缺损部位任意塑型,而且不能完全充填异形骨空穴。

② 可吸收钙盐类:通常由颗粒或非颗粒状产品组成。一般采用单相羟基磷灰石、单相磷酸钙、单相硫酸钙或由以上物质组合制成,也可含有胶原蛋白[不含蛋白质-2(rhBMP-2)]。常见产品有人工骨、骨修复材料、羟基磷灰石生物陶瓷、磷酸钙生物陶瓷、β-磷酸三钙人工骨、硫酸钙人工骨、胶原基骨修复材料等。临床主要用于填充四肢、脊柱、骨盆部位由于创伤或手术造成的骨缺损的修复。

③ 生物玻璃:通常由颗粒或非颗粒状产品组成。一般采用二氧化硅(SiO_2)、五氧化二磷(P_2O_5)、氧化钙(CaO)、氧化钠(Na_2O)等混合烧灼制成。生物玻璃具有和机体硬或软组织有机联结的特点,按其与生物体组织相互作用情况分为非活性(惰性)生物玻璃和活性

生物玻璃两类。惰性生物玻璃在生物体中由于体液的作用，只是表面组成出现少量的脱碱作用或因硅氧网络稍有溶解而产生变化，基体则未发生改变。活性玻璃则由于体液作用，玻璃中碱性离子和硅氧网络在侵蚀过程中逐渐破坏，离子溶解并进入体液中循环。活性生物玻璃及生物玻璃陶瓷，通常要求 SiO_2 的含量低于60%，同时含有 Na_2O 以及 CaO/P_2O_5。活性玻璃植入体内后能在界面上通过一系列离子交换和溶解 - 沉淀反应，在其表面形成磷灰石晶体，残留下的玻璃被巨噬细胞侵蚀，玻璃表面被基质类物质覆盖，玻璃附近的软骨芽细胞和造骨细胞的增殖趋于活跃，不久就形成了骨胶原纤维和磷灰石结晶，从而和软组织及组织成骨键合，骨组织和软组织很容易在其表面生长。生物玻璃具有良好的耐酸、耐碱性、耐腐蚀性、耐磨性和良好的生物相容性以及一定的力学强度，临床主要用于骨缺损的填充和骨损伤的修复。

④ 金属：一般采用钽金属、钛或钛合金等材料制成，具有多孔结构或粗糙表面。根据使用部位的不同，具有特定形状。常见产品有填充块、股骨头坏死重建棒等。临床主要用于重建由于严重退化、创伤或其他病理改变造成的髋关节、膝关节骨缺损；或翻修、补救既往关节重建术和植入物失效时的骨缺损；或治疗未发生股骨头塌陷的股骨头坏死。

(2) 整形填充物　通常由注射器以及预装在注射器中的填充材料组成。用于注射到真皮层和（或）皮下组织，以填充增加组织容积等。

① 胶原蛋白：主要从动物的结缔组织（骨、软骨、皮肤、腱、韧等）中提取。经注射填充，可被机体降解吸收。临床主要用于不规则轮廓的面部填充。

② 透明质酸：又称玻尿酸，是一种以 D- 葡萄糖醛酸及 *N*- 乙酰葡糖胺为双糖单位重复连接而成的天然高分子线性黏多糖，广泛存在于动物组织及体液中。主要提炼方法有三种。(a) 动物组织：主要原料是鸡冠和牛眼玻璃体等。用丙酮或乙醇将原料脱脂、脱水，用蒸馏水浸泡、过滤，然后以氯化钠水溶液和三氯化碳溶液处理，之后加入胰蛋白酶保温后得到混合液，最后用离子交换剂进行处理、纯化得到精制的透明质酸。这种方法提取率极低，仅1%左右，分离过程复杂，致使透明质酸价格昂贵，达5000美元 / 公斤，限制了在化妆品中大的量使用。(b) 微生物发酵：以葡萄糖作为碳源发酵液，在培养基中发酵48小时，发酵结束后，过滤除去菌丝体和杂质，然后用醇沉淀法等简单操作即得到高纯度的产物。采用发酵法制造的透明质酸，优点是能按商品设计来设定分子量大小。(c) 化学合成：采用天然酶聚合反应；首先使用多糖类聚合物合成“透明质酸氧氮杂环戊烯衍生物”，然后添加水分解酶，制造出衍生物和酶的复合体，最后在90℃反应液中清除其中的酶，就合成了透明质酸。采用人工合成法可大大降低透明质酸的制造成本，但结构较不精纯。透明质酸因其独特结构而具有很好的黏弹性和优良的保水性，并具有重要的生理功能和生物学作用，有着很好的组织相容性和非免疫原性，因此在临床上有着广泛的应用。

如作为眼科手术时的黏弹保护液、关节手术时的关节腔保护液，还可以经注射填充作为软组织填充剂用于矫正泪沟畸形、丰唇、除皱等，可被机体降解。

③ 交联透明质酸：由于透明质酸机械强度低、易扩散，并且容易被人体内透明质酸酶所分解，存在时间短，降低了其填充效果。为了更好地维持利用透明质酸的黏弹理化特性，需要对其进行化学交联。选用符合要求的化学交联剂，可增强透明质酸的机械性能，提高其稳定性、流变性，使其在体内存留时间延长，并且仍保有其原有的生物特性。用于面部皮肤真皮层的填充。

④ 羟基磷灰石：羟基磷灰石是人体骨骼组织的主要无机组成成分。制作羟基磷灰石粉末的方法很多，比较常见的方法有沉淀法、水解法、水热法及固相法等。其中水热法的设备比较复杂而且昂贵。相较于水热法，沉淀法则操作简单、设备便宜、产能大，目前大多数以此种方法为主。但是沉淀法有一些缺点，像是粉末容易聚集在一起、质量不稳定等。例如：磷酸氢二铵与四水硝酸钙在 pH 值为 10~11 的水溶液中反应制备。羟基磷灰石经注射填充，主要用于修复中到重度的皱纹和艾滋病引起的脂肪萎缩，修复瘢痕、丰颊和隆鼻，不适用于嘴唇、泪槽、印堂和表浅注射。

⑤ 聚乳酸：以生物发酵得到的乳酸水溶液，经高温裂解、精馏得到丙交酯，再通过高分子聚合反应得到。聚乳酸可被机体降解，主要用于修复中到重度的皱纹和艾滋病引起的脂肪萎缩，填充痤疮瘢痕和修整面部不对称，不能用于嘴唇和眼周。

⑥ 聚甲基丙烯酸甲酯微球：将甲基丙烯酸甲酯单体经高分子聚合得到，不被机体降解，主要用于修复鼻唇沟和中到重度的痤疮瘢痕，不可用于唇部。

⑦ 液体硅胶：采用羟基封端聚二甲基硅氧烷，以甲基乙烯基双吡咯烷酮硅烷为链增长剂，用有机过氧化物，如过氧化二苯甲酰、2,5- 二甲基 -5- 二叔丁基过氧己烷为硫化剂制备。在其硫化过程中同时发生链增长反应，故可获得高分子量的弹性体，具有良好的物理机械性能。液体硅胶经注射进入机体，不被机体降解，主要用于面部脂肪萎缩、唇部的填充、面部轮廓的塑形、修复痤疮瘢痕及年龄相关的皱纹。

第四节　植入性医疗器械风险及控制

1. 环境控制

(1) 对工作环境控制的必要性和控制的程度取决于所生产产品的类型。控制工作环境意味着指导、管理、协调和监视影响环境条件的活动或可变的因素，使工作环境的质量可知。应建立对理想工作环境质量的定量和定性的限制条件，并可用来描述所实施的环境控制能力的程度。

所要求的控制程度将影响为建立、监视和保持工作环境所需的设施构造的类型、设备、资源和文件。如果结果的输出不能被验证，生产企业应当对环境控制系统进行确认，并进行定期检查以验证该环境系统正确的运行。这样的系统和检查应当形成文件。

(2) 工作环境能对一些产品质量产生影响，例如：标有无菌字样提供的产品(包括标有"无热原"的产品)、以非无菌形式提供并预期在使用前灭菌的产品、有贮存期限要求的产品、有特殊搬运和存贮条件要求的产品、由于产品的微电子线路或嵌入式软件可能容易造成静电放电的产品、在使用中受微生物和(或)微粒子清洁度或其他环境条件影响的产品。

(3) 对无菌器械，或使用前预期灭菌的产品或在生产或使用中活性物质或灭活性物质的污染(包括热原)起重要作用的产品，在生产过程中，生产企业应当特别注意微生物或微粒的污染水平。如果工作环境能对使用的产品的符合性有不良的影响，生产企业应当确保对工作环境进行控制以限制产品的污染并为所有实施的操作提供适当的环境条件，此类产品的生产和包装都应当在有规范要求的、合格的、可控的环境下进行。在产品的整个制造过程中，如果通过确认的产品清洁能将污染降低到可知的一致的控制水平，并通过受控的包装过程将污染保持在这个水平上，则可不需要受控的环境。然而，即使是经过确认的清洁程序，则也需要建立一个受控的环境来包含该确认的清洁和包装过程。

(4) 下列是一些与工作环境有关的各种参数、指示项或控制项，如温度、湿度、气流、空气过滤、空气电离、压差、光照(包括光谱的成分和强度)、声音、振动、工作台面和工作过程的清洁要求、水质和工作环境中人员的数量。

(5) 生产企业应当评价每一个参数、指示项和控制项以确定对其失控可能增加的在产品使用中造成的风险；如通过产品的风险管理活动的记录可实现对环境控制的程度和必要性的追溯。如果在产品的制造过程中环境条件是至关重要的，生产企业应当对产品暴露的工作环境确定要求。对于一些产品，有必要确保产品所处环境的追溯性，如即使并不是在产品的生产期间(如在夜间或周末)，对环境参数持续监控的记录。

2. 人员控制

(1) 生产企业应具有充足的人力资源，这些人员应具备必要的教育、培训和经验以确保正确的完成所要求的活动。基于适当的教育、培训、技能和经验，从事影响产品质量工作的人员应是能够胜任的。

(2) 能力、意识和培训　生产企业应建立一个识别培训需求的程序以确保所有的人员能够接受适宜的培训以完成本职工作。生产企业应确定从事影响产品质量工作的人员所必要的能力。生产企业需要考虑员工的经验、资格、能力，特别是其工作的领域能影响提供给顾客的医疗器械的安全性和有效性的员工。在完成一个过程之前所需的培训程度通常由拟完成过程的人员所需的能力水平决定。

生产企业应提供培训或采取其他措施以满足这些所必要的能力需求。员工的工作分配、管理评审、纠正措施、预防措施和内部质量审核都有可能识别出需要改进人员能力的领域以及其改进的方法，如人员的调动、进一步的教育或培训。在能恰当、安全地完成某项任务之前，对质量管理体系内的工作人员要有一定的能力和培训水平(内部培训或外部培训)。有必要对完成一些工作的人员进行进一步的资格鉴定或正式地证明其胜任该项工作(如化学或微生物分析、辐射活动、激光操作、焊接)。生产企业主要提供适合于人员作业的专职、兼职和合同人员的通用的教育和培训，此类培训和教育应当覆盖：工作的性质、健康、安全和环境规章、质量方针和其他内部方针、员工的职责和与员工相关的程序和作业指导书。培训可按需要和策划的要求，分阶段进行，通常包括后续或进修培训。在质量管理体系形成文件的程序中赋予人员和部门职责，应当对这些人员和部门进行关于这些程序的培训。

生产企业应当评价培训和所采取其他措施的有效性以确保人员能力。评价方式可包括：对受培训者的测验，目的是评价他或她是否感觉到他们已经掌握了所要求的信息；对受培训者的工作表现进行评价；对培训者关于培训有效性评定的评审。

生产企业应确保员工认识到所从事活动的相关性和重要性，以及如何为实现质量目标做出贡献。

(3) 任何人员，包括临时的，或短暂进入洁净区域的人员，其可能与产品或工作环境接触，如果人员的服装、清洁和健康状况因素对产品有不利影响，这些人员应着适宜的服装和保持清洁，有良好的健康状况。这是因为每个人都能散播微生物和颗粒，这些都可能造成污染风险。

可能进入洁净间的人员，如生产人员、他们的监管人员或管理者、材料的运送人员、生产工程师、设计和开发工程师、质量控制人员、质量保证人员、质量工程人员、任何材料或服务(包括清洁服务)的供方、负责生产设备维护的人员、顾客、审核员、参观者等。

与产品或工作环境接触也包括并未实际生产产品的时间，如晚上、周末或假日，也是很重要的。

(4) 健康情况能对产品产生不利影响的人员，直到其恢复健康才能进行操作或进入生产区域。应当指导和鼓励这些人员向其监督人报告其健康情况，这一点在提供下列医疗器械产品生产中特别重要：无菌、使用前灭菌的或微生物的清洁至关重要的情况。

(5) 生产企业应当为在特殊环境条件（如房间的温度或湿度高低控制程度将导致过长的暴露在房间中会引起危害，在房间或工作区域内利用排气扇来确保有害气体控制在可接受的程度）或受控条件下工作的人员提供特殊的培训和（或）监督。任何人员，包括与生产、维护、清洁、维修等相关的临时人员，如果没有接受过在受控条件下完成特殊任务的培训，不允许进入这样的工作区域，除非有训练有素的人员的监管。

3. 包装材料控制

包装医疗器械的目的是为其提供适当保护，以免在储存以及运输过程中遭到破坏、状态退化或污染。

植入性医疗器械产品的设计开发输入活动应当涉及包装要求。主要考虑包装材料、包装过程条件和在生产、仓储和搬运过程中采用的存储和搬运条件。

适用时，要考虑下列因素：与器械和包装过程的相容性、与灭菌过程的相容性、运输的危害实验 / 货运试验、无菌医疗器械包装材料的抗微生物特性、初始包装的完整性以防止破损并按要求保持无菌或清洁。

应特别关注，以无菌状态交付的植入物，其包装应提供微生物屏障，以保证投入市场时和在由生产企业规定的贮存和运输条件下保持无菌，直至防护包装被破坏或打开；以非无菌状态交付的植入物，其包装应在规定的洁净度下进行，并通过受控的包装过程保持产品的微生物污染水平。需在使用前灭菌的植入物，应将微生物污染的风险降至最低。包装系统应适应由制造商指定的灭菌方法（注：对最终灭菌的医疗器械包装相关的更多信息可在 GB/T19633 中获得）。

对于最终灭菌的植入性医疗器械包装材料应符合如下要求。

(1) 包装材料应适用于无菌屏障系统。

(2) 应了解所有包装材料特别是回收材料的来源、历史和可追溯性，并加以控制，以确保最终产品持续符合要求。

(3) 应评价下列特性　微生物屏障、毒理学特性、物理和化学特性、与成型和密封过程的适应性、与预期灭菌过程的适应性、灭菌前和灭菌后的贮存寿命限度。

(4) 一般包装材料，例如包裹材料，纸、塑料薄膜或非织造布应符合下列一般性能要求。材料在规定条件下应无可沥滤物和无味，不对与之接触的医疗器械的性能和安全性产生不良影响；材料上不应有穿孔、裂缝、开裂、皱褶或局部厚薄不均等影响材料功能的缺陷；材料的重量(每单位面积质量)应与规定值一致；材料应具有可接受的清洁度、微粒污染和落絮水平；材料应满足已确立的最低物理性能，如抗伸强度、厚度变化、抗撕裂强度、透气性和胀破强度；材料应满足已确立的最低化学性能，如 pH 值、氯化物和硫酸盐含量，以满足医疗器械、包装系统或灭菌过程的要求；在使用条件下，材料不论是在灭菌前、灭菌中或灭菌后，应不释放出足以引起健康危害的毒性物质。

(5) 涂胶层的材料还应满足下列要求　涂层应是连续的，不应出现空白或断开以免导致在密封处形成间断；涂布量应与标称值一致；当材料与另一个规定材料形成密封时，所规定的最小密封强度应得到验证。

(6) 成型包装还应符合下列要求　在规定的灭菌前、灭菌中和灭菌后，材料及其组成，如涂层、印墨或化学指示物等，不应与产品发生反应、对其污染和(或)向其迁移，从而对产品产生副作用；如果是由密封成形，密封宽度和胀破、密封强度应满足规定的要求；具有可剥开性的包装，其剥开层应连续、均匀，不应使材料剥离或撕裂而影响产品的无菌性；密封和(或)闭合应对微生物提供屏障。

4. 设备控制

(1) 生产设备的设计、制造，正确的安装以及安装地点应当便于正常操作、维护保养、调试和清洁。

(2) 适当时，生产企业应当确保生产、测量和试验设备的任何使用范围或允许偏差形成文件，并便于操作者查阅。

(3) 应当有为所有用于生产和环境控制的设备的维护保养、清洁、检查形成文件的程序。应当确定必要的调试和维护保养的时间间隔。

(4) 维护保养计划通常正式的张贴在设备上或跟随设备或应当易于获得。维修保养工作应当按计划进行。

5. 连接或配备能源植入物的有关设计与制造控制

(1) 通用要求　带有电子程序系统的植入物的设计，应根据预期使用确保其重现性、准确性及系统的性能。如果通过风险分析确定了特殊器械或系统产生的(系统)风险，应采取适当的方法将其尽可能消除或降低；对于依靠内部能源保障患者安全的植入物，应有测定其能源状态的方法；可行且适当时，植入物应配有明确识别植入物及其制造商的唯一性代码(特别是植入物类型)。必要时该代码无需作外科手术即可直接读出；对于依靠外部能源保障患者安全的植入物，其外部能源应有一个能对任何能源故障发出信号的警报系统；对植入物的一个或多个临床参数进行监视的外部器械，应配置适宜的警报系统，以提示使用者可能导致死亡或患者健康状况恶化的情况。

(2) 电风险的防护　在正常状态和非正常状态下，植入物的设计与制造应尽可能避免在正确安装植入物时偶然电击的风险。“正常和非正常状态下的风险”是指已经通过对特殊器械的风险分析确定的风险；有源植入物的设计与制造应使与能源的使用有关的风险降至最低，特别是与用电器械的绝缘、漏电及过热有关的风险。

(3) 机械风险的防护　植入物的设计与制造，应保护患者与使用者避免机械风险，例如与阻力、稳定性和移动部件相关的风险；植入物的设计与制造应使由植入物产生的振动引起的风险降至最低，除非这种振动是产品规定性能的一部分，否则应通过技术工艺和适当手段限制振动，特别是振源；植入物的设计与制造应使噪音引起的风险降至最低，除非这种噪音是产品规定性能的一部分，否则应通过技术工艺和适当手段减少噪音，特别是噪音源；需要由使用者操作的电力、气体或液压源和气压源的终端及连接器的设计与制造，应将所有可能的风险降至最低。

(4) 由能源或药物对患者造成的风险的防护　考虑到预期使用，植入物的设计与制造应保证程序和控制系统（包括软件）的正常功能不危及患者和使用者的安全；提供能源或给药植入物的设计与制造应使其释放速率的设定和保持达到足够的精度，以使得对患者的风险降至最低；给药植入物应以适宜的方法防止和（或）指示可能导致风险的任何不恰当的释放速率；提供能源或给药植入物，其设计与制造应结合适当的方法将能源或药物的偶然释放引起的风险降至最低。

第五节　动物源与同种异体植入性医疗器械

1. 植入性的动物源医疗器械

植入性的动物源医疗器械是指全部或部分采用无生命动物组织制成的或取材于动物组织的，以及采用动物组织衍生物或由动物体自然获取物质（如牛奶、羊毛等）制成的植入性医疗器械。动物来源材料是多种多样的，可以构成该器械的主要部件（如牛/猪源心脏瓣膜、羊肠缝合线、止血材料等）、涂层或者浸渗剂（如肝素、明胶、胶原等），也可成为生产过程中所用的辅助材料（如牛脂等）。动物组织及其衍生物的使用可能会比非动物来源的材料（如金属、塑料以及织物等）使医疗器械具有更好的性能，但是在另一方面，它们应用到人体则又会增加病毒传播和免疫原性等方面的安全风险。因此，对于动物源性医疗器械安全性的评价，需要考虑比常规医疗器械更多方面的内容。

对于动物源性医疗器械，涉及控制病毒和（或）传染性病原体感染以及免疫原性风险方面的要求。

鉴于不同种类和不同数量的病毒和传染性病原体感染人体的概率不尽相同，而不同动物种类易感染病毒和传染性病原体的种类和程度也千差万别，因此动物种类的确定对于动物源性医疗器械的风险评价起着重要作用。此外，动物的地理来源、年龄、取材部位的不同也直接影响着动物源性材料所具有风险的高低。

对于感染病毒和传染性病原体的风险控制需至少从源头控制和病毒灭活两方面着手，仅依靠源头控制或仅依靠病毒灭活都无法确保风险降至最低。为确保风险的可控性，企业需建立起一套追溯体系，以便在发现不良事件时能够及时查出原因并采取措施以防止类似不良事件的再次发生。此外，定点饲养、定点采购、定点屠杀，以及根据国家相关规定进行动物防疫、检疫，都是降低病毒和传染性病原体传播风险的必要手段。

为降低动物源性材料的免疫原性风险，一般需在生产工艺中采取相应处理措施以降低其免疫原性，如脱细胞处理、提纯，以及采用其他物理或化学方法对具有潜在免疫原性的物质（如核酸、蛋白、多糖、脂质和其他小分子物质等）进行去除或对其抗原表位进行消除/隐藏。生产企业需对其降低材料免疫原性的有效性进行验证。然而，这些处理措施以及灭活和去除病毒和（或）传染性病原体的处理步骤有可能是以牺牲材料本身的使用性能或增加新的风险为代价的，生产企业需充分评估其对产品的不利影响，以保证产品最终能够安全有效地使用。

2. 同种异体植入性医疗器械

同种异体植入性医疗器械是以同种来源组织为原料经加工或组成的植入性医疗

器械。

目前对同种异体植入性医疗器械产品组织供体的病毒筛选多采用检测血清中病毒特异性抗体或抗原的方法，其中对人免疫缺陷病毒（HIV）还要求检测血清中的病毒核酸。但是，尽管对供体进行了严格的筛选，仍然存在漏检和未知病毒污染的风险，以及生产过程中带入外源病毒的风险。因此，要求同种异体植入性医疗器械产品在生产过程中采用有效的病毒灭活工艺，并对病毒灭活工艺的有效性进行科学的验证。

多种方法可用于同种异体植入性医疗器械的病毒灭活。生产企业应根据产品的特性选择合适的病毒灭活工艺。无论采用何种工艺，均应综合考虑以下问题，包括病毒灭活效果的验证；病毒灭活工艺对产品的影响；病毒灭活工艺本身的公认性、可靠性、重现性、易放大性及经济性。常用的病毒灭活方法举例如下。

(1) 巴斯德消毒法（巴氏消毒法）　巴氏消毒法是湿热灭活法之一，是国内外公认的病毒灭活方法，已在人血白蛋白制品中成功应用了数十年，灭活条件已很完善。该灭活方法可灭活脂包膜和部分非脂包膜病毒。同种异体植入性医疗器械在充分清洗血液及骨髓成分后，可运用该方法进行病毒灭活。采用该方法时应考虑温度分布的均一性和灭活时间。

(2) 干热灭活法　干热灭活法主要用于冻干制品的病毒灭活。该方法的病毒灭活效果已为实验室验证和临床应用所肯定，可灭活 HIV、乙型肝炎病毒（HBV）、丙型肝炎病毒（HCV）和甲型肝炎病毒（HAV）等多种病毒。干热灭活法的优势是可用于冻干后的同种异体植入性医疗器械。采用该方法时应考虑温度分布的均一性、冻干工艺和产品水分残留量等。

(3) γ 射线辐照灭活法　γ 射线辐照灭活法的主要优点包括灭活效率高、穿透力强、剂量易控制、无有害物质残留、无明显温度升高等。该方法主要通过破坏核酸而灭活病毒。由于病毒在不同介质中对射线的抗性不同，该方法用于同种异体植入性医疗器械的病毒灭活时，应尽量去除产品中的宿主组织和细胞，例如同种异体骨应充分清洗血液及骨髓成分。应根据产品的特性确定辐照剂量。采用该方法时应考虑辐照剂量的分布和灭活时间。

(4) 过氧乙酸 - 乙醇灭活法　过氧乙酸具有极强的病毒灭活能力；乙醇可降低溶液的表面张力，有助于消毒剂完全渗透入同种异体植入性医疗器械中。过氧乙酸 - 乙醇灭活法是一种可靠的病毒灭活方法，可灭活脊髓灰质炎病毒（PV）、HIV、伪狂犬病病毒（PRV）；牛病毒性腹泻病毒（BVDV）；猪细小病毒（PPV）等多种病毒，其用于同种异体植入性医疗器械病毒灭活的效果已为实验室和临床试验所证实。采用该方法时应严格控制人用安全过氧乙酸残留量限制。

(5) 乙醇灭活法　乙醇是临床上最为常用的表面消毒剂。该方法对多数有包膜病毒，如单纯疱疹病毒、HIV 等具有灭活作用。在用于同种异体骨的病毒灭活时，应充分清洗血液及骨髓成分；同时因乙醇具有强挥发性，应采用浸泡处理，注意防止高温和明火。

常见的同种异体植入性医疗器械是同种异体骨，同种异体骨是指从人类不同个体内获取与制备的骨组织。同种异体骨主要用于骨缺损的修复和重建。

同种异体骨按生产工艺分为：深低温冷冻骨（简称深冻骨）、冷冻干燥骨（简称冻干骨）、脱矿骨。

同种异体骨按组织结构及解剖形态分为：松质骨、皮质骨、混合骨、长骨、骨干等。

同种异体骨按加工形状分为：骨条、骨块、骨板、骨粉、骨钉等形态。

深低温冷冻骨是指制备前后均保存在低于 -40℃环境中的骨产品。深低温冷冻是骨组织保存制备的常用方法，经深低温冷冻处理制备深低温冷冻骨可最大限度地保留骨组织的生物学特性，特别是生物力学性能和生物学活性。但仅通过深低温冷冻处理，免疫原性较高，同时需低温保存，需特殊的仪器，运输不方便。

冷冻干燥骨是指经冻干制备后其中残余水量为 2%~6% 的骨产品。冷冻干燥骨经深低温保存、清洗和冷冻干燥而成。其特性是免疫原性低，较好地保存生长因子的活性，同时由于含水量低，便于室温运输和保存。缺点是生物力学性能不如新鲜冷冻骨。

脱矿是利用盐酸或其他物质除去组织内矿物质的过程。脱矿骨是经过脱矿处理的同种异体骨修复材料。脱矿骨的特点是具有良好的诱导活性，增强成骨能力。脱矿骨制备通常经过冷冻、清洗、脱矿和冻干等过程，所制备的产品具有较低的免疫原性，也便于室温保存，但由于脱矿去除了骨组织的无机成分，对生物力学性能影响较大。

（宋铎　王奇志）

第二章

植入性医疗器械附录条款检查指南

第一节 人 员

2.1.1 植入性的动物源医疗器械和同种异体医疗器械的生产、技术和质量管理人员应当具有相应的生物学、生物化学、微生物学、医学、免疫学等专业知识，并具有相应的实践经验，以确保具备在生产、质量管理中履行职责的能力。

■ 条款解读

本条款是对植入性的动物源医疗器械和同种异体医疗器械的生产、技术和质量管理人员的专业知识、实践经验、履职能力要求。

植入性的动物源医疗器械和同种异体医疗器械是以动物或人源的组织为原材料制备的医疗器械，由于其原辅材料、生产制备过程及质量控制等的固有特性，主管生产、技术和质量管理人员应具备生物学、生物化学、微生物学、医学、免疫学等方面的专业知识和实践经验才能确保其具有在生产、质量管理中履行职责的能力。同时要求生产和质量管理部门负责人具有(一般三年以上)该类医疗器械生产和质量管理实践经验，对生产中遇到的实际问题做出科学判断，并履行职责。

生物学、生物化学、微生物学、医学、免疫学具体含义可参考以下定义。

生物学是研究生命现象和生物活动规律的科学。生物学说是研究生命系统各个层次的种类、结构、功能、行为、发育和起源进化以及生物与周围环境的关系等的科学。

生物化学是研究生命物质的化学组成、结构及生命活动过程中各种化学变化的基础生命科学。它主要用于研究细胞内各组分，如蛋白质、糖类、脂类、核酸等生物大分子的结构和功能。

微生物学是生物学的分支学科之一。它是在分子、细胞或群体水平上研究各类微小生物(细菌、放线菌、真菌、病毒、立克次氏体、支原体、衣原体、螺旋体原生动物以及单细胞藻类)的形态结构、生长繁殖、生理代谢、遗传变异、生态分布和分类进化等生命活动的基本规律,并将其应用于工业发酵、医学卫生和生物工程等领域的科学。

医学是通过科学或技术的手段处理人体的各种疾病或病变的学科。以治疗预防生理疾病和提高人体生理机体健康为目的。

免疫学是研究生物体对抗原物质免疫应答性及其方法的生物医学科学。免疫应答是机体对抗原刺激的反应,也是对抗原物质进行识别和排除的一种生物学过程。是机体识别“自身”与“非己”抗原,对自身抗原形成天然免疫耐受,对“非己”抗原产生排斥作用的一种生理功能。正常情况下,这种生理功能对机体有益,可产生抗感染、抗肿瘤等维持机体生理平衡和稳定的免疫保护作用。在一定条件下,当免疫功能失调时,也会对机体产生有害的反应和结果,如引发超敏反应、自身免疫病和肿瘤等。

■ 检查要点

查看企业对相关岗位任职要求、学历证书或培训等材料,是否符合要求。

■ 检查方法

(1) 通过查阅《质量手册》、员工登记表、任命文件等,确定植入性的动物源医疗器械和同种异体医疗器械的生产、技术和质量管理人员、职责、权限。

(2) 通过查看生产企业《质量手册》等文件,了解生产企业对这些岗位人员教育、培训,技能和经验等相关文件化的规定。

(3) 通过查看相关证据(如简历、学历证、培训证、考核与评价、处理相关质量问题记录等),考查相关人员是否具备在生产、质量管理中履行职责的能力。

(4) 通过交谈,考查相关人员是否具备在生产、质量管理中履行职责的能力。如询问产品的构成、工作原理,生产、储存、运输、使用中应注意的问题等。

■ 注意事项

(1) 应关注文件化的人员、职责、权限、教育、培训,技能和经验等规定。

(2) 应关注客观证据,以及企业识别需要改进人员能力的领域以及其改进的方法,采取的措施。

(3) 应关注人员体现能力、意识的具体事例,切忌僵化、教条式检查。

2.1.2 凡在洁净室(区)工作的人员应当定期进行卫生和微生物学基础知识、洁净作业等方面培训。临时进入洁净室(区)的人员,应当对其进行指导和监督。

■ 条款解读

本条款是对洁净室(区)工作的人员培训要求,对临时进入洁净室(区)的人员指导和监督要求。

产品生产的工作环境可影响产品质量。在工作环境中能影响产品质量最重要的因素是:过程设备、所建立的工作环境和在此环境中工作的人员。任何人员,包括那些临时的,或短暂进入清洁区域的人员,可能与产品或工作环境接触,都能散播微生物和颗粒,这些都能构成污染风险。因此,应当定期对在洁净室(区)工作的人员进行卫生和微生物学基础知识、洁净作业等方面培训,应当对临时进入洁净室(区)的人员进行指导和监督,以防止其构成不可接受污染的风险。

■ 检查要点

(1) 查看培训计划和记录,是否能够证实对在洁净室(区)工作的人员定期进行了卫生和微生物学基础知识、洁净技术等方面的培训。

(2) 查看相关文件,企业应当证实已经识别了临时进入洁净室的人员(包括管理人员、技术人员、设备维护维修人员等),并对这些人员进出洁净区的指导和监督作出规定。

■ 检查方法

(1) 通过查阅《质量手册》、员工登记表等确定洁净室(区)工作的人员。

(2) 通过查看生产企业《质量手册》等文件,了解生产企业对这些人员培训的相关规定。

(3) 通过查看相关证据(如培训记录、考核与评价记录等),检查相关人员是否定期进行卫生和微生物学基础知识、洁净作业等方面培训。

(4) 查阅生产企业对临时进入洁净室(区)的人员的管理规定,是否要求对临时进入洁净室(区)的人员进行指导和监督。

(5) 查阅相关记录,证实企业是否已经识别了临时进入洁净区的人员,证实企业是否对临时进入洁净室(区)的人员进行了指导和监督。

■ 注意事项

(1) 应关注生产企业的相关文件化规定。

(2) 应关注客观证据,如培训内容、培训记录、考核评价记录等。

(3) 应关注企业对临时进入洁净室(区)的人员的指导和监督是否落到实处,可以抽查一些临时进入过洁净室(区)人员的相关记录。

2.1.3 从事植入性的动物源医疗器械和同种异体医疗器械生产的全体人员,包括清洁、维修等人员均应当根据其产品和所从事的生产操作进行专业和安全防护培训。

■ 条款解读

本条款是对从事植入性的动物源医疗器械和同种异体医疗器械生产的全体人员专业和安全防护培训要求。

从事植入性的动物源医疗器械和同种异体医疗器械生产的全体人员,包括清洁、维修等人员均应当根据其产品和所从事的生产操作进行专业和安全防护培训。因为,一方面这些人员均有可能进入植入性的动物源医疗器械和同种异体医疗器械的生产区域,对产品质量造成影响,因此应当根据其产品和所从事的生产操作进行专业知识培训;另一方面这些人员有可能与产品或污染物品接触,必须进行有效的防护,因此应当进行安全防护知识培训。

按照规范化要求,生产企业应确定影响医疗器械质量的岗位,岗位人员所必须具备的专业知识水平(包括学历要求)、工作技能、工作经验。对从事这些岗位工作人员进行以上方面的培训,评价培训和所采取其他措施的有效性,以确保人员能力。过一段时间,应当重新评价任何进一步的教育和培训的有效性以确保所获得的能力是持续的。

■ 检查要点

查看培训计划和记录,是否对从事植入性的动物源医疗器械和同种异体医疗器械生产的全体人员,包括清洁、维修等人员根据其产品和所从事的生产操作进行了专业和安全防护培训。

■ 检查方法

(1) 通过查阅《质量手册》、员工登记表等确定从事植入性的动物源医疗器械和同种异体医疗器械生产的全体人员,包括清洁、维修等人员。

(2) 通过查看生产企业《质量手册》等文件,了解生产企业对这些人员培训的相关规定。

(3) 通过抽查相关证据(如培训记录、考核与评价记录等),检查是否对相关人员进行了专业和安全防护等方面的培训。

(4) 最好采用双向抽查方式，一个方向是抽查记录是否符合规定，另一个方向是抽查相关人员，找到相关记录，检查是否符合要求。

■ **注意事项**

(1) 应关注生产企业的相关文件化规定。

(2) 应关注客观证据，如培训内容、培训记录、考核评价记录等。

(3) 抽查的人员和记录要有一定的代表性。

2.1.4　应当建立对人员的清洁要求，制定洁净室(区)工作人员卫生守则。人员进入洁净室(区)应当按照程序进行净化，并穿戴工作帽、口罩、洁净工作服、工作鞋。裸手接触产品的操作人员每隔一定时间应当对手再次进行消毒。裸手消毒剂的种类应当定期更换。

■ **条款解读**

本条款是对进入洁净室(区)人员的清洁要求。

由于人员清洁情况会影响植入性医疗器械的质量和生产环境，所以生产企业应在质量管理体系文件中对人员清洁的要求做出明确规定。应制定洁净室(区)工作人员卫生守则，包括不能使用有污染的化妆品、佩戴首饰、尽可能减少额外或多余的活动、严禁将个人物品带入、不准穿洁净服离开洁净区域等。进入洁净区的人员，包括临时人员或外来人员，必须按规定的人员净化程序进行净化，净化程序和设施能有效去除人身上的污染物，达到人员净化的目的，并按规定穿戴洁净工作服或无菌工作服、工作帽、口罩、工作鞋。对于从事裸手接触产品的操作人员作开始时手要消毒，每隔一定时间还应对手再消毒，手的再消毒的方式要可行，且有效果。为了防止细菌产生耐药性，裸手消毒剂的种类应当定期更换。

对外来人员进入洁净室(区)，还要声明无影响产品质量的传染性疾病，并进行人员净化方面的培训或由洁净室监督员的监督陪同下进入。

■ **检查要点**

(1) 查看工作人员卫生守则，是否对人员清洁、进出程序、洁净服的穿戴作出规定。

(2) 现场观察人员进入洁净室(区)是否按照程序进行净化，并按规定正确穿戴工作帽、口罩、洁净工作服、工作鞋或鞋套。

(3) 查看消毒剂配制或领用记录，是否按要求定期更换裸手消毒剂的种类。

■ 检查方法

(1) 查阅生产企业制定的对人员清洁要求、洁净室（区）工作人员卫生守则等文件。

(2) 生产企业制定的文件中是否规定“人员进入洁净室（区）应当按照程序进行净化，并穿戴工作帽、口罩、洁净工作服、工作鞋。裸手接触产品的操作人员每隔一定时间应当对手再次进行消毒。裸手消毒剂的种类应当定期更换”。

(3) 现场检查人员进入洁净室（区）是否按照程序进行净化，并穿戴工作帽、口罩、洁净工作服、工作鞋。现场抽查裸手接触产品的操作人员是否按相关规定，每隔一定时间对手再次进行消毒。

(4) 查阅消毒剂配制或领用记录，核实裸手消毒剂的种类是否定期更换。

■ 注意事项

(1) 应关注生产企业建立的人员清洁要求，以及制定洁净室（区）工作人员卫生守则等文件内容。

(2) 应注重现场检查。

2.1.5　应当制定人员健康要求，设立人员健康档案。直接接触物料和产品的操作人员每年至少体检一次。患有传染性和感染性疾病的人员不得从事直接接触产品的工作。

■ 条款解读

本条款是对植入性医疗器械生产企业人员的健康要求。

当人员健康状况会对产品质量有影响时，生产企业应根据操作人员与产品接触的形式和对产品质量的影响程度，提出对员工健康的要求，并在质量管理体系文件中做出明确的规定。对生产企业的每一位有可能接触产品的员工进入生产企业都要进行体检，建立健康档案。在生产过程中与原材料或产品或初包装材料直接接触的工作人员，每年至少应体检一次，体检应由有资质的医疗卫生部门进行，应保存体检时由医疗卫生单位出具的原始检查或化验记录。要求相关人员，主动报告自己的健康情况，对患有传染性和感染性疾病的人员不得从事直接接触产品的工作，对日常发现的发烧、流行感冒、痢疾、裸露皮肤受伤等人员不能进入洁净区，并应按规定进行监督检查和记录。对外来人员进入洁净室

(区),应声明无影响产品质量的传染性疾病。

■ 检查要点

(1) 查看人员健康要求的文件,是否对人员健康的要求作出规定,并建立人员健康档案。

(2) 查看洁净间直接接触物料和产品的人员的体检报告或健康证明,是否按规定时间进行体检,患有传染性和感染性疾病的人员未从事直接接触产品的工作。

■ 检查方法

(1) 查阅生产企业制定的人员健康要求,对照生产企业制定的人员健康要求和人员花名册查阅人员健康档案。

(2) 根据生产企业确定的直接接触物料和产品的操作人员名单,查阅人员健康档案,核查这些人员每年体检情况。

(3) 核实患有传染性和感染性疾病的人员未从事直接接触产品的工作。

■ 注意事项

(1) 应关注生产企业制定的人员健康要求,以及人员健康档案的全面性、完整性、针对性。应根据生产产品的类型来制定人员的健康要求。健康档案应全面、完整、有针对性。一方面是健康档案要包括所有人员、所有规定项目,另一方面是健康档案包括的内容应针对人员所从事的工作确定。

(2) 每年体检项目应根据工作岗位、地域特点、传染性和感染性疾病发生概率等情况确定。

(3) 生产企业应鼓励工作人员主动报告自己的健康情况,尽可能降低产品污染的风险。

2.1.6 应当明确人员服装要求,制定洁净和无菌工作服的管理规定。工作服及其质量应当与生产操作的要求及操作区的洁净度级别相适应,其式样和穿着方式应当能够满足保护产品和人员的要求。洁净工作服和无菌工作服不得脱落纤维和颗粒性物质,无菌工作服应当能够包盖全部头发、胡须及脚部,并能阻留人体脱落物。

■ 条款解读

本条款是对植入性医疗器械生产企业人员的服装要求。

生产企业应在质量管理体系文件中明确人员服装要求，对洁净工作服和无菌工作服的管理做出具体规定，包括工作服的形式、材料、洗涤、消毒、整理和存放，以及洗涤和消毒方法及频次都要明确提出要求。洁净工作服和无菌工作服应选择质地光滑、不产生静电、不脱落纤维和颗粒性物质的材料制作。工作服和帽子应能有效地遮盖内衣、头发、胡须及脚部，并能有效阻止内衣脱落物和人体脱落物向洁净区内弥散。

不同洁净度级别洁净区内使用的洁净工作服或无菌工作服，应区别使用，并在符合要求的洁净环境中清洗、晾干和整理。为了减少洁净工作服或无菌工作服的清洗房间数，可采用就高不就低的原则分时段清洗，但决不能混洗、混放和混穿。洁净工作服和一般无菌服（10 000 级洁净区内穿着、型式为无菌服）的末道清洗用水至少为纯化水；有热原（细菌内毒素）要求并进行无菌操作使用的无菌工作服的末道清洗用水应为注射用水。洁净工作服和一般的无菌工作服应按规定进行消毒处理，但在 10 000 级下的局部 100 级洁净区内使用的无菌工作服应进行灭菌处理。

■ 检查要点

(1) 查看洁净和无菌工作服的管理规定；现场观察服装的符合性及人员穿戴的符合性。

(2) 查看洁净工作服和无菌工作服是否选择质地光滑、不易产生静电、不脱落纤维和颗粒性物质的材料制作。

■ 检查方法

(1) 查阅生产企业制定的人员服装要求，以及生产企业制定的洁净和无菌工作服的管理规定。

(2) 现场查看人员服装、洁净和无菌工作服是否符合生产企业的规定。

(3) 现场查看工作服及其质量是否与生产操作的要求及操作区的洁净度级别相适应，其式样和穿着方式是否能够满足保护产品和人员的要求。

(4) 现场查看洁净工作服和无菌工作服是否脱落纤维和颗粒性物质，无菌工作服是否能够包盖全部头发、胡须及脚部，并能阻留人体脱落物。

■ 注意事项

(1) 主要应关注生产企业的相关规定是否齐全，执行情况如何。

(2) 人员服装是否能够起到保护产品和人员的作用。

(3) 临时进入洁净室（区）人员使用的服装是否符合要求。

常见问题和案例分析

◎ 常见缺陷

针对人员这一部分常见的问题包括以下几个方面。

(1) 植入性的动物源医疗器械和同种异体医疗器械的生产、技术和质量管理人员的缺乏专业知识和实践经验，缺乏在生产、质量管理中履行职责的能力。有的生产、技术和质量管理人员不具备相应的专业背景，没有参加过系统的专业知识培训，没有在类似企业工作的经历，很难在生产、质量管理中履行应尽的职责。

(2) 对于从事植入性的动物源医疗器械和同种异体医疗器械生产的全体人员、在洁净室(区)工作的人员[包括临时进入洁净室(区)人员]缺乏规范性、针对性的培训。如对于正式的生产人员培训的需求不明确、培训的内容不全面，评价的方式缺乏科学性，启动再培训的机制不健全，对不同背景人员、不同岗位人员的培训缺少针对性内容等；对于临时工作人员培训的内容不明确，指导的方法不规范，监督的方式不健全等。

(3) 对于直接接触物料和产品人员的健康要求不明确。如体检项目缺乏针对性，主动报告健康情况的机制不健全，缺少识别传染性和感染性疾病的措施等。

◎ 典型案例分析

【案例一】 王某为物理专业本科毕业，在内窥镜生产企业从事生产管理工作5年后，受聘到A公司从事同种异体骨生产管理工作，A公司未对从事生产管理工作的人员的专业技术背景和实践经验做出明确要求，且培训记录中也未见其参加过有关微生物学、免疫学等专业知识的培训，检查员通过与王某交谈发现其对有关微生物学、免疫学等知识知之甚少。

分析: 附录2.1.1条规定:“植入性的动物源医疗器械和同种异体医疗器械的生产、技术和质量管理人员应当具有相应的生物学、生物化学、微生物学、医学、免疫学等专业知识，并具有相应的实践经验，以确保具备在生产、质量管理中履行职责的能力。”王某作为A公司从事同种异体骨生产管理工作的人员，既没有相应的专业知识背景和经过有关微生物学、免疫学等专业知识的培训，也没有在动物源医疗器械和同种异体医疗器械生产企业工作的实践经验，不能证明能够在生产中履行其应尽职责，因此，确定A公司从事同种异体骨生产管理工作的人员不符合附录2.1.1条的规定。

【案例二】 A公司制定了人员健康要求，设立了人员健康档案。规定直接接触物料和产品的操作人员每年至少体检一次，患有传染性和感染性疾病的人员不得从事直接接触产品的工作。检查员在检查直接接触产品的工作人员健康档案时发现每年对这些人员的体检报告中没有传染性疾病的检查项目。

分析：附录2.1.5条规定“应当制定人员健康要求，设立人员健康档案。直接接触物料和产品的操作人员每年至少体检一次。患有传染性和感染性疾病的人员不得从事直接接触产品的工作。”对于直接接触产品的工作人员，A公司建立的健康档案中没有相关传染性疾病的信息，不能证明符合“患有传染性和感染性疾病的人员不得从事直接接触产品的工作”，因此，确定A公司不符合附录2.1.5条的规定。

（宋　铎）

第二节 厂房与设施

2.2.1 应当有整洁的生产环境。厂区的地面、路面周围环境及运输等不应对植入性的无菌医疗器械的生产造成污染。行政区、生活区和辅助区的总体布局应当合理,不得对生产区有不良影响。厂区应当远离有污染的空气和水等污染源的区域。

■ 条款解读

本条款是对植入性医疗器械生产企业的生产环境要求。

为了最大程度的降低污染,植入性医疗器械生产企业首先要有整洁、卫生的生产环境。环境不好不仅不能确保植入性医疗器械的质量,同时也会造成净化系统成本的增加。所以植入性医疗器械生产企业的选择和厂区的规划要考虑周围环境对洁净室(区)的影响。植入性医疗器械对生产环境的要求可分三个层面:大环境即是生产企业周围环境的要求;中环境即厂区或洁净区周围环境的要求;小环境即洁净区的要求。这一条主要是对厂区中环境和厂址周围大环境的要求,大环境重点要求在厂址选择时应考虑所在地周围的自然环境和卫生条件良好,至少没有空气或水的污染源,还宜远离交通干道、货场等。中环境重点要求洁净区周围厂区的环境整洁、无积水和杂草,厂区的地面、道路应平整不起尘。宜通过绿化等减少露土面积或有控制扬尘的措施。垃圾、闲置物品等不应露天存放等,总之厂区的环境不应对植入性医疗器械的生产造成污染。而且要求厂区的总体布局要合理,从硬件上确保满足中环境的要求,生活区、行政区和辅助区不得对植入性医疗器械的生产区特别是洁净区有不良影响;在厂区内要求人流、物流宜分开,主要是考虑到避免物流对进入洁净区的人员的污染。为了使洁净厂房更加规范,对新建、扩建的植入性医疗器械生产企业,建议由有资质的单位进行设计。

■ 检查要点

(1) 现场查看生产环境,应当整洁、无积水和杂草。厂区的地面、路面周围环境及运输等不应对产品的生产造成污染。检查地面、道路平整情况及减少露土、扬尘的措施和厂区的绿化,以及垃圾、闲置物品等的存放情况。

(2) 现场查看行政区、生活区和辅助区的总体布局是否合理,是否对生产区有不良影响。

(3) 厂区是否远离有污染的空气和水等污染源的区域。

■ **检查方法**

(1) 查阅相关文件、平面图,了解生产企业厂区内、外环境。

(2) 现场检查生产企业周围环境的情况,即厂区应当远离有污染的空气和水等污染源的区域;现场检查生产企业厂区内环境的情况,即厂区的地面、路面周围环境及运输等不应对植入性的无菌医疗器械的生产造成污染,行政区、生活区和辅助区的总体布局应当合理,不得对生产区有不良影响。

(3) 结合相关规定检查,如 GB50073-2013《洁净厂房设计规范》。

■ **注意事项**

(1) 相关文件、图纸检查应与现场检查相结合。

(2) 检查应与相关规定相结合。

2.2.2　应当根据所生产的植入性无菌医疗器械的质量要求,确定在相应级别洁净室(区)内进行生产的过程,避免生产中的污染。空气洁净级别不同的洁净室(区)之间的静压差应大于 5 帕,洁净室(区)与室外大气的静压差应大于 10 帕,并应有指示压差的装置。必要时,相同洁净级别的不同功能区域(操作间)之间也应当保持适当的压差梯度。

■ **条款解读**

本条款是为避免在生产中对植入性无菌医疗器械造成污染,对洁净室(区)的级别、压差要求。

植入性医疗器械的最终使用状态均应是无菌状态,因此生产企业应根据植入性无菌医疗器械或植入性非无菌医疗器械的生产过程工艺要求,确定哪些过程在非洁净区内进行,哪些过程在洁净区内进行,确定在相应级别洁净室(区)内进行生产的过程,避免生产中的污染。

空气洁净级别不同的洁净室(区)之间的静压差值应大于 5 帕,洁净室(区)与非洁净区或室外大气之间的静压差值应大于 10 帕,并应在不同级别洁净度洁净区间的适当位置设置指示压差的装置。关于必要时,相同洁净级别的不同功能区域(操作间)之间应当保持适当的压差梯度的问题,是指洁净度级别相同的相邻洁净室(区)之间,产品清洁程度要求相对高的静压差高一些,或者说如果两个洁净室的加工过程可能会有一定影响,怕受到影响的高一些，避免洁净度低的区域的污染物传入洁净度高的区域，而造成交叉污染。特别要注意不相邻而共用洁净走廊时压差梯度的合理性问题。

■ 检查要点

(1) 查看相关文件，是否明确了生产过程的洁净度级别；现场查看是否在相应级别洁净室（区）内进行生产，是否能避免生产中的污染。

(2) 现场查看是否配备了指示压差的装置，空气洁净级别不同的洁净室（区）之间以及洁净室（区）与室外大气的静压差是否符合要求。

(3) 现场查看相同洁净级别的不同功能区域（操作间），污染程度高的区域应当与其相邻区域保持适当的压差梯度。

■ 检查方法

(1) 查阅工艺文件，确认在不同洁净室（区）内进行生产的过程，现场查看在相应级别洁净室（区）内进行生产，是否能避免生产中的污染。

(2) 现场检查不同的洁净室（区）之间的静压差，洁净室（区）与室外大气的静压差，相同洁净级别的不同功能区域（操作间）之间的静压差。

■ 注意事项

(1) 相关文件检查应与现场检查相结合。

(2) 检查应与相关规定相结合。

2.2.3　主要与骨接触的植入性无菌医疗器械或单包装出厂的配件，其末道清洁处理、组装、初包装、封口的生产区域和不经清洁处理零部件的加工生产区域应当不低于 100 000 级洁净度级别。

■ 条款解读

本条款是对主要与骨接触的植入性无菌医疗器械或单包装出厂的配件生产区域洁净度级别要求。

主要与骨接触的植入性无菌医疗器械是指该器械主要与人体的骨骼相接触而发挥作用。如骨接合植入物（接骨板、接骨螺钉髓内钉、矫形用钉、矫形用棒、脊柱固定器等）、关节植入物（髋关节假体、膝关节假体、肩关节假体等）、人工骨等。应注意，主要与骨接触并不是不与血液或组织接触，关键要看哪个是主要因素。由于在这些产品的生产过程中，末道清洁处理、组装、初包装、封口和不经清洁处理零部件的加工，均有可能造成产品的污染，使产品的初始污染菌、微粒、细菌内毒素等不能处于可控状态，因此应对这些生产过程的环境加以控制，要求其生产区域应当不低于100 000级洁净度级别。

■ 检查要点

现场检查主要与骨接触的植入性无菌医疗器械或单包装出厂的配件，其末道清洁处理、组装、初包装、封口的生产区域和不经清洁处理零部件的加工生产区域是否不低于100 000级洁净度级别。

■ 检查方法

(1) 请生产企业列出主要与骨接触的植入性无菌医疗器械或单包装出厂的配件、不经清洁处理零部件的明细。

(2) 结合生产工艺流程图确定主要与骨接触的植入性无菌医疗器械或单包装出厂的配件，其末道清洁处理、组装、初包装、封口的生产区域和不经清洁处理零部件的加工生产区域。

(3) 对照生产企业列出的明细以及确定的生产区域，现场检查(或抽查)主要与骨接触的植入性无菌医疗器械或单包装出厂的配件，其末道清洁处理、组装、初包装、封口的生产区域和不经清洁处理零部件的加工生产区域的洁净度级别，查阅相应的洁净室(区)检测报告。

■ 注意事项

(1) 应关注无菌产品的末道清洁和包装生产区域的洁净环境是否达到要求，因为如果经过确认的末道清洁过程能将污染降低到可知的、一致的控制水平，并通过受控的包装过程能将污染保持在这个水平上，必须建立一个受控的洁净环境来包含该确认的末道清洁和包装过程。

(2) 应关注经过末道清洁后的过程，不能对产品产生不可接受的污染，如经过末道清洁后的加工、装配、转运、包装等。

(3) 应了解100 000级洁净室(区)的相关洁净要求，进行对照检查。

2.2.4 主要与组织和组织液接触的植入性无菌医疗器械或单包装出厂的配件，其末道清洁处理、组装、初包装、封口的生产区域和不经清洁处理零部件的加工生产区域应当不低于100 000级洁净度级别。

■ 条款解读

本条款是对主要与组织和组织液接触的植入性无菌医疗器械或单包装出厂的配件生产区域洁净度级别要求。

主要与组织和组织液接触的植入性无菌医疗器械是指该器械主要与人体的组织和组织液接触而发挥作用，如组织吻合器、植入性缝合线等。应注意，主要与组织和组织液接触并不是不与血液等接触，关键要看哪个是主要因素。

由于在这些产品的生产过程中，末道清洁处理、组装、初包装、封口和不经清洁处理零部件的加工，均有可能造成产品的污染，使产品的初始污染菌、微粒、细菌内毒素等不能处于可控状态，因此应对这些生产过程的环境加以控制，要求其生产区域应当不低于100 000级洁净度级别。

■ 检查要点

现场检查主要与组织和组织液接触的植入性无菌医疗器械或单包装出厂的配件，其末道清洁处理、组装、初包装、封口的生产区域和不经清洁处理零部件的加工生产区域是否不低于100 000级洁净度级别。

■ 检查方法

(1) 请生产企业列出主要与组织和组织液接触的植入性无菌医疗器械或单包装出厂的配件、不经清洁处理零部件的明细。

(2) 结合生产工艺流程图确定主要与组织和组织液接触的植入性无菌医疗器械或单包装出厂的配件，其末道清洁处理、组装、初包装、封口的生产区域和不经清洁处理零部件的加工生产区域。

(3) 对照生产企业列出的明细以及确定的生产区域，现场检查(或抽查)主要与组织和组织液接触的植入性无菌医疗器械或单包装出厂的配件，其末道清洁处理、组装、初包装、封口的生产区域和不经清洁处理零部件的加工生产区域的洁净度级别，查阅相应的洁净室(区)检测报告。

■ 注意事项

(1) 应关注无菌产品的末道清洁和包装生产区域的洁净环境是否达到要求，因为经过确认的末道清洁过程能将污染降低到可知的、一致的控制水平，并通过受控的包装过程能将污染保持在这个水平上，要实现这一点，必需建立一个受控的洁净环境来包含该确认的清洁和包装过程。

(2) 应关注末道清洁后的过程，不能对产品产生不可接受的污染，如末道清洁后的加工、装配、转运、包装等。

(3) 应了解100 000级洁净室（区）的相关洁净要求，进行对照检查。

2.2.5 主要与血液接触的植入性无菌医疗器械或单包装出厂的配件，其末道清洁处理、组装、初包装、封口的生产区域和不经清洁处理零部件的加工生产区域应当不低于10 000级洁净度级别。

■ 条款解读

本条款是对主要与血液接触的植入性无菌医疗器械或单包装出厂的配件生产区域洁净度级别要求。

主要与血液接触的植入性无菌医疗器械是指该器械主要与人体血液接触而发挥作用，如冠状脉血管支架、外周血管支架、胸主动脉支架、腹主动脉支架、心脏瓣膜、心脏封堵器、腔静脉滤器等。应注意，主要与血液接触并不是不与组织等接触，关键要看哪个是主要因素。

由于在这些产品的生产过程中，末道清洁处理、组装、初包装、封口和不经清洁处理零部件的加工，均有可能造成产品的污染，使产品的初始污染菌、微粒、细菌内毒素等不能处于可控状态，因此应对这些生产过程的环境加以控制，要求其生产区域应当不低于10 000级洁净度级别。

■ 检查要点

现场检查主要与血液接触的植入性无菌医疗器械或单包装出厂的配件，其末道清洁处理、组装、初包装、封口的生产区域和不经清洁处理零部件的加工生产区域是否不低于10 000级洁净度级别。

■ 检查方法

(1) 请生产企业列出主要与血液接触的植入性无菌医疗器械或单包装出厂的配件、不经清洁处理零部件的明细。

(2) 结合生产工艺流程图确定主要与血液接触的植入性无菌医疗器械或单包装出厂的配件，其末道清洁处理、组装、初包装、封口的生产区域和不经清洁处理零部件的加工生产区域。

(3) 对照生产企业列出的明细以及确定的生产区域，现场检查（或抽查）主要与血液接触的植入性无菌医疗器械或单包装出厂的配件，其末道清洁处理、组装、初包装、封口的生产区域和不经清洁处理零部件的加工生产区域的洁净度级别，查阅相应的洁净室（区）检测报告。

■ 注意事项

(1) 应关注无菌产品的末道清洁和包装生产区域的洁净环境是否达到要求，因为经过确认的末道清洁过程能将污染降低到可知的、一致的控制水平，并通过受控的包装过程能将污染保持在这个水平上，要实现这一点，必须建立一个受控的洁净环境来包含该确认的清洁和包装过程。

(2) 应关注末道清洁后的过程，不能对产品产生不可接受的污染，如末道清洁后的加工、装配、转运、包装等。

(3) 应了解 10 000 级洁净室（区）的相关洁净要求，进行对照检查。

2.2.6　与人体损伤表面和粘膜接触的植入性无菌医疗器械或单包装出厂的零部件，其末道清洁处理、组装、初包装、封口的生产区域和不经清洁处理零部件的加工生产区域应当不低于 300 000 级洁净度级别。

■ 条款解读

本条款是对主要与人体损伤表面和黏膜接触的植入性无菌医疗器械或单包装出厂的零部件生产区域洁净度级别要求。

主要与人体损伤表面和黏膜接触的植入性无菌医疗器械是指该器械主要与人体损伤表面和黏膜接触而发挥作用，如人造皮肤、宫内节育器、非血管支架等。应注意，主要与人体损伤表面和黏膜接触并不是不与组织、血液等接触，关键要看哪个是主要因素。

由于在这些产品的生产过程中，末道清洁处理、组装、初包装、封口和不经清洁处理零部件的加工，均有可能造成产品的污染，使产品的初始污染菌、微粒、细菌内毒素等不能处于可控状态，因此应对这些生产过程的环境加以控制，要求其生产区域应当不低于 300 000 级洁净度级别。

■ 检查要点

现场检查与人体损伤表面和黏膜接触的植入性无菌医疗器械或单包装出厂的零部

件，其末道清洁处理、组装、初包装、封口的生产区域和不经清洁处理零部件的加工生产区域是否不低于 300 000 级洁净度级别。

■ 检查方法

(1) 请生产企业列出与人体损伤表面和黏膜接触的植入性无菌医疗器械或单包装出厂的配件、不经清洁处理零部件的明细。

(2) 结合生产工艺流程图确定与人体损伤表面和黏膜接触的植入性无菌医疗器械或单包装出厂的配件，其末道清洁处理、组装、初包装、封口的生产区域和不经清洁处理零部件的加工生产区域。

(3) 对照生产企业列出的明细以及确定的生产区域，现场检查(或抽查)与人体损伤表面和黏膜接触的植入性无菌医疗器械或单包装出厂的配件，其末道清洁处理、组装、初包装、封口的生产区域和不经清洁处理零部件的加工生产区域的洁净度级别，查阅相应的洁净室(区)检测报告。

■ 注意事项

(1) 应关注无菌产品的末道清洁和包装生产区域的洁净环境是否达到要求，因为经过确认的末道清洁过程能将污染降低到可知的、一致的控制水平，并通过受控的包装过程能将污染保持在这个水平上，要实现这一点，必须建立一个受控的洁净环境来包含该确认的清洁和包装过程。

(2) 应关注末道清洁后的过程，不能对产品产生不可接受的污染，如末道清洁后的加工、装配、转运、包装等。

(3) 应了解 300 000 级洁净室(区)的相关洁净要求，进行对照检查。

2.2.7　与植入性无菌医疗器械的使用表面直接接触、不需清洁处理即使用的初包装材料，其生产环境洁净度级别的设置应当遵循与产品生产环境的洁净度级别相同的原则，使初包装材料的质量满足所包装无菌医疗器械的要求；若初包装材料不与植入性无菌医疗器械使用表面直接接触，应当在不低于 300 000 洁净室(区)内生产。

■ 条款解读

本条款是对与植入性无菌医疗器械的使用表面直接接触、不需清洁处理即使用的初包装材料生产环境洁净度级别要求。

生产企业应按植入性无菌医疗器械与人体接触的类型来确定生产环境洁净度级别，并按照与植入性无菌医疗器械的使用表面直接接触、不需清洁处理即使用的初包装材料，其生产环境洁净度级别的设置应当遵循与产品生产环境的洁净度级别相同的原则，使初包装材料的质量满足所包装无菌医疗器械的要求。

初包装材料不与植入性无菌医疗器械使用表面直接接触，应当在不低于 300 000 洁净室（区）内生产。如有些采用双层包装的植入性无菌医疗器械的外层包装材料，至少要在 300 000 级洁净室（区）内生产。

■ 检查要点

现场检查与植入性无菌医疗器械的使用表面直接接触、不需清洁处理即使用的初包装材料，其生产环境洁净度级别的设置是否遵循与产品生产环境的洁净度级别相同的原则，使初包装材料的质量满足所包装无菌医疗器械的要求；若初包装材料不与植入性无菌医疗器械使用表面直接接触，是否在不低于 300 000 洁净室（区）内生产。

■ 检查方法

（1）请生产企业列出与植入性无菌医疗器械的使用表面直接接触、不需清洁处理即使用的初包装材料明细和不与植入性无菌医疗器械使用表面直接接触的初包装材料明细。

（2）结合生产工艺流程图现场检查与植入性无菌医疗器械的使用表面直接接触、不需清洁处理即使用的初包装材料的生产环境洁净度级别的设置是否遵循与产品生产环境的洁净度级别相同的原则，不与植入性无菌医疗器械使用表面直接接触的初包装材料的生产环境洁净度级别是否不低于 300 000 级。

■ 注意事项

（1）对于外购的初包材料同样应遵循相应原则。

（2）应关注初包装材料所经历的全过程，不应因某些环节失控造成初包装材料的污染。如初包装材料生产环境符合要求，但转运、储存过程中造成污染。

（3）应了解相应级洁净室（区）的相关洁净要求，进行对照检查。

2.2.8　对于有要求或采用无菌操作技术加工的植入性无菌医疗器械（包括医用材料），应当在 10 000 级下的局部 100 级洁净室（区）内进行生产。

■ 条款解读

本条款是对于有要求或采用无菌操作技术加工的植入性无菌医疗器械(包括医用材料)生产区域洁净度级别要求。

当产品质量需要时,或药监管理部门有要求时,或产品标准有要求时,或采用无菌操作技术加工的植入性无菌医疗器械(包括医用材料),要求在10 000级下的局部100级洁净室(区)内进行生产。如有些不宜采用灭菌技术进行灭菌的植入性医疗器械,采用无菌操作技术进行加工,那么采用无菌操作技术加工的生产过程要在10 000级下的局部100级洁净室(区)内进行。

■ 检查要点

检查对于有要求或采用无菌操作技术加工的植入性无菌医疗器械(包括医用材料),是否在10 000级下的局部100级洁净室(区)内进行生产。

■ 检查方法

(1) 请生产企业列出有要求或采用无菌操作技术加工的植入性无菌医疗器械(包括医用材料)的明细。

(2) 结合生产工艺流程图确定有要求或采用无菌操作技术加工的植入性无菌医疗器械(包括医用材料)的加工生产区域。

(3) 对照生产企业列出的明细以及确定的生产区域,现场检查(或抽查)有要求或采用无菌操作技术加工的植入性无菌医疗器械(包括医用材料)的加工生产区域的洁净度级别是否是10 000级下的局部100级,查阅相应的洁净室(区)检测报告。

■ 注意事项

(1) 对于有要求或采用无菌操作技术加工的植入性无菌医疗器械(包括医用材料),应关注其所经历的全过程,不应因某些环节失控造成产品的污染。如非工作时间、节假日等成品、半成品、医用材料所处的环境。

(2) 应了解10 000级下的局部100级洁净室(区)的相关洁净要求,进行对照检查。

2.2.9 洁净工作服清洗干燥间、洁具间、专用工位器具的末道清洁处理与消毒的区域的空气洁净度级别可低于生产区一个级别,但不得低于300 000级。无菌工作服的整理、灭菌后的贮存应当在10 000级洁净室(区)内。

■ 条款解读

本条款是对洁净工作服清洗干燥间、洁具间、专用工位器具的末道清洁处理与消毒的区域、无菌工作服的整理、灭菌后贮存的洁净室（区）的空气洁净度级别要求。

洁净工作服清洗干燥间、洁具间、专用工位器具的末道清洁处理与消毒的区域，是清洗洁净工作服、存放和（或）处理洁具、专用工位器具的区域，如果其空气洁净度不能得到有效的控制，有可能通过洁净工作服、洁具、专用工位器具间接污染生产洁净区和产品，因此其空气洁净度应进行控制，但考虑到其间接性的因素，其空气洁净度级别可低于生产区一个级别，但不得低于 300 000 级。原则上，无菌工作服的整理、灭菌后的贮存室洁净度宜与使用工作服的洁净室的洁净度相一致。由于无菌工作服的使用环境的洁净度一般不低于 10 000 级，因此无菌工作服的整理、灭菌后的贮存应当在不低于 10 000 级洁净室（区）内。

■ 检查要点

（1）检查洁净工作服清洗干燥间、洁具间、专用工位器具的末道清洁处理与消毒的区域的空气洁净度级别是否至多比生产区低一个级别，但不低于 300 000 级。

（2）无菌工作服的整理、灭菌后的贮存是否在 10 000 级洁净室（区）内。

■ 检查方法

（1）请生产企业列出洁净工作服清洗干燥间、洁具间、专用工位器具的末道清洁处理与消毒区域的明细，以及无菌工作服的整理、灭菌后的贮存区域明细。

（2）结合生产工艺流程图确定洁净工作服清洗干燥间、洁具间、专用工位器具的末道清洁处理与消毒的区域，以及无菌工作服的整理、灭菌后的贮存区域。

（3）对照生产企业列出的明细以及确定的区域，现场检查（或抽查）洁净工作服清洗干燥间、洁具间、专用工位器具的末道清洁处理与消毒的区域的洁净度级别，现场检查（或抽查）无菌工作服的整理、灭菌后的贮存区域的洁净度级别，查阅相应的洁净室（区）检测报告。

■ 注意事项

（1）应关注洁净工作服清洗干燥间、洁具间、专用工位器具的末道清洁处理与消毒区域，以及无菌工作服的整理、灭菌后的贮存区域的洁净环境保持的连续性，不应因某些环节失控造成污染。如应考虑非工作时间、节假日、人员数量等因素造成的污染。

（2）应了解相应洁净室（区）的相关洁净要求，进行对照检查。

2.2.10　洁净室（区）应当按照植入性的无菌医疗器械的生产工艺流程及所要求的空气洁净度级别进行合理布局，人流、物流走向应当合理。同一洁净室（区）内或相邻洁净室（区）间的生产操作不得互相交叉污染。

■ 条款解读

本条款是对植入性无菌医疗器械生产洁净室（区）合理布局的要求。

洁净室（区）应当按照植入性无菌医疗器械的生产工艺流程及所要求的空气洁净度级别进行合理布局，人流、物流走向应当合理。一方面按生产工艺流程工艺路线尽可能短，并减少中间加工过程的交叉往复；另一方面按空气洁净度级别从外向内由低到高。需要综合考虑，将生产工艺流程和空气洁净度级别有机地结合起来，实现二者的统一。

在洁净区内人流、物流宜分开且不宜交叉，主要是考虑避免人员的流动对产品造成污染。人员、物料或产品进入时按空气洁净度级别由低到高并固定流动区域和走向。这种从人流和物流的分开和不交叉可以从空间上实现，有时也可以从时间上实现。在洁净区内尽量减少物品的流转和人员的走动。

同一洁净室（区）内或相邻洁净室（区）间的生产操作不得互相交叉污染，换句话说即如果会产生交叉污染的生产过程就不能处于同一间洁净室内，如果是在相邻洁净室（区）应保持一个合理的压差梯度。不同级别的洁净室（区）之间有气闸室（缓冲室）或有效防污染措施，零配件的传送通过双层传递窗等。

■ 检查要点

现场查看洁净室(区)的人流、物流走向是否合理，是否能够避免交叉污染。洁净室(区)和非洁净室（区）之间应有缓冲设施。

■ 检查方法

(1) 查阅植入性无菌医疗器械的生产工艺流程，确认每一过程生产企业所要求的空气洁净度级别。

(2) 查看生产工艺流程、工艺路线（按尽可能短的原则），是否布局合理，并减少中间加工过程的交叉往复。

(3) 查看洁净室（区）空气洁净度级别，是否从外向内由低到高。需要综合考虑，将生产工艺流程和空气洁净度级别有机地结合起来，实现二者的统一。

(4) 检查洁净区内人流、物流情况，最好人流、物流分开且不交叉。

(5) 现场检查同一洁净室(区)内或相邻洁净室(区)间的生产操作是否有可能互相交叉污染。

■ 注意事项

(1) 检查生产工艺流程、空气洁净度级别、人流、物流等的目的是为了避免产品污染，因此，应从避免污染的角度综合考虑其合理性。

(2) 应关注生产企业生产不同产品时的特殊性，特别是非主要产品生产的防污染措施的合理性。

2.2.11 洁净室(区)空气洁净度级别指标应当符合医疗器械相关行业标准的要求。

■ 条款解读

本条款是对洁净室(区)空气洁净度级别指标的要求。

对洁净室(区)空气洁净度级别指标的相关要求可参见 YY0033 等行业标准。

■ 检查要点

查看环境检测报告，是否符合选定级别的标准(YY0033)要求。

■ 检查方法

(1) 确定适用的相关标准、确定适用的条款。

(2) 要求生产企业提供符合性材料，对照检查。

■ 注意事项

(1) 应注意标准的适用性和条款的适用性，以及适用标准、适用条款的性质。

(2) 应注意生产企业提供的检测报告等材料的检测日期。

2.2.12 洁净室(区)的温度和相对湿度应当与产品生产工艺要求相适应。无特殊要求时，温度应当控制在 18~28℃，相对湿度控制在 45%~65%。

■ 条款解读

本条款是对洁净室（区）的温度和相对湿度的要求。

对于温、湿度，当产品生产工艺对温度和湿度有特殊要求时，应根据产品生产工艺要求确定，无特殊要求时，温度应当控制在18~28℃，相对湿度应当控制在45%~65%，这主要是考虑工作人员的舒适度。企业一定要根据生产工艺要求做出明确规定，而且规定要科学、合理，特别是对产品质量不能有不利影响。

■ 检查要点

现场查看温湿度装置及记录，是否符合要求。

■ 检查方法

(1) 请生产企业提供对洁净室（区）的温度和相对湿度有特殊要求产品过程的相关材料，对照检查温、湿度装置及记录。

(2) 对洁净室（区）的温度和相对湿度无特殊要求时，现场检查温、湿度装置及记录。

■ 注意事项

(1) 应关注对温、湿度有特殊要求的产品生产过程的温、湿度监控记录，(如适用)特别应关注非工作时间的温湿度记监控录。

(2) 应考虑洁净室（区）、人员净化及生活用室的情况。

(3) 应考虑季节影响而应采取的相应措施，特别是北方冬季和南方夏季对湿度的影响。

2.2.13 进入洁净室（区）的管道、进回风口布局应当合理，水、电、气输送线路与墙体接口处应当可靠密封，照明灯具不得悬吊。

■ 条款解读

本条款是对进入洁净室（区）的管道、送回风口布局，水、电、气输送线路与墙体接口处密封，以及洁净室（区）内的照明灯具要求。

为了避免洁净室(区)的污染，在设计、建造和对洁净区进行装修时，应考虑洁净室(区)的管道、送回风口布局应当合理，水、电、气输送线路与墙体接口处应当可靠密封，照明灯具不得悬吊。

洁净室(区)内的水、电等输送线路要暗敷。电气管线管口、安装于墙上的各种电器设备与墙体接缝处应密封。洁净室(区)的顶棚及进入洁净室(区)内的管道、灯具、风口与墙壁或顶棚的部位均应密封。

■ 检查要点

(1) 检查进入洁净室(区)的管道、送回风口布局是否合理。

(2) 检查水、电、气输送线路与墙体接口处是否可靠密封。

(3) 检查照明灯具是否不悬吊。

■ 检查方法

(1) 如可能,应对照相应的洁净室(区)设计规范要求,现场检查进入洁净室(区)的管道、送回风口布局的合理性。

(2) 现场检查水、电、气输送线路与墙体接口处密封情况,照明灯具的安装情况。

■ 注意事项

(1) 本条款的目的是尽可能降低洁净室(区)污染的风险,因此应尽可能密封所有水、电、气输送线路等与墙体接口,避免洁净室(区)内藏污纳垢的死角。所以,应关注所有进入洁净室(区)内的管道、线路等的密封情况,应关注所有的卫生死角。

(2) 应关注密封材料的老化和脱落情况。

2.2.14　洁净室(区)内操作台应当光滑、平整、不脱落尘粒和纤维、不易积尘并便于清洁处理和消毒。

■ 条款解读

本条款是对洁净室(区)内操作台的要求。

洁净室(区)内操作台是有可能与产品密切接触的物品,应确保其不对产品产生不可接受的污染,因此洁净室(区)内操作台应当光滑、平整、不脱落尘粒和纤维、不易积尘并便于清洁处理和消毒。

■ 检查要点

检查洁净室(区)内操作台是否光滑、平整、不脱落尘粒和纤维,不易积尘并便于清洁处理和消毒。

■ 检查方法

现场检查洁净室(区)内操作台,从其材料、制作工艺、使用和磨损情况等,判定其是否光滑、平整、不脱落尘粒和纤维、不易积尘并便于清洁处理和消毒。

■ 注意事项

(1) 应将洁净室(区)内操作台及相关配套的椅子等一并考虑。

(2) 应关注产品临时存放区域台面及容器等。

2.2.15　生产厂房应当设置防尘、防止昆虫和其他动物进入的设施。洁净室(区)的门、窗及安全门应当密闭,洁净室(区)的门应当向洁净度高的方向开启。洁净室(区)的内表面应当便于清洁,不受清洁和消毒的影响。

100 级的洁净室(区)内不得设置地漏。在其他洁净室(区)内,水池或地漏应当有适当的设计和维护,并安装易于清洁且带有空气阻断功能的装置以防倒灌,同外部排水系统的连接方式应当能够防止微生物的侵入。

■ 条款解读

本条款主要是对生产厂房、洁净室(区)防护的要求。

植入性医疗器械的生产厂房,特别是洁净区的通道不应是开放的畅通无阻,应有防尘、防污染、防止昆虫和其他动物及异物进入的设施,设施的形式可以是多种多样,只要有效就行。

洁净室(区)的门、窗具应有良好的密封性,外窗建议最好使用双层密封窗。洁净室(区)应设有安全门,平时应当密闭,紧急时易于通过,安全通道应畅通无障碍。如果安全门是可开启的,应向安全疏散方向开启。洁净室(区)的门应向洁净度要求高的方向开启。

洁净室(区)的内表面,包括地面、墙面、顶棚和隔断表面应平整、光滑、无裂缝,接口严密,无颗粒物脱落,不积尘,便于清洁,不受清洁和消毒的影响。

为了最大限度减少洁净室(区)内的污染,100 级的洁净室(区)内不得设置地漏。在其他洁净室(区)内,水池或地漏应当有适当的设计和维护,并安装易于清洁且带有空气阻断功能的装置以防倒灌,同外部排水系统的连接方式应当能够防止微生物的侵入。

■ 检查要点

(1) 检查生产厂房是否设置防尘、防止昆虫和其他动物进入的设施。

(2) 检查洁净室(区)的门、窗及安全门是否密闭,洁净室(区)的门是否向洁净度高的方向开启。洁净室(区)的内表面是否便于清洁,不受清洁和消毒的影响。

(3) 检查100级的洁净室(区)内是否设置地漏。

(4) 检查在其他洁净室(区)内,水池或地漏是否有适当的设计和维护,并安装易于清洁且带有空气阻断功能的装置以防倒灌,同外部排水系统的连接方式是否能够防止微生物的侵入。

■ 检查方法

(1) 现场检查生产厂房防尘、防止昆虫和其他动物进入的设施。洁净室(区)的门、窗及安全门密闭的密封情况,洁净室(区)的门是否向洁净度高的方向开启。洁净室(区)的内表面是否便于清洁,不受清洁和消毒的影响。

(2) 现场检查100级的洁净室(区)内有无地漏。在其他洁净室(区)内,水池或地漏是否有适当的设计和维护,并安装易于清洁且带有空气阻断功能的装置以防倒灌,同外部排水系统的连接方式是否能够防止微生物的侵入。

■ 注意事项

(1) 生产厂房防尘、防止昆虫和其他动物进入设施的检查,主要是看设施的效果,不是硬性要求必须有何种装置。

(2) 应注意安全门的开启方式,如果是在紧急情况下击碎式的,应配备相应的击碎装置(安全锤)。

2.2.16　洁净室(区)内使用的压缩空气等工艺用气均应当经过净化处理。与产品使用表面直接接触的气体,其对产品的影响程度应当进行验证和控制,以适应所生产产品的要求。

■ 条款解读

本条款是对洁净室(区)内使用的压缩空气等工艺用气的要求。

对进入洁净室(区)内,在使用过程中会释放到洁净室(区)中,会污染洁净环境和产品的工艺用气应进行控制,以减少污染。对工艺用气的控制,一方面要选择适宜的能满足洁净区要求的产气设备，如无油空压机等，另一方面对气体进行净化处理，如加装油汽分离、汽水分离和过滤等气体净化处理装置，并且证明经过净化处理的气体确实能满足植入性医疗器械的质量要求。

对于通过植入性无菌医疗器械使用表面的气体，即与产品使用表面直接接触的气体，对这类工艺用气经过处理后达到什么状况，其对产品的影响程度如何，是否能满足产品质量的要求，应进行验证，并按验证时的要求对工艺用气进行日常控制。主要是控制和验证工艺用气中所含微生物和微粒（包括液体微粒），以避免对产品造成污染。

■ 检查要点

(1) 现场查看工艺用气的净化处理装置及管路设置，工艺用气是否经过净化处理。

(2) 查看对与产品使用表面直接接触的气体对产品所造成的影响进行评价和验证的记录，是否根据评价和验证的结果规定了控制措施并实施。

■ 检查方法

(1) 确定生产企业洁净室（区）内使用的工艺用气。

(2) 现场检查洁净室（区）内使用的压缩空气等工艺用气是否经过净化处理。

(3) 查阅与产品使用表面直接接触气体的验证和控制文件及记录，现场检查根据评价和验证的结果规定的控制措施。

■ 注意事项

(1) 应根据气体的用途、来源、性质、质量等情况来确定气体净化处理方式的实用性和有效性。

(2) 应特别关注与产品使用表面直接接触的气体的控制，包括气中所含微生物和微粒（包括液体水、油等微粒）。

2.2.17　洁净室（区）内的人数应当与洁净室（区）面积相适应。

■ 条款解读

本条款是对洁净室（区）内人数的要求。

因为每个人都能散播微生物和颗粒，因此任何人员，包括那些临时的，或短暂进入洁净区域的人员，都有可能与产品或工作环境接触（包括未实际生产产品的时间），都有可能对产品或工作环境造成污染。因此，除了对进入洁净室(区)内人员的服装、清洁和健康状况因素进行控制之外，还应控制进入洁净室(区)内的人数，使其与洁净室(区)面积相适应。

洁净室(区)的人数控制一般是在洁净室区设计时根据生产需要设定的。GB50073-2013《洁净厂房设计规范》4.3.5 中规定："根据不同的空气洁净度等级和工作人员数量，洁净厂房内人员净化用室和生活用室的建筑面积应合理确定，并宜按洁净区设计人数平均每人 2~4m^2 计算"，这里的人均面积是指人员净化用室和生活用室的面积，而非指洁净室(区)面积，这里间接说明，人员净化用室和生活用室已经对洁净室容纳人员数有了限制。GB50073-2013《洁净厂房设计规范》6.1.5 中规定："洁净室内的新鲜空气应取下列两项中的最大值：1. 补偿室内排风量和保持室内正压值所需新鲜空气量之和；2. 保证供给洁净室内每人每小时的新鲜空气量不小于 40m^3"。

因此，洁净室(区)内的人数可以这样计算管理：①保证室内每人每小时的新鲜空气量不小于 40m^3，从而可以依据各个区域送风量来推算出洁净室(区)内可容纳的最大人员数量。②根据洁净厂房内人员净化用室和生活用室的建筑面积，推算出洁净室(区)内可容纳的最大人员数量。③生产企业根据上面两条中确定的最大人员数量，合理选择应实际控制的最大人员数量，对生产企业确定的实际控制的最大人员数量进行验证，证明确定的最大人员数量能够确保洁净室(区)内植入性医疗器械生产的洁净度要求。

■ 检查要点

查看验证记录，是否对现场工作人员数量上限进行验证，确认能够满足洁净控制要求。核实现场工作人员数量并查看相关记录，不应超过验证时所确认的现场工作人员数量上限。

■ 检查方法

查阅洁净室(区)内人数的相关规定(包括相关标准规定、生产企业规定)以及验证文件，现场检查洁净室(区)内的人数，抽查近期进入洁净室(区)内人员的相关记录。

■ 注意事项

(1) 应关注临时进入洁净室(区)人员。

(2) 应关注洁净室(区)内相关设施与控制人数的匹配性。

2.2.18 对植入性的非无菌医疗器械或使用前预期灭菌的医疗器械，如果通过确认的产品清洁、包装过程能将污染降低并保持稳定的控制水平，应当建立一个受控的来确保该确认的清洁和包装过程。

■ 条款解读

本条款是对植入性非无菌医疗器械或使用前预期灭菌的医疗器械清洁和包装过程工作环境的要求。

对工作环境控制的必要性和控制的程度取决于所生产的产品的类型。控制工作环境意味着指导、管理、协调和监视影响环境条件的活动或可变的因素，以便使工作环境的质量可知。

工作环境能对产品，包括下述医疗器械质量产生影响的情况举例如下：标有无菌字样提供的产品（这也包括标有“无热原”标识的医疗器械），以非无菌形式提供并预期在使用前灭菌的产品，有贮存期限要求的，有特殊搬运和存贮条件要求的，由于产品的微电子线路或嵌入式软件可能容易造成静电放电的（ESD），在使用中受微生物和（或）微粒子清洁度或其他环境条件影响的。

对植入性的非无菌医疗器械或使用前预期灭菌的医疗器械，在生产过程中，生产企业应当特别注意微生物或微粒的污染水平。如果工作环境能对使用的产品的符合性有不良的影响，生产企业应当确保对工作环境进行控制以限制产品的污染并为所有实施的操作提供适当的环境条件，此类产品的生产和包装都应当在有规范要求的、合格的、可控的环境下进行。在产品的整个生产过程中，如果通过确认的产品清洁能将污染降低到可知的、一致的控制水平，并通过受控的包装过程将污染保持在这个水平上，则除了清洁和包装过程在一个受控的环境外，可不需要受控的环境。值得注意的是，产品的清洁过程需要确认，生产企业需要建立一个受控的环境来包含该确认的清洁和包装过程。这里的产品清洁可以是产品的最终清洁。

下列是一些与工作环境有关的各种参数、指示项或控制项如：温度、湿度、气流、空气过滤、空气电离、压差、光照（包括光谱的成分和强度）、声音、振动、工作台面和工作过程的清洁要求、水质和工作环境中人员的数量。

生产企业应当评价每一个参数、指示项和控制项以确定对其失控可能增加的在产品使用中造成的风险；如通过产品的风险管理活动的记录可实现对环境控制的程度和必要性的追溯。如果在产品的制造过程中环境条件是至关重要的，生产企业应当对产品暴露的工作环境确定要求。对于一些产品，也许有必要确保产品所处的环境的追溯性，如即使并不是在产品的生产期间（在夜间或周末），对环境参数持续监控的记录。

■ 检查要点

(1) 查看验证记录，在生产或使用中，活性物质、灭活物质的污染（包括热原）对产品产生重要影响的植入性医疗器械，是否对其工作环境进行有效控制。

(2) 对植入性非无菌医疗器械或使用前预期灭菌的医疗器械，如果通过确认的产品清洁、包装过程能将污染降低并保持稳定的控制水平，该确认的清洁和包装过程是否在受控环境下进行。

■ 检查方法

(1) 确定植入性非无菌医疗器械或使用前预期灭菌的医疗器械。

(2) 了解生产企业对这类产品污染的控制方式，以及限定的最终产品的污染水平，包括初始污染菌、有机无机污染物、细菌内毒素、微粒等。

(3) 检查确认的清洁和包装过程是否在受控环境下进行，是否满足通过确认的产品清洁、包装过程能将污染降低并保持稳定的控制水平。

■ 注意事项

(1) 应关注产品的最终清洁和包装是否在经过确认的洁净的环境下进行。

(2) 应关注产品的最终包装是否能够保持产品的洁净水平，不因包装的问题，使产品在最终清洁后再次污染。

常见问题和案例分析

◎ 常见缺陷

(1) 行政区、生活区和辅助区的总体布局不合理。

(2) 洁净室(区)温度和相对湿度控制没有达到要求。

(3) 洁净室(区)的门窗密封胶、条老化脱落，无法起到密封的作用。

(4) 安全门关闭不严或采用易碎玻璃的安全门没有配备安全锤。

(5) 植入性的非无菌器械的末道清洁处理未在洁净的环节下进行。

(6) 植入性的非无菌器械的包装不能控制产品污染水平。

◎ 典型案例分析

【案例一】 A公司洁净室(区)的门窗密封胶、条老化，部分密封胶、条脱落，无法保持洁净环境。

分析：附录 2.2.15 条规定："洁净室(区)的门、窗及安全门应当密闭，洁净室(区)的门应当向洁净度高的方向开启。"由于 A 公司洁净室(区)的门窗密封胶、条老化，部分密封胶、条脱落，有可能对洁净环境造成不可预期的污染，因此，A 公司洁净室(区)门、窗的密闭性不符合 2.2.15 条的规定。

【案例二】 B 公司生产的非无菌金属接骨板采用普通的纸盒包装，没有采取密封等防污染措施，很可能在后续的运输、储存等过程中对产品造成污染。

分析：附录 2.2.18 条中规定："对植入性非无菌医疗器械或使用前预期灭菌的医疗器械，如果通过确认的产品清洁、包装过程能将污染降低并保持稳定的控制水平，应当建立一个受控的来确保该确认的清洁和包装过程。"B 公司生产的非无菌金属接骨板采用普通的纸盒包装，没有采取密封等防污染措施，不能控制后续过程对产品的污染，因此，B 公司生产的非无菌金属接骨板的包装过程确认不符合 2.2.18 条的规定。

(宋铎)

第三节　设　　备

2.3.1　生产设备、工艺装备和工位器具应当符合洁净环境控制和工艺文件的要求。

■ 条款解读

本条款是对生产设备、工艺装备和工位器具的要求。

凡是进入洁净区的生产设备、工艺装备、工位器具，总的要求是不应对所处的洁净环境和产品产生不利的影响。

具体要求洁净区内的全部设备（不仅限于生产设备）与工艺装备、工位器具，不应因发尘、扬尘、积尘和不便于清洁处理而影响洁净区的洁净度。因此，要求进入洁净区内的生产设备、工艺装备、工位器具，除满足产品品种、生产规模及其生产工艺参数等要求，布局要合理，便于操作、维修和保养外，还要符合空气净化的要求，具有防尘、防污染措施，其结构简单、噪音低、运转不发尘。

生产设备、工艺装备、工位器具的表面无能应光洁（滑）、平整、无缝隙、无颗粒性或纤维性物质脱落，并易于清洗或清洁处理和消毒或灭菌。

若购置的生产设备、工艺装备、工位器具不能满足洁净区的要求应进行改造和装饰。如对于表面不平整、暴露在外面的传动机构和部件可以用不锈钢或其他不影响环境和产品质量的类似材料罩起来。

■ 检查要点

检查生产设备、工艺装备和工位器具是否符合洁净环境控制和工艺文件的要求。

■ 检查方法

(1) 确定洁净室（区）内的生产设备、工艺装备和工位器具，非洁净区内的生产设备、工艺装备和工位器具。

(2) 确定洁净室（区）内的生产设备、工艺装备和工位器具洁净控制要求和工艺文件的要求，非洁净区内的生产设备、工艺装备和工位器具洁净控制要求和工艺文件的要求。

(3) 对照相关文件，现场检查生产设备、工艺装备和工位器具是否符合洁净控制要求和工艺文件的要求。

■ 注意事项

(1) 应主要关注洁净室(区)内的生产设备、工艺装备和工位器具。

(2) 对于非洁净环境中的生产设备、工艺装备和工位器具,应主要关注是否符合工艺文件的要求。

2.3.2　洁净室(区)空气净化系统应当经过确认并保持连续运行,维持相应的洁净度级别,并在一定周期后进行再确认。

若停机后再次开启空气净化系统,应当进行必要的测试或验证,以确认仍能达到规定的洁净度级别要求。

■ 条款解读

本条款是对洁净室(区)空气净化系统确认、运行、再确认、停机后再次开启空气净化系统测试或验证的要求。

1. 空气净化系统

生产环境的洁净度是保证无菌医疗器械质量的前提,无菌医疗器械生产中最常用的空气净化系统主要是有初效、中效、高效空气过滤器和空调机组、风管等的送风系统,一般在空气净化送风系统中装有加湿装置、去湿装置、空气温度调节装置和风量调节及控制系统等。新风经初效过滤器与回风混合再经空气温度调节装置、风机、中效过滤器、高效过滤器送至洁净室(区)。无菌医疗器械生产中通过使用空气洁净技术,使洁净室(区)空气中的悬浮粒子数、微生物(沉降菌数或浮游菌)和洁净室(区)温湿度及压差等符合《医疗器械生产质量管理规范》本附录规定的洁净度级别的要求,以及生产工艺的要求,从而确保医疗器械的生产质量。

2. 空气净化系统的确认

为确保空气净化系统能够达到生产环境的要求,洁净厂房设施安装完成后,应对空气净化系统进行确认,确认包括设计确认、安装确认、运行确认和性能确认。

(1) 设计确认　根据国家相关规范(如《洁净厂房设计规范》《医药工业洁净厂房设计规范》等)、《医疗器械生产质量管理规范附录无菌医疗器械》的要求、所生产产品需要的洁净度级别控制要求、生产工艺流程等对空气净化系统设计文件和资料进行核查,以确保空气净化系统的设计能够满足规范和产品对生产环境的要求。建议由有医药工业洁净厂房设计资质和(或)经历的单位进行设计。

(2) 安装确认 对空气净化系统安装的正确性、合理性、规范性进行确认,检查系统的制作加工与安装、设备与仪器仪表的品牌和型号选择是否符合设计文件或相关文件(如招标文件)的要求。同样建议由有洁净室或净化系统安装资质和(或)经历的队伍进行安装和施工。

(3) 运行确认 确认空气净化系统中的设备、设施包括控制系统等能否达到设定的空气洁净度参数要求。可以在确认所有相关设备、系统的监控设施运行正常时,通过测试高效过滤器的密封性、洁净室(区)的气流组织、空气微粒和微生物、风速和(或)换气次数、静压差、温度、相对湿度、自净时间等进行确认。是否达到洁净室(区)洁净度等级的设置,以静态测试结果为依据。

(4) 性能确认 确认空气净化系统包括设备、仪器和设施等在设定条件下运行时能持续达到预期要求。可以通过选择几个周期的动态测试结果,如空气微粒和微生物、风速和(或)换气次数、静压差、温度、相对湿度、自净时间等进行评价。

3. 再确认

经过一段时间的运行后或对系统进行了检修或更换了主要设备等,应对空气净化系统进行再确认,为了确保洁净室能持续稳定地为医疗器械生产提供符合规范要求及生产工艺要求的环境条件,企业应对洁净室进行日常环境监控,明确取样方式、取样频率、取样点、警戒限、行动限及处理方式,并根据环境监控记录定期作趋势分析,当监测的关键参数趋势异常或超出可接受标准时,需进行调查并采取纠正措施,同时评估是否需要进行洁净室再确认。

4. 停机后再开启

若停机后再次开启空气净化系统,应当进行必要的测试或确认,以证明仍能达到规定的洁净度级别要求。

当洁净室处于停机状态时,洁净室内环境(如温度、湿度等)都处于不可控状态,受外部环境影响,停机状态下洁净区域内温度、湿度有可能发生变化,从而导致洁净区域内的设备表面、台面滋生微生物;停机后洁净室与外部没有压差,外部微生物及微粒可能进入到洁净室内;停机后没有了换气,会导致无法实现除菌除尘功能。生产企业可以通过以下两种方式来证明空气净化系统停机后,能够达到规定的洁净度级别要求以再次开始生产。

(1) 停机后再次开始生产前对洁净室(区)的全部环境参数进行检测,确认达到相关标准要求方可再次生产。

(2) 依据确认结果规定在多长的停机时间内,空气净化系统最少运行多长时间(自净时间),能够达到规定的洁净度级别要求,便可再次生产。

停机时间的确认需考虑选取最恶劣的条件(如最长的停机时间、最短的自净时间、最差的外部环境等)，首先应确定最长的停机时间及最短的自净时间，在对洁净室进行最长时间停机和最短时间自净后再对洁净室(区)的全部环境参数进行检测[空气微粒和微生物、风速和(或)换气次数、静压差、温度、相对湿度]，连续重复三次以上过程，如果确认的所有指标均达到规定的洁净度级别要求，那么，只要停机时间在最长的停机时间范围内，重新开启的空气净化系统运行大于等于规定时间(自净时间)，应视为仍能达到规定的洁净度级别要求，可直接投入生产。

■ 检查要点

(1) 查看洁净室(区)空气净化系统的确认和再确认记录。

(2) 如果洁净室(区)空气净化系统不连续使用，应当通过验证明确洁净室(区)空气净化系统重新启用的要求，并查看每次启用空气净化系统前的操作记录是否符合控制要求。

如果未进行验证，在停机后再次开始生产前应当对洁净室(区)的环境参数进行检测，确认达到相关标准要求。

■ 检查方法

(1) 查阅洁净室(区)空气净化系统确认文件，洁净室(区)的检测、监测报告。

(2) 核实生产企业规定的再确认周期，查阅一定周期后再确认文件。

(3) 查阅生产企业规定的停机后再次开启空气净化系统，应当进行的测试或验证的项目或方法，以及确认仍能达到规定的洁净度级别要求的相关测试或验证结果。

■ 注意事项

(1) 应关注洁净室(区)空气净化系统的确认和再确认记录。

(2) 应关注停机后再次开启空气净化系统应注意的问题。

2.3.3　应当确定所需要的工艺用水。当生产过程中使用工艺用水时，应当配备相应的制水设备，并有防止污染的措施，用量较大时应当通过管道输送至洁净室(区)的用水点。工艺用水应当满足产品质量的要求。

■ 条款解读

本条款是对工艺用水的确定、制备、输送、质量的要求。

生产企业应当根据产品质量要求和生产工艺确定生产过程中所需要的工艺用水(饮用水、纯化水、注射用水)的种类和用量。

若产品的生产加工过程需要工艺用水时,如产品需要进行清洗或工艺用水参与产品的形成过程,甚至成为产品的组成成分,企业须配备所需要工艺用水的制备设备。当工艺用水的用量较大时,应通过管道输送到洁净区的用水点。

关于工艺用水应当满足产品质量的要求,可以这样理解,对于直接或间接接触心血管系统、淋巴系统或脑脊髓液或药液的植入性医疗器械,如果工艺用水是最终产品的组成成分时,必须使用符合《中国药典》要求的注射用水,不仅注射用水的指标要符合《中国药典》的要求,制备方法也要和《中国药典》的规定相一致;如果工艺用水仅仅是用于末道清洗,可以使用符合《中国药典》要求的注射用水或用超滤等其他方法产生的同等要求的注射用水,也就是说,注射用水的指标要求必须符合《中国药典》的要求,但制备方法可以和《中国药典》规定的相一致,也可以不一致,应支持采用先进的技术和进步的工艺,但所用的技术和工艺必须有科学依据。与人体组织、骨腔或自然腔体接触的植入性医疗器械,末道清洗用水允许使用符合《中国药典》要求的纯化水,但对于植入人体的无菌医疗器械末道清洗建议最好使用注射用水。

纯化水和注射用水的检测项目《中国药典》上有规定,企业应规定工艺用水的检测频次,并按规定的频次进行检测。如果饮用水不是公共供水系统提供的自来水,应提供符合饮用水规定的证据,如有资质的单位出具的检验报告等。

工艺用水是通过对制水系统的验证和日常监控制来保证水质的质量符合要求,水质检验是作为日常控制的手段之一,并非是作为工艺用水放行使用的依据。水质情况肯定是变化的,但应在控制指标以内。

对于纯化水,由于洗手、清洗洁净服、工位器具,与产品接触的设备或工作台面等的清理卫生、消毒剂的配制等用量较大,企业应制备纯化水,并通过管道输送到用水点。如果在产品的生产加工过程中使用注射用水,而且用水量很少,企业是购买按药品管理的灭菌注射用水,比企业自己制备的注射用水更有质量保证,可作为特殊情况处理,不强制要求一定要具备注射用水制备设备。不管是企业制备工艺用水还是购买工艺用水,在水的存放和往洁净区传递中都要有防止污染的措施,确保工艺用水在传递或输送时不会造成产品和环境的再次污染。

■ 检查要点

若水是最终产品的组成成分时,是否使用符合《中国药典》要求的注射用水;对于直接或间接接触心血管系统、淋巴系统或脑脊髓液或药液的无菌医疗器械,末道清洗是否使用符合《中国药典》要求的注射用水或用超滤等其他方法产生的无菌、无热原的同等要求的注射用水;与人体组织、骨腔或自然腔体接触的无菌医疗器械,末道清洗用水是否使用符合《中国药典》要求的纯化水;其他植入性医疗器械末道清洗用水是否使用符合《中国药典》要求的纯化水。

■ 检查方法

(1) 通过沟通和查阅相关文件,确定生产企业的工艺用水类型,需要工艺用水的工序。

(2) 如果生产过程中使用工艺用水,现场检查生产企业是否配备相应的制水设备并有防止污染的措施,用量较大时是否通过管道输送至洁净室(区)的用水点。

(3) 查阅相关的工艺用水验证和检测记录,检查工艺用水是否满足产品质量的要求。

■ 注意事项

(1) 应关注不同工艺用水的相关要求,以及证明工艺用水达到要求的相关文件。

(2) 应关注自制和购买的工艺用水的运送、使用、储存等环节可能的污染。

2.3.4 应当制定工艺用水的管理文件,工艺用水的储罐和输送管道应当满足产品要求,并定期清洗、消毒。

■ 条款解读

本条款是对制定工艺用水管理文件、工艺用水储罐和输送管道的要求。

当需要工艺用水时,生产企业应在管理体系文件中对工艺用水的管理做出规定;工艺用水的储罐和输送管道应用不锈钢或其他无毒材料制成,以满足产品质量的要求,并且工艺用水的储罐和输送管道应定期清洗、消毒,定期应有具体期限,清洗、消毒要规定具体的方式方法。特别是工艺用水管道的清洗和消毒,一要保证消毒效果的有效性,二要能有效排出残留的清洗和消毒液体。

■ 检查要点

现场查看工艺用水的储罐和输送管道应当用不锈钢或其他无毒材料制成,应当定期清洗、消毒并进行记录。

■ 检查方法

(1) 查阅生产企业制定的工艺用水的管理文件,现场检查工艺用水的储罐和输送管道是否满足产品要求。

(2) 查阅相关文件和记录，确认工艺用水的储罐和输送管道是否定期清洗、消毒。

■ 注意事项

应关注生产企业制定的工艺用水的管理文件的合理性，以及文件的执行情况。

2.3.5　与物料或产品直接接触的设备、工艺装备及管道表面应当光洁、平整、无颗粒物质脱落、无毒、耐腐蚀，不与物料或产品发生化学反应和粘连，易于清洁处理和消毒或灭菌。

■ 条款解读

本条款是对与物料或产品直接接触的设备、工艺装备及管道表面的要求。

总的要求是，与物料或产品直接接触的设备、工艺装备及管道表面不得直接或间接污染产品。与物料或产品接触的设备、工艺装备与管道表面不仅要光洁、平整、无颗粒物质脱落，而且必须无毒、耐腐蚀，不与物料或产品发生化学反应与粘连，易于清洁处理和消毒或灭菌。如果设备、工艺装备及管道表面与产品和物料接触会对产品产生不良影响，需要进行改装或重新配置。

■ 检查要点

检查与物料或产品直接接触的设备、工艺装备及管道表面是否光洁、平整、无颗粒物质脱落、无毒、耐腐蚀，不与物料或产品发生化学反应和粘连，易于清洁处理、消毒或灭菌。

■ 检查方法

现场检查与物料或产品直接接触的设备、工艺装备及管道表面是否光洁、平整、无颗粒物质脱落、无毒、耐腐蚀，是否不与物料或产品发生化学反应和粘连，是否易于清洁处理和消毒或灭菌。

■ 注意事项

应关注与物料或产品直接接触的设备、工艺装备及管道表面的材料性质，以及物料或产品的性质，进行综合判断。

常见问题和案例分析

◎ 常见缺陷

(1) 洁净室(区)的空气净化系统不能保持连续运转,且停机后再次开启空气净化系统,没有进行必要的测试和验证。

(2) 生产企业没有规定对洁净室(区)空气净化系统再确认周期,没有再确认的相关文件和记录。

(3) 对于购买的工艺用水,没有采取防止污染的措施。

(4) 对于用量较大的工艺用水(如纯化水),没有通过管道输送至洁净室(区)的用水点。

◎ 典型案例分析

【案例一】 检查员在查阅A公司的空气净化系统运行记录时发现,A公司的空气净化系统,在法定工作日白天开启,晚上停机,在法定节假日全天停机,且停机后再次开启空气净化系统,未进行必要的测试或验证。

分析:附录2.3.2条中规定:"洁净室(区)空气净化系统应当经过确认并保持连续运行,维持相应的洁净度级别,并在一定周期后进行再确认。若停机后再次开启空气净化系统,应当进行必要的测试或验证,以确认仍能达到规定的洁净度级别要求。"A公司空气净化系统停机后再次开启未进行必要的测试或验证,不能确认洁净室(区)仍能达到规定的洁净度级别要求,不符合2.3.2条的规定。

【案例二】 对某同种异体骨医疗器械生产企业现场检查时,发现企业没有对主要生产设备如超低温冰箱、超声波清洗机、超净工作台等设备的养护维修做出具体的要求和规定,也没有相应的记录。

分析:同种异体骨类医疗器械产品在临床使用上主要体现在排斥反应,因此在生产中应对可能引起排斥反应的主要抗原物质的处理和含量测定做出具体的规定和要求,并配备相应的生产设备和检测设备,对设备的验证、维护管理及相应的记录也应保存,使产品的生产质量活动可控、能追溯。如"同种异体骨"生产过程中的前处理工序主要是为了去除骨材料表面的软组织,降低免疫原性,在经过多次手工剔除方式后，可通过深低温冷冻技术（-70℃，4周以上）进一步降低骨组织免疫原性，因此使用的超低温冰箱应能长时间的保持-70℃的能力，需要对设备校验，并在使用过程中监控温度，对设备的维护保养也尤为重要，以保证设备的稳定性能。假如整个处理过程中未对设备监控，无法确保骨材料是在-70℃的条件下处理了4周以上，产品质量不可控，增加了临床使用过程中的排斥反应风险。

【案例三】 对某医疗器械生产企业现场检查时，发现企业在环氧乙烷灭菌设备验证时未考虑装载量对灭菌的影响。

分析：环氧乙烷（EO）有很强的穿透性，环氧乙烷灭菌是指在一定的湿度、温度、压力、EO浓度条件下，EO气体穿透产品与微生物发生非特异性的烷基化作用，阻碍细菌蛋白质正常的化学反应和新陈代谢，从而导致微生物死亡。灭菌效果与湿度、温度、压力、EO浓度以及灭菌时间参数的控制有关，而产品的包装材质、包裹大小、灭菌负荷的装载量以及装载方式都会影响灭菌的时间，因此企业在环氧乙烷灭菌验证时应根据企业实际的生产情况，对灭菌的装载量、装载方式也应进行验证确认，以保证灭菌效果。

（宋铎　王奇志　李惠平）

第四节 设 计 开 发

2.4.1 有源植入性医疗器械的设计与制造应当将与能源使用有关的风险，特别是与绝缘、漏电及过热有关的风险，降至最低。

■ 条款解读

有源植入性医疗器械依靠电能等能源发挥其功能，电能风险主要表现为，产品绝缘设计缺陷或无可靠接地，电气绝缘强度降低或失效，漏电流超标，患者或使用者会遭受电击或触电死亡，或能源突然耗竭影响产品的功能。热能危害主要表现为，输出档位不适当或输出控制失控而导致温度过高，患者或使用者会被不同程度地烫伤。在研制开发过程中，首先应对能源的质量进行严格的选择，对能源的供应方进行外部审核来认证。

(1) 所使用能源本身的安全性和可靠性，如提供电流的能力、放电曲线、自放电等性能是否满足要求，能源的绝缘性能，密封性能等，确保在试用期内安全可靠。

(2) 在采购过程中严格控制能源的质量。

(3) 要考虑制造过程中的对能源的防护，如在运输、储存、搬运、装配等过程中防止短路或超出使用范围的负载。

(4) 要考虑起搏器使用过程的安全性，如起搏器电路单一故障时对患者人体造成的热伤害；起搏脉冲产生的电荷累积等。

(5) 要考虑器械的安全退出，防止能源突然耗竭对患者造成的损害。

有源医疗器械的设计与制造应当按照 YY/T0316《医疗器械 风险管理对医疗器械的应用》，采取限制和降低产品使用风险的措施，使产品达到可接受的水平。

对依靠电能等能源发挥其功能的有源植入性医疗器械，应充分考虑与能源有关的风险，主要包括电能风险、过热风险和电磁兼容风险三个方面。

1. 电能风险

GB16174.1-2015《手术植入物 有源植入式医疗器械 第 1 部分：安全、标记和制造商所提供信息的通用要求》中第 16 条中规定："当与人体接触时，含电源的有源植入医疗器械的植入部分应是电中性的。医疗器械在使用期间，任何电流路径的持续不变漏电流（直流电流）应不超过 1μA。"

如果有源植入医疗器械产品的绝缘设计缺陷或电气绝缘强度降低或失效，漏电流超标，将可能导致患者遭受电击甚至死亡。在设计开发过程中，首先在能源选型时，应关注能源本身的安全性和可靠性，如提供电流的能力、放电曲线、自放电等性能，绝缘性能，密封性能等；其次，产品设计中要考虑以下因素。

（1）在电路设计上，应对能源采取冗余保护措施，如采取防短路保护、防过流保护等。

（2）要考虑起搏器使用过程的安全性，如起搏脉冲产生的电荷累积等。

（3）要考虑防止能源突然耗竭对患者造成的损害，如当能源耗竭时应向患者发出警示。

（4）要考虑对能源的防护，如在运输、储存、搬运、装配等过程中，确保能源的温、湿度等环境参数符合能源要求，防止能源短路和接入超范围的负载等。

2. 过热风险

GB16174.1-2015《手术植入物 有源植入式医疗器械 第1部分：安全、标记和制造商所提供信息的通用要求》第17条中规定："有源植入式医疗器械植入后，在正常工作或单一故障状态下，其植入部分的外表面温度不应超过37℃的正常人体外围温度2℃以上。"

有源植入式医疗器械植入在人体内，若其温度上升过高，可能引起患者发热等不适症状，严重的甚至发生烫伤。在设计开发过程中，要考虑有源植入式医疗器械电路的低功耗设计，如选择低功耗的元器件从而减小其发热；优化程序设计以减小微处理器的功耗和发热；电路板设计时充分考虑发热元器件的布局和散热通道。

3. 电磁兼容风险

GB16174.1-2015《手术植入物 有源植入式医疗器械 第1部分：安全、标记和制造商所提供信息的通用要求》第27条规定："有源植入式医疗器械的植入部分不应引起任何由于对外部电磁场的敏感所致的伤害，无论这种伤害源于医疗器械故障、损坏、升温还是患者体内诱发的电流密度局部增加。"

随着电子设备的广泛，在室内甚至户外，均可能存在电磁场的电磁干扰作用。有源植入式医疗器械通常是弱电有源电子设备，容易受到电磁干扰的影响。如果有源植入式医疗器械在受到外界的电磁场作用后，导致医疗器械发生故障或损坏，则可能影响其对患者的治疗功能，甚至使患者受到伤害。在设计开发过程中，应考虑有源植入式医疗器械在预期使用时所处的电磁环境，鉴别可能发生的危害并采取相应的设计控制。

■ 检查要点

（1）查风险分析报告及风险控制措施。

（2）确认企业是否针对有源医疗器械的特点，建立和保持风险管理文档；确认风险管理文档内容是否系统、完整、可追溯；确认企业风险管理文档是否能为其医疗器械基本安全有效提供系统的支持证据。

■ 检查方法

通过查看文件的方式检查符合性。查看风险分析报告，是否针对具体产品进行了风险分析，是否提出了合理的、具体可行的风险控制措施。

■ 注意事项

风险分析报告中不但应分析可能出现的风险，还应包括降低风险的措施。在产品的设计研发过程中就应该考虑产品可能出现的风险，对于不能完全避免的风险，要提出具体的、可行的降低风险的措施。

2.4.2　含有同种异体材料、动物源性材料或生物活性物质等具有生物安全风险类的植入性医疗器械，在研制开发过程中应当对相关材料及生物活性物质的生物安全性进行验证并形成文件。

■ 条款解读

含有同种异体材料、动物源性材料或生物活性物质等具有生物安全风险类的植入性医疗器械，属于高风险医疗器械，为了防止疾病传播和保证产品安全，在研制开发过程中首先应对动物源性材料进行源头管理，必要时，应对动物源性材料的供方进行外部审核来认证。

1. 对于同种异体材料，企业应形成以下文件或记录

(1) 需建立相关文件，对同种异体材料的供体信息提出要求，包括但不限于供者的捐献志愿书(经供者本人或其法定代理人或其直系亲属签名确认，并明确所捐献组织的实际用途)、取材信息、伦理学证明以及血清学检验报告(血清学报告至少应有：乙肝、丙肝、梅毒、HIV 测试)、供者的既往病史；适用时，应当保持供体组织运输的相关信息。

(2) 根据同种异体材料的使用要求，规定供者健康状况的要求，如疾病要求(①供体宜无慢性感染病史或体检无感染症状。②无结核病、肝炎、梅毒、疟疾、艾滋病、麻风病史，无肿瘤病史，无药物中毒及其他中毒史。③无严重创伤，主要指大面积烧伤。④无自身免疫性疾病等)、组织获取要求(如适用)、年龄要求(如适用)等。

(3) 建立供体的供应商资质(一般为非盈利的社会组织，应具有接收、处置供体的业务许可范围，必要时应对提供供体的单位进行延伸检查)要求，确保同种异体原料供方应合法，保证供体的来源可靠。

(4) 企业应保存每一批供体的可追溯性文件，该文件至少应包括供体的信息、供体的健康状况、供体供应商以及供体的检验记录等。

(5) 对同种异体材料的接触人员、人员防护、初加工、容器、包装、运输、储存、领用等要求应形成文件,对相应的活动应形成记录。

2. 对于动物源性材料或生物活性物质,企业应形成以下文件或记录

(1) 动物的种类(如种属、品系)、地理来源、年龄、取材部位、动物及取材组织健康状况的具体描述。

(2) 对于常规定点饲养的动物种类(如牛、羊、猪、马、鸡等),提供与动物定点饲养单位签订的长期供货协议及饲养单位的资质证明;如果涉及中间商,应提供所有中间商的有关供货协议及资质证明。

(3) 对于常规定点屠宰的动物种类,提供制造商与屠宰单位签订的合同及屠宰单位的资格证明。

(4) 对于所取材动物的检疫/防疫证明性资料,在我国一般包括动物检疫合格证、动物防疫合格证、对动物进行防疫接种的兽医卫生合格证等。

(5) 企业应保存每一批动物可追溯性文件(该文件中至少应包括:该产品所用动物的地理来源、取材部位、动物的可追溯性标识、动物饲养、检疫、屠宰及加工方面的情况)的承诺。

(6) 对动物源性材料的人员、防护、初加工、容器、包装、运输、储存、领用等要求应形成文件,对相应的活动应形成记录。

凡是取自于动物(或同种异体)的原材料,均应进行病毒灭活验证,并对相关材料及生物活性物质的生物安全性进行验证并形成文件。同种异体骨修复材料的生物安全性评价方法可参照 YY/T0513.1-2009《同种异体骨修复材料　第 1 部分:骨组织库基本要求》、YY/T0513.2-2009《同种异体骨修复材料　第 2 部分:深低温冷冻骨和冷冻干燥骨》、YY/T0513.3-2009《同种异体骨修复材料　第 3 部分:脱矿骨》;动物源性材料的生物安全性评价方法可参照 YY/T0771.1-2009《动物源医疗器械　第 1 部分:风险管理应用》、YY/T0771.2-2009《动物源医疗器械　第2部分:来源、收集与处置的控制》、YY/T0771.3-2009《动物源医疗器械　第 3 部分:病毒和传播性海绵状脑病(TSE)因子去除与灭活的确认》。

生产过程中需有特定的灭活和去除病毒和(或)传染性病原体工艺。应对生产过程中灭活和去除病毒和(或)传染性病原体工艺过程的描述及有效性验证数据或相关资料。对这些工艺的去除/灭活病毒有效性的验证资料,应与产品病毒灭活灭活工艺相符合,相关资质的生物制品或医疗器械检验机构提供。

为降低同种异体材料、动物源性材料的免疫原性风险,一般需在生产工艺中采取相应处理措施以降低其免疫原性,如脱细胞处理、提纯,以及采用其他物理或化学方法对具有潜在免疫原性的物质(如核酸、蛋白、多糖、脂质、α-Gal 抗原和其他小分子物质等)进行去除或对其抗原表位进行消除 / 隐藏。生产企业需对其降低材料免疫原性的有效性进行验证。对清除（或降低）动物源性材料免疫原性工艺过程的描述、质量控制指标与验证性实验数据（如按照 GB/T16886.20/ISO10993-20 进行的免疫毒理学试验，参照 YY/T0606.25 进行的残留 DNA 检测指标及 α-Gal 抗原的检测指标，或通过物理的或化学的试验间接地证明产品免疫原性可得到有效控制）或相关资料。

■ 检查要点

(1) 检查是否编制了生物安全性验证方案，至少包括病毒灭活验证和免疫原性试验，方案是否合理，是否经过批准。

(2) 检查生物安全性验证报告，至少包括病毒灭活验证和免疫原性试验报告，检查是否按照验证方案进行了验证，验证结果是否合格。

■ 检查方法

根据产品的具体特点和相关标准，检查病毒灭活验证和生物安全性验证方案是否合理。

■ 注意事项

病毒灭活验证研究应在具有相应资质的单位完成。生产过程发生改变且可能影响特定病毒灭活工艺的效果时；被灭活前产品的组成或 pH 值发生改变时，均需对病毒灭活工艺的效果进行再验证。

2.4.3　研制加工工艺应当对各种助剂的使用及对杂质（如残留单体、小分子残留物等）的控制情况进行验证并形成文件。

■ 条款解读

医疗器械在生产加工过程中会用到各种助剂，如增塑剂、防护涂层、稳定剂、润滑剂、黏合剂、灭菌剂、脱模剂、防锈剂等，高分子材料还可能有单体和其他小分子残留物等。特别是对国家法规限制使用的一些化学物品，例如有机溶剂，含有如汞、铅、镉、六价铬机器化合物，多溴联苯和多溴联苯醚，卤素类化合物、邻苯二甲酸酯类增塑剂等，在使用的过程中，所含的助剂和残留或降解的单体和其他小分子物质可能会游离出器械表面进入患者体内，从而给患者带来风险。因此，植入性医疗器械的加工工艺必须对各种助剂的使用及单体和其他小分子物质残留的控制情况进行验证并形成文件。

■ 检查要点

(1) 检查是否编制了小分子物质残留量的验证方案,方案是否合理,是否经过批准。

(2) 检查小分子物质残留量的验证报告,检查是否按照验证方案进行了验证。

■ 检查方法

查看产品的工艺流程图,熟悉产品的加工过程和基本组成,从而知道产品中含有的助剂和残留的单体和其他小分子物质是什么,哪些容易游离出来,然后有针对性地查看验证方案和验证报告的合理性。

■ 注意事项

检查验证试验中所用的浸提方法,是极限浸提还是模拟浸提,如果是模拟浸提,是否模仿了产品实际使用的最苛刻条件。检查验证方案中对各种小分子物质允许限量的规定是否合理,询问规定的依据。

常见问题和案例分析

◎ 常见缺陷

(1) 产品采用无菌加工的方式灭菌,但未能提供产品选用无菌加工技术的分析、论证记录。

(2) 产品清洗工艺中需要用乙醇,但未做乙醇残留的验证。

◎ 典型案例分析

【案例一】 检查某植入式心脏起搏器生产企业时,产品的风险分析报告中描述下列内容:1. 可能的危害:“植入式心脏起搏器的工作过程中,外表面温度可能升高”。2. 产生的后果或损害:“温度剧烈升高可能产生灼烧感等不适症状”。但是没有采取任何降低产品发热的风险控制措施。

在检查该企业对过热控制有关的设计开发过程,仅看到其注册检验报告中对外表面温度升高的检验结果。但未见设计验证中相关的检验内容。

分析：植入性医疗器械附录 2.4.1 条规定："有源植入性医疗器械的设计与制造应当将与能源使用有关的风险，特别是与绝缘、漏电及过热有关的风险，降至最低"。企业对产品的外表面发热风险进行了分析，但是没有采取有效的措施降低发热风险；且只有注册检验报告的结果表明了外表面温度升高的程度，而未在设计验证中提供相关内容的证据，不能证明已将相关风险降至最低。不符合 2.4.1 条规定。

《中华人民共和国国家标准》(GB16174.1-2015) 第 17 条的规定："有源植入式医疗器械植入后，在正常工作或单一故障下，其植入部分的外表面温度不应超过 37℃的正常人体外围温度 2℃以上。"

企业应对发热风险采取必要的控制措施，并根据国家标准进行验证，获得稳定的验证结果(可能包括连续数批产品的检验)，提供满足标准的验证报告，以有足够的证据证明企业对产品外表面发热风险已降至了最低。

【案例二】 某产品的风险分析报告中描述下列内容。

(1) 可能的危害 "植入式心脏起搏器的工作过程中，可能有不希望的能量如漏电流输出"。

(2) 产生的后果或损害 "漏电流流经人体心脏，损害患者健康"。

(3) 初始风险控制措施

① 在采购过程中严格按照设计规格保证能源的质量。

② 制造过程中加强对能源的防护，如在运输、储存、搬运、装配等过程中防止短路或超出使用范围的负载。

③ 根据国家标准对漏电流进行验证，符合标准要求："任何电流路径的持续不变漏电流(直流电流)应不超过 1μA"。

分析：植入性医疗器械附录 2.4.1 条规定："有源植入性医疗器械的设计与制造应当将与能源使用有关的风险，特别是与绝缘、漏电及过热有关的风险，降至最低"。企业对产品的漏电流风险进行了分析，在采购和制造过程中采取了风险控制措施，但是没有在设计过程中采取风险控制措施，不符合 2.4.1 条规定。

企业应在产品设计过程中，充分考虑能源本身的安全性和可靠性，如提供电流的能力、放电曲线、自放电等性能是否满足要求，能源的绝缘性能，密封性能等，并留有足够余量，确保在试用期内安全可靠。企业应提供相关证明材料。

【案例三】 检查员在检查某同种异体骨生产企业时，发现在工艺中使用了甲醇和乙醇来处理产品，遂询问企业有关人员，是否做了产品中甲醇和乙醇残留量的验证，回答没有做，理由是甲醇和乙醇都是低沸点溶剂，挥发性强，很快就挥发了，不会有残留，因此没必要做残留量的验证。

分析：有机溶剂等小分子物质在产品上的残留量不仅与其挥发性有关，还与工艺条件（如温度、压力等）、产品结构形式（结构复杂的产品更容易残留小分子物质）、产品材质（如高分子材料比金属材料更容易吸附有机小分子物质）有关。因此只要是生产工艺中使用到的有机溶剂，都应该进行残留量的验证或检测。

【案例四】 检查某有源植入产品生产企业时，查看产品的设计开发文档，发现设计输入中缺少对电磁兼容的要求，询问企业相关人员，回答该产品无需考虑电磁兼容要求，目前产品在市场上已销售多年，并无相关的质量反馈。

分析：附录2.4.1条规定："有源植入性医疗器械的设计与制造应当将与能源使用有关的风险，特别是与绝缘、漏电及过热有关的风险，降至最低。"GB16174.1-2015《手术植入物 有源植入式医疗器械 第1部分：安全、标记和制造商所提供信息的通用要求》第27条规定："有源植入式医疗器械的植入部分不应引起任何由于对外部电磁场的敏感所致的伤害，无论这种伤害源于医疗器械故障、损坏、升温还是患者体内诱发的电流密度局部增加。"

GB16174.1-1996《心脏起搏器 第一部分：植入式心脏起搏器》只有对心脏起搏器的要求，并且对于电磁兼容的要求描述为："正在考虑中。"GB16174.1-2015扩充到了对有源植入式医疗器械的要求，并且增加了电磁兼容的要求，企业应根据新版标准的要求，识别电磁兼容的风险，更新设计输入，如需要，进行产品设计变更工作。并且根据产品的特点，结合产品患者的实际情况进行风险分析，以判断是否已将电磁兼容风险降至最低。

（冯晓明 付步芳 卢红 张世庆 赵广宇 刘欣 蒋波 施小立）

第五节　采　　购

2.5.1　应当对采购物品进行检验或验证，需要进行生物学评价的材料，采购物品应当与经生物学评价的材料相同。

■ 条款解读

本条款是对采购物品进行检验或验证的要求，以及对采购需要进行生物学评价材料的特殊(附加)要求。

生产医疗器械企业，应当对采购物品进行检验或验证，特别是植入性医疗器械的组成材料，需要采购经过生物学评价，符合要求的材料，或者采购与经过生物学评价符合要求的材料相同的材料。

生产企业需要对采购的可导致最终产品的安全性能受到影响的物品(如原材料、包装材料等)进行检验或验证。哪些物品需要检验、哪些物品需要验证、如何检验、如何验证，需要生产企业根据对采购物品的控制需要，在程序中确定。

对采购物品进行接收检验是生产企业验证交付到现场的采购产品满足规定要求的一种方法。如果声称所采购产品符合供方的规范，生产企业应当检查该采购产品是否满足经协商同意的规范。生产企业可通过各种方法完成这样的检查，如供方的认证情况、符合性证明书、跳批试验、100%检验或抽样检验等，这些由生产企业的质量管理体系要求决定。

生产企业的程序文件应当规定，采购物品的验证方法，要求随附的支持性文件(如合格证、可接收的试验报告等)，以及出现不合格时应采取的措施。生产企业应从以往所接收产品的检验信息的分析，现场拒收历史或顾客的抱怨等情况，来决定需要对采购物品的检验数量和需要对一个供方进行重新评价。

这并不意味生产企业必须对采购的物品进行检验和试验。如果通过其他规定的过程或程序能取得对产品必要的信任，特别是如果供方提供的信息是充分的，则可不要求对采购的产品进行检验和试验。但必须要有相应的程序，能够及时发现不符合要求的采购物品，并采取相应的措施，避免对植入性医疗器械的不利影响。

■ 检查要点

查看采购物品的检验或验证记录，需要进行生物学评价的材料，是否符合要求。

■ 检查方法

（1）确定生产企业采购的与产品质量相关物品清单，包括采购的需要经生物学评价的材料清单。

（2）确定生产企业采购的与产品质量相关物品进行检验或验证的方法和接收标准。

（3）对照相关规定，检查采购物品的检验或验证记录。

（4）检查采购的需要进行生物学评价的材料是否与经生物学评价的材料相同。如果采购的需要进行生物学评价的材料，与已上市的产品使用的材料是同种用途、同种工艺的材料，可以判定与经生物学评价的材料相同；如果采购的需要进行生物学评价的材料，生产企业进行了生物学评价，可以判定与经生物学评价的材料相同。

■ 注意事项

（1）应关注采购物品的检验或验证的方法和接收标准的合理性。

（2）采购需要进行生物学评价的材料，应关注材料符合的标准，以及与已上市的同类产品使用材料的相同性。

2.5.2　植入性无菌医疗器械的初包装材料应当适用于所用的灭菌过程或无菌加工的包装要求，并执行相应法规和标准的规定，确保在包装、运输、贮存和使用时不会对产品造成污染。

应当根据产品质量要求确定所采购初包装材料的初始污染菌和微粒污染可接受水平并形成文件，按照文件要求对采购的初包装材料进行进货检验并保持相关记录。

■ 条款解读

本条款是对植入性无菌医疗器械的初包装材料的要求。

生产企业选用的初包装材料不仅要适用所包装的无菌医疗器械，而且要适用于所用的灭菌过程或无菌加工的包装要求，并保证包装材料和包装型式在有效期内保持产品无菌，以及在包装、运输、贮存和使用时不会对无菌医疗器械造成污染。所以植入性无菌医疗器械的初包装材料要参照YY/T19633《最终灭菌医疗器械的包装》等相关标准进行选择和（或）确认。

由于初包装材料有可能与产品接触，对产品造成污染，如果产品初始微生物污染没有得到控制，确认一个灭菌过程是不可能的。因此应当根据产品质量要求对初包装材料的初始污染菌和微粒污染进行控制。生产企业应当根据产品质量要求确定所采购初包装材料的初始污染菌和微粒污染可接受水平并形成文件，按照文件要求对采购的初包装材料进行进货检验并保持相关记录。

■ 检查要点

(1) 查看企业对所用的初包装材料进行选择和(或)确认的资料。最终灭菌医疗器械的包装要求参见 GB/T19633《最终灭菌医疗器械的包装》。

(2) 查看采购文件是否确定了所采购初包装材料的初始污染菌和微粒污染可接受水平；查看进货检验记录，是否符合文件要求。

■ 检查方法

(1) 确定生产企业选用的植入性无菌医疗器械的初包装材料以及相关要求。

(2) 检阅生产企业对植入性无菌医疗器械初包装材料的相关检测、验证、确认记录，证明植入性无菌医疗器械的初包装材料适用于所用的灭菌过程或无菌加工的包装要求，并执行相应法规和标准的规定，在包装、运输、贮存和使用时不会对产品造成污染。

(3) 查阅生产企业规定的采购初包装材料的初始污染菌和微粒污染可接受水平文件。

(4) 查阅生产企业按照规定的采购初包装材料的初始污染菌和微粒污染可接受水平文件要求，对采购的初包装材料进行进货检验的相关记录。

■ 注意事项

(1) 应关注相关规定与相关检测、验证、确认记录的符合性。

(2) 对于外购的与植入性无菌医疗器械的使用表面直接接触、不需清洁处理即使用的初包装材料，其生产环境洁净度级别的设置应当遵循与产品生产环境的洁净度级别相同的原则。

(3) 应关注采购的初包装材料进货检验后的运送、贮存、生产过程中的污染。

(4) 应关注由用户或使用者灭菌产品的初包装材料的污染控制。

2.5.3　植入性的动物源医疗器械和同种异体医疗器械生产企业对所需供体采购应当向合法和有质量保证的供方采购，与供方签订采购协议书，对供方的资质进行评价，并有详细的采购信息记录。

■ 条款解读

本条款是对植入性的动物源医疗器械和同种异体医疗器械生产企业对所需供体采购的合法性、质量保证、协议书、供方评价、信息记录的要求。

生产企业应制定用于医疗器械的动物源性和同种异体材料控制文件。控制文件应包括：生物的种类、年龄、取材部位及取材部位的组织性质的选择、所执行的检疫标准（若适用）、风险分析与风险控制措施、必要的性能控制指标等。与供方签订的采购协议书中应保证向合法和有质量保证的供方采购，供体（材料）来源的伦理（如适用）、检疫的完整性和可追溯性（如适用），明确供体是用来生产医疗器械产品（如适用）；对供方资质的评价报告应包括：供方合法性、质量保证能力评价；对动物源性材料供方控制的证据至少应包括：动物的来源、动物的繁殖和饲养条件、动物的健康情况；对动物源性材料使用方监控措施至少应包括：动物种群来源要清楚，并可溯源、使用无特定病原体的动物、定期进行有无相关病毒抗体的检查。

■ 检查要点

(1) 查看供体采购控制文件，是否对供体的供方资质进行评价，是否向合法并有质量保证的供方采购。

(2) 查看采购协议书，协议书中供方是否保证供体（材料）来源的伦理、检疫的完整性和可追溯性，是否明确所提供的供体是用来生产医疗器械产品。查看采购信息记录，是否符合要求。

■ 检查方法

(1) 确定生产企业所需供体清单。

(2) 查阅生产企业规定的对所需供体合法性、质量保证的相关规定，查阅与供方签订采购协议书，查阅对供方的资质进行评价的具体要求。

(3) 对照相关规定要求与详细的采购信息记录，检查所需供体采购的符合性。

■ 注意事项

(1) 应关注生产企业采购控制文件是否包括对所有采购供体的要求。

(2) 应关注生产企业对供方的资质评价的充分性。

2.5.4 植入性的动物源医疗器械生产企业应当对用于医疗器械生产的动物源性供体进行风险分析和管理，对所需供体可能感染病毒和传染性病原体进行安全性控制并保存资料，应当制定灭活或去除病毒和其他传染性病原体的工艺文件，该工艺需经验证并保留验证报告。

■ 条款解读

本条款是对用于医疗器械生产的动物源性供体风险分析和管理、病毒和传染性病原体控制、灭活或去除病毒和其他传染性病原体的要求。

动物源性医疗器械风险分析和管理：生产企业应在剩余风险可接受性的基础上，考虑权衡剩余风险以及与其他替代品比较的预期医疗受益，对动物材料（包括动物种属和组织的选择）的使用进行论证。

针对 YY/T0316-2008/ISO14971：2007《医疗器械 风险管理 对医疗器械的应用》以及 YY/T0771.1-2009《动物源性医疗器械 第 1 部分：风险管理应用》的要求，生产企业应通过风险管理文档验证这些要求的符合性。

YY/T0771.1-2009 结合 YY/T0316/ISO14971 规定了与该类器械相关的危害与危害处境的判定、估计和评价结果风险、控制这些风险以及监视控制有效性的程序。

应当对动物源性医疗器械的典型危险进行相关的风险分析，这些典型危害包括：①细菌、霉菌或酵母菌污染；②病毒污染；③传播性海绵状脑病（TSE）因子污染；④不希望的热原、免疫学或毒理学反应方面的材料性反应。相同的原则也适用于寄生虫或其他未分类的病原体。

风险管理过程分析应包括：风险分析、风险评价、风险控制、总剩余风险可接受性评价、生产和生产后信息。

植入性的动物源医疗器械生产企业的动物来源，应符合相应的法律法规的规定。对所需供体可能感染病毒和传染性病原体，应进行安全性控制并保存资料，应当制定灭活或去除病毒和其他传染性病原体的工艺文件，该工艺需经验证并保留验证报告。

国食药监械[2006]407 号文“关于含有牛、羊源性材料医疗器械注册有关事宜的公告”对含有牛、羊源性材料直接作用于人体的医疗器械的注册事宜，做出了如下规定。

（一）凡产品中含有来自于发生疯牛病国家或地区（以下简称疯牛病疫情国家或地区）的牛、羊源性材料的，注册申请不予受理。

（二）产品中含有牛、羊源性材料，所含牛、羊源性材料并非来自于疯牛病疫情国家或地区，但产品实际生产场地在疯牛病疫情国家或地区的，分以下 3 种情况：

1. 对取材于添加以哺乳动物为来源的蛋白质饲料喂养的牛、羊的组织及其衍生物的医疗器械，注册申请不予受理。

2. 对取材于与来自疯牛病疫情国家或地区的牛、羊一起圈养的牛、羊组织及其衍生物的医疗器械，注册申请不予受理。

3. 不属于上述1、2条所述情形的医疗器械，注册申请可予受理。申请注册时，应提供疯牛病传播的风险评估以及相应的控制措施等技术文件，说明产品不存在传播疯牛病的风险。通过技术审评决定是否予以注册。

（三）产品中含有牛、羊源性材料，但材料并非来自于疯牛病疫情国家或地区，产品的生产也不是在疯牛病疫情国家或地区完成的，注册申请可予受理。申请注册时，应提供疯牛病传播的风险评估以及相应的控制措施等技术文件，说明产品不存在传播疯牛病的风险。通过技术审评决定是否予以注册。

《关于禁止从发生疯牛病的国家或者地区进口和销售含有牛羊组织的医疗器械产品的公告》（国食药监械[2006]407号），对含有牛羊组织的医疗器械产品进口和销售问题做出了规定。本公告所指疯牛病疫情国家或地区，以国家质量监督检验检疫总局最新更新的《禁止从动物疫病流行国家/地区输入的动物及其产品一览表》中涉及疯牛病的国家/地区为准。由于国家质量监督检验检疫总局会根据国际动物疫情及相应的最新公告、通告适时调整该一览表，具体内容请及时查看其官网最新发布的内容，查看网址为：http://dzwjyjgs.aqsiq.gov.cn/fwdh_n/jlgg/2017/201708/t20170804_494907.htm。

动物源性医疗器械来源、收集与处置的控制：动物源性医疗器械生产企业，可参见YY/T0771.2-2009《动物源性医疗器械　第2部分：来源、收集与处置的控制》。

生产企业应建立和保持质量控制系统文件，以便控制动物源性材料的质量。该系统至少应包括以下内容：动物材料产地、动物健康状况以及在考虑到动物的来源物种、已知的由病原体引起的危险以及得到适当保证能力情况下的验收标准；屠夫需要达到的卫生和质量保证要求；动物来源材料的收集、保存、处理、储存以及运输步骤；需要保存的记录；控制有效性的审查。

来源：某些疾病的危险性取决于来源物种和品系，所以应将这些情况考虑在内；在动物被屠宰前、屠宰过程中以及屠宰后所采用的步骤，应不会影响来源所提供的风险降低，尤其是在避免交叉污染方法；如果在技术上可行的话，动物材料的来源应由兽医来控制并且逐个进行检查。但是，存在一些不适用于这种方法的来源物种（如鱼），如果单个动物无法接受检查的话，则记录下这样做的理由并且提供一个可行的抽样计划；在医疗器械中使用的动物源性材料应是来源于那些经过兽医的确认、被认为是适合于人类使用的动物。对于那些人类不经常使用的物种，需要提供一份“适合人类使用”的状态报告。用来证明在屠宰场满足兽医检查标准的记录、证明详细资料以及来源都应该具备；根据所使用组织

的来源物种、已知的由病原体引起的危险以及获得适当保证的能力，有必要规定动物的产地和获得关于它们的健康状态和管理系统。

收集：生产商和供应商应签署一份确定责任范围的技术协议，同时收集材料简介、文件记录、检查标准、步骤以及审计。例如，为了避免任何交叉污染的危险性，医疗器械生产商应当记录在收集结束后任何阶段的实施情况；生产商有责任确保材料的收集，是按照有证明文件的步骤进行的；如果在屠宰或之后进行资料合并，则生产商尤其应注意与动物来源材料相关的证明和可跟踪性。应当证明并且记录下所允许的合并范围。

处理：如果任何动物源性材料需要其他的切割或修剪，应当尽快将其移到一个与屠宰和收集区域隔离的区域中。这个区域应配备适当的设备，并且其清洁度和环境保护，应保持在一个适当水平。切割和修剪处理应保持清洁，避免交叉感染的危险；根据文件的步骤，医疗器械中使用的原材料应被隔离；生产商有责任确保该材料的处理是依照有证明文件的步骤进行的。

动物源性医疗器械病毒和传播性海绵状脑病（TSE）因子去除与灭活的确认：动物源性医疗器械生产企业可参见 YY/T0771.3-2009《动物源医疗器械　第 3 部分：病毒和传播性海绵状脑病（TSE）因子去除与灭活的确认》。

对于医疗器械的安全性，可以采用两项互补的策略（YY/T0771.1）来控制组织的潜在污染，典型的例子是：①选择病毒和（或）TSE 因子污染最小的原材料（YY/T0771.1~2）；②提供有效的科学证据证明生产过程去除和（或）灭活病毒和 TSE 因子的能力。

YY/T0287/ISO13485 中给出了医疗器械设计、生产、安装和服务的质量体系要求。这些质量体系标准指出，某些生产环节的有效性不能被随后的产品检验和测试充分证实。病毒和 TSE 因子的去除与灭活就是这样一个特殊环节，因为其有效性不能通过产品检验和测试来证实。因此，需要对以下方面给予特别考虑：生产过程和材料的确定；常规应用前对灭活的充分确认；生产过程效能的监视；适当的设备维护；人员培训等。

过去生产过程中曾经有许多未知或未被怀疑的病毒污染事例，因此对生产过程进行评价，可以为包括未知致病病毒在内的众多病毒的去除提供一定的信心。对于 TSE 因子也适用同样的原则。

■ 检查要点

(1) 查看相关文件，是否对用于医疗器械生产的动物源性供体进行了风险的分析和管理。参考 ISO22442-1《医疗器械　生产用动物组织及其衍生物　第 1 部分：风险分析和管理》草案的规定。

(2) 查看相关记录，对用于医疗器械生产的动物源性供体，是否保存对其可能感染病毒和传染性病原体进行控制的安全性资料，如动物饲养条件、动物产地（禁止使用进口动物)、年龄、喂养饲料(禁止使用进口饲料、禁止使用动物蛋白饲料)等的证明或确认文件资料。参见ISO22442-2《医疗器械 生产用动物组织及其衍生物 第2部分:关于来源、收集以及处理的控制》的规定。

(3) 查看相关文件和记录,对用于医疗器械生产的动物源性供体,是否制定灭活或去除病毒和其他传染性病原体工艺文件,是否经验证并保留验证报告。参见ISO22442-3《医疗器械 生产用动物组织及其衍生物 第3部分:病毒及传染去除或灭活的验证》的规定。

■ 检查方法

(1) 确定植入性的动物源医疗器械生产企业所需供体清单。

(2) 查阅生产企业对用于医疗器械生产的动物源性供体进行风险分析和管理规定、对所需供体可能感染病毒和传染性病原体进行安全性控制的规定;查看对所需供体灭活或去除病毒和其他传染性病原体的工艺文件。

(3) 按照所需供体清单及相关规定,查阅对所需供体相关风险分析和管理记录的符合性;查阅对所需供体可能感染病毒和传染性病原体进行安全性控制记录的符合性;查阅对所需供体灭活或去除病毒和其他传染性病原体的工艺记录的符合性。

■ 注意事项

(1) 应了解相关标准要求,合理判断生产企业相关规定的必要性和充分性。

(2) 应关注生产企业相关规定与相关记录的符合性。

2.5.5 植入性的动物源医疗器械生产企业应当与动物定点供应单位签订长期供应协议,在协议中应当载明供体的质量要求,并保存供应单位相关资格证明、动物检疫合格证、动物防疫合格证,执行的检疫标准等资料。生产企业应当保存供体的可追溯性文件和记录。

■ 条款解读

本条款是针对生产企业所需动物源性供体采购的长期供应协议、质量要求、相关资格证明、动物检疫合格证、动物防疫合格证、执行的检疫标准、可追溯性等提出的相关要求。

动物源性医疗器械是指全部或部分采用无生命动物组织制成的或取材于动物组织的医疗器械产品(体外诊断用医疗器械除外);采用动物组织衍生物或由动物体自然获取物质(如牛奶、羊毛等)制成的医疗器械产品。另外,在生产过程中使用或接触了动物源性材料的医疗器械也应考虑其安全风险。

动物是指除人类以外的任何脊椎或无脊椎动物[包括两栖动物、节肢动物(如甲壳纲动物)、鸟、珊瑚、鱼、爬行动物、软体动物和哺乳动物]。衍生物是指通过制造工艺从动物材料中获得的物质,如透明质酸、胶原、明胶、单克隆抗体、壳聚糖、白蛋白。

有些医疗器械含有动物来源的材料,这些材料是多种多样的,可以构成该器械的主要部件(如牛/猪源心脏瓣膜、羊肠缝合线、止血材料等)、涂层或者浸渗剂(如肝素、明胶、胶原等),也可成为生产过程中所用的辅助材料(如牛脂等)。动物组织及其衍生物的使用可能会比非动物来源的材料(如金属、陶瓷以及聚合物等)使医疗器械具有更好的性能,但是在另一方面,它们应用到人体则又会增加病毒传播和免疫原性等方面的安全风险。

因此,植入性的动物源医疗器械生产企业,应当与动物定点供应单位签订长期供应协议,在协议中应当载明供体的质量要求,并保存供应单位相关资格证明、动物检疫合格证、动物防疫合格证、执行的检疫标准等资料。这样可以保障动物源材料来源一致、质量稳定,病原体污染物得到控制。生产企业应当保存供体的可追溯性文件和记录。追溯性文件和记录中至少应包括:该产品所用动物的产地、取材部位、动物个体的唯一性标识、动物检疫方面的情况。

■ 检查要点

(1) 检查植入性的动物源医疗器械生产企业是否与动物定点供应单位签订长期供应协议,在协议中是否载明供体的质量要求,并保存供应单位相关资格证明、动物检疫合格证、动物防疫合格证、执行的检疫标准等资料。

(2) 查看追溯记录,是否包括该产品所用动物的产地、取材供应单位的名称、地址、日期,取材部位、该批动物检疫相关证明等。

■ 检查方法

(1) 查阅相关文件,包括生产企业与动物定点供应单位签订长期供应协议、供应单位相关资格证明、动物检疫合格证、动物防疫合格证、执行的检疫标准等资料。

(2) 查阅生产企业保存的供体的可追溯性文件和记录。向上可追溯到供货单位、某一动物单体、动物单体控制记录,向下可追溯到所生产的某一产品、产品销售记录。

■ 注意事项

(1) 应关注供体选择的标准和供体的质量稳定性。

(2) 应关注供体的可追溯性文件和记录。

2.5.6 植入性的同种异体医疗器械生产企业应当对所需供体进行严格筛查，应当建立供体筛查技术要求，并保存供体病原体及必要的血清学检验报告。

■ 条款解读

本条款是针对生产企业所需同种异体供体筛查和保存供体病原体及必要的血清学检验报告的要求。

植入性的同种异体是指以同种来源组织为原料经加工或组成的医疗器械产品。

植入性的同种异体医疗器械的主要产品为同种异体骨。同种异体骨是指从人类不同个体内获取与制备的骨组织，包括深低温冷冻骨、冷冻干燥骨、脱矿骨。

深低温冷冻骨是指制备前后均保存在低于 –40℃环境中的骨产品。深低温冷冻是骨组织保存制备的常用方法，经深低温冷冻处理制备深低温冷冻骨可最大限度地保留骨组织的生物学特性，特别是生物力学性能和生物学活性。但仅通过深低温冷冻处理，免疫原性较高，同时需低温保存，需特殊的设备，运输不方便。

冷冻干燥骨是指经冻干制备后其中残余水量为 2%~6% 的骨产品。冷冻干燥骨经深低温保存、清洗和冷冻干燥而成。其特性是免疫原性低，较好地保存生长因子的活性，同时由于含水量低，便于室温运输和保存。缺点是生物力学性能不如新鲜冷冻骨。

脱矿是利用盐酸或其他物质除去组织内矿物质的过程。脱矿骨是经过脱矿处理的同种异体骨修复材料。脱矿骨的特点是具有良好的诱导活性，增强成骨能力。脱矿骨制备通常经过冷冻、清洗、脱矿和冻干等过程，所制备的产品具有较低的免疫原性，也便于室温保存，但由于脱矿去除了骨组织的无机成分，对生物力学性能影响较大。

同种异体医疗器械生产企业应制定供体采购控制文件。同种异体医疗器械生产企业应当对所需供体进行严格筛查，应建立供体筛查技术要求，并保存供体病原体及必要的血清学检验报告，如艾滋病、乙肝、丙肝、梅毒等相关检验报告。

同种异体医疗器械生产企业可参照 YY/T0513.1-2009《同种异体骨修复材料 第 1 部分：骨组织库基本要求》对所需供体进行严格筛查，供体选择标准宜认真询问病史、体检，若已作过实验室检查，应评估其风险与可接受性。

YY/T0513.1-2009 规定供体筛查要求包括：①无结核、肝炎、梅毒、艾滋病、疟疾和麻风病史；②无肿瘤病史；③无大面积烧伤；④无自身免疫性或骨代谢疾病史；⑤应用类固醇不超过 3 个月；⑥无药物中毒史；⑦局部未接受过放射治疗；⑧供体年龄女 15~55 岁，男 15~55 岁，结构性植骨供体应无骨质疏松。⑨获取时间：争取即刻获得，最迟不超过 12 小时（室温），24 小时（2~10℃ ）。

所有供体均应进行下列血清学检验:①艾滋病病毒抗体(HIV-1/2-Ab);②乙型肝炎病毒表面抗原(HBs-As);③丙型肝炎病毒表面抗体(HCV-Ab);④梅毒;⑤如为活存供体,应加做乙型肝炎病毒核心抗体检验。

我国目前对植入性的同种异体医疗器械产品组织供体的病毒筛选,多采用检测血清中病毒特异性抗体或抗原的方法,其中对人免疫缺陷病毒(HIV)还要求检测血清中的病毒核酸。但是,尽管对供体进行了严格筛选,仍然存在漏检和未知病毒污染的风险,以及生产过程中带入外源病毒的风险。因此,植入性的同种异体医疗器械产品在生产过程中应采用有效的病毒灭活工艺,并对病毒灭活工艺的有效性进行科学的验证。

■ 检查要点

查看供者筛查技术要求,是否按要求对所需供者进行严格筛查。是否有供体病原体及必要的血清学检验报告,如:艾滋病、乙肝、丙肝、梅毒等相关检验报告。

■ 检查方法

(1) 确定生产企业所需供体清单。

(2) 查阅生产企业规定的供体筛查技术要求。

(3) 按照供体筛查技术要求,检查相关记录,确定其符合性。

■ 注意事项

(1) 应关注生产企业对供体筛查技术要求的合理性和充分性。可参照国家对供体筛查的相关标准要求及技术审评指导原则要求与相关要求。

(2) 应关注保存的供体病原体及必要的血清学检验报告。

2.5.7 植入性的同种异体医疗器械生产企业应当保存供者志愿捐献书。在志愿捐献书中,应当明确供者所捐献组织的实际用途,并经供者本人或其法定代理人或其直系亲属签名确认。对用于医疗器械生产的同种异体原材料,生产企业应当保存与其合作的医疗机构提供的合法性证明或其伦理委员会的确认文件。

■ 条款解读

本条款是对签署和保存志愿捐献书、保存与其合作的医疗机构合法性证明或其伦理委员会的确认文件的要求。

志愿捐献是拯救他人生命的高尚行为，是“人道、博爱、奉献”精神的崇高体现。志愿捐献必须体现自愿的原则，捐献者对所捐献组织的实际用途有知情权，志愿捐献书中必须明确供者所捐献组织的实际用途，并经捐献者本人或其法定代理人或其直系亲属签名确认。对用于医疗器械生产的同种异体原材料，生产企业应当保存与其合作的医疗机构提供的合法性证明或其伦理委员会的确认文件。

■ 检查要点

(1) 查看供者志愿捐献书，是否明确所捐献组织的实际用途，并有供者本人或其法定代理人或其直系亲属签名确认。

(2) 查看是否保存合作的医疗机构提供的合法性证明或其伦理委员会的确认文件。

■ 检查方法

(1) 确定生产企业所生产的同种异体医疗器械及对应所需的同种异体材料。

(2) 查阅所需的同种异体材料的供者志愿捐献书的相关内容是否符合要求，如应当明确供者所捐献组织的实际用途，并经供者本人或其法定代理人或其直系亲属签名确认。

(3) 对于用于医疗器械生产的同种异体原材料，查阅生产企业保存的与其合作的医疗机构提供的合法性证明或其伦理委员会的确认文件。

■ 注意事项

(1) 此条款要求生产企业提供供者志愿捐献书、合作的医疗机构提供的合法性证明或其伦理委员会的确认文件。供者志愿捐献书中应明确供者所捐献组织的实际用途，并经供者本人或其法定代理人或其直系亲属签名确认。

(2) 应关注供者志愿捐献书中应明确供者所捐献组织的实际用途要求，如可以是用于异体移植、用于骨缺损的修复、用于组织修复等实际用途。

常见问题和案例分析

◎ 常见缺陷

(1) 对采购的物品如何进行检验或验证、检验或验证的项目不明确、检验或认证的方法不科学。

(2) 对用于医疗器械生产的动物源性供体未进行规范的、全面的风险分析和管理。

(3) 对所需动物源性供体应具有的特性,没有具体的规定。

(4) 对用于医疗器械生产的同种异体供体的病史等没有详细的资料,不能有效地控制潜在风险。

◎ 典型案例分析

【案例一】 A公司生产羟基磷灰石人工骨,采购的羟基磷灰石原材料的验收标准规定羟基磷灰石含量不少于95%,A公司在对采购的羟基磷灰石原材料进行检验时,用采购的羟基磷灰石原材料作为羟基磷灰石含量为100%的标准品,来检验采购的羟基磷灰石原材料的羟基磷灰石含量,检验结果为羟基磷灰石含量99%,符合羟基磷灰石原材料的验收标准规定。

分析:附录2.5.1条规定:"应当对采购物品进行检验或验证,需要进行生物学评价的材料,采购物品应当与经生物学评价的材料相同"。A公司采购的羟基磷灰石原材料的验收标准规定羟基磷灰石含量不少于95%,A公司在对采购的羟基磷灰石原材料进行检验时,没有采用合格的标准品,因此,导致检验结果无效,无法保证采购的羟基磷灰石原材料满足采购验收标准,不符合2.5.1条的规定。

这种情况对采购物品的检验形同虚设,可能直接导致对采购物品的质量失控。

【案例二】 对某动物源性植入产品(人工心脏瓣膜系统)医疗器械生产企业现场检查时,发现其动物源性材料"猪心包膜"采购要求未对猪源的品种、年龄、采集部位等做出具体规定。

分析:"猪心包膜"作为产品的关键物料,其物料的质量将直接影响医疗器械产品的安全有效性,如不同品种的猪源,生物相容性可能存在差异;不同年龄的猪源,可能影响产品的使用寿命;不同的采集部位,膜的薄厚情况可能存在差别,这些差异会直接影响产品不能达到预期性能要求,因此企业应形成完整详细的物料采购质量标准要求,同时还应明确进货检验规定,以保证采购物料的质量。

【案例三】 对某动物源性植入产品医疗器械生产企业现场检查时,发现企业的“镍钛合金支撑架”的供应商评价资料中未包含《采购控制程序》规定的采购样品的检验报告；“纸塑袋”《供应商调查表》中未对供方生产车间的洁净程度是否符合要求进行评价。

分析：对原材料的供应商审核评价也是原材料质量管理的一个重要部分，医疗器械生产企业不应当只关注采购的一批物料质量是否合格，还要考虑该选择的供应商厂家是否有能力并持续稳定的供应符合质量要求的物料。就如案例中提到的“供方检测报告”“环境检测报告”，医疗器械生产企业应收集这些资料来评估供应商的检验能力、产品质量、生产环境等是否符合要求。案例中“纸塑袋”作为包装袋，虽然不是医疗器械产品的主要原材料，但是其作为内包材料，生产环境不加以控制，包装袋的微粒、细菌等都会超标，存在污染医疗器械产品的风险，因此在对纸塑袋的供应商审核时，还需要关注其生产环境，同时包装方式、运输方式等在审核中也同样需要关注，必要时，应对供应商进行现场审核，以评估供应商的生产供应能力。

（宋铎　付步芳　卢红　张世庆　王奇志）

第六节　生产管理

2.6.1　生产过程中产生粉尘、烟雾、毒害物、射线和紫外线等有害物质的厂房、设备应当安装相应的防护装置，建立其工作环境条件的要求并形成文件，以进行有效控制。

■ 条款解读

本条款是对生产过程中产生的粉尘、烟雾、毒害物、射线和紫外线等有害物质进行防护的要求，这里说的防护包括两个层面含义：对生产过程人员的防护和对产品的防护。

植入医疗器械生产过程中，可能产生有害物质。如金属骨科植入物机械抛光、喷砂和高分子粒料混合、粉碎等过程中会产生大量粒径不一的有害粉尘；金属部件等离子喷涂、酸洗、钝化、电解、焊接过程，高分子材料和部件的输送、光固化过程，清洗、黏结、表面涂层，动物源性材料的清洗、灭病毒、脱脂脱细胞处理等生产过程，一些原材料、辅料本身易分解、易挥发，以及成品环氧乙烷或辐照灭菌等过程常常分别产生烟雾、腐蚀性化学物质、毒性物质、有害射线、紫外线等。这些生产过程中产生的粉尘、烟雾、腐蚀性化学物质、射线、紫外线等有害物质既可能对生产岗位人员健康造成影响，也可能对生产环境和产品产生有害影响。企业应当根据其工艺过程特点，对这些污染物进行监视、测量，获取有效数据，必要时，应安装相应防护装置，如防粉尘、防烟雾、防有毒物质、防辐射，以及防燃防爆设施/装置等，以保证这些岗位的操作人员不受伤害。如金属骨科植入物抛光过程、同种异体骨粉碎工序等均应有除尘或防护装置，环氧乙烷灭菌车间应有防燃防爆装置。监测和防燃防爆装置，企业应保存相关劳动卫生、环境卫生、化学危险品管理的相关法规文件，并根据相关法规制定工作环境要求的文件，根据相关规定，防护设施/装置还需要通过必要的环评、安全生产或消防审批。

企业应当对生产过程中产生所有害物质进行识别，对需要进行有害物防护的生产过程进行有效管理，制定相应的管理文件，在制定管理文件前，还应当对产生有害物质进行必要的测试、验证和(或)确认，例如挥发性气体在空气中的浓度、粉尘的粒度和含量、有害射线的单位剂量、场强、活度等、并根据测试、验证和(或)确认结果，确认是否符合相关法规或者标准要求，是否对生产的产品产生影响，对不符合要求或者产生影响的危害物，应编制防护相关工作环境控制要求和人员防护要求文件。在实施防护过程中，企业还应采取必要的监视和测量，收集相关数据，进行统计处理。如建立对粉尘危害的警戒线，能够确认防护措施对人员防护和产品防护持续有效。多数植入医疗器械以无菌形式提供，部分或全部生产工序通常需要在规定的洁净环境下生产。对粉尘、烟雾、毒害物、射线和紫外线等有害物质进行防护时，还应特别考虑防护措施不会对洁净环境产生不当影响。

常见的防尘措施有：设置独立的、无回风粒料粉碎间；设置负压吸尘等捕尘装置；设置不同车间的压差，有效避免污染物对邻近车间的影响；建立自动密闭吸料系统等。常见的防烟雾措施包括设置独立的工作专区、设置专用的吸烟装置等；粉碎间相对于其他房间为负压系统，设置负压吸尘等捕尘装置，同时考虑新风进入的平衡；在注塑车间中建立自动密闭粒料输送系统。腐蚀性化学物质、毒性物质、有害射线、紫外线等主要的防护措施包括专人操作和管理、设置独立工作区、工作台，设置专用防护装置、设置有效的密封、隔离、屏蔽、稀释、排放、监测等设施 / 装置。

常见的人员防护措施有：禁止孕妇、哺乳期妇女、病毒携带者等特殊人群从事相关工作；人员培训合格方能上岗；临时人员进入相关环境 / 工作区域必须接受必要的防护培训；所有人员必须按规定佩戴防护口罩、防护手套、防护头盔、防护眼镜等个人防护用品；对环氧乙烷灭菌岗位人员进行严格防护，不得违规进入环氧乙烷灭菌工作区，不得违规排放环氧乙烷气体，对车间的环氧乙烷浓度实行监测；需要对辐照灭菌的灭菌剂量进行监测，对辐照剂量个体监测，超剂量暂时调离岗位等。

■ 检查要点

(1) 检查企业是否对生产过程可能产生粉尘、烟雾、毒害物、射线和紫外线等有害物质的过程进行识别、管理，并形成相应的、独立或合并的防护管理文件；现场检查其包括防护设施 / 设备 / 装置、人员防护等综合防护措施是否与其生产过程产生有害物质的风险相匹配，评价综合防护措施的有效性。

(2) 检查企业是否按规定实施产品和人员防护，如防护设施 / 设备 / 装置是否按规定维护（适用时）、人员防护按规定实施、工作环境按规定监测等。

(3) 检查企业是否按规定保留培训、防护及其工作环境监测等相关记录。

■ 检查方法

根据产品的生产工艺特点（包括原材料特点），结合工艺流程图，判断生产过程中各工序是否会产生粉尘、烟雾、毒害物、射线和紫外线等有害物质。如有，检查企业相关管理文件和实施记录，结合现场动态核查，综合评价防护措施对人员及产品的影响。

■ 注意事项

综合防护措施既包括产品和操作人员的防护，也包括对内部和外部环境的防护或保护。

注意这些有害物可能会导致产品质量不合格(如微粒污染、化学残留物,包括有机溶媒、有害元素等),或者对产品产生安全隐患。

2.6.2　应当制定洁净室(区)的卫生管理文件,按照规定对洁净室(区)进行清洁处理和消毒,并保存记录。所用的消毒剂或消毒方法不得对设备、工艺装备、物料和产品造成污染。消毒剂品种应当定期更换,防止产生耐药菌株。

■ 条款解读

本条款是对洁净室(区)卫生管理的要求。

洁净室(区)指需要对尘粒及微生物含量进行控制的房间(区域),其建筑结构、装备及其作用均具有减少该房间(区域)内污染源的介入、产生和滞留的功能。洁净室(区)的洁净度可以通过洁净环境内单位体积空气中含大于或等于某一粒径的悬浮粒子和微生物最大允许统计数来体现。本附录和 YY/T0033《无菌医疗器械生产管理规范 洁净室(区)污染控制要求》都对植入性医疗器械不同产品生产环境洁净度控制水平提出了明确的要求。为了使洁净室(区)洁净度满足要求,必须对洁净室(区)进行综合卫生管理。卫生管理既包括对进入洁净室(区)人流、物料的管理,也包括洁净室(区)本身设施、设备、环境及其人员、物料、产品的动态管理。

企业应当制定洁净室(区)的卫生管理文件,卫生管理文件应当覆盖洁净室(区)相关的人员(如工作人员与临时人员等)、设施(如空调系统等)、设备(各类生产设备等)、工艺装备 / 工位器具、物料与产品、过程与空间。涉及上述卫生管理的文件既可独立成文,也可以与相关作业指导书内容合并。卫生管理文件可以涉及以下适用内容:设备清洁规定;工艺装备模具清洁规定;工位器具清洁规定;物料清洁规定;操作台、场地、墙壁、顶棚清洁规定;清洁工具的清洁及存放规定;洁净室(区)空气消毒规定;人员进入洁净室(区)程序;岗位操作人员手消毒规定,消毒剂选择、使用的管理规定等。

常用的消毒剂包括 75% 乙醇、异丙醇、84 消毒液、新洁尔灭等。企业应当对消毒剂消毒效果的有效性进行评价或验证。选用的消毒剂或消毒方法不得对设备、工艺装备、物料和产品造成污染。为了防止产生耐药菌株,消毒剂品种应当定期更换,更换频率应当在验证基础上做出明确规定。

企业应当按照规定对洁净室(区)进行清洁处理和消毒,清洁处理和消毒的对象不仅包括洁净室(区)的地面、墙面、天花板,还包括洁净室(区)内放置的设备、工艺装备、物料和产品等。洁净室(区)安排生产时,通常生产前、工艺操作开始前、结束后、阶段工序结束后、生产品种更换前等节点,都应当安排必要的清洁处理或消毒,更换产品时要保证有足够的时间清场、清洁。应当按标准操作程序对设备、容器、生产工具进行清洁,以去除上一批次生产的残留物。洁净区的清洁卫生工具应当采用不易发尘、不易脱落纤维、不易滋生细菌的材料。洁净区的清洁卫生工具不应当跨区使用,使用后应当按照规定要求进行清洁、消毒并放置在规定室(区)。

企业应当保留必要的洁净室(区)清洁处理和消毒记录,以证明其对洁净室(区)污染控制能够满足规定要求。

■ 检查要点

(1) 检查企业所有涉及洁净室(区)的卫生管理文件,综合评价其文件是否覆盖洁净室(区)“人、机、料、法、环”所有相关过程及其产品;文件内容是否规定了清洁、清洗和消毒的方式、方法和频次,评价其是否具有可操作性。

(2) 检查企业实际洁净室(区)清洁处理和消毒方法是否与规定相一致。

(3) 检查消毒剂选择和消毒方法的验证方案及其验证报告,确认其结果是否包括对消毒效果的验证,是否会对设备、工艺装备、物料和产品造成二次污染。确认消毒剂更换周期是否与评价或验证结果一致。

(4) 现场查看,确认企业的卫生管理与其规定相一致并保留必要的记录。

■ 检查方法

查看洁净室(区)的卫生管理文件,与洁净室(区)清洁处理和消毒相关的工作人员交谈,了解与清洁处理和消毒有关程序、方法、步骤,正在使用的消毒剂品种、更换的频次等,并与企业相关文件规定核对。

■ 注意事项

应注意洁净室(区)卫生管理水平与企业规模、产品类型、生产方式、空调系统能力、现场人员能力、意识等多种因素相关,良好的卫生管理制度可以适当弥补硬件的不足。不同企业可能有不同的清洁和消毒要求,如部分企业不需要对洁净室(区)进行常规空气消毒即可满足规定要求;有些企业要求接触产品的员工戴手套,不再设置手消毒要求;有些企业因设置了成品终末清洁程序,可能对前工序的清洁要求较低等。检查员应全面系统查看相关数据,重点关注企业实际洁净度控制水平是否与其产品风险相匹配。

2.6.3　生产设备所用的润滑剂、冷却剂、清洗剂及在洁净室（区）内通过模具成型后不清洗的零配件所用的脱模剂，均不得对产品造成污染。

■ 条款解读

本条款要求生产设备所用的各类助剂：如润滑剂、冷却剂、清洗剂和脱模剂等不得对产品产生污染。

植入性医疗器械生产过程常常使用注/挤塑设备、切/车/铣/刨/钳等机械加工设备，部件加工后还需经物理/化学抛光、钝化等工序进行部件表面处理。上述工序会用到很多助剂，如脱模剂、润滑剂、冷却剂、抛光剂/液、电解液、钝化液、氧化液、交联剂、纯化液、清洗剂等。冷却剂、清洗剂主要通过化学合成得到，润滑剂和脱模剂除了来自石油提炼、化学合成外，也有来源于动物油脂的原材料。上述助剂既有亲水，也有疏水的；既有单方，也有复方的；既可能仅残留在产品表面，也可能残留在产品内部。若不进行必要的清除，其残留会对产品造成污染。

脱模剂常常已添加在塑料粒子中，企业应加强对供方管理和重要物料的验证，以保证脱模剂残留对产品污染风险可控；其他加工助剂主要通过设置洗脱、清洗程序使其残留控制在可接受水平，洗脱、清洁程序应当建立在过程验证的基础上。应对产品所涉及的化学污染物进行识别，如果在加工过程中涉及了这些化学污染物，考虑是否会污染产品，采取了什么去除污染的措施，如清洗、浸提、萃取等。清洗过程中如果使用了化学清洗剂，是否进行后续清洗，并对清洗剂的残留进行检测，清洗的效果是否经过测试、验证并予以确认，如果在清洗过程中不能有效去除这些污染物，是否确定了产品技术要求（确定许可限量）、检验方法，以控制这些污染物的残留量符合要求。

考虑到植入性医疗器械的风险，若水是最终产品的组成成分时，应当使用符合《中国药典》要求的注射用水；对于直接或间接接触心血管系统、淋巴系统或脑脊髓液或药液的无菌医疗器械，末道清洗应当使用符合《中国药典》要求的注射用水或用超滤等其他方法产生的无菌、无热原的同等要求的注射用水；与人体组织、骨腔或自然腔体接触的无菌医疗器械和其他植入性医疗器械，末道清洗用水应当使用符合《中国药典》要求的纯化水。

■ 检查要点

（1）现场检查，根据企业工艺流程、生产工艺特点综合判断产品加工过程中，是否会使用脱模剂、润滑剂、冷却剂、抛光剂/液、电解液、钝化液、氧化液、交联剂、纯化液、清洁剂等加工助剂，企业是否对加工助剂控制设置必要的洗脱/清洁等工序。

(2) 检查与各类助剂残留控制相关的规定及其相关记录，包括必要的供方管理与采购验证记录、洗脱 / 清洗验证报告、洗脱 / 清洗作业指导书及相关记录等，综合评价各类助剂控制的适宜性和有效性。

■ 检查方法

现场查看，询问采购或洗脱/清洗等相关岗位操作人员，并有针对性地查阅相关文件，确认企业已在验证的基础上建立了产品生产加工助剂污染控制程序，确认相关记录能够证明企业产品生产助剂污染控制满足规定要求。

■ 注意事项

由于产品生产加工助剂在洗脱 / 清洗后，其残留量常为痕量，可以通过检验分析的方法确认其最终残留量，也可以通过过程验证 / 确认，过程参数监视 / 测量等方法控制加工助剂残留水平。此外，在物料供应和生产加工工序固定的前提下，产品生物相容性实验 / 评价，也是评价产品加工助剂污染控制效果的间接方法之一。

2.6.4　应当制定工位器具的管理文件，所选用的工位器具应当能避免产品在存放和搬运中被污染和损坏。

■ 条款解读

本条是对生产过程中工位器具管理的要求。

本条所称的工位器具主要指为了满足生产需要，方便生产人员操作，在生产现场使用的，用来暂存、存放、处置、转移生产用物料、产品或工具的各种辅助器具。工位器具包括但不限于：工作台、工具柜、工具车、置物柜、零件存放架、分装台(架)、周转盒 / 箱 / 架、运转小车等。工位器具设计的是否合理、适用，在很大程度上影响着企业生产现场作业环境以及物流的正常进行。

植入性医疗器械部分工序需要在规定级别的洁净室(区)内生产，工位器具需要耐清洗、消毒；同种异体骨生产用工位器具需耐消毒、灭菌处理；可吸收性胶原纯化等需要选用可耐高温除蛋白处理的玻璃器具。企业应当根据产品品种、生产规模、生产工序特点等来确定工位器具的种类、材质、型号、规格、数量、使用地点及其标识，所选用的工位器具应当既便于清洁、管理，又能避免产品在存放和搬运中被污染和损坏。企业应当制定工位器具管理文件，对工位器具的使用进行管理，并针对重要工位器具建立专门台账，实施全面管理。

洁净室（区）工位器具应当专区管理，特别是直接周转后续不再进行清洁处理的物料、零/部件、产品的工位器具，不宜跨洁净级别使用，洁净室内不同产品的工位器具应分类摆放，避免污染，对工位器具的清场、清洗、烘干应该做出相应的规定。

专用工位器具的末道清洗与消毒区域的空气洁净度级别可低于生产区一个级别。300 000级洁净室（区）使用的工位器具，其洗涤、干燥以及贮存的环境洁净度级别应与产品生产环境一致；10 000级洁净室（区）使用的工位器具的洗涤、干燥，其环境洁净度级别不得低于100 000级；局部100级洁净室（区）使用的工位器具若直接接触产品，干燥后应及时灭菌。

■ 检查要点

（1）检查是否制定了有关工位器具使用、清洗、消毒的管理文件，规定了必要的记录要求。

（2）根据产品工艺流程图，现场查看工位器具的设计和选择是否合理，产品在存放和搬运中是否不被污染和损害。

（3）检查是否建立了必要的工位器具的管理台账，台账的内容是否与现场工位器具管理情况一致。

■ 检查方法

选择一种或数种典型工位器具，询问相关人员工位器具的使用、清洗、消毒、管理的要求，确认是否与工位器具管理文件要求一致。现场查看工位器具是否满足产品防护要求，表面是否光洁、平整、易于清洗和消毒、无物质脱落；是否能够避免产品在存放和搬运中被污染和损坏；工位器具是否按区域存放，不同洁净级别的工位器具是否严格区别和分开，并有明显标识。

■ 注意事项

重点关注洁净室（区）工位器具管理和特殊工序/特殊物品用工位器具的管理。对产品质量影响较大的工位器具，应关注其验证结果，如同种异体骨洁净室（区）工位器具清洁、消毒/灭菌效果的有效性是否经过验证等。

2.6.5　进入洁净室（区）的物品，包括原料和零配件等必须按程序进行净化处理。

对于需清洁处理的植入性无菌医疗器械的零配件，末道清洁处理应当在相应级别的洁净室（区）内进行，末道清洁处理介质应当满足产品质量的要求。

■ 条款解读

本条款是对进入洁净室(区)物品的净化要求。进入洁净室(区)的原材料、直接接触产品的初包装材料和零配件,在运输、贮存和传递中应能防止被污染,同时也应注意防止其外包装污染洁净室(区)工作环境。

企业应当为进入洁净室(区)物品设立必要的设施和设备,如设置外清室、脱外包装室、除尘(缓冲)室等,物料净化室与洁净室(区)之间应设置气闸室或双层传递窗,用于传递物料和其他物品。如进入洁净室(区)的物品是采购或外协物品,企业应当在采购质量协议中对采购物品的生产/清洁程度及其保持清洁度的相关措施进行明确,如初包装、零配件的生产/加工工序要求、生产/加工环境、包装要求、运输要求等,以避免采购物品被污染。若物品为自产,也应当对其进入洁净室(区)前与清洁度相关的要素,如生产环境、是否需要初步清洁、包装材料/层数/是否密封、如何外清等进行规定与管理。

通常易产尘的纸质外包装材料,应当在进入洁净室(区)前去除;不易产尘的外包装材料在进入洁净室(区)前,应当在相应的脱包装间(缓冲间)去除外包装,脱外包(换用洁净区专用工位器具)后经外清处理(吸尘/清洁等)程序,方可通过规定的物料传递通道进入洁净室(区),并存放于规定的区域。

洁净间的物料清洁程度(包括物料的包装情况)应进行验证,对不同物料的脱包规定是否能够满足要求,应进行相应的测试、验证和确认。

进入洁净室(区)的物品经过验证,若能达到规定要求的清洁度,可以直接使用或投入生产工序,达不到规定清洁度要求的原材料或零配件,则应进行必要的清洁。清洁度较低的原材料或零部件,必要时应当在进入洁净室(区)前进行初洗,如机加工后零部件、胶原生产用牛腱、透明质酸钠生产用鸡冠等。初洗完成后,其末道清洁应当在规定级别的洁净室(区)精洗室进行末道精洗。主要与骨接触的植入性无菌医疗器械或单包装出厂的配件、主要与组织和组织液接触的植入性无菌医疗器械或单包装出厂的配件,其末道清洁处理区域应当不低于100 000级洁净度级别;主要与血液接触的植入性无菌医疗器械或单包装出厂的配件,其末道清洁处理区域应当不低于10 000级洁净度级别;与人体损伤表面和黏膜接触的植入性无菌医疗器械或单包装出厂的零部件,其末道清洁处理区域应当不低于300 000级洁净度级别。

企业应当针对进入洁净室(区)物品(包括原料和零配件等)建立清洁程序,明确这些物品进入洁净室(区)前后的清洁要求和达到清洁度要求所经历的处理过程,如是否需要进入洁净室(区)前初洗、脱包、外清和进入洁净室(区)后精洗/贮存等。企业应当在验证的基础上编制必要的作业指导书,明确具体的清洁方法、使用的工具/清洁介质、频次、标准、监视测量方式方法等，并保留必要的清洁记录。

常用的清洁介质有水、气、有机 / 无机单方 / 复方溶液等。洁净室（区）末道精洗常用的介质有纯化水、注射用水、清洁气、无水乙醇、75% 乙醇等。精洗后的物品应当经验证后采取必要的防尘措施、规定贮存条件与贮存时间，防止清洁后的物品再次污染。

对于动物源性产品，清洗过程包括对有害残留物的去除，例如病原体、支原体、有害抗原物、残留物或其他外源性因子的去除，其去除效果应进行相应的工艺验证。

■ 检查要点

(1) 适用时，现场检查是否配备了符合要求的初洗区、脱外包间、外清间或除尘（缓冲）室；适用时，是否在洁净室（区）设置了符合要求的精洗室。

(2) 检查是否针对原材料与零部件的清洁度进行规定，适用时，是否针对相关过程开展清洁工艺验证，并在此基础上制订了进入洁净室（区）前 / 后物品清洁操作规程或作业指导书，规程或作业指导书内容是否包括：清洁目的、方法、工具、清洗介质、频次、要求等。

(3) 是否按规程或作业指导书进行操作并保留相关清洁记录。

■ 检查方法

适用时，现场检查初洗区、脱外包间、外清间或除尘室、洁净室（区）精洗室的设计是否合理，初洗、精洗工序是否在符合要求的区域内进行。查看进入洁净室（区）的物品，包括原料和零配件的净化程序验证报告、清洁相关规程 / 作业指导书、清洁相关记录，现场核实物品清洁程序（包括处理介质等）是否按规定实施，综合评估其清洁措施是否能满足产品质量要求。

■ 注意事项

清洗介质除了有工艺用水外，还可能是工艺用气，有机溶剂如乙醇等，这些清洗介质及清洗过程（包括清洗后干燥工序）都应经过确认并进行常规控制，清洗后的干燥工艺应该特别注意。查阅文件时，重点检查清洗工艺的验证情况。

2.6.6　应当建立清场的管理规定，以防止产品的交叉污染，并做好清场记录。

■ 条款解读

本条是关于生产过程中清场管理的要求。

“清场”从字面上可以理解为清洁和(或)清理场地,清场是生产管理中的一项重要内容。清场的目的,是为了防止产品生产过程中不同批号、不同品种、不同规格之间的混淆、错配、漏配、污染等差错的发生,对所使用的设备/器具、材料、产品、工作区域、工作现场进行全面清理,确认无前批生产遗留物及其他异物的过程。

植入性医疗器械不同品种、不同生产工序、不同生产方式,其清场的方式、方法也可能有所不同。正式的清场通常涉及至少四个方面:

(1) 物料,包括　原辅料、半成品、成品、包装材料、剩余的材料、散装品、印刷的标志物等。

(2) 生产指令、生产记录等书面文字材料。

(3) 生产中的各种状态标志等。

(4) 清洁卫生工作。

为了规范清场,防止产品产生污染及生产操作发生差错和混淆,企业应当建立清场作业指导书,对清场的目的、要求、责任人、范围、程序、频次、方法、记录、检查等做出详细的规定,以便生产操作人员和检查人员共同遵循和执行。不同品种、不同岗位、不同工序的清场规定若有不同,应当分别规定。

对清场的要求包括但不限于以下各个方面。

(1) 地面无积尘、无结垢,门窗、室内照明灯、风管、墙面、传递窗外壳无积灰,室内不得存放与生产无关的杂物。

(2) 使用的工具、容器、工位器具等应清洁、无异物,无前次产品的遗留物,并按照工位器具管理规定归位摆放。

(3) 设备内外无前次生产遗留的产品,无油垢。

(4) 直接接触产品的机器、设备及容器应每天清洗或清理。

(5) 生产工序需更换不同规格、型号时,生产现场、生产设备、周转工位器具等应当清理干净,合格品与不合格品应分类存放,多余的标签、标识物及包装材料应全部按规定处理。

(6) 清场工作应有清场记录。清场记录应包括工序、清场前产品的品名、规格、批号、数量、流向、清场日期、清场项目、检查情况、清场人、复核人及其签字,清场记录应纳入批生产记录。

(7) 清场完毕并确认合格后,放置已清场标识。

(8) 停机或检修时,现场、设备均应清理干净。

■ 检查要点

(1) 检查清场管理规定,是否对清场目的、要求、责任人、范围、程序、频次、方法、记录、检查等做出详细的规定。

(2) 现场检查，并结合清场记录评价是否按照清场规定实施清场。

■ 检查方法

查看清场管理相关规定与清场记录，询问生产工序相关人员清场的方法、频次等，结合现场清场后未动态生产工序情况，综合评价企业清场是否符合规定要求。

■ 注意事项

关注清场管理规定中是否对清场的频次、清场的有效期做出要求。连续生产中，同一品种、不同型号规格的生产指令下达后，由于有共用的生产工序 / 生产区域，可能不涉及全面清场，仅涉及部分相关工序、区域的局部清场。企业应当针对不同的清场范围与要求，做出明确的规定。

2.6.7　应当建立批号管理规定，明确生产批号和灭菌批号的关系，规定每批产品应当形成的记录。

■ 条款解读

本条是关于批号管理的要求。

批号指用于识别一个特定批的具有唯一性的数字和(或)字母的组合。生产批指在一段时间内，同一工艺条件下连续生产出的具有同一性质和质量的产品。灭菌批指在同一灭菌容器内，同一工艺条件下灭菌的具有相同无菌保证水平的产品。

在医疗器械的生产、经营、使用、监管过程中，医疗器械的批号相当是产品的有效身份“识别码”，在产品质量管理以及使用跟踪管理方面起着重要的作用。批号管理是生产管理的重要内容，其管理水平直接体现产品生产过程可追溯的范围与程度。植入性医疗器械生产过程中，常涉及物料批、零部件批、半成品批、成品批、灭菌批的管理。物料批 / 零部件批的管理有助于识别物料 / 零部件质量对半成品、成品的质量影响；半成品批的管理有助于识别半成品质量特性形成过程相关影响因素及其质量对最终成品质量的影响；灭菌批的管理有助于识别灭菌过程对灭菌效果的影响；成品批管理有助于识别生产全过程各相关因素对成品质量的影响。无论是物料批、零部件批、半成品批、成品批、灭菌批，应明确这些“批”与生产批的“唯一性”关系，例如实行了物料批、灭菌批管理的产品，除了有原料批、灭菌批“批号”之外，还必须有生产批的批号。

植入医疗器械上市后，在流通与使用过程中，生产批与灭菌批同时作为重要追溯信息，记载在与流通、贮存、销售、使用相关的记录中。

建立产品批号管理规定的目的，是规范产品批号的编制原则、方法、给定程序和监督管理，确保每批产品都有特定的批号，并可对每批产品的生产和销售历史进行追溯。企业应当制定批号管理规定，对每种医疗器械生产批的批号，以及重要物料 / 零部件、半成品、成品、灭菌批批号的编制规则、成品批与灭菌批的关系进行详细规定。企业也应在医疗器械设计开发完成后，对每批产品应当形成的所有记录（含生产记录）进行规定，规定也应涉及每批产品生产记录中必须记录的重要物料 / 零部件、半成品、成品、灭菌批号相关信息，并在相关表式中予以明确。

特定医疗器械的批号通常是唯一性的数字和（或）字母的组合，多数企业采用物料、零部件、半成品、成品字母代码和物料 / 零部件入库、零部件 / 半成品 / 成品生产日期组合形成特定医疗器械批号编制规则，也有企业采用随机产生的条形码、二维码等编制企业特定医疗器械批号。企业通常采用特定医疗器械或其字母代码和灭菌起始日或完成日日期形成灭菌批号，有多个灭菌炉的，或同一日有两个灭菌批的，以灭菌日期叠加经过定义的数字字母组合形成灭菌批号。企业应当理顺灭菌批号与生产批号的关系，同一个灭菌批可以由不同的生产批组成，同样同一个生产批也可能有多个灭菌批。在同一灭菌容器内，同一工艺条件下灭菌的具有相同无菌保证水平的产品，可以称为一个灭菌批。通常在一个灭菌柜内完成经确认的完整灭菌过程后的所有批次的产品可以组成一个灭菌批，同一灭菌批产品的微生物存活概率是相同的。

无论采用何种批号编制方法，批号的编制均应遵循科学、合理、易识别、唯一性的原则，以保证可以追溯和审查该批医疗器械的生产历史。

一个批的最小单位可以是单一产品。一般来讲，植入性医疗器械都是批量生产的，在一定的周期内采用同一工艺、同一原材料生产出来的植入性医疗器械应该具有较高的均质性。鉴于植入性医疗器械的高风险性，如心脏起搏器、颅内植入物、乳房植入物、眼内充填物等，医疗器械应当在批号管理的基础上，添加序列号，以便体现同一批号产品生产中的个体差异，如不同人员的手工操作的差异；生产设备的差异、生产过程的差异等。按序列号管理的植入性医疗器械，其生产记录中应当记录对产品质量特性差异产生较大影响的相关要素及其相关信息，便于对每个产品的生产历史进行详细追溯，便于产品与患者信息实现“一对一”的对应，利于对患者进行随访、对植入物取出、取出分析和对植入物整个生命周期的监测和管理。医疗器械的各类批号经标识后，原始批号不应被擅自更改。

■ 检查要点

(1) 查看批号管理相关文件，确认其是否明确了与其医疗器械生产相关的物料批、零部件批、半成品批、成品批、灭菌批(若适用)、序列号等批号的编制规则，是否明确规定了生产批和灭菌批的组批方法，是否明确了生产批号和灭菌批号的关系，是否明确了每批产品生产中应形成的记录。

(2) 查看相关医疗器械生产批记录，确认企业批号管理是否与其规定相一致。

(3) 根据企业批号管理相关文件及其相关记录，结合采购、物料周转、成品库房等现场管理情况，综合评价企业的批号管理制度建立与实施能否满足其可追溯性要求。

■ 检查方法

选择典型医疗器械一个生产批号，查看其全部生产记录，核查其物料批、零部件批、半成品批、成品批、灭菌批(若适用)形成过程相关"人、机、料、法、环"等质量影响要素及其相互关系是否全程清晰、明确，同时结合生产现场管理情况综合评价企业生产过程可追溯性是否符合规定要求。

■ 注意事项

抽取特定医疗器械批生产记录样本，评价其批号管理能力时，一定要结合生产现场动态管理情况，特别要关注企业生产过程中的"零料"管理能力，防止出现"生产过程纸上可追溯，实际不可追溯"的现象。

2.6.8　应当选择适宜的方法对产品进行灭菌或采用适宜的无菌加工技术以保证产品无菌，并执行相关法规和标准的要求。

■ 条款解读

本条是对产品灭菌方法选择的要求。

灭菌指用以使产品无任何形式的存活微生物的过程，且该过程应当经过确认。无菌指产品上无存活微生物的状态。无菌加工指在受控的环境中进行产品的无菌制备及产品的无菌灌装，该环境的空气供应、材料、设备和人员都得到控制，使微生物和微粒污染控制到可接受水平。

植入性医疗器械通常以无菌状态交付，由于产品需植入人体，产品微生物污染控制是植入性无菌医疗器械的重要质量特性，必须严格控制，以符合法规和标准的规定要求。植入性医疗器械设计开发阶段，就需要综合植入性医疗器械材质、结构特点、预期用途、包装设计、灭菌易得性、经济性等因素选用合适的灭菌方法或采用适宜的无菌加工技术，以确保产品灭菌效果符合要求。金属骨科植入物等植入性医疗器械以非灭菌状态交付，产品使用前方需要灭菌，产品设计开发时也需考虑其包装对预期灭菌方法的适应性、灭菌前的产品清洁度等风险，并采取相应的风险管理措施。

常用的灭菌方法有物理法（高压蒸汽灭菌、干热灭菌等）、化学法（环氧乙烷灭菌、过氧化氢灭菌等）和辐射法（γ 射线灭菌、电子束灭菌等），或者采用无菌加工技术来保证产品无菌。每种灭菌方法都有其特点。针对不同的植入性医疗器械，从经济性、灭菌易得性、对产品既有质量特性影响、灭菌剂残留风险、无菌可靠性等方面评估，各有优缺点。如水为产品组成成分的植入医疗器械不宜选用环氧乙烷灭菌；对高温敏感的植入性医疗器械不能选择湿热灭菌法；产品材质对辐射敏感的医疗器械则不宜采用辐照灭菌；不能耐受灭菌的产品，只能采用适宜的无菌加工工艺。特定植入性医疗器械选择具体灭菌方法时，应综合各类影响因素，优先选择经济、易得、可靠的灭菌方法。

灭菌过程是植入性医疗器械重要特殊生产过程，系列标准对该过程给予了规范与指导，表 2-1 是与灭菌过程相关的主要国家标准与行业标准。企业应当选择具备专业知识和能力的人员，在下列标准的指导下，对灭菌过程进行严格确认，编制相关作业指导书、培训能胜任灭菌岗位的操作人员，设置必要的灭菌设施、设备或选择适宜的灭菌供应商，对灭菌过程进行充分的监视与测量，以保证灭菌效果。

表 2-1　与灭菌过程相关的主要国家标准与行业标准

序号	标准号	年代	标准名称
1	GB18278.1	2015	《医疗保健产品灭菌　湿热　第 1 部分：医疗器械灭菌过程的开发、确认和常规控制要求》
2	GB18279.1	2015	《医疗保健产品灭菌　环氧乙烷　第 1 部分：医疗器械灭菌过程的开发、确认和常规控制的要求》
3	GB/T18279.2	2015	《医疗保健产品的灭菌　环氧乙烷　第 2 部分：GB18279.1 应用指南》
4	GB18280.1	2015	《医疗保健产品灭菌　辐射　第 1 部分：医疗器械灭菌过程的开发、确认和常规控制要求》
5	GB18280.2	2015	《医疗保健产品灭菌　辐射　第 2 部分：建立灭菌剂量》
6	GB/T18280.3	2015	《医疗保健产品灭菌　辐射　第 3 部分：剂量测量指南》
7	GB/T32310	2015	《医疗保健产品灭菌　化学指示物　选择、使用和结果判断指南》
8	GB/T19972	2005	《医疗保健产品灭菌　生物指示物　选择、使用及检验结果判断指南》
9	GB/T19973.1	2005	《医用器材的灭菌　微生物学方法　第 1 部分：产品上微生物总数的估计》
10	GB/T19973.2	2005	《医用器材的灭菌　微生物学方法　第 2 部分：确认灭菌过程的无菌试验》

续表

序号	标准号	年代	标准名称
11	GB/T19974	2005	《医疗保健产品灭菌　灭菌因子的特性及医疗器械灭菌工艺的设定、确认和常规控制的通用要求》
12	YY/T1478	2016	《可重复使用医疗器械消毒灭菌的追溯信息》
13	YY/T0615.1	2007	《标示“无菌”医疗器械的要求　第 1 部分:最终灭菌医疗器械的要求》
14	YY/T0615.2	2007	《标示“无菌”医疗器械的要求　第 2 部分:无菌加工医疗器械的要求》
15	YY/T0567.1	2013	《医疗保健产品的无菌加工　第 1 部分:通用要求》
16	YY/T0567.2	2005	《医疗产品的无菌加工　第 2 部分:过滤》
17	YY/T0567.3	2011	《医疗保健产品的无菌加工　第 3 部分:冻干法》
18	YY/T0567.4	2011	《医疗保健产品的无菌加工　第 4 部分:在线清洗技术》
19	YY/T0567.5	2011	《医疗保健产品的无菌加工　第 5 部分:在线灭菌》
20	YY/T0567.6	2011	《医疗保健产品的无菌加工　第 6 部分:隔离器系统》
21	YY/T0567.7	2016	《医疗保健产品的无菌加工　第 7 部分:医疗器械及组合型产品的替代加工》

环氧乙烷灭菌管理的基本要求如下。

(1) 有独立分隔灭菌区域和与其规模相适应的灭菌设备。

(2) 灭菌区域能保证待灭菌产品和已灭菌产品分开存放,待灭菌产品和已灭菌产品各行其道,并有明显标识。

(3) 应有防爆、防火和强制通风设施。

(4) 应掌握待灭菌产品微生物初始污染情况,每台灭菌设备和工艺均应验证,并具验证证明文件。

(5) 应制定灭菌常规控制文件、灭菌器操作规程、灭菌器维护保养规程和环氧乙烷气体存放管理制度。

(6) 操作人员应严格按灭菌工艺文件操作并有完整灭菌过程及参数记录。

(7) 灭菌排放的环氧乙烷残气应处理并达到相应环保要求。

(8) 建立解析管理制度,有与灭菌能力相适应的解析区域,解析产品与检验合格品区域分开,标记明显。

(9) 有能力对灭菌效果进行检验 / 验证 / 确认。

辐射灭菌的基本要求如下。

(1) 有独立分隔辐射产品库与未辐射产品库且有明显标识。

(2) 通过检验 / 验证确定产品初始污染菌数。

(3) 产品材质与包装材料辐射后应完好、无损、无质量变化。

(4) 对产品及包装对辐射剂量、原材料和贮存条件的影响因素进行验证 / 确认，确定产品和包装最大可接收剂量。

(5) 保存与辐照灭菌相关的记录（包括必要的过程监测记录）。

(6) 有能力对灭菌效果进行检验 / 验证 / 确认。

采用无菌加工技术生产的产品，其各个部件（产品、容器和密封件）应分别经过灭菌（或无菌）处理，在高洁净度的环境中组装成最终产品，产品装入最终包装容器后不再进行灭菌处理。对这类产品，首先应识别和评估各个工艺步骤对最终产品无菌性、热原和微粒等质量特性影响程序、对其他产品质量的影响程度，并在适宜的工艺控制点采取必要的控制措施。无菌加工工序需进行无菌有效性验证。验证报告应包括但不限于以下内容。

(1) 厂房和设施，洁净、设备布局图。

(2) 生产流程介绍（重点是无菌过滤、物料储运、关键操作等）。

(3) 容器、密封部件的灭菌和去热原过程，完整的批生产记录。

(4) 灌装程序和要求、灌装设施、类型和尺寸、容器体积、数量、环境监测、正常的工艺和工艺参数，灌装失败时采取的补救措施。

(5) 环境监测、方法、频次，不合格时采取的措施。

(6) 密封系统的完整性。

(7) 卫生学检查（无菌，内毒素或其他外源性因子）方法。

(8) 工艺过程验证，包括空气净化，除热原过程、包装材料灭菌过程、过滤除菌过程，实验室控制过程的验证等。

如果产品采用委托灭菌，委托双方至少符合以下基本要求。

(1) 委托方与受托方应为法人企业。

(2) 应充分了解产品灭菌相关风险，在充分考虑产品本身、产品包装设计等影响因素的前提下，识别并确定适宜的灭菌方法，开展初始污染菌的监测，明确灭菌过程的控制要求。

(3) 双方应签订具有法律效力的委托灭菌协议。

(4) 制订对受托灭菌企业资质和能力进行评审的文件，并保持相关记录。

(5) 委托方与受托方共同对委托灭菌产品的灭菌过程进行确认，必要时对灭菌过程进行再确认，并保持相关记录。

(6) 受托方应具备所承担的灭菌能力，能够按法规和标准要求对灭菌过程进行过程管理、监视 / 测量，具备自动记录灭菌过程主要过程参数的能力。委托方还应与受托方确定适宜的方法保存每一灭菌批的灭菌过程记录，灭菌过程记录应可追溯到产品的每一生产批，委托方应明确产品灭菌批与生产批之间的关系。

■ 检查要点

(1) 检查企业设计开发、工艺验证、灭菌生产记录 / 无菌加工生产记录、过程参数控制、过程监视与测量、产品检验相关文件与记录，确认企业是否有对所选用的灭菌方法或无菌加工技术进行分析、论证，产品灭菌方法是否适宜；企业是否执行相关国家标准与行业标准，最终结果是否符合法规和标准要求。

(2) 检查企业灭菌工艺 / 无菌加工工艺相关生产规范 / 岗位作业指导书，随机抽查一年内企业灭菌相关的生产与检验、验证相关记录，结合现场对灭菌设施、设备、岗位操作人员、相关记录等方面的实际考察，综合评估企业是否按工艺验证结果编制工艺规范 / 作业指导书；是否按规定进行灭菌并保留相关灭菌记录。

(3) 若企业委托灭菌，企业是否按规定对供方进行审核与管理，签订具有可操作性的质量协议，共同对灭菌工艺开展工艺确认，按合同规定获取灭菌工艺参数，按法规、标准与企业规定开展必要的检验、验证 / 确认、质量分析与反馈，持续对委托灭菌工序进行严格管理，确保灭菌效果符合规定要求。

■ 检查方法

查看企业设计开发(包装设计文件、灭菌方法 / 无菌加工技术论证、灭菌 / 无菌加工工艺验证报告、灭菌 / 无菌加工工序作业指导书等)相关文件，综合评价是灭菌或无菌加工方法的适宜性。综合企业资源(厂房设施与设备、人员与培训)配备、工序验证 / 确认、工序规范与作业指导书编制、灭菌 / 无菌加工工序生产与过程参数控制 / 过程检验等相关记录，综合评价企业灭菌 / 无菌加工工序的适宜性与有效性。

如果产品采用委托灭菌，根据医疗器械生产企业供应商审核指南对提供灭菌服务的供应商应当审核其资格证明和运营能力，并开展现场审核。同时应重点关注以下几个方面：对产品灭菌方法适宜性的评价；供方评价准则和相关评价记录；灭菌确认报告及原始记录，包括再确认形成的相关文件和记录；灭菌过程记录是否与灭菌确认的内容一致，发生变更后是否经过了再确认；当采用 EO 灭菌时，应查看产品解析的场所和条件；产品的交付与接收是否与协议中规定的内容一致，是否满足产品可追溯性的要求；协议中涉及的与产品质量相关的其他文件和记录。

■ 注意事项

注意企业灭菌 / 无菌加工方法、设施 / 设备、人员、灭菌供应商、过程验证结果、过程控制参数、过程监视与测量、过程检验等方面的变更，确认企业是否按规定对对变更进行处置，以保证灭菌过程和灭菌效果能够符合法规、标准和企业规定要求。

2.6.9　应当建立植入性无菌医疗器械灭菌过程确认程序并形成文件。灭菌过程应当按照相关标准要求在初次实施前进行确认，必要时再确认，并保持灭菌过程确认记录。

■ 条款解读

本条是对灭菌过程确认的要求。

灭菌过程是植入性医疗器械生产过程的重要子过程，同时也是无法采用经济、可行的方法通过后续的检验和试验准确评定其质量的特殊过程，所以应当对整个灭菌过程进行确认和定期的再确认。灭菌确认的开展包括：制定计划、实施计划、记录过程、撰写确认报告等。在产品、灭菌器、工艺参数等发生变化时应对灭菌过程进行再确认。产品的生物负载特性，灭菌处理参数，如压力、温度、湿度、EO浓度，真空度等，在初次灭菌前应进行确认，产品、灭菌器、工艺参数变化时应进行再确认。委托灭菌时，企业也应当与供方共同对灭菌过程按法规和标准开展过程确认和再确认。常用的湿热、环氧乙烷、辐照灭菌过程的开发、确认和常规控制要求具体内容可分别参考GB18278、GB18279、GB18280系列标准。无菌加工要求可参考YY/T0567系列标准。

■ 检查要点

(1) 是否编制了产品灭菌过程确认的程序文件，并规定进行再确认的条件、周期等。

(2) 在初次对产品进行灭菌前，是否对灭菌过程进行确认。在产品、灭菌器、工艺参数等发生变化时是否对灭菌过程进行再确认。

(3) 灭菌过程或无菌加工过程的确认是否符合相关标准的规定，记录或报告是否经过评审和批准。

(4) 若采用无菌加工技术保证产品无菌，是否按有关标准规定，进行了过程模拟试验。

(5) 是否保持了灭菌过程确认的记录。

■ 检查方法

检查灭菌过程或无菌加工过程的确认是否符合相关标准要求；确认记录或报告是否经过评审和批准。若采用无菌加工技术保证产品无菌，是否按有关标准要求进行了过程模拟试验。以下以环氧乙烷灭菌为例说明现场检查重点。

（1）检查环氧乙烷灭菌剂技术规范、灭菌有效性试验报告，确认环氧乙烷是否符合工业用环氧乙烷标准（GB/T13098-2006），合格证、生产企业名称等，是否与灭菌确认时一致。检查环氧乙烷灭菌剂进货及存放控制。检查供货商资质、验收、存放，处置规定，现场检查确认是否符合规定。

（2）查看在用灭菌设备及辅助系统设备类型、型号、能力和运行范围的详细说明（设备的技术规格），查看灭菌柜技术规范并与灭菌确认报告比对，确认是否能满足灭菌要求（温度、湿度探头的数量、控制范围、体积、控制软件等）。

（3）检查灭菌工艺参数规定，确认灭菌参数监控变量（真空度、压力、温度、湿度等）是否满足灭菌工艺性能要求，过程参数控制是否与灭菌记录内容一致；是否确认了灭菌参数变量的有效性，在各参数控制范围内灭菌是否有效。灭菌参数控制的计算机软件是否经过确认，软件是否具备参数控制功能，灭菌设备的安装、运行、试运行和性能确认的记录和文件（确认报告）。检查灭菌柜验收报告。现场检查各项仪表的校准标识，检查灭菌器维护记录，包括泄露测试记录、现场询问灭菌器空气过滤器更换、探头、蒸发器擦拭等频次的要求。预处理的时间、温湿度探头数量、产品摆放和分隔形式的记录，并符合规定，现场检查是否与文件规定、灭菌确认报告一致。灭菌时，有真空度、环氧乙烷浓度（体积和最终压力）、柜内温度、压力和被灭菌产品温度监测方式，并符合规定。检查灭菌记录，以上内容与文件规定一致。有灭菌（灭菌周期）时间的记录，并符合规定。预处理、抽真空和真空保持、灭菌保持时间的记录，和确认报告一致。通风时间和温度，柜内压力改变的记录，检查记录，和确认报告一致。

（4）证明灭菌工艺对产品和包装无不良影响，检查相关分析报告，特别是检查如果加工工艺中有残留水分而导致环氧乙烷超标的可能，检查包装材料（包括供应商）与灭菌确认时所用的包装材料是否一致。

（5）若过程中使用了生物指示剂，应检查生物指示剂，是否和灭菌报告所使用的指示剂一致。

（6）是否有对挑战器械（过程检测器材）的描述和使用方法的规定。是否设计和确定了挑战器械（提供挑战器械的样本），常规监测中（每一批）是否放置了挑战器械，生物指示剂检查记录或报告中是否包括挑战器械检查结果（挑战器械：模拟产品的过程监测检材，挑战器械应和产品一致，并在最难灭菌的部位放置的生物指示剂，这种过程检测器材用于常规监测中）。

（7）灭菌后采取的放行方式。若采用生物指示剂放行，物理参数应符合规定，包括按企业标准要求环氧乙烷残留量合格的出厂检验报告，生物指示剂培养后无试验菌生长（检验记录），挑战器械中生物指示剂检查结果为阴性（检验记录）。灭菌后采用参数放行产品

(若适用)预处理,灭菌柜,解析室应分别设置参数,灭菌柜中应有环氧乙烷浓度监测设备,灭菌物理学、微生物学鉴定符合参数放行规定。灭菌后采用无菌检查放行的产品,无菌检查方法应符合《中国药典》的要求。

■ 注意事项

人员、设备、设施、产品、方法、过程控制、过程监视与测量、时间与环境等多种因素共同影响灭菌过程,影响灭菌效果,因此,灭菌过程确认方案需要充分考虑多种因素对灭菌过程的干扰,采取综合措施,将多种影响因素进行分类控制,在首次灭菌确认的基础上,企业只有在一定时间段内(建议为一年)系统收集灭菌相关信息,综合分析、评价、反馈,才能形成完整的灭菌确认报告。应注意完整的灭菌确认与再确认之间的区别。此外,还应关注企业产品(含初包装)微生物初始污染与灭菌过程确认结果之间的相互关系。灭菌过程常使用计算机软件控制系统,检查时应同时关注相关计算机软件的验证 / 确认结果及其应用情况。

以下针对国内医疗器械企业常用的环氧乙烷灭菌和辐照灭菌,详细说明检查中的注意要点。

1. 环氧乙烷灭菌

(1) 灭菌除考虑如何使产品达到 10^{-6} 无菌保证水平外,还需考虑环氧乙烷残留物(EO,ECH)的去除、产品初包装完整性、产品本身与灭菌工艺的兼容性等问题。环氧乙烷灭菌过程中往往伴随气压变化,如果包装和产品本身透气性不好,则可能造成包装破损和产品损坏。选择待灭菌产品的初包装时,应针对特定灭菌过程考虑特定的主要设计和制造因素。

(2) 环氧乙烷是易燃易爆气体,其与空气的混合物在 3%~100% 范围内具有潜在爆炸性。在有惰性气体(如 N_2、CO_2)存在情况下,则混合气的安全浓度范围大大提高(图 2-1)。

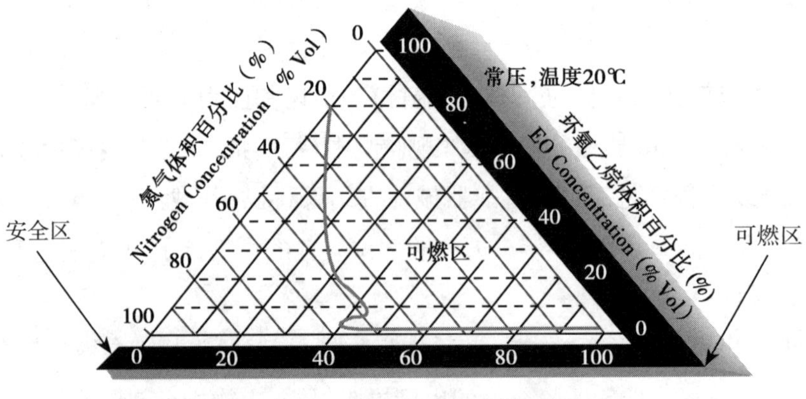

图 2-1　环氧乙烷 - 氮气 - 空气 混合气可燃范围图
Flammable Region of Ethylene Oxide/Nitrogen/Air Mixtures

美国 AAMI TIR 14 标准中要求灭菌柜内不得存在可燃性气体混合物。

(3) 环氧乙烷对人体健康有一定危害性，动物实验表明，环氧乙烷有致癌和致畸作用，环境中安全浓度范围是 $5mg/m^3$（不超过 15 分钟）和 $1mg/m^3$（8 小时）。生产企业宜在其灭菌车间设置环氧乙烷浓度监测装置。

(4) 检查环氧乙烷灭菌柜及辅助设备的安装确认（IQ）报告，是否对灭菌系统（适当时，包括预处理室或预处理柜、解析柜或解析室等）的计算机控制软件进行了确认。

(5) 检查环氧乙烷灭菌柜及辅助设备的运行确认（OQ）报告，确定所有用于监视、控制、指示或记录的仪器是否处于校准有效期内。

(6) 在引入新的或更改的产品、包装、装载模式、设备或过程参数时，应进行性能确认，除非证明其与之前已确认的产品、包装或装载模式的组合等效。

(7) 检查微生物性能确认 MPQ 报告：生物指示物应放置于产品中最难灭菌的部位。

(8) 检查是否对产品中的环氧乙烷残留进行了评估。应按照 GB/T16886.7 建立产品中环氧乙烷残留物的限量，并对解析过程进行确认。

(9) 检查日常控制所用生物指示剂是否与灭菌确认中所使用的生物指示剂一致，生物指示剂的存放是否符合标签上推荐的温、湿度条件，对生物指示剂的培养条件（温度、时间）是否符合生物指示剂的说明书。检查企业是否存在未经充分验证就擅自缩短生物指示剂培养时间的情况。

(10) 环氧乙烷灭菌过程中的尾气处理、排放应符合当地的环保要求，可以通过检查相关检验报告、证明文件来评估符合性。

(11) 检查灭菌失败后企业的措施，是否进行了根因分析和调查，必要时采取纠正措施。

(12) 检查企业在设计变更、工程变更时，是否考虑了这些变更对灭菌的影响，是否在必要时对灭菌过程进行了再确认。

(13) 是否采取了环氧乙烷尾气吸收处理措施，是否能够提供环氧乙烷废气 / 废液排放符合当地环保法规要求的证据。

2. 辐照灭菌

辐照灭菌的确认一般包含以下几个组成部分。

(1) 规定在灭菌加工中使用的辐射的类型，例如 γ 射线、电子束、X 射线。如果是电子束或 X 射线，应规定电子束的能力水平。

(2) 应对产品、产品包装的变更或产品在包装中的位置摆放加以规定；对产品生产工艺（包括生产完毕后，等待灭菌的时间）进行规定，以保证产品在提交灭菌时其初始污染菌水平是可控的。

(3) 过程定义，包括建立最大可接受计量（GB18280.1-2015，8.1）和灭菌剂量。

(4) 确认 安装鉴定,运行鉴定,性能鉴定。

(5) 过程有效性的保持。灭菌剂量的持续有效性由以下方式证明:①确定生物负载以监视与生物负载规定限度相关的产品中存在的微生物数量;②执行灭菌剂量审核,以监测产品上的生物负载的辐射抗力。

(6) 在产品的原料来源、组装工艺、清洗和干燥,以及包装等各生产环节如发生任何变更,应评估这些变化对初始污染菌数量和种类的影响,以免影响灭菌效果。

(7) 辐照灭菌剂量可以累积。因此,企业在决定进行二次灭菌时,应注意辐照剂量的叠加效应,避免超过产品所能耐受的最高辐照剂量。

(8) 在产品、装载、包装以及灭菌过程没有任何变化的情况下,辐照灭菌的剂量审核一般 3 个月进行一次(详见 GB18280.1-2015,12.1.3)。

2.6.10 应当制定灭菌过程控制文件,保持每一灭菌批的灭菌过程参数记录,灭菌记录应当可追溯到产品的每一生产批。

■ 条款解读

本条是对灭菌过程控制及其记录的要求。

灭菌过程是无菌医疗器械最重要的生产过程之一,企业应当在灭菌过程确认报告的基础上,制定灭菌过程控制文件。灭菌过程控制文件编制应当考虑影响灭菌过程有效性及其他相关因素,如灭菌设备适用性、适用灭菌设备可调节范围、灭菌过程参数、过程监视与测量、产品灭菌前 / 后管理、人员要求、安全生产要求、人员防护要求等。灭菌过程控制文件及其相关记录应明确需要监视过程参数。为保证灭菌过程参数数据的可靠性,企业应当采用设备自动记录灭菌过程参数。灭菌记录至少应当包括灭菌地点、灭菌设备、灭菌人员、灭菌剂种类、数量、产品型号 / 规格、数量、批号、产品装载方式、灭菌过程参数完整记录及其评价结果、化学指示物(若适用)放置及灭菌前后变化情况、生物指示剂放置及灭菌前后微生物存活数量变化情况、产品解析及灭菌剂残留情况、产品放行检验结果等。企业应当按制规定的灭菌控制文件管理灭菌过程,保留灭菌相关记录,保证灭菌记录可经追溯到产品的每一生产批。

■ 检查要点

(1) 查看灭菌过程控制文件,这些文件应包括:灭菌工艺文件;灭菌设备操作规程;灭菌设备的维护、保养规定等。

(2) 抽查不同季节的一个或数个典型产品的灭菌记录，确认企业是否按照灭菌过程控制文件和灭菌操作规程管理灭菌过程，灭菌记录是否完整、清晰，可溯源到产品的每一生产批。

■ 检查方法

查看灭菌确认报告和灭菌控制文件，确认灭菌控制文件的全面性、完整性及其与相关文件与现场的一致性；现场查看灭菌环境、灭菌设施 / 设备、灭菌过程管理及其灭菌相关记录，确认企业灭菌过程管理、灭菌结果是否符合规定要求，灭菌过程和参数记录是否完整、齐全，具有可追溯性。

■ 注意事项

(1) 检查时应同时关注灭菌岗位人员胜任工作情况。

(2) 一个灭菌容器内混装一种或多种产品时，灭菌放行检验以灭菌容器为单位而不以产品批为单位，此时可能出现部分产品或部分型号规格无检验记录情形。

(3) 灭菌过程参数记录应自动记录，记录不得更改，不得以手工方式记录。

(4) 如委托灭菌，灭菌供应商应按质量协议提供必要的过程管理记录或信息，如产品装载、环氧乙烷生物指示剂放置位置、数量，辐照剂量监测点数、剂量吸收值等。

2.6.11　应当建立可追溯性程序并形成文件，规定植入性医疗器械可追溯的范围、程度、唯一性标识和要求的记录。在规定可追溯要求的记录时，应当包括可能导致最终产品不满足其规定要求的所用的原材料、生产设备、操作人员和生产环境等记录。

■ 条款解读

本条是对企业产品可追溯能力的要求。

在设计开发成熟的前提下，生产过程是产品质量特性形成的主要过程。对企业生产过程可追溯性提出要求，可以保证产品不能满足规定要求，特别是不合格品因为非预期放行可能造成质量事故或医疗器械不良事件时，企业可以通过调阅生产相关记录，复原产品生产全过程涉及的“人、机、料、法、环”全部重要要素，及时分析原因，迅速采取纠正与预防措施，将可能的事故危害及其损失降到最低。

企业应当建立并实施可追溯性程序，植入性医疗器械的可追溯性程序应当包括除设计开发以外的产品实现全过程，如采购、生产、销售、流通、使用及其售后服务。生产企业至少应当追溯至第一经销商，并对产品其后的流通、使用等环节可追溯性提出要求并提供便利条件。可追溯性要求可能因为产品、产品实现“人、机、料、法、环”的不同而不同，企业应当依据风险管理的原则，对植入性医疗器械及其产品实现、产品生命周期的可追溯性要求进行分析、识别，在此基础上，针对每一类植入性医疗器械的全生命周期，分别提出具体的可追溯性要求，明确包括可追溯性的责任部门、相关部门、岗位责任、人员要求、追溯范围、追溯程度、追溯程序、相关记录表等内容，可追溯性程序涉及的相关文件如批号管理规定等关联内容应当协调、统一。植入性医疗器械对产品质量影响较大的原材料、初包装供应商，重要的原材料/零部件采购、检验/验证、流转/使用信息，产品生产全过程生产记录、关键工序、特殊过程相关的生产人员、生产设备/设施、生产环境及其相关记录，产品实现全过程监视与测量相关环境、人员、方法、设施设备及其相关记录，产品放行、入库、销售相关信息等都应当包括在可追溯性范围内。如有必要，植入性医疗器械中风险极高的医疗器械，如心脏起搏器等应当追溯到原材料/零部件、关键/特殊过程、特殊处置相关人员、参数等可能对产品质量有重大影响的个体差异，并为必要的过程和产品赋予能区分差异，实现个体追溯的序列号。序列号通常是符合企业预定编制规则，一组具有唯一性的字母和数字组合，企业的防伪标识可以包含在序列号中。序列号可以通过蚀刻、印刷、模压等不易去除的方式保留在产品可辨识部位，也可以印制在产品初包装上。

编制可追溯性程序时应当考虑但不限于以下几个方面。

(1) 对植入性医疗器械可追溯性的范围、程度、唯一性标识和要求的记录做出规定。

(2) 保持追溯器械的生产历史、应用情况或所处位置的能力。追溯的程度根据产品或零配件的风险程度并结合产品生产工艺的关键和复杂程度来确定。可追溯性的范围应包括产品生产过程中的人、机、料、法、环及产品交付后的流向。适用时，可追溯性的范围应包括：

① 所使用的重要原材料、零部件的来源、批号、供方、制造商；

② 加工过程，特别是关键工序、特殊过程的历史，如生产日期、数量、所用设备、关键及特殊过程参数、生产环境控制记录、检验试验记录、人员（包括生产操作人员、检验人员、放行人员）；

③ 产品交付后的分布和场所，甚至植入器械的病人。

(3) 实现可追溯性能力的方法通常是标识和记录。企业应当在产品生产全过程标识产品不同状态并对其进行管理与记录。如可行，企业还应当在植入性医疗器械和/或实际包装上上标识具有可追溯性的唯一标识。

(4) 产品应能实现正向追溯和逆向追溯，即通过最终产品的唯一性标识/批号，根据相关记录向前可以追溯到第一收货人、分销商、医院、患者，向后可以追溯制造过程的元件、材料、生产过程、生产相关设施/设备/器具、生产环境、生产者、检验人员、检验设备、检验环境、检验方法、放行人员等。生产人员可以追溯到班组，必要时追溯到人员个体。

(5) 当产品有特定要求时，还应建立病人 ID 卡，ID 卡和产品序列号对应，并将带有序列号的产品标识至少一式两份，随装在每一个样品包装中，以便在 ID 卡和病人病历上都具有同样的产品标识和产品序列号，有助于患者的后续随访及医学检查，以及为器械的回收和取出提供追溯性信息，如心脏起搏器。

(6) 医疗器械可追溯性的作用和目的　便于监管，落实产品安全责任，查找产品不合格及可疑不良事件原因，及时采取纠正和预防措施。

■ 检查要点

(1) 查看可追溯性程序文件，确认文件中是否规定了植入性医疗器械可追溯的范围、程度和途径，可追溯能力与法规、产品实际风险相匹配并具有可行性。

(2) 抽查植入性医疗器械典型型号 / 规格的批生产记录，结合现场检查情况综合评估企业产品可追溯能力是否与其产品风险相匹配，是否符合法规要求。

■ 检查方法

现场检查植入性医疗器械产品及其相关追溯性标识和生产 / 检验过程批记录文件，综合评价企业产品追溯能力是否符合法规要求。

■ 注意事项

(1) 特别关注直接或间接接触心血管系统、淋巴系统或脑脊髓液或药液的原材料、零配件采购或生产过程、产品生产关键工序、特殊过程、上述过程监视测量相关的追溯程度、范围是否符合法规要求，如必要时，是否能追溯到关键岗位操作个体人员、生产和检验设备及其易损配件(如人工晶体切削法加工刀具等)、工艺参数等。

(2) 唯一性标识不能等同于序列号，两者可以建立一定的联系，但是不能等同。企业应当自行定义植入性医疗器械唯一性标识，明确唯一性标识在产品和(或)包装上标识的形式、方法，并以设计开发输出文件的形式予以固定。若法规对唯一性标识有明确规定时，企业应当从其规定。

2.6.12　植入性医疗器械应当标记生产企业名称或商标、批代码(批号)或系列号，以保证其可追溯。如果标记会影响产品的预期性能，或因产品体积或物理特性难以清晰标记，上述信息可以使用标签或其他方法标示。

■ 条款解读

本条是对植入性医疗器械可追溯性标识信息的具体要求。

为满足植入性医疗器械可追溯性要求，特别是产品上市/交付后被混用、错用或仿冒等，企业应当对其产品进行排他性标识。标识内容应当覆盖生产企业名称或商标、批代码(批号)或系列号，标识应清晰准确，牢固耐久，并且具有唯一性，以便追溯。成品的标识一般采用规格、型号、批号和(或)产品系列号进行标识，设备类产品一般采用编号进行标识。产品的组批原则，规格、型号和批号的编写规则应形成文件。用作产品标识的标记材料和标识方法，不应对医疗器械产品质量特性和性能产生不利的影响。如果标记会影响产品的预期性能，或因产品体积或物理特性难以清晰标记(如产品包装过小等情况)，上述信息可以使用标签或其他方法标示。无论采用何种标识方法，都必须保证唯一性标识/产品批号等重要溯源信息能在产品全生命周期得到有效识别。

植入性医疗器械的标识通常由企业名称缩写字母、注册商标 LOGO 和批号/序列号/编号组成，可以通过蚀刻、印刷、模压等方式标识在产品内部部件/组件上，也可以标记在产品外表面特定部位。若仅作为企业防伪标识可以不明示，若同时作为可追溯性标识需要明示。若标记会影响产品的预期性能，或因产品体积或物理特性难以清晰标记，上述信息可以使用标签或其他方法标示，也可以采用产品和标签联合标记的方法。

■ 检查要点

(1) 检查是否在文件中规定了产品标记方法，是否规定了需要标记生产企业名称或商标、批代码(批号)或系列号。

(2) 现场查看产品标记内容、方式、方法是否与企业文件规定一致。

■ 检查方法

本条款的检查可在成品库随机抽取产品或抽查批生产记录，查看产品的标识内容、标记方法是否与企业规定一致，是否符合法规要求。

■ 注意事项

注意查看企业实际产品标记内容的字体、版式、部位、方式是否与企业文件规定一致；注意企业是否分别针对不同的产品，分别规定了产品标记的方法，如规格较小的接骨螺钉等产品因为尺寸等原因无法在产品上标记。

2.6.13　应当根据对产品质量影响的程度规定各种植入性无菌医疗器械产品和材料的贮存条件，贮存场所应当具有环境监控设施，应当控制和记录贮存条件，贮存条件应当在标签或使用说明书中注明。

■ 条款解读

本条是对植入性无菌医疗器械产品和材料贮存条件的要求。

植入性医疗器械使用的原材料对贮存要求各异：各类金属材料，如各种不锈钢、铝合金、钴基合金、钛及钛合金、超高分子材料等对贮存环境、贮存条件要求不高；生物来源、同种异体材料和对微生物污染控制要求严格的原材料与零部件，如同种异体骨、供提取透明质酸用的鸡冠、供提取胶原用的牛腱、供制作心脏/大血管封堵用的牛心包等，则对贮存时间、贮存环境、贮存条件要求较高，需要贮存在既能防止腐变又能防止污染的冷库中，对贮存时间也有一定的要求。在洁净环境配制/生产，后续不需清洗即组装成最终产品的各类零部件、外购件、外协件、初包装等，如血管支架涂层液、长管、接头等需要对微生物和微粒污染程度进行控制，这些物品最好贮存在与成品生产同等级别的洁净室（区）内。考虑到采购、运输与贮存时间对其微生物和微料污染和灭菌参数的选择、灭菌效果等特性有直接与间接影响，企业应当在验证的基础上，对各类原材料、零部件、半成品、成品的贮存要求进行分类管理并形成文件。贮存条件超期/超限后应当进行评估、处置，符合要求后方能投入生产。企业应当按照需要设置能够满足贮存要求的贮存设施与设备，根据需要设置相关贮存监控设施，控制贮存条件并保留相关记录，如果贮存条件可能对植入性医疗器械成品销售、运输、贮存、使用条件相关，企业还应当将相关要求与注意事项标注在标签或使用说明书中，供经销商、运输者、使用者等相关人员知晓。

■ 检查要点

(1) 查看相关管理文件，确认企业是否根据对产品质量影响的程度明确规定了原材料、零部件、半成品、成品的贮存/运输条件等，相关内容可能包括贮存时间、贮存洁净级别、贮存温/湿度、运输条件、超限处置程序等适用内容。必要时，是否在标签和使用说明书中注明。

(2) 是否贮备必要的贮存条件（包括必要的环境监控设施）；是否在采购质量协议中对供方生产/贮存/运输等条件进行了明确的规定，并对采购物品的相关质量特性进行了验证或检验。

(3) 企业是否按规定对贮存物料进行了管理并保留相关记录；超限物品是否按规定进行了处置并保留相关记录。

(4) 查看贮存相关的标签与产品说明书，综合评价其贮存、运输条件等内容是否科学、真实、完整、准确并与相关管理文件一致。

■ 检查方法

相看相关管理文件，现场察看原材料仓库、冷藏 / 冷冻库、深冷低温库、成品库等，查看贮存、运输相关记录，综合评价企业是否对植入性无菌医疗器械产品和材料的贮存 / 运输条件等进行分级分类评估与管理，如贮存措施是否有效落实，仓库内是否有防止产品损坏（如氧化、受潮、光照、鼠蚀、污染等）的设施，入库、出库记录是否完整，环境检测记录是否完整，超限处置记录是否保留，能否提供无菌密封包装相关验证报告，确认植入性无菌医疗器械的防护密封包装是否具有微生物隔离的能力，否够在规定条件和期限内确保对产品提供有效防护。最终灭菌医疗器械的包装要求可参见 GB/T19633《最终灭菌医疗器械的包装》，企业实际管理是否与相关规定一致。

■ 注意事项

不同原材料、零部件和成品，其贮存条件的重点可能不同，有些关注温度、有些关注洁净度，有些既需要关注温度 / 湿度，还需要关注贮存时间和贮存环境（防霉变、防微生物和微粒污染等）。必要时，除成品外，原材料、零部件、半成品标签也应当标注与贮存 / 运输相关的要求，以提示生产、管理、运输人员相关人员注意。

2.6.14　以非无菌状态提供的植入性医疗器械，应当在确认过的清洁条件或净化条件下进行末道清洗和包装，清洗水质至少为纯化水，同时采取适当的措施，避免或降低微生物污染。其包装应当能保持其产品不发生锈蚀、霉变、蜕变等性质变化，应适宜企业所用的灭菌方法。

■ 条款解读

本条是对以非无菌状态提供的植入性医疗器械交付后洁净度及包装等方面要求。

骨科植入物等植入性医疗器械虽然以非灭菌状态提供，但临床使用前需进行灭菌处理方可使用。考虑到临床使用前通常不对这些产品进行再次进行清洗等处置，生产企业应当避免加工过程有害助剂残留或贮存、运输过程中发生产品变质等。企业应当在风险分析的基础上，采取有效措施，控制风险在可接受水平，并将剩余风险告知经销商、运输者或使用者等相关人员。

最终以非灭菌状态交付使用的植入性医疗器械，生产企业应当在适当的环节对原材料、零件、半成品、成品洁净程序进行管理，如制定采购要求，明确生产环境与包装/贮存/运输条件，进行适当的清洁/初洗/精洗处置，选择合适的包装等。如需要进行清洗，则企业应当在确认过的清洁条件或净化条件下进行末道清洗，清洗用水至少为纯化水。清洗工艺需进行验证，必要时通过对清洗后的微粒污染指数、清洗介质的残留量、初始污染菌、pH 值、电导率等参数进行测定，与未清洗产品本身的污染程度进行对比，以此验证产品清洗工艺方案的可行性。同时采取适当的措施，避免或降低微生物和或微粒污染。

最终以非灭菌状态交付使用的植入性医疗器械，其包装应当能保持其产品不发生锈蚀、霉变、蜕变等性质变化，同时适应医疗机构等使用者最终拟采用的灭菌方法。若一种包装不能适应多种灭菌方法，企业应当在产品标签和说明书中予以明示。企业可以通过目检、微生物检测封口强度检测、包装老化试验等方法，证明医疗器械包装的可靠性。

■ 检查要点

(1) 查看末道清洗工艺文件，是否规定了清洗介质、清洗时间、温度等条件。

(2) 查看清洗验证方案和验证报告，查看任一批次产品的清洗记录，是否按照清洗工艺文件进行清洗作业。

(3) 查看包装工艺文件、包装验证方案和验证报告，包装工艺是否能保持其产品不发生锈蚀、霉变、蜕变等性质变化，并适宜使用者拟采用的灭菌方法或企业推荐的消毒/灭菌方法。

■ 检查方法

查看相关文件和记录，对于以非无菌状态提供的植入性医疗器械，是否采用有效的方法进行末道清洗和包装，并对其工艺过程的有效性进行确认，是否记录有关的所有信息。

■ 注意事项

清洗后的干燥工艺也需要进行验证，干燥是否完全，干燥条件是否影响产品质量等。查看相关文件和记录，是否明确清洗后干燥相关条件与程序。

2.6.15　植入性的动物源医疗器械和同种异体医疗器械生产企业应当对供体的控制、防护、试验及处理提供有效保障措施。对于涉及到生物安全性的有关病毒和其他传染性病原体，企业应当采用有效的方法灭活、去除病毒和其他传染性病原体，并对其工艺过程的有效性进行确认。企业应当保存所有与生产有关的控制记录。

■ 条款解读

本条是对植入性的动物源医疗器械和同种异体医疗器械供体等生物源生物安全管理、防护的要求。

植入性的动物源医疗器械和同种异体医疗器械，其主要原材料来源于动物和人体，为防止人间传染病原微生物的传播，生物防护的风险控制需要从源头控制和病毒灭活两方面着手，仅依靠源头控制或仅依靠病毒灭活都无法确保生物污染风险降至可接受水平。为确保风险的可控性，企业需建立系统的生物原材料追溯体系和生物来源物料的管理、控制、处置制度，以便在发生不良事件时能够及时查出原因并采取措施以防止类似不良事件的再次发生。

我国目前对同种异体植入性医疗器械组织供体的病毒筛选多采用检测血清中病毒特异性抗体或抗原的方法，其中对人免疫缺陷病毒（HIV）还要求检测血清中的病毒核酸。尽管对供体进行了严格的筛选，仍然存在漏检和未知病毒污染的风险，以及生产过程中带入外源致病性微生物的风险。同种异体植入性医疗器械产品在生产过程中应当采用有效的病毒灭活等工艺，并对病毒灭活等工艺的有效性进行验证和确认，依据验证/确认结果编制生产作业指导书并保留相关实施记录以供追溯。

对于植入性的动物源医疗器械来说，定点饲养、定点采购、定点屠杀，以及根据国家相关规定进行动物防疫、检疫，都是降低病毒等传染性病原体传播风险的必要手段。为了提高动物源性医疗器械的安全性，生产过程中需有特定的灭活和去除病毒和（或）传染性病原体工艺。一般采用在生产工艺中降低其免疫原性的方法，包括脱细胞、去除杂蛋白，以及使蛋白质变性等物理的和（或）化学的处理步骤。生产企业需对其降低材料免疫原性的有效性进行验证。上述方法及灭活和去除病毒和（或）传染性病原体的处理步骤有可能是以牺牲材料本身的使用性能为代价的，企业应根据产品的特性选择合适的人间致病微生物灭活/去除工艺。无论采用何种工艺，均应综合考虑以下问题：如病毒等人间致病微生物灭活/去除效果的验证，灭活/去除工艺对产品的影响，灭活/去除工艺本身的公认性、可靠性、重现性、易放大性及经济性等，以保证产品最终的安全有效性。企业应当依据工艺验证/确认结果编制工艺规范/岗位生产作业指导书并保留相关实施记录以供追溯。

动物源性医疗器械生物原材料建议按照《医疗器械生产企业供应商审核指南》适用内容进行采购过程管理并保留相关记录。特别要关注以下方面：是否有动物源性材料质量协议书、动物防疫合格证、动物检疫合格证、健康证书、兽医资格证等；是否定点采购；是否与供应商签订了长期协议；每批生物原材料是否有检疫证明和健康证书（产地、种属、年龄、取材部位等）；每批是否进行进厂检测；是否有动物源性材料冷链运输控制的要求；企业实际是否按规定进行低温贮存。

形成文件的供体筛选技术要求，至少应包括疾病要求：①供体宜无慢性感染病史或体检无感染症状；②无结核病、肝炎、梅毒、疟疾、艾滋病、麻风病史，无肿瘤病史，无药物中毒及其他中毒史；③无严重创伤，主要指大面积烧伤；④无自身免疫性疾病、骨代谢性疾病。⑤应用类固醇药物不超过 3 个月（大剂量应用不超过 1 周），未接受过同位素检查或治疗，使用呼吸机不超过 72 小时等。此外还考虑组织获取要求（室温条件下，在 12 小时内获取组织。2~10℃时，在 24 小时内获取组织）、年龄要求（供体年龄：女性 15~50 岁，男性 15~55 岁，用于结构性植骨的供体应无骨质疏松病史，若骨产品被用于填充时没有年龄限制）、血清学检测要求（艾滋病、乙肝、丙肝、梅毒均为阴性）等。

同种供体原材料的供应商应具备相关资质（一般为非盈利的社会组织，应具有接收、处置供体的业务许可范围，必要时应对提供供体的单位进行延伸检查），确保同种异体原料供方应合法。双方签订采购合作协议，协议应包括供体应符合供体技术要求的相关要求。形成并保持对供方选择、评价的记录。

供体采购、验收记录应能证明采购的供体符合企业建立的供体技术要求，确保供体有质量保证；供体验收时应至少检查如下材料：供者捐献志愿书（经供者本人或其法定代理人或其直系亲属签名确认，并明确所捐献组织的实际用途）、取材信息、伦理学证明以及血清学检验报告（血清学报告至少应有：乙肝、丙肝、梅毒、HIV 测试，其中 HIV 应采用 PCR 法检测，所有检验结果全部应为阴性）；适用时，应该保持有供体组织运输的相关信息。

■ 检查要点

(1) 查看相关文件，企业是否对动物源性生物原材料、同种异体供体的控制、防护、试验及处理提供有效保障措施并做出书面规定；涉及生物安全性的有关病毒和其他传染性病原体，是否采用有效的方法灭活、去除病毒和其他传染性病原体，并规定处置工艺实施前需要进行必要的验证 / 确认；是否规定应当保存所有与采购、验证 / 确认、检验、生产有关的记录。

(2) 查看灭活、去除病毒和其他传染性病原体工艺过程的有效性验证 / 确认文件，包括确认报告和确认记录。

(3) 抽查与植入性医疗器械动物源原材料和同种异体供体控制、防护、试验及处理相关记录；抽查有关病毒和其他传染性病原体灭活、去除相关工艺过程记录，结合现场实际评估企业管理、处置是否与其规定一致，管理力度是否与其产品风险相匹配。

■ 检查方法

查看相关文件和记录，对于涉及生物安全性的有关病毒和其他传染性病原体，是否采用有效的方法灭活、去除病毒和其他传染性病原体，并对其工艺过程的有效性进行确认。是否记录与生产有关的所有信息（深冷监测、冷冻监测、环境监测、水质监测、清场监测等）。

■ **注意事项**

病毒灭活验证研究应在具有相应资质的单位完成。生产过程发生改变且可能影响特定病毒灭活工艺的效果时，或被灭活前产品的组成或 pH 值发生改变时，应当对病毒灭活工艺的效果进行再验证。

对于生产所需的动物源性材料，查看是否列为采购流程的关键工序，并对原材料的养殖、屠宰及检疫都有相应的资质证明和检测报告。生产企业对原材料的处理是否有管理文件及相应的处理记录。

2.6.16　植入性的动物源医疗器械和同种异体医疗器械的物料应当在受控条件下进行处理，不应造成污染。企业应当建立废弃的动物和人体组织的处理程序和记录。

■ **条款解读**

本条是对废弃的动物和人体组织的处理要求。

对植入性的动物源医疗器械和同种异体医疗器械的物料，如果是自行养殖的动物，应建立相应的质量管理体系并保持持续运行有效；如果是采购物料，应按照动物源性管理的相关标准制定质量管理要求，按照一定的频次进行外部审核；对于初加工材料，如切割、初步清洗等至少保证在清洁环境下进行；进行终末灭菌的植入性的动物源医疗器械和同种异体医疗器械的精加工和初包装应在不低于 100 000 级洁净条件下操作；无法进行终末灭菌的植入性的动物源医疗器械和同种异体医疗器械，应当在 100 级洁净条件下进行；工艺中如需使用冷冻干燥机，设备使用前应当进行无菌处理；所有生产设备都应该定期检查、调试、保养、清洁。

根据《中华人民共和国传染病防治法》和《中华人民共和国固体废物污染环境防治法》，废弃的动物和人体组织不得随意丢弃，不能按普通生活垃圾处理。企业可以用专用塑料袋打包密封，保存在 -18℃冰箱中，贴标签填写相关信息和适当的警告，并定期运送至专业卫生处理厂进行无害化处理。也可将其放入紧密防漏耐热耐压容器或袋中，标示污染废物，推荐用第 2 个容器将其封装在内，然后用有效方法灭菌（常用高压锅灭菌）后，定期运送至专业卫生处理厂进行无害化处理。贮存废弃的动物和人体组织的冰箱或冰柜，不得放置其他物品。处置过程应做好记录。所有污染废物处理应遵循国家和当地相关条例规定。

■ **检查要点**

(1) 查看文件,是否规定了植入性的动物源医疗器械和同种异体医疗器械生产过程所需的环境条件和生产条件,规定条件是否与其产品相关风险相匹配。

(2) 查看文件,是否建立废弃的动物和人体组织的处理程序,程序规定是否符合法规要求。

(3) 抽查相关记录,综合评估企业是否在规定的环境条件下按规定处理物料、处置废弃的动物和人体组织并保留相关记录。

■ **检查方法**

查看相关文件,抽查相关记录,与相关管理人员、岗位操作人员交谈,结合现场实际综合评估企业生产环境、生产条件及处理废弃动物和人体组织程序是否与规定一致,是否符合法规规定。

■ **注意事项**

现场查看是否设置存放废弃的动物或人体组织的冰箱或冰柜,是否有其他物品,是否会造成交叉污染,是否有易于识别的标签。企业文件的制度是否包括对生产过程中产生的废弃动物和人体组织、生产中各环节产生且报废的不合格品,以及产品在临床使用过程中剩余的产品、因各种原因植入后取出的产品的处理规定。检查处理记录(废料应交给有动物和人体组织处理资质的机构进行处理,并有相关协议。不建议采用焚烧等方式自行处置)。

2.6.17 用于生产植入性的动物源医疗器械和同种异体医疗器械的操作区和设备应当便于清洁,能耐受熏蒸和消毒。

■ **条款解读**

本条是对生产植入性的动物源医疗器械和同种异体医疗器械的操作区和设备的具体要求。

植入性的动物源医疗器械和同种异体医疗器械最大的风险是传染性病毒等病原体的传播。为了切断传播途径,在生产过程中,所有与动物源医疗器械和同种异体医疗器械接触的操作区和设备都应该及时清洁、熏蒸和消毒。为满足上述要求,操作区和设备应当结构简单、外型平整,不平的表面和复杂的机构要有不锈钢罩;设备、工装与管道表面应光洁、平整、无颗粒物质脱落,易于清洗和熏蒸消毒或灭菌;操作台应光滑、平整、无缝隙、无死角，不脱落尘粒和纤维，不易积尘，并便于消毒，如不锈钢工作台面等；周转物料的工位器具也应符合上述要求。

■ **检查要点**

(1) 现场检查洁净区内使用的所有设备、工艺装备等是否易发尘、扬尘、积尘和不便于清洁处理而污染洁净环境，是否会对洁净区产生污染；是否能耐受清洗、熏蒸等消毒 / 灭菌。

(2) 检查设备说明书中设备的材质，设备内表面不应脱屑、生锈、发霉、长虫，不得吸附和污染器械产品。

(3) 是否按规定对操作区、设备、工装、工位器具进行清洗、消毒、灭菌；是否保留相关记录。

■ **检查方法**

查看相关规定及作业指导书，现场查看操作区和设备及其动态生产过程，结合清洁、熏蒸和消毒相关记录评估其操作区和设备是否便于清洁，能耐受熏蒸和消毒等。

■ **注意事项**

注意植入性的动物源医疗器械和同种异体医疗器械的生产操作区和生产设备清洁、熏蒸、消毒方法、频次、处置介质等是否与规定一致。处置介质是否有腐蚀性，长期使用的生产操作区和生产设备是否出现可能影响产品质量的变化。

2.6.18　生产植入性的动物源医疗器械和同种异体医疗器械的洁净室（区）和需要消毒的区域，应当选择使用一种以上的消毒方式，并进行检测，以防止产生耐药菌株。

■ **条款解读**

本条是对植入性动物源医疗器械和同种异体医疗器械的洁净室（区）和需要消毒的区域消毒方法的要求。

动物源医疗器械和同种异体医疗器械原材料及其生产过程具有潜在生物风险，所以需要对直接、间接接触原材料、成品的相关生产环境、生产操作区、生产设备、工位器具等进行消毒，必要时还需要进行灭菌处理。消毒 / 灭菌剂或消毒 / 灭菌方法不得对设备、工艺装备、物料和产品造成污染，消毒剂品种应当定期更换。选择一种以上的消毒剂定期轮换使用，以防止产生耐药菌株。企业应对消毒效果的有效性进行评价 / 验证。

■ 检查要点

⑴ 现场检查消毒剂或消毒方法是否对洁净区和其中的设备、工装、物料和产品造成污染。

⑵ 检查消毒效果有效性的评价或验证资料。

⑶ 检查设备、工艺装备等消毒的方法和文件规定以及相关记录，是否使用了一种以上的消毒剂并定期轮换使用。

■ 检查方法

查看洁净室（区）的卫生管理文件，询问对洁净室（区）进行清洁处理和消毒的工作人员清洁处理和消毒的步骤，所用的消毒剂品种，更换的频次，是否与文件规定相符。现场查看所使用的消毒剂是否符合文件规定，是否按期进行更换。

■ 注意事项

消毒剂更换频次应当在调研、论证或验证的基础上形成文件规定，规定还应明确清洁后的状态标识和效期。

常见问题和案例分析

◎ 常见缺陷

⑴ 生产过程中产生粉尘、烟雾、毒害物、射线和紫外线等有害物质，但其厂房、设备安装的防护装置不能有效防护有害物质至可接受水平。

⑵ 洁净室（区）消毒剂品种定期更换，但不能判断是否产生耐药菌株；未对消毒剂有效性进行评价，无消毒剂定期更换记录。

⑶ 生产设备使用了润滑剂、冷却剂、清洗剂，设置了清洗工序，但不能提供数据支持的证据证明未对产品造成污染；有模具成型工艺，但不清楚是否采用了脱模剂；产品的清洗验证未针对不同部件的不同清洗要求分别进行清洗验证。

⑷ 工位器具跨洁净区级别使用；直接接触不需清洗的小型 / 微型工位器具

未按照纳入工位器具进行管理。

(5) 进入洁净室(区)的物品,包括原料和零配件等纸质包装未脱包即进入洁净区。

(6) 对于需清洁处理的植入性无菌医疗器械的零配件,末道清洁处理在规定级别的洁净室(区)内进行,但末道清洁处理介质与其产品风险不匹配,应当采用注射用水的使用了纯化水,未对工艺用水的微生物进行严格控制。

(7) 清场管理规定仅规定了全面清场的要求,未对局部清场的要求进行规定,清场规定与生产实际不一致。企业提供的清场记录未能体现出生产前确认无上次生产遗留物相关信息,生产现场也未能看到清场状态标识。

(8) 以无菌状态交付的植入性医疗器械,其批号管理规定中未对多件初包装产品组批方式、生产批号与灭菌批号之间的关系进行规定。

(9) 采用无菌加工技术,但未按标准要求开展模拟灌装试验。

(10) 灭菌过程灭菌设备参数等发生变更,未开展再确认;手工记录灭菌过程参数;灭菌确认结果与实际灭菌过程管理要求不一致。

(11) 可追溯性程序文件,未对植入性医疗器械可追溯的唯一性标识进行定义;企业生产记录可追溯性与企业实际生产现场可追溯状态不一致,部分零部件、半成品标签内容如品名、批号缺失、错漏,未对生产过程中"零料""尾料"进行有效管理;产品生产记录中记录的产品名称或部件名称与程序文件中的名称不一致,影响追溯。理化检验室内仪器使用记录,未记录所检产品批号,不易于识别和检索。

(12) 未根据对产品质量影响的程度规定各种植入性无菌医疗器械采购原材料、零部件的贮存条件、贮存场所等进行规定并管理,洁净环境下生产的零部件密封包装打开后仍存放在普通仓库中。

(13) 涉及生物安全性的有关病毒和其他传染性病原体,企业灭活、去除病毒和其他传染性病原体工艺过程发生变更后未再次进行确认。

(14) 未按废弃物处理程序处理废弃的动物和人体组织,自行采用填埋、焚烧方式处理废弃物,未保留相关记录。

◎ 典型案例分析

【案例一】 某骨科金属植入物生产企业的不锈钢金属接骨板、接骨螺钉以非灭菌状态注册、生产、销售。由于机械加工过程，零部件和成品分别会接触冷却液、设备润滑液、电解液、钝化液、抛光液等加工助剂。企业在产品激光打标前设置了清洗工序，通过自来水和除油清洗液等多道清洗，过程没有进行验证，目测判断产品是否清洁，末道以二级反渗透纯化水在不受控环境进行末道清洁烘干。激光打标后产品不再清洗即进行初包装。

分析：不锈钢金属接骨板、接骨螺钉使用时，预期会接触人体骨组织，部分螺钉还可能接触骨髓，产品残留的加工助剂、致病性微生物、产品锈蚀、包装霉变等都可以对人体造成不良影响，轻则导致生物相容不良、感染，重则影响骨骼修复，导致骨不连。由于医疗机构使用前的通常惯例是拆除包装，直接进行产品灭菌。基于风险管理的原则，生产企业在生产过程中应尽可能去除附着于产品的各种助剂和杂质并选择合适的包装，防止产品生锈、霉变等发生。本案例中企业注意到了加工助剂的存在，设置了清洗工序去除加工助剂等对产品的污染，但是企业未对清洗过程进行验证并依据验证结果编制清洗工序作业指导书，没能对清洗过程参数，如清洗液配制、清洗方法、频次等进行监控，清洗效果仅目测判断；末道以二级反渗透纯化水在不受控环境进行末道清洁烘干，激光打标后产品不再清洗即进行初包装。激光打标过程通常设置在不受控环境中，人手等会接触产品，清洁产品会被再次污染。企业虽然使用了二级反渗透纯化水进行末道清洗，但未在打标后设置再次清洗工序，末道清洗、初包装工序未设置在受控的清洁环境中进行，均不能保证产品微生物污染风险保持在可接受水平，不符合规范及其植入物性医疗器械附录生产管理 2.6.3 的要求。

【案例二】 检查员在检查某植入性医疗器械生产企业时，发现 100 000 级洁净间外，没有设置脱外包装室或者除尘室，物料通过双层传递窗直接进入洁净间。

分析：根据《医疗器械生产质量管理规范》及其植入物性医疗器械附录要求，进入洁净生产区的物料应有清洁措施，如脱外包装室、除尘室等，物料净化室与洁净室（区）之间应设置气闸室或双层传递窗，用于传递物料和其他物品。物料运输、贮存的外包装及易脱落粉尘和纤维的包装材料不得进入洁净室（区）。

【案例三】 某宫内节育器生产企业按《医疗器械生产质量管理规范》及其植入物性医疗器械附录要求建立了产品可追溯性程序文件，规定了植入性医疗器械的可追溯性范围、程序和要求，明确了批号管理规定，设计开发输出文件中也明确了每批产品应当形成的记录，并制作了相关记录的空白表单。检查员在抽查不同型号/规格宫内节育器生产记录时，发现企业生产记录似乎能够证明企业对宫内节育器向前可以追溯到原材料供应商，向后可以追溯到第一经销商。现场检查时，检查员发现企业重要原材料铜丝进货批号未记录在货位卡上，原材料库账、卡、物不一致，不同规格铜丝不同进货批放在同一货位同一货篮中，产品标签仅简单标注了规格；检查员还发现100 000级洁净室中间品库也存在同样问题，部分注塑件包装袋中忘记放追踪卡，仓库保管员说不清其生产时间；企业生产过程中由于不合格品、零部件/组件发放数量不完全匹配等原因，会出现跨批零部件和成品"零头"，企业未对这部分产品可追溯性进行规定和管理，企业将零部件/零头留在工位上，默认直接用于下一批产品组装。

分析：检查员在检查企业产品可追溯能力时，应特别注意企业书面记录追溯能力与实际追溯能力间的差别。本案例中，企业就是典型的生产记录貌似可追溯，实际生产过程追溯能力不符合《医疗器械生产质量管理规范》及其植入物性医疗器械附录生产清场、批号管理、可追溯性等方面相关要求，批号管理、清场、生产过程可追溯性相关规定不明确，执行规定不到位，规定与实施有"两层皮"现象。

【案例四】 某无菌植入性医疗器械生产企业，采用环氧乙烷自行对产品进行灭菌。企业有两台同一企业不同时期生产的不同型号、不同容量的环氧乙烷灭菌器(分别称为1号炉和2号炉)。检查员在抽查企业灭菌生产过程参数记录时发现，企业部分过程参数值超过作业指导书规定限值，企业解释说，后购进的2号炉更换重要零部件和软件，供应商协助企业进行了灭菌过程确认，过程参数有变化，企业根据确认结果重新编制了2号炉的灭菌作业指导书。考虑到1号炉使用时间较久，这次与2号炉同步更新了控制软件，考虑到两台灭菌炉均为同一企业生产，除灭菌容量、灭菌产品不同外，其余大致相同，企业就没有对1号炉进行再确认，按2号炉的确认结果实施1号炉灭菌过程管理，1号炉作业指导书还未来得及变更。

分析：无菌植入医疗器械多数直接接触人体损伤组织，有的还会直接接触血液，稍有不慎即可造成人体感染，因此无菌保证水平是无菌植入医疗器械的重要质量特性之一，灭菌过程是无菌医疗器械生产过程中最重要的特殊过程之一。企业无论是委托灭菌还是自行灭菌，都必须按照法规和标准对灭菌过程进行确认，按确认结果编制作业指导书，并对灭菌过程的参数进行适宜、充分的监测。灭菌过程任何变更都应当进行评估，必要时必须进行再确认、履行变更相关程序后方可实施新规定。本案例中软件变更、过程参数监测合格范围变更属灭菌过程的重大变更，企业未按法规和国家及行业标准规定进行再确认，此缺陷属于严重缺陷，企业应当立即停用1号炉，按法规规定召回1号炉在灭菌过程变更后未确认就灭菌的全部产品。

（冯晓明　付步芳　李新天　赵广宇　刘欣　陈刚　乔岩梅）

第七节　质量控制

2.7.1　植入性无菌医疗器械生产企业应当具备无菌、微生物限度和阳性对照的检测能力和条件。

■ 条款解读

无菌检验、微生物限度检验和初始污染菌检验是无菌医疗器械生产企业日常检验的重要内容，而保证试验进行的实验室包括无菌室、微生物限度室和阳性对照室。医疗器械生产企业原则上应设 3 间 10 000 级下的局部 100 级洁净室，用作无菌室、阳性对照室和微生物限度室。按照 YY0033《无菌医疗器具生产管理规范》5.3.7 的要求，洁净室（区）工作人员人均面积至少不少于 $4m^2$。

无菌检测实验室应当和洁净生产区分开设置，有独立的区域、单独的空调送风系统和专用的人流、物流通道及实验准备区等。阳性对照室由于生物安全角度的考虑，必须与无菌室和微生物限度室分开。无菌室和微生物限度室也宜分开，不共用一套空调送风系统。对于新建的微生物实验室，无菌室、微生物限度室和阳性对照室要三室独立，各自采用专用的空气净化系统和独立的人流、物流通道。

无菌试验应参照《中国药典》无菌检查法的要求，在无菌条件下进行，试验环境达到无菌检验的要求。其全过程必须严格遵守无菌操作，防止微生物污染。单向流空气区、工作台及环境应定期按《医药工业洁净室（区）悬浮粒子、浮游菌和沉降菌的测试方法》的标准进行洁净度验证。

■ 检查要点

(1) 检查无菌室、微生物限度室和阳性对照室的检测规定和监（检）测记录。

(2) 现场查看无菌检测室的人流、物流通道，仪器设备、面积是否满足使用要求。

(3) 现场查看是否具备无菌、微生物限度和阳性对照的检测条件，是否配备了相应的设备和检测人员，如超净工作台、恒温培养箱、生化培养箱、压力蒸汽灭菌器、薄膜过滤设备、生物安全柜等。

■ 检查方法

询问相关检测人员无菌、微生物限度和阳性对照试验的基本过程，是否严格遵守无菌操作，是否符合检测规程。

■ **注意事项**

检测能力和条件不但包括硬件方面还有软件方面，检查检测人员的专业和学历以及个人培训档案，是否有经专业技术培训考核合格上岗的记录。

2.7.2　应当对工艺用水进行监控和定期检测，并保持监控记录和检测报告。

■ **条款解读**

本条款是对工艺用水监控和定期检测的要求。企业应当制定工艺用水检验规程，确定工艺用水的检验项目、方法和检验周期，按照法规及相关标准要求对工艺用水指标进行定期检验，并保存工艺用水检验记录。对于法规及标准尚未明确规定的，企业应当对水质检验的项目、检验周期进行验证和确认。

应当按照现行有效版本的《中国药典》规定的检测项目和方法对工艺用水进行检测。纯化水的检测项目应包括：pH 值、硫酸盐、氨、电导率、总有机碳或易氧化物、不挥发物、重金属、微生物限度；注射用水的检测项目应包括：pH 值、氨、硝酸盐、亚硝酸盐电导率、总有机碳、不挥发物、重金属、细菌内毒素、微生物限度；灭菌注射用水的检测项目包括：pH 值、氯化物、硫酸盐与钙、二氧化碳、易氧化物、硝酸盐与亚硝酸盐、氨、电导率、不挥发物、重金属与细菌内毒素。工艺用水水质的日常监测项目一般为 pH 值、电导率和氨。

关于工艺用水的水质监测频率和全性能检测周期，企业应当在验证的基础上做出规定。《一次性使用无菌医疗器械产品(注、输器具)生产实施细则》(2001 年修订)中曾规定，日常监控项目为每班进行一次，全性能检测为每周进行一次。企业还应当确定工艺用水取样点，制定取样点分布图，至少应当包括总送水口、总回水口及管路最远端取样点，并确保取样点设置合理。

企业应当具备理化指标、微生物限度的检验能力和条件。工艺用水的制水系统涉及需按计量器具进行检定或校准的仪器、仪表等应当定期检定或校准，且标识明显，并保存检定或校准证书。

国家食品药品监督管理总局关于发布《医疗器械工艺用水质量管理指南》的通告(2016 年第 14 号)中要求，应当结合实际生产需要对工艺用水质量进行定期分析，编写分析报告，并保存相关记录。

■ 检查要点

(1) 查看是否有工艺用水管理规定，工艺用水检测项目和检测要求是否符合相应级别的水质要求，是否规定了取样点和检测的频次等内容。

(2) 现场查看生化实验室是否有用于工艺用水检验的有关设备、器具、试剂及储存环境，试剂如为自行制备，是否标识试剂名称、制备人、制备日期以及有效期等信息。

(3) 查看工艺用水监控记录、检测报告是否符合文件的规定要求。

■ 检查方法

检查体系文件时查阅工艺用水水质监控和周期检查的项目、频次是否做出了规定，检查实验室时考察工艺用水的检测条件、设备设施和能力。随机抽查两个工作日的工艺用水检测记录，是否正确、完整，并符合工艺用水管理规定。

■ 注意事项

是否对本年度所有的工艺用水日常监测数据进行汇总并进行趋势分析(包括源水、中间过程水、在线检测结果)，总结趋势不好或超过警戒限的结果，原因分析，说明采取的措施，评估再验证的需求。

2.7.3 植入性无菌医疗器械生产企业应当按照医疗器械相关行业标准要求对洁净室(区)的尘粒、浮游菌或沉降菌、换气次数或风速、静压差、温度和相对湿度进行定期检(监)测，并保存检(监)测记录。

■ 条款解读

新建的洁净厂房是否达到了产品生产所需要的或设计时所要求的洁净度级别，在持续的生产过程中洁净室(区)是否能够保持所要求的洁净度等级，只有通过对整个洁净厂房的所有洁净室(区)进行检(监)测才能知道。通过对每个洁净室(区)的温度、相对湿度、静压差、换气次数(百级层流洁净区测风速)、尘埃粒子数、菌落数或浮游菌数进行测试，只有洁净室(区)的这六项指标都达到所要求的洁净度级别，才能综合评定该洁净室(区)达到了某洁净度级别要求，只有所有的洁净室(区)，包括洁净走廊、缓冲间、辅助洁净间等均达到所要求的洁净度要求，才能说明该洁净厂房达到了要求，该洁净厂房才能投入或继续使用。企业应对新建的洁净厂房在投产前建议由有资质的检验单位进行静态检测，并出具有综合判定结论的检验报告，洁净室（区）洁净度等级的设置以静态为依据。在日常生产中要按规定的频次进行监测，企业可以根据自己的产品质量、生产现场情况、净化系统的运行状况、企业周围的环境条件等，确定科学、合理的监测频次。因为产品是在动态条件下生产出来的，所以日常监测建议在动态条件下进行，如果动态条件下测试的六项指标均达到要求，洁净室（区）可以继续使用。如果动态监测有的指标不符合要求，就要进行静态检测，这时如果静态检测合格，说明空气调节净化系统没有问题，说明影响因素来自生产过程，要进行原因分析，如果这种影响因素还会影响到产品质量就要采取纠正措施。如果这种影响因素无法消除，而且不影响产品质量，企业应根据验证数据确定科学、合理的动态监测指标，日常监测在此指标范围内该洁净室（区）可以继续使用。

关于初始污染菌和微粒的检（监）测，主要是对所确定的洁净室（区）的洁净度级别或当前洁净室（区）的状况是否能满足产品质量要求的验证，当然产品的初始污染菌情况还是确定灭菌工艺要考虑的因素。因此，产品初始污染菌和微粒的检（监）测宜安排在洁净室（区）的检（监）测后较近的时间内进行。这里的产品污染菌和微粒的检（监）测并不是批批检的概念，企业可结合实际生产情况和产品质量跟踪监督的需要，规定合理的期限，或适时进行检（监）测，并进行数据统计分析。检（监）测的目的是为了收集信息，找出变化规律或影响产品质量的因素，改进或提高产品质量，通过对初始污染菌和微粒的检（监）测是否可发现其与洁净室（区）检（监）测的数据或其他相关因素的变化有一定的关系，可画出控制图分析一下有无规律或趋势，以便进行有针对性的控制。

关于洁净区的（监）检测，一般来说，在洁净室施工结束进行工程验收时，建议请有资质的单位进行检测；日常检（监）测企业可以自行检（监）测；申请《规范》检查时，应按《规范检查管理办法》（试行）第五条的要求："申请规范检查的生产企业，应当提交以下资料：……（八）生产无菌医疗器械的，应当提供由有资质的检测机构出具的一年内的生产环境检测报告。"

洁净室（区）的检测依据是：GB50591-2010《洁净室施工及验收规范》、GB/T16292-2010《医药工业洁净室（区）悬浮粒子测试方法》、GB/T16293-2010《医药工业洁净室（区）浮游菌的测试方法》、GB/T16294-2010 医药工业洁净室（区）沉降菌的测试方法。

■ 检查要点

(1) 检查企业对洁净室（区）检（监）测的规定及其合理性，包括检（监）测项目、频次和测试方法，企业应提供洁净区通过自净能达到要求的最长时间间隔的验证资料。

(2) 检查洁净区的检（监）测报告和（或）记录，如果是在静态条件下进行检（监）测的其结果必须符合规定；如果是在动态条件下进行的检（监）测，当出现达不到要求时要原因分析和采取的措施。

■ 检查方法

查看洁净室（区）的监测记录，检查项目和检测周期是否符合 YY0033 标准要求。现场查看使用的培养基是否符合 GB/T16294-2010 中规定的要求。现场查看是否配备了尘埃粒子计数器、风速仪（或风量罩）、温湿度计、压差计等设备，是否经过检定或校准，是否在有效期内。现场查看压差、温湿度等是否符合文件规定要求。查阅文件中对洁净室(区)检（监）测的规定和记录；现场查看洁净室（区）检测的仪器配备及使用情况包括是否在校准有效期内，并核查压差和温、湿度控制。

■ 注意事项

洁净室（区）的级别确定应由有资质的检测单位出具的静态检测报告为依据，日常监测应按 YY0033 的要求进行动态检（监）测。如洁净室的使用不连续，每次使用前应做全项的检测。

2.7.4 应当根据产品质量要求确定产品的初始污染菌和微粒污染的控制水平并形成文件，明确中间品的存储环境要求和存放时间，按文件要求定期检测并保持相关记录。应当定期对检测记录进行汇总和趋势分析。

■ 条款解读

初始污染菌通俗讲就是待灭菌产品生物负载估计值。如果产品以无菌形式提供，在灭菌前对产品有微生物要求的，应规定初始污染菌的水平，初始污染菌检测可确定灭菌剂量，保证灭菌的效果，监控灭菌过程的有效性。微粒是指极细小颗粒，包括肉眼看不到的分子、原子、离子等以及它们的组合，医疗器械产品应该在最小微粒污染条件下制造。初始污染菌和微粒污染的控制应该加强生产环境、生产人员、生产设备、制水设备的污染菌和微粒污染控制，减少污染源。应当明确中间品的存储环境要求和存放时间，并在文件中做出规定，按文件要求定期检测并保持相关记录。应当定期对检测记录进行汇总和趋势分析，这也是不断提高产品质量的重要措施。

1. 生物负载的概念

“生物负载”（bioburden）通常用于描述材料或产品上的存活微生物的总量。生物负载不仅包括灭菌前医疗器械上自然形成的污染菌总量，又称初始污染菌，也可用以表述为了验证之目的医疗器械上人工接种的微生物的总量；可用以表述经受某一灭菌过程后医疗器械上微生物存活总量，也可用以表述为非无菌供应器械上的微生物总量；可用以表述医疗器械上微生物总量，也可用于表述生物指示物上的微生物总量。

灭菌前微生物污染是指来自多种污染源的污染物的总和。因此还应注意进料和（或）部件的微生物水平，以及产品生产、组装和环境的控制。无菌医疗器械生产企业，首先要采取各种措施使医疗器械来自各种来源的外来污染减至最少，其次是采取有效的灭菌措施保证其产品无菌。医疗器械产品灭菌前，即使是在标准化生产条件下按照医疗器械质量体系进行生产，也可能携有微生物，尽管数量很少。然而，由于医疗器械的多样性、生产过程各异、环境控制也不同，各种器械上生物负载差异很大，像有些标准那样对所有器械统一给出初始污染菌极限是不合理的。同样，要对某一产品上的生物负载准确测定也是不可能的，只能用一经确认过的技术对其进行估测。

2. 器械生物负载估测的应用领域

通过微生物污染水平的研究可以了解器械生物负载。GB/T19973.1（ISO11737-1）要求生物估测需在下列几种情况下进行。

(1) 对灭菌过程的确认和再确认的过程中，用以直接建立起经受灭菌条件的程度与生物估测值之间的联系。如采用辐照灭菌时，用以确定辐照剂量（详见 GB18280）。

(2) 对灭菌过程的确认和再确认，不用于直接建立经受灭菌条件的程度与生物估测值之间的联系，但要求对生物负载有一大体了解（如采用湿热灭菌和环氧乙烷灭菌，详见 GB18278 和 GB18279）。

(3) 经上述(1)灭菌确认的无菌产品的生产过程的常规控制。

(4) 经上述(2)灭菌确认的无菌产品的生产过程的常规控制。

生物负载估测还可用于医疗器械生产质量体系，作为下列过程的要素之一。

(1) 全面环境监控过程。

(2) 提取微生物时清洗（洗脱）过程有效性的评价。

(3) 对规定了微生物清洁度的非无菌供应的产品的过程控制；监控原材料、部件或初包装。

3. 生物负载估测技术建立与确认

医疗器械微生物污染估测技术的主要步骤是：选择样品→收集试验项目→送入试验室→提取微生物（如需要）→移入培养基→培养→计数和定性（如适用）→数据分析。GB/T19973.1（ISO11737-1）对这些步骤都给出了原则性要求和方法指南。由于医疗器械的多样性，期望通过一种方法去适合于任何器械的微生物估测是做不到的，尤其是从器械上提取微生物的技术，受器械的大小、结构、性质等影响很大。对此，GB/T19973.1（ISO11737-1）推荐了一系列供选用的提取方法。

当用生物负载估测值确立灭菌过程的处理程度时,估测值的精确性是十分重要的。当用于生产过程的常规控制时,同样也需要使用一个准确的微生物估测方法,来监测灭菌前生物负载是否变化到了会影响灭菌过程的有效性的水平。因此,实验室专业人员应根据具体产品,设计相应的微生物估测的方法,并按ISO11737-1对方法进行确认。确认包括对提取微生物技术的确认和计数方法的确认两个方面。确认工作应形成文件。

负责进行生物负载估测的人员宜运用原材料、部件、生产环境、生产过程和产品的特性方面的知识为每一步选择适当的方法。

4. 生物负载估测技术的应用

产品在灭菌前自然形成的生物负载(初始污染菌)的高低,反映了生产环境的控制能力。利用微生物估测技术可以帮助控制生产,并为环境控制的决策提供依据。以最初确认中得出的生物负载估测值作为基准,定期对产品生物负载监测,从而能够反映出生产过程的改变或环境的改变。因此,通过设定过程控制极限并适时进行走势分析,可以很好地实现对生产过程或环境改变进行控制和预警。

(1) 过程监控的极限设置　应根据器械的生物负载的历史数据设立一个用于过程监控的生物负载估测极限值。在日常监测中,一旦超出了该极限,就应该及时查找原因,并采取必要的纠正措施。GB/T19973.1(ISO11737-1)还规定,应定期对极限值的适宜性进行评审;当对极限提出修改时也应进行评审。

(2) 过程控制的走势分析　进行走势分析的目的是找出已经发生过程改变的证据,即使估测值是在规定的极限内。对数据的进行走势分析,可以及时为生产过程发出预警。该分析是通过检查偏离估测值正常随机分布的数据来进行的。应注意,生物负载计数逐渐向上漂移的过程特征,会被偶尔发生的偏移或已知的周期波动(季节影响)所掩盖,从而可能不被发现。若可行,检查“波动均线”会有助于发现这种漂移。

■ 检查要点

(1) 查看文件中是否规定了产品的初始污染菌和微粒污染控制水平,是否规定了中间品的存储环境要求和存放时间。

(2) 查看产品的初始污染菌和微粒污染的检测记录,是否对检测记录进行汇总和趋势分析,若有检测结果偏离正常值,是否分析了偏离的原因。

(3) 现场检查中间品的存储环境,是否与文件规定相符。

■ 检查方法

查看是否有产品的初始污染菌和微粒污染控制水平的文件规定,文件中是否明确了中间品的存储环境要求和存放时间。查看初始污染菌和微粒污染检测记录，是否符合文件规定要求。

■ 注意事项

关注企业是否能提供初始污染菌和微粒污染的控制水平的依据。不但要对检测记录进行汇总，还要进行趋势分析。所确定的初始污染菌和微粒污染控制水平的验证情况。

2.7.5　应当建立与生产产品相适应的检验机构，对产品按批进行出厂检验项目的检验。检验记录应当载明检验和试验人员的姓名、职务和检验日期。

■ 条款解读

植入性医疗器械的出厂检验是指通过产品检验的方式，能够确认产品符合注册产品标准或产品技术要求，并能够进行终产品合格放行的检验，出厂检验，可包括原材料、半成品和成品的检验。

为保证医疗器械质量，企业必须设置独立的质量检验机构，特别应注意不应当由生产部门的负责人兼任质检机构负责人。检验机构根据出厂检验规程，对产品按批进行出厂检验，并做好检验记录。企业的质量检验机构应当具备产品的出厂检验能力，出厂检验原则上不允许委托检验。检验记录既是出具检验报告的依据，又是医疗器械质量分析的原始资料，也是采取纠正和(或)预防措施及实现质量可追溯的重要信息。检验记录应做到原始、完整、准确、真实、及时、规范，数据处理应符合误差分析和有关技术标准的规定。检验记录上必须有检验和试验人员的姓名、职务和检验日期，文件规定有审核或批准要求的，应按文件规定要求审核批准。

■ 检查要点

(1) 现场查看是否建立了与生产产品相适应的检验机构。

(2) 是否建立了产品出厂检验的程序文件。

(3) 检查出厂检验记录，是否记录规范完全，是否载明了检验和试验人员的姓名、职务和检验日期。

■ 检查方法

查阅企业制定的出厂检验规程或检验规范，其中涉及的检验依据、检验项目、成品检验方法是否符合强制性标准及产品技术要求的要求；原材料、半成品检验方法与标准（或技术要求）规定的方法若有差异，是否进行了方法学验证。检查某两批产品的出厂检验记录，是否按检验规程或检验规范的要求，对所生产的医疗器械进行了出厂检验。指定两名检测人员叙述其负责的检测项目的检验方法，判断其检验技能是否达标。

■ **注意事项**

关注检验记录上是否载明了检验和试验人员的姓名、职务和检验日期，职务经常被漏填。

2.7.6　应当根据产品留样目的确定留样数量和留样方式，按照生产批或灭菌批等进行留样，并保存留样观察记录或留样检验记录。

■ **条款解读**

通过留样可以对产品质量的稳定性作进一步的考察或进行产品的质量追溯。是以实物备查的方式，证明所生产的产品在有效期内产品质量符合注册产品标准或产品技术要求。为无菌医疗器械在流通或使用环节出现质量纠纷时、安全隐患、不良事件认定等提供可靠的依据。也为改进工艺，改进无菌医疗器械包装，确定无菌医疗器械贮存条件和运输条件，确定无菌医疗器械有效期，提供科学依据。所以企业应根据产品历史质量状况和生产工艺的稳定程度，在质量管理体系文件中制定留样管理办法，规定留样目的、数量、考察或检验的项目等。

企业是按生产批留样还是按灭菌批留样，留样数量为多少，应根据企业确定的留样目的来确定，并做好留样观察记录，保存留样检验记录。

出厂检验留样的数量和形式要根据标准（或技术要求）中理化性能和卫生学项目进行全检的用量来确定，留样方式可以成品留样，或者以原料、半成品、成品进行检材留样（取决于出厂检验在哪种检材上进行的），无论以何种检材留样，留样的数量均不能少于一次全检所需的样品量，留样时间不能少于产品有效期。

产品稳定性考核留样，应与考核方案规定的数量和时间一致。

■ **检查要点**

（1）查看是否制定了留样管理办法，并确保每个生产批或灭菌批均应留样（文件中是否根据留样的目的明确了留样的数量、留样方式、观察方法、观察频次等内容）。

（2）现场查看是否有留样室（或留样区），留样室（或留样区）的环境是否满足产品质量特性的要求，是否配备了满足产品质量要求的环境监测设备，是否有记录。

(3) 查看留样台账、留样观察或检验记录是否符合文件规定要求。

■ 检查方法

查看是否制定了留样管理办法,并确保每个生产批或灭菌批均按规定留样(文件中是否根据留样的目的明确了留样的数量、留样方式、观察方法、观察频次等内容)。现场查看是否有留样室(或留样区),留样室(或留样区)的环境是否满足产品质量特性的要求,是否配备了满足产品质量要求的环境监测设备,是否有记录。跟踪几个留样的观察和(或)留样检验记录,并检查其结果的信息反馈与应用情况。

■ 注意事项

关注留样管理文件是否对留样室的环境条件进行了规定,现场查看留样室的环境条件是否符合文件要求,留样数量是否按留样目进行确定的并能满足留样目的的要求。

常见问题和案例分析

◎ 常见缺陷

(1) 理化室中化学试剂与精密仪器放置在同一房间,化学试剂的挥发分可能影响到仪器测量精度。

(2) 电子天平放置的工作台不稳,且与粉碎机同一台面。

(3) 企业只对取出的问题产品进行分析研究,未对正常取出的产品进行分析研究,也未形成文件。

(4) 同产品表面直接接触、不清洗即使用初包装透析袋,使用前未作微粒污染的检测,企业只对初包装的初始污染菌进行检测,未对微粒污染进行检测。

(5) 未进行产品微生物污染和微粒污染的趋势分析。

(6) 企业未能提供产品清洗工艺中所用异丙醇的残留量验证记录,所提供的产品清洗验证报告无法验证异丙醇的残留量。

(7) 留样管理规程规定成品留样方式包括一般留样和重点留样,但现场查留样柜时,只有一般留样,没有重点留样。

(8) 留样观察记录与留样规程规定的检验项目不一致。

(9) 每批产品实际留样数量与留样管理规程规定的每批产品的留样数量不一致。

◎ 典型案例分析

【案例一】 检查员在检查某植入性医疗器械生产企业时,发现产品的初始污染菌和微粒污染项目能够按文件要求定期检测并保持相关记录,但没有对检测记录进行汇总,也没有进行趋势分析。

分析:对检测记录进行汇总和趋势分析是非常重要的,能够发现质量管理方面的纰漏和不足,从而提高管理水平,提高产品质量。

【案例二】 检查员在检查某骨科医疗器械生产企业金属原材料进货检验记录时,发现仅检测了外观、尺寸等物理表征项目,其他项目仅查看了原料厂家的检验报告,而企业所列的常规检验项目的"材料化学成分",始终没有检验,终产品就放行了。

分析:原料检验是保证产品质量的第一个重要环节,不能仅检验一些简单的物理表征项目或查看厂家的检验报告合格就算全部通过,一些关键的、高风险的常规检验项目,比如本案的金属接骨板的材料化学成分,应进行进货检验或者成品检验,确认符合规定才能放行。

【案例三】 检查员在检查某植入性医疗器械生产企业理化检测实验室时,发现实验信息记录不全,记录了检测产品名称、实验项目名称、实验仪器和试剂名称、检测人员、检测日期等信息,但没有记录检测产品的批号和所用试剂的批号等溯源信息。

分析:记录产品批号等溯源信息是非常重要的,为了确保溯源渠道畅通,做好实验记录是其中重要一环,而实验记录中最能体现溯源信息的项目就是批号,实验记录完整也是保障产品在使用过程中如果发生不良事件或质量事故时,能迅速查到原因。

(冯晓明　付步芳　王奇志)

第八节　销　售

2.8.1　应当要求其代理商或经销商保存医疗器械分销记录以便追溯。企业应当保存货运包装收件人的名字和地址的记录。

■ 条款解读

医疗器械作为特殊商品，不同于其他一般生活用品，尤其是植入性医疗器械，它最长可能会伴随人体一生，所以医疗器械自从生产企业出厂后的去向、使用情况等信息至关重要。对于大部分植入性医疗器械而言，均是通过代理商或经销商将产品销售给使用单位，一旦经销商的法规意识不强，没有严格按照要求保留分销记录，医疗器械产品将无从追溯，一旦出现不良事件，也无法识别哪个批次的产品出现了问题，也直接影响问题产品在市场上的影响扩大化。分销记录齐全，经销商法规意识健全，可以在产品的寿命期内实现全过程追溯，把风险降低到尽可能的限度。其目的就是保障追溯线路畅通，减少危害降低风险，因此要求销售记录的信息要全面，能够起到追溯的作用。

经营植入类医疗器械的代理商或经销商，应当建立追溯管理制度，在购进、销售、流转时，及时记录产品货运包装收件人的名字和地址等流转去向信息，保证产品的追溯信息与生产企业提供的信息相一致。医疗器械分销记录应当保存至超过医疗器械有效期 2 年；无有效期的，应当保存至医疗器械终止使用后 2 年。

■ 检查要点

(1) 管理文件有无对销售环节明确规定并受控。

(2) 销售管理文件是否规定了经销商的职责和义务。

(3) 查看经销商台账，随机抽取两家，查看供方管理相关评价记录。

(4) 随机抽取并查看经销商合法资质、质量协议或合同。

(5) 随机抽取两个批次的销售记录(或销售台账)判定基本信息是否全面具有可追溯性。

(6) 必要时，可从市场反馈单或纠正、预防措施记录中反查销售记录，看产品名称批次两者是否一致。

■ 检查方法

(1) 查看管理文件。

(2) 通过供方管理能力评价对经销商的管理水平。

(3) 查看经销商档案。

(4) 抽查分销记录。

(5) 询问企业有无明确经销商提供分销记录的激励措施。

(6) 查看销售台账核对生产记录,生产记录、入库记录、出库记录、销售记录应一致。查看销售协议和货运记录,是否保持了代理商或经销商的货运包装收件人的名字和地址的记录。

■ **注意事项**

(1) 记录信息一定要准确、齐全,有些企业销售记录信息不全面,只记录产品名称、发货人、收货人、日期。销售记录基本信息应包括:产品名称、规格型号、合同编号、生产批号(产品编号)、灭菌批号、发货日期、收货单位、货运包装收件人(或分销商)的名字和地址、联系电话等。

(2) 责任人员签字要与职责分工一致。

(3) 有更改的记录要能识别原记录,并标注修改人、日期。

常见问题和案例分析

◎ 常见缺陷

(1) 未保持代理商或经销商的货运包装收件人的名字和地址的记录,或者记录不完整,应当追溯到患者的没有追溯到患者。

(2) 无经销商分销记录。

(3) 未将经销商识别为供方并进行管理。

(4) 不能有效核实经销商的资质是否合法。

(5) 与经销商未签订质量协议,未明确职责和义务。

◎ 典型案例分析

【案例一】 检查员在检查某植入性医疗器械生产企业时,发现企业未保存货运包装收件人的名字和地址的记录。

分析：医疗器械生产企业应该做到，从原材料采购、生产到销售的全过程都应该记录相关信息，保障溯源渠道畅通，产品销售渠道是保证溯源性的重要环节，应保存货运包装收件人的名字和地址的记录，以便追溯。

【案例二】 检查某植入性医疗器械生产企业时，发现企业制定的销售制度中没有明确规定经销商有关产品追溯的职责。

分析：植入性医疗器械风险较高，且其被临床使用植入人体后会跟随人的一生，为保障医疗器械安全、有效地作用于人体，并为产品使用过程中发生的不良事件或质量事故核实提供保障，必须对植入性医疗器械进行追溯，确保溯源渠道畅通，做好追溯记录。该企业没有在销售制度中对其经销商提出追溯相关要求，未强化经销商质量保障责任意识，可能导致产品销往哪家医院，被植入到哪名患者身上无从考量，无法满足产品的可追溯要求。

（冯晓明　付步芳　刘欣）

第九节　不良事件监测、分析和改进

2.9.1　应当制定对取出的植入性医疗器械进行分析研究的规定并形成文件。在获得取出的植入性医疗器械后,企业应当对其分析研究,了解植入产品有效性和安全性方面的信息,以用于提高产品质量和改进产品安全性。

■ 条款解读

本条款是对生产企业分析研究取出的植入性医疗器械的要求。

生产企业应当制定对取出的植入性医疗器械进行分析研究的规定并形成文件。主动寻求获得取出的植入性医疗器械的途径,在获得取出的植入性医疗器械后,了解植入产品有效性和安全性方面的信息,提出提高产品质量和改进产品安全性等方面的建议或措施。

生产企业对取出的植入性医疗器械进行分析研究可参照 GB/T25440/ISO12891《外科植入物的取出与分析》系列标准。

GB/T25440/ISO12891《外科植入物的取出与分析》系列标准由 4 部分组成。第 1 部分:取出与处理;第 2 部分:取出金属外科植入物的分析;第 3 部分:取出聚合物外科植入物的分析;第 4 部分:取出陶瓷外科植入物的分析。研究取出外科植入物及其邻近组织对临床并发症具有诊断价值,并可以加深对临床植入物性能和植入物与人体相互作用的认识及提供植入物性能和安全性的信息,从而促进生物相容性植入材料和植入物的发展并提高使用寿命。

GB/T25440/ISO12891 系列标准为处理和分析取出的植入性医疗器械和组织提供了指导,采用标准的方法可减少对取出的植入性医疗器械和组织的损害,避免任何污染或传染的发生,采用标准的方法还可用于相关研究结果(源于植入性医疗器械本身、相关组织或体液)之间进行比较,为临床研究服务。植入性医疗器械及相关样品可来自于患者体内的例行取出、外科修复或尸检。另外,标准也可用于对动物植入器械的取出与分析研究。

GB/T25440.1/ISO12891.1《外科植入物的取出与分析　第 1 部分:取出和处理》包括植入性医疗器械的取出和处理二项内容,标准为植入性医疗器械取出与处理提供一个总体性指导,以保证植入性医疗器械的安全和恰当地取出、灭菌和处理。其中植入物取出程序相关的通则包括:通则、植入物 / 患者的临床病历、取出前功能检查、取出记录、周围组织的微生物研究、用于组织检查的组织和液体采样、植入物的识别;取出处理程序包括:保存方法、植入物的清洗和灭菌、为运输目的对植入物进行包装、拆包和准备;周围组织、液体和接口的检查;传染控制包括:概述、工作准则、个人防护、工作台的维护、人体废弃物的处理、特殊规则。

GB/T25440.2-4/ISO12891.2-4 部分提供了对取出的金属、聚合物、陶瓷外科植入性医疗器械分析的指导。取出分析依对取出金属、聚合物、陶瓷外科植入性医疗器械的破坏程度的不断增大分为三个阶段,第Ⅰ阶段宏观研究(非破坏性)、第Ⅱ阶段微观检验(大部分非破坏性)、第Ⅲ阶段材料研究(大部分破坏性),并且分别描述这三个阶段应进行的分析研究项目。生产企业可依据研究分析目的和植入性医疗器械的类型,选择相应的阶段和类型。

■ 检查要点

查看相关文件,是否对取出的植入性医疗器械进行分析研究作出规定。在获得取出的植入性医疗器械时,是否对其分析研究,了解植入产品有效性和安全性方面的信息,用于提高产品质量和改进产品的安全性(注:外科植入物的取出和分析可参见 ISO12891《外科植入物的取出和分析》)。

■ 检查方法

(1) 查阅生产企业对取出的植入性医疗器械进行分析研究作出规定的文件。

(2) 如果生产企业获得过取出的植入性医疗器械,查阅相关分析研究记录与相关要求的符合性。

■ 注意事项

(1) 应关注生产企业对取出的植入性医疗器械进行分析研究作出规定的文件要求是否全面和可行,如获取的方法、研究的目的、研究的项目、提出预防和改进的措施等。

(2) 应关注通过研究获得的启示和预防、改进的措施。

2.9.2　应当建立与其生产产品相适应的医疗器械不良事件信息收集方法,及时收集医疗器械不良事件。

■ 条款解读

医疗器械生产企业是医疗器械不良事件监测的责任主体,对其获准上市的医疗器械承担不良事件监测与再评价工作。本条款规定了生产企业应建立与生产的产品相适应的不良事件信息收集方法,并且应及时收集医疗器械不良事件。目的是及时、全面地收集医疗器械不良事件，以便采取相应措施。

由于植入性医疗器械的高风险、植入到人体等特点，及时、全面地收集其不良事件信息有着十分重要的意义。如，如果发生的不良事件是不可接受的，必须能够及时收集到相应信息，迅速地定位和控制市场上未植入的产品，防止非预期植入；迅速地定位已植入的产品，采取必要的、可行的措施（包括必要时取出、定期检查、随时观察、限制使用、辅助治疗等），才可能最大限度地减少风险、控制风险。

生产企业作为不良事件监测的责任主体应履行以下主要职责。

(1) 定期收集政府部门发布的医疗器械监管政策法规与安全性信息，结合企业生产情况，为本企业医疗器械的使用安全提供参考。

(2) 收集本企业上市医疗器械产品国内外不良事件信息，进行跟踪与分析研究，采取措施，减少和防止类似事件的重复发生，提高医疗器械的安全性和有效性。

(3) 建立由企业负责人签发的医疗器械不良事件监测管理文件，内容应至少包括不良事件的收集、报告、调查和评价等内容，明确不良事件的收集方法、报告原则、上报程序和时限等。同时，企业应在机构设置、人员岗位职责、监测工作考核、人员培训和监测文件的管理上做出相应规定，并对制度和规定的执行情况进行检查。

(4) 建立包含突发、群发医疗器械不良事件的应急处理机制。

(5) 明确负责医疗器械不良事件监测工作的部门并配备专（兼）职人员承担本企业医疗器械不良事件监测和再评价工作。

(6) 开展本企业内部医疗器械不良事件监测培训、教育与考核工作。

(7) 配合各级食药监管理部门和不良事件监测中心做好医疗器械不良事件相关调查、分析和评价工作。

(8) 应当建立相应制度和采取措施，以保证其产品的可追溯性。

■ 检查要点

查看相关文件，是否建立了与其生产产品相适应的医疗器械不良事件信息收集方法和渠道，并及时收集医疗器械不良事件。

■ 检查方法

(1) 查阅生产企业不良事件信息收集方法的相关文件规定，检查生产企业相关记录，判定是否按相关规定收集医疗器械不良事件。

(2) 结合生产企业生产产品的类型、数量、销售区域、使用人群，判定生产企业不良事件信息收集方法是否与其生产产品相适应，是否能够及时收集医疗器械不良事件。

■ 注意事项

(1) 应关注有关收集医疗器械不良事件的相关规定。

(2) 应关注收集医疗器械不良事件的实际效果。

常见问题和案例分析

◎ 常见缺陷

(1) 制定的对取出的植入性医疗器械进行分析研究的规定可操作性不强。

(2) 对取出的植入性医疗器械进行分析研究的广度和深度不够，无助于提高产品质量和改进产品安全性。

(3) 建立的医疗器械不良事件信息收集方法与其生产产品不相适应，不能及时收集医疗器械不良事件。

◎ 典型案例分析

【案例一】 A公司生产金属接骨螺钉，发生过多起螺钉断裂的不良事件，A公司在获得取出的断裂的金属接骨螺钉后，没有按规定对其进行分析研究，没有采取任何提高产品质量和改进产品安全性的措施。

分析：附录2.9.1条规定："应当制定对取出的植入性医疗器械进行分析研究的规定并形成文件。在获得取出的植入性医疗器械后，企业应当对其分析研究，了解植入产品有效性和安全性方面的信息，以用于提高产品质量和改进产品安全性"。A公司在获得取出的断裂的金属接骨螺钉后，没有按规定对其进行分析研究，不符合2.9.1条的规定。

对取出的植入物进行分析研究，对提高产品的安全性和改进产品的质量具有十分重要的意义。以A公司为例，在获得取出的断裂的金属接骨螺钉后，首先要分析其断裂的原因，如果是由于疲劳强度过低导致断裂，那么需要分析何种因素导致疲劳强度过低，如何改进可以提高疲劳强度，使其达到规定的要求。

【案例二】 对某骨科植入类医疗器械生产企业现场检查时，发现企业未按《取出金属外科植入物的分析》制度规定收集使用后的植入物产品并分析。

分析:这里有两方面的原因,一方面是产品使用方(医院),医院未在第一时间将信息反馈给企业,也不允许企业将取出的植入物产品拿回公司分析,这样企业无法分析产品发生不良情况的原因,不能做出改进或反馈;另一方面,企业未根据具体情况建立合理的、有效的反馈(投诉)流程,只将问题归结于医院,未能真正做到对产品在临床上使用发生的不良情况进行收集、分析。

监测医疗器械不良事件是医疗器械产品上市以后质量管理的重要工作,也是评价产品质量的主要手段。作为植入类的高风险医疗器械生产企业,应尤为关注医疗器械不良事件的监测。只有收集临床使用中发生的不良情况并进行分析,才能不断地改进产品,不断的降低产品的使用风险。作为生产方和使用方,都应该充分意识到对不良事件分析的重要性,从而形成良性的使用 - 反馈 - 分析 - 改进 - 使用的模式,不断推动医疗器械生产产品改进,确保医疗器械产品使用的安全有效性。

(宋铎　王奇志)

思 考 题

(1) 如何确保植入性的动物源医疗器械和同种异体医疗器械的生产、技术和质量管理人员在生产、质量管理中具备履行职责的能力。

(2) 哪些人员不得从事直接接触植入性医疗器械的工作,如何确定这些人员?

(3) 对植入性的非无菌医疗器械的末道清洗和包装有何具体要求?

(4) 对已上市的产品如何满足设计开发的要求?

(5) 对植入性医疗器械的可追溯性有何具体要求,如何实现植入性医疗器械的可追溯性?

(6) 对采购的物品如何进行检验或验证,对分包如何控制?

(7) 如何对取出的植入性医疗器械进行分析研究?

(8) 动物源医疗器械和同种异体医疗器械为什么必须要进行病毒灭活试验?

(9) 消毒剂品种为什么要定期更换?

(10) 进入洁净室(区)的物品,包括原料和零配件等,为什么必须进行净化处理?

(11) 简要叙述清场的作用。

(12) 什么是无菌加工技术?

(13) 留样的目的是什么?

参 考 文 献

[1] 国家食品药品监督管理总局. 无源植入性医疗器械产品注册申报资料指导原则[Z],2009.

[2] 国家食品药品监督管理总局. 同种异体植入性医疗器械病毒灭活工艺验证技术审查指导原则[Z], 2011.

[3] GB15979-2002,一次性卫生用品卫生标准[S].

[4] GB50346-2011,生物安全实验室建筑设计规范[S].

[5] YY0033-2000,无菌医疗器具生产管理规范[S].

[6] YY0466-2003,医疗器械 用于医疗器械标签、标记和提供信息的符号[S].

[7] YY/T0316-2003,医疗器械 风险管理对医疗器械的应用[S].

[8] YY/T0513.1-2009,同种异体骨修复材料 第1部分:骨组织库基本要求[S].

[9] YY/T0513.2-2009,同种异体骨修复材料 第2部分:深低温冷冻骨和冷冻干燥骨[S].

[10] YY/T0513.3-2009,同种异体骨修复材料 第3部分:脱矿骨[S].

[11] YY/T0771.1-2009,动物源医疗器械 第1部分:风险管理应用[S].

[12] YY/T0771.2-2009,动物源医疗器械 第2部分:来源、收集与处置的控制[S].

[13] YY/T0771.3-2009,动物源医疗器械 第3部分:病毒和传播性海绵状脑病(TSE)因子去除与灭活的确认[S].

[14] YY/T0287-2003/ISO13485:2003,医疗器械质量管理体系用于法规的要求[S]. 2003.

[15] YY/T0287-2017/ISO13485:2016,医疗器械质量管理体系用于法规的要求[S]. 2017.

[16] YY/T0595-2006/ISO/TR14969:2004,医疗器械质量管理体系 YY/T0287-2003 应用指南[S]. 2006.

[17] 国家食品药品监督管理局. 医疗器械监管技术基础[M]. 北京:中国医药科技出版社,2009.

[18] GB/T19633-2005,最终灭菌医疗器械的包装[S].

[19] YY/T0771.1-2009/ISO22442-1:2007,动物源医疗器械第1部分:风险管理应用[S].

[20] YY/T0771.2-2009/ISO22442-2:2007,动物源医疗器械第2部分:来源、收集与处置的控制[S].

[21] YY/T0771.3-2009/ISO22442-3:2007,动物源医疗器械第3部分:病毒和传播性海绵状脑病(TSE)因子去除与灭活的确认[S].

[22] GB50073-2013,洁净厂房设计规范[S].

第三篇
体外诊断试剂

第一章

体外诊断试剂基础知识

第一节　体外诊断试剂概念

《体外诊断试剂注册管理办法》(国家食品药品监督管理总局令第5号)所指的体外诊断试剂,是指按医疗器械管理的体外诊断试剂,包括在疾病的预测、预防、诊断、治疗监测、预后观察和健康状态评价的过程中,用于人体样本体外检测的试剂、试剂盒、校准品、质控品等产品。可以单独使用,也可以与仪器、器具、设备或者系统组合使用。根据产品风险程度的高低,体外诊断试剂依次分为第三类、第二类、第一类产品。

按照药品管理的用于血源筛查的体外诊断试剂和采用放射性核素标记的体外诊断试剂,不属于本办法管理范围。依据卫生部文件《关于对用于供血员血样检测的体外免疫诊断试剂实行报批国家检定的通知》(卫药发{1994}第10号)和《关于抗A、抗B血型定型试剂定点生产问题的通知》(卫药发{1995}第26号),国家法定用于血源筛查的品种有五种:①A、B、O血型定型试剂;②乙肝表面抗原酶联免疫诊断试剂(HBsAgEIA);③丙肝病毒抗体酶联免疫诊断试剂(抗HCVEIA);④艾滋病毒抗体酶联免疫诊断试剂(抗HIVEIA);⑤梅毒诊断试剂(RPR及USR)。

在体外诊断试剂质量评价中有许多相关的术语和定义,部分术语主要为跟检测限、灵敏度相关的术语易于混淆,造成理解上的差异,影响试剂的质量评价效果。

分析灵敏度(analytical sensitivity):国际理论和应用化学联合会(IUPAC)将方法的分析灵敏度定义为校准曲线的斜率及对于规定量的变化分析程序产生信号的变化。校准曲线的斜率越大即曲线越陡峭,系统对分析物的轻微变化越敏感。因此分析灵敏度与检测限不一样。事实上,即使斜率校准曲线是陡峭的,如果测量信号变异系数高,可以可靠检测的最低检测限可能较大。与此相反,校准曲线斜率较小,但测量信号变异系数低,可以可靠检测的最低检测限较小。

空白限值(limit of blank):是指在无分析物样本检测中一定概率下的最大值。

检出限(detection limit,limit of detection,)与最低检测限(lower limit of detection):两者含义一致,国际理论和应用化学联合会(IUPAC)将检出限定义为给定分析程序具有适当的可信限度检出分析物的最小浓度或量。检出限依赖于空白读数大小,并且被认为与测量的精密度有关系。

定量限(limit of quantitation):在ISO18113中定义为给定分析程序能定量检测分析物的最小浓度或量。

临界值(Cut-off值):是指分析检测时的特定量值水平,该水平用于决定分析检测是否高于或低于临床或分析决定水平(通常是阴性或阳性)。在定性检测中低于该特定水平判断为阴性,高于该水平判断为阳性(反之亦然)。对于一个真正的定性检测,临界值是唯一的医学决定水平。

参考物质(reference material,RM):具有一种或多种足够均匀和很好地确定了的特性,用以校准测量装置、评价测量方法或给材料赋值的一种材料或物质(JJF1001-1998,定义8.13)。

参考测量程序(reference measurement procedure):经过充分研究的测量程序,其测量值的测量不确定度适合其预期用途,尤其在评价测量相同量的其他测量程序的正确性和鉴定参考物质方面的用途。

参考测量实验室(reference measurement laboratory):运行参考测量程序,提供有一定不确定度的测量结果的实验室。

溯源性(traceability):测量结果或标准值的属性,它使测量结果或标准值通过连续的比较链与一定的参考标准联系起来,参考标准通常是国家或国际标准,比较链中的每一步比较都有一定的不确定度(VIM:1993,6.10)。

测量准确度(accuracy of measurement):测量结果与被测量真值之间的一致程度(JJF 1001-1998,定义5.5)。

测量的正确度(trueness of measurement):大批测量结果的平均值与真值的一致程度。

分析特异性(analytical specificity):测量程序只测量被测量的能力(GB/T19702-2005/ISO 15193:2002,3.8)。

测量精密度(precision of measurement):在规定条件下,相互独立的测量结果间的一致程度(ISO3534-1:1993,3.14)。

精密度按条件不同可进一步分为重复性(repeatability)、中间精密度(intermediate precision)和重现性(reproducibility)。重复性是指在相同条件(时间、校准、操作者、仪器等)下获得的精密度,即所谓的批内精密度;中间精密度是指在一种或几种条件因素发生变化,但在同一实验室内获得的精密度;重现性则是在不同实验室、不同条件下获得的精密度，故又称实验室间精密度。

基质：又称基体或介质，是指在分析样品中，除了分析物以外的所有其他物质和组分(包括溶剂)，称为该分析物的基质。检测系统在分析样品中的分析物时，处于分析物周围的基质对分析物测定结果的影响，称为基质效应。

线性范围(linear range)：是指系统最终的输出值(浓度或活性)与被分析物的浓度或活性成比例的范围。线性范围的测量即测定浓度曲线接近直线的程度，它反映整个系统的输出特性。线性检验系统反应，包括校准、线性化技术、系数和仪器反应。线性是分析方法的一个特征，不同于准确度和精密度。

稳定性：是指在一段时间内，体外诊断试剂维持其性能属性的能力。注意：①稳定性适用于体外诊断试剂、校准品和质控品，当在特定条件下被制造商储存、运输和使用时；②再生冻干材料、工作液和材料自密封容器中取出，要遵照制造商的说明书来准备、使用和贮存；③且需要系统在校准后测量仪器或测量系统。

运输稳定性试验：是指产品在制造商到消费者这一运输时间段内，将 IVD 试剂暴露于设计的极端环境因素之下(最差情况)。

加速稳定性试验：是指稳定性试验是设计采用过大的环境条件(如光、温度、湿度)来提高 IVD 试剂化学或物理性能的退化速率，但要注意，该研究的结果主要用于产品设计/包装因素影响比较或在某些情况下，在推荐的储存条件下产品的处理来预测其有效期。

在诊断试剂中有部分试剂是定量检测试剂，其量值的得出是根据标准曲线进行换算后得出检测样本的量值。但是标准曲线的拟合存在多种方式，拟合方式是否符合检测需要是产品研制中必须解决的问题。对于标准曲线的拟合也需要进行简单的阐述便于企业和监管人员理解。

目前常用的曲线拟合模式有双曲线模式、多项式模式、Log-Logit 转换、Logistic 公式(两参数，四参数)、三项式插值等。同一剂量反应曲线当用不同的模式进行拟合，稍加比较可见其拟合程度好坏不一，相关系数可做评价拟合精度的指标。每种曲线拟合模式各有优缺点。如插值法对数据点的精密度和准确性依赖大；每一个片段都应有一个质控样本，而这往往是做不到的；无法完全解决 hooks 效应出现引起的不准确；有时较其他“复杂”模式更费时；Logistic 公式(两参数，四参数)模式在校准曲线的端值点(实际误差最大)，采用倒数误差被减小，在校准曲线的中间(实际误差最小)，采用倒数误差被放大。研究表明在对同一校准曲线采用不同的拟合方式，对同一样本进行赋值，所得结果可能相差 20% 以上。这就需要对检测结果分析进行标准化。要通过对检测试剂免疫学反应原理的理解，通过实际样本的检测，选择最能模拟检测试剂实际反应的拟合曲线进行样本赋值。因此，试剂生产厂家在研发相应的诊断试剂时，必须仔细考虑上述因素，采用最理想的曲线拟合方式。

需要特别强调的是:对曲线的拟合,只是对由标准品及其相应的反应参数所决定的曲线段进行数学处理,在标准品给定的区间范围内,拟合的函数关系应保证其单调性,曲线拟合不能外推。因此,检测结果分析的标准化取决于对曲线拟合的深刻理解,必须在合理的线性范围内才能保证结果的实际误差最小,与真值最接近。

第二节　体外诊断试剂主要类型及原理

体外诊断试剂已广泛用于医学科研和临床检验，质量稳定可靠的体外诊断试剂不仅为医学科研和诊治疾病提供快捷、准确的依据，也为疾病的预防和控制提供了技术资料。

体外诊断试剂的品种和种类繁多，从临床专业分类可分为：临床血液学体液检验类试剂、临床化学类试剂、临床免疫学、微生物学、细胞组织学、分子生物学等。以方法学分类有化学显色法、免疫比浊法、酶联免疫、胶体金法、免疫荧光、化学发光、分子生物学、免疫组化、免疫细胞化学等。由于体外诊断试剂涉及学科门类众多，学科之间的交叉也越来越多，新技术层出不穷，难以简单地以某个原则进行分类。

临床生化试剂主要有测定酶类、糖类、脂类、蛋白和非蛋白氮类、无机元素类、肝功能、肾功能等几大类产品，主是用于配合半自动和全自动生化分析仪等仪器检测。按照化学性质分类：酶类，包括肌酸激酶（creatine kinase，CK），乳酸脱氢酶（lactate dehydrogenase，LDH），丙氨酸转氨酶（alanine aminotransferase，ALT），天冬氨酸转氨酶（aspartate aminotransferase，AST），γ-谷氨酰氨基转移酶（gamma-glutamyltransferase，GGT），α-淀粉酶（alpha-amylase，AMY），碱性磷酸酶（alkaline phosphatase，ALP）等；底物 / 代谢产物类，包括肌酐、尿素、尿酸、葡萄糖、胆汁酸、直接胆红素、总胆红素、甘油三酯、高密度胆固醇、低密度胆固醇、二氧化碳等；无机离子类，包括 Ca、P、Mg、Cl 等；特种蛋白类，包括脂蛋白 Al，脂蛋白 B，脂蛋白（a），补体 C3，补体 C4，免疫球蛋白 IgG，免疫球蛋白 IgA，免疫球蛋白 IgM 等。还可以按照临床应用进行分类，如检测无机离子、肝功能、肾功能、心肌酶谱、胰腺炎、血脂等。在临床常用的临床生化试剂采用的分析方法或技术原理就有多种，具体如下。

1. 光谱分析技术

是基于物质与辐射能作用时，测量由物质内部发生量子化的能级之间的跃迁而产生的发射、吸收或散射辐射的波长和强度进行分析的方法。其按作用对象不同可分为原子光谱法（测量离子、微量元素等）和分光光度计法，按获得方式不同分为吸收光谱法和发射光谱法。

（1）吸收光谱技术　吸光光度法是根据溶液中物质对光选择性吸收而进行分析的方法。有色溶液对光线有选择性的吸收作用，不同物质由于其分子结构不同，对不同波长线的吸收能力也不同，因此，每种物质都具有其特异的吸收光谱。有些无色溶液，光虽对可见光无吸收，不能利用可见光的吸收作用，但所含物质可以吸收特定波长的紫外线或红外线。当一定波长的光通过该物质的溶液时，根据物质对光的吸收程度（吸光度），求出该物质的含量，这种方法称为吸光光度法。

吸光光度法可分为比色法和分光光度法两大类。比色法又可分为目视比色法和光电比色法。分光光度法与光电比色法的原理类似，都是通过光电池或光电管测量溶液透光度的强度进行分析的方法。两者主要的区别在于获得单色光的方式不同。光电比色法使用滤光片所获得的是一般光谱带，分光光度法使用棱镜或光栅得到波长范围较窄的单色光，根据光源的不同，分光光度法又可分为可见光分光光度法、紫外光分光光度法和红外光分光光度法三种。

当利用比色法测定溶液中某种化学成分时，通常需加入某种显色剂，使其产生有色化合物，而且其颜色的深浅与待测化学成分的含量成正比，据此测定待测物的浓度。

蛋白质中的肽键在碱性溶液中能与铜离子作用产生紫红色络合物，在一定浓度范围内颜色反应强度与蛋白质的浓度成正比。用于总蛋白的测定。

溴甲酚绿（BCG）在非离子去污剂 Brij-35 的存在下，可与白蛋白形成紧密结合的绿色复合物。用于白蛋白的测定。

重氮苯磺酸盐与胆红素生成红紫色偶氮胆红素。用于总胆红素和直接胆红素的测定。

甲基百里酚兰（MTB）在碱性条件下可与 Ca、Mg 形成有色络合物。用于 Ca、Mg 的测定。

紫外 - 可见分光光度技术（UV-Vis）是根据物质的吸收光谱及光的吸收定律（郎伯 - 比尔定律），对物质进行定性、定量分析的一种方法。其具体原理是通常把溶液的厚度固定不变，通过光密度值表现溶质的浓度。若用待测物的纯品配制不同的浓度，测出其光密度，绘出浓度对光密度的工作曲线，便可以此查得未知样品的浓度。

（2）发射光谱技术　是指通过测量物质的发射光谱的波长和强度进行定性和定量分析的方法。

许多物质都是光致发光的，即它们可以吸收电磁辐射，然后又重新发射出相同或较长波长的辐射。光致发光最常见的类型是荧光（fluorescence）和磷光（phosphorescence）。利用荧光强度进行分析的方法，称为荧光法（fluorimetry）。在荧光分析中，待测物质分子成为激发态时所吸收的光称为激发光，处于激发态的分子回到基态时所产生的荧光称发射光。荧光法测定的是受光激发后所发射的荧光的强弱，而不是测定激发光的强弱。凡能产生荧光的化合物，均可采用荧光分析法进行定性或定量。

（3）散射光谱技术　光散射是电磁波经过一个样品时作用于微粒的结果。其分析法主要测定光线通过溶液混悬颗粒后的光吸收或光散射程度的一类定量方法。主要用于免疫检测系统中，常称为免疫浊度法。其测定方式可分为：透射浊度法、散射光浊度法（终点、散射）、粒子强化免疫浊度测定法（乳胶法或称凝集反应）。

2. 电化学分析法

利用物质的电化学性质，测定化学电池的电位、电流或电量的变化进行分析的方法称为电化学分析法。电化学分析法有多种，如测定原电池电动势以求物质含量的分析方法称为电位法（potential method）或电位分析法；通过对电阻的测定以求物质含量的分析法称为电导法；而借助某些物理量的突变作为滴定分析终点的指示，则称为电容量分析法等。目前在临床上应用的电化学分析法主要为离子选择电位分析法，其原理主要为利用电极电位以及溶液内活性物质两者之间的关系进行分析的方法。

临床免疫诊断试剂从方法学上看，主要分为免疫比浊法（在散射光谱技术中已经介绍）、酶联免疫、金标、化学发光等不同类型。

1. 酶免疫技术

是将酶高效催化反应的专一性和抗原抗体反应的特异性相结合的一种免疫标记检测技术。其原理是将酶与抗体或抗原结合成酶标记结合物，酶标记结合物既保留了抗原或抗体的免疫学活性，同时又保留了酶对底物的催化活性，在酶标记抗体与抗原的特异性反应完成后，加入酶作用的相应底物，通过酶催化底物完成显色反应，对抗原或抗体进行定位、定性和定量的测定。

2. 酶联免疫吸附试验

把抗原或抗体结合到某种固相载体表面，并保持其免疫活性，形成固相抗原或抗体；将抗原或抗体与酶连接成酶标记抗原或抗体，它既保留了抗原或抗体的免疫活性，又保留了酶的活性；测定时将受检样品和酶标记抗原或抗体按一定程序与结合在固相载体上的抗原或抗体反应形成固相化抗原抗体 - 酶复合物，用洗涤的方法除去其他成分，结合在固相载体上的酶量与标本中受检物质的量成一定比例，加入底物后底物被固相载体上的酶催化成有色产物，通过定性或定量检测有色产物的量即可确定样品中待测物质的含量。

3. 免疫荧光技术

其原理是利用物质吸收光能后，产生激发态而发光的特性。将具有这种特性的荧光素（异硫氰荧光黄或罗丹明 B200）用化学方法结合在特异的抗体或抗原上，又不损害其抗体或抗原活性的一种荧光显微镜下的示踪技术。

4. 流式细胞术（flow cytometry，FCM）

是一种对单细胞或其他生物粒子膜表面以及内部的成分进行定量分析和分选的检测手段，它可以高速分析上万个细胞，并能同时从一个细胞中测得多个参数，同传统的荧光镜检查相比，具有速度快、精度高、准确性好等特点。

5. 胶体金技术

可以按照液体的流动形式分为胶体金免疫渗滤试验和胶体金免疫层析试验。免疫渗滤试验（IFA）基本原理是以硝酸纤维素膜为载体，利用微孔滤膜的可滤过性，使抗原抗体反应和洗涤在一特殊的渗滤装置上，以液体渗滤过膜的方式迅速完成。免疫层析试验是由于滴加在膜一端的样品溶液受膜的毛细管作用向另一端移动，犹如层析一般，移动过程中被分析物与固定于膜上某一区域的受体（抗原或抗体）结合而被固相化，无关物则越过该区域而被分离，然后通过标记物的显色来判定实验结果。

6. 化学发光免疫分析（chemiluminescence immunoassay，CLIA）

是将具有高灵敏度的化学发光测定技术与高特异性的免疫反应相结合，用于各种抗原、半抗原、抗体、激素、酶、脂肪酸、维生素和药物等的检测分析技术。化学发光免疫分析包含两个部分，即免疫反应系统和化学发光分析系统。化学发光分析系统是利用化学发光物质经催化剂的催化和氧化剂的氧化，形成一个激发态的中间体，当这种激发态中间体回到稳定的基态时，同时发射出光子，利用发光信号测量仪器测量光量子产额。免疫反应系统是将发光物质（在反应剂激发下生成激发态中间体）直接标记在抗原（化学发光免疫分析）或抗体（免疫化学发光分析）上，或酶作用于发光底物。

按化学反应类型分类可分为酶促化学发光和非酶促化学发光两类。其中酶促化学发光主要包括辣根过氧化物酶（HRP）系统、碱性磷酸酶（ALP）系统、黄嘌呤氧化酶系统等。酶促发光的共同特点为发光过程中作为标记物的酶基本不被消耗，而反应体系中发光剂充分过量，因此发光信号强而稳定，且发光时间较长。因此可采用速率法测量，故检测方式简单、成本较低。酶促反应的主要缺点为工作曲线可能随时间漂移，而且低端斜率容易呈非线性下移。而非酶促化学发光包括吖啶酯系统、草酸酯系统、三价铁鲁米诺系统等。

电化学发光的原理是对电极施加一定的电压进行电化学反应，反应的产物之间或与体系中某种组分发生化学发光，与化学发光有所不同，其差异在于氧化反应是通过电极上的电化学反应产生的，而不是氧化剂或发光剂自身内氧化产生，其标记物为三联吡啶钌及其衍生物，并以三丙胺（TPA）为还原剂。

7. 免疫组织化学（immunohistochemistry）技术或免疫细胞化学（immunocytochemistry）技术

根据抗原抗体反应和化学显色原理，组织切片或细胞标本中的抗原先和一抗结合，再利用一抗与标记生物素、荧光素等的二抗进行反应，前者再用标记辣根过氧化物酶（HRP）或碱性磷酸酶（ALP）等的抗生物素（如链霉亲和素等）结合，最后通过呈色反应或荧光来显示细胞或组织中化学成分，在光学显微镜或荧光显微镜下可清晰看见细胞内发生的抗原抗体反应产物，从而能够在细胞爬片或组织切片上原位确定某些化学成分的分布和含量。

临床分子生物学诊断试剂即我们常说的基因诊断试剂采用的技术原理主要包括核酸

分子杂交技术、聚合酶链式反应(PCR)技术、基因多态性分析技术、单链构象多态性(SSCP)分析技术、荧光原位杂交染色体分析(FISH)技术、DNA 测序技术、基因芯片技术以及蛋白质组技术等,一些先进的分离和检测技术大大促进了上述技术的完善和发展,如毛细管电泳技术(CE)、液质联用技术(LC/MS/MS)、变性高效液相色谱技术(DHPLC)、非荧光遗传标记分析技术等。

1. 核酸分子杂交技术

即基因探针技术,利用核酸的变性、复性和碱基互补配对的原理,用已知的探针序列检测样本中是否含有与之配对的核苷酸序列的技术。是临床应用最早的,也是最基础的分子生物学技术,是印迹杂交、基因芯片等技术的基础。

DNA 芯片技术,实际上就是一种大规模集成的固相杂交,是指在固相支持物上原位合成(in situ synthesis)寡核苷酸或者直接将大量预先制备的 DNA 探针以显微打印的方式有序地固化于支持物表面,然后与标记的样品杂交。通过对杂交信号的检测分析,得出样品的遗传信息(基因序列及表达的信息)。由于常用计算机硅芯片作为固相支持物,所以称为 DNA 芯片。根据芯片的制备方式可以将其分为两大类:原位合成芯片和 DNA 微集阵列(DNA microarray)。

2. 聚合酶链反应(PCR)

是一种快速的 DNA 片段扩增技术,它通过分别与双链目的 DNA 序列两个 3′端互补的寡核苷酸引物,由 Taq DNA 聚合酶从 5′到 3′进行一系列 DNA 聚合反应,扩增出所需要的目的 DNA。由于每个循环中合成的引物延伸产物可作为下一循环中的模板,因而每次循环中靶 DNA 的拷贝数几乎呈几何级数增长。在此基础上发展起来的技术有逆转录 PCR、原位 PCR、实时荧光 PCR、楔形探针扩增阻滞 PCR 等。

实时荧光定量 PCR 是指在 PCR 反应体系中加入荧光基因,利用荧光信号累积实时监测整个 PCR 进程,最后通过标准曲线对未知模板进行定量分析的方法。

3. DNA 序列分析(测序,sequencing)

是分子生物学重要的基本技术。以 ABI 公司测序仪为例,是采用 4 种荧光染料分别标记终止物 dNTP 或引物,经 Sanger 测序反应后,反应产物 3′端(标记终止物法)或 5′端(标记引物法)带有不同的荧光标记。一个样品的 4 个测序反应产物可在同一泳道内电泳,从而降低测序泳道间迁移率差异对精确性的影响。通过电泳将各个荧光标记片段分开,同时激光检测器同步扫描,激发的荧光经光栅分光,以区分代表不同碱基信息的不同颜色的荧光,并在 CCD(charge-coupled device)摄影机上同步成像。电脑可在电泳过程中对仪器运行情况进行同步检测,结果能以电泳图谱、荧光吸收峰图或碱基排列顺序等多种方式输出,此方法的测序为一代测序的基本原理。

高通量测序技术是对传统测序一次革命性的改变，一次对几十万到几百万条DNA分子进行序列测定。第二代测序技术将片段化的基因组DNA两侧连上接头，随后用不同的方法产生几百万个空间固定的PCR克隆阵列。每个克隆由单个文库片段的多个拷贝组成。将DNA固定在芯片表面或微球表面；然后通过扩增形成DNA簇或扩增微球；最后利用聚合酶或者连接酶进行一系列循环的反应操作，通过CCD相机采集每个循环反应中产生的光学事件信息，DNA序列延伸和成像检测不断重复，最后经过计算机分析就可以获得完整的DNA序列信息。目前已经发展到第三代测序技术即单分子测序技术。

第三节　体外诊断试剂产品及工艺特点

根据国家卫生计生委公布《医疗机构临床检验项目目录(2013年版)》,共包括检验项目1462项,其中临床体液、血液专业360项,临床化学检验专业347项,临床免疫、血清学专业458项,临床微生物学专业152项,临床分子生物学及细胞遗传学专业145项。在公布的检验项目中除了采用染色后进行显微镜观察、细菌培养等方法的检验项目外,都有对应的诊断试剂产品。

在不同原理的试剂中生产的工艺有所不同。下面主要以例举方式进行说明。

1. 临床生化试剂

主要是采用工艺用水制备、称量、配制、分装、压盖、贴标、装盒、入库等工艺。如双试剂的甘油三酯测定试剂盒一般包含:试剂1:三羟甲基氨基甲烷缓冲液、三磷酸腺苷(ATP)、甘油激酶(GK)、甘油磷酸氧化酶、氯化镁、过氧化物酶;试剂2:三羟甲基氨基甲烷缓冲液、4-氨基安替比林、脂蛋白脂酶、三磷酸腺苷、3,5-二氯-2-羟基苯磺酸钠。其生产工艺主要为采用工艺用水配制各种固体成分,其中采用的手段主要为称量、定容、稀释、分装等。

2. 临床免疫试剂

主要工艺是反应板或包被载体的选择、抗原抗体的筛选、标记物的筛选标记、显色剂示踪剂等溶液的配制、校准品的配制与校准等。以癌胚抗原(CEA)酶联免疫法进行举例说明。

(1) 校准品的配制　利用小牛血清作为基质配制校准品,参考CEA的人群分布浓度以及不同原理的线性范围等,配制系列浓度梯度的校准品。方法是向小牛血清中加入CEA抗原,配制了不同浓度梯度的系列校准品。校准品的调试与定值需要通过实验反复进行。

(2) 标记物的制备

① 选择适宜的标记底物:以不同的CEA抗体做HRP标记并进行免疫分析,比较各种标记物零标准的OD值、标准曲线形状,择优选择抗体为标记底物。

② 选择适宜的标记条件:制备标记物时,HRP与CEA的量采用不同的重量比,分别建立标准曲线进行比较,筛选标记物质量较佳的标记条件。

③ 标记物工作浓度的选择:分析中标记物相对于抗原所需是过量的,需以耐量试验选择适宜浓度。配制一系列浓度的标记物进行免疫分析,其OD值随标记物浓度的增大而增高。当浓度增至某一值时,最高点的OD值即无显著变化,表明标记物相对抗原已经过量。根据曲线形状选择最适合的稀释比例。

(3) CEA包被抗体及其浓度的选择　由多个抗体中筛选合适的抗体。选择较佳的CEA抗体包被浓度,分别配制不同浓度的包被液,包被微孔板。选择CEA抗体的最佳包被浓度。

(4) 微孔板的比较　根据确定的方法分别包被不同微孔板，然后在相同条件下做免疫分析，选择合适的微孔板。

(5) 反应体系的优化　在体系优化中包含对样本采集处理、试剂用量反应条件以及稳定性的优化等。

磁微粒酶标记化学发光试剂的生产工艺和酶联免疫试剂的生产工艺类似。如图 3-1

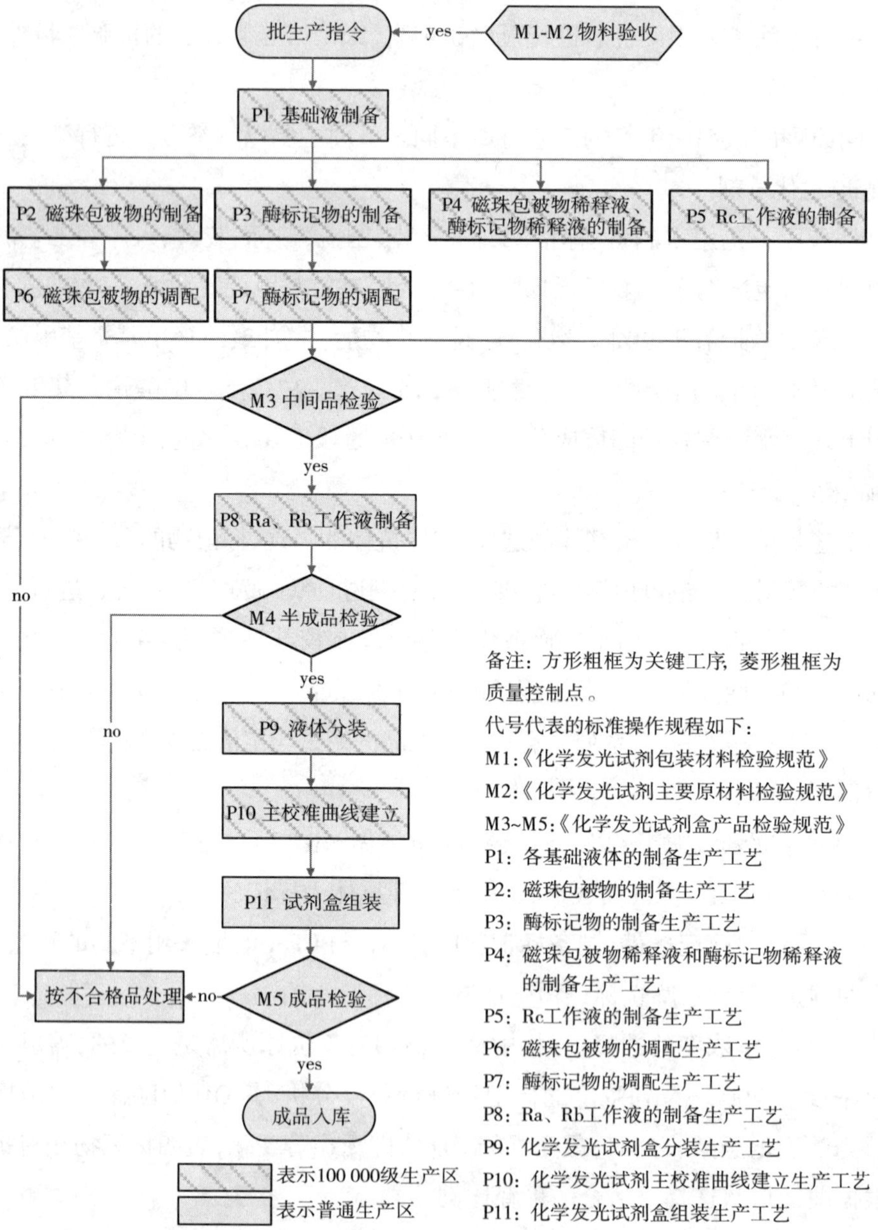

图 3-1　磁微粒酶标记化学发光试剂的生产工艺

所示，也需要进行磁珠的选择、磁珠包被抗原抗体的筛选、酶标记物的筛选标记、化学发光液等溶液的配制、校准品的配制与校准等。

3. 分子生物学试剂

在分子生物学试剂的生产工艺中，主要工艺是DNA聚合酶的选择、扩增引物探针的筛选、PCR反应液的配制优化、扩增程序的优化、质控品和参考品的制备等。以图3-2进行示例说明。

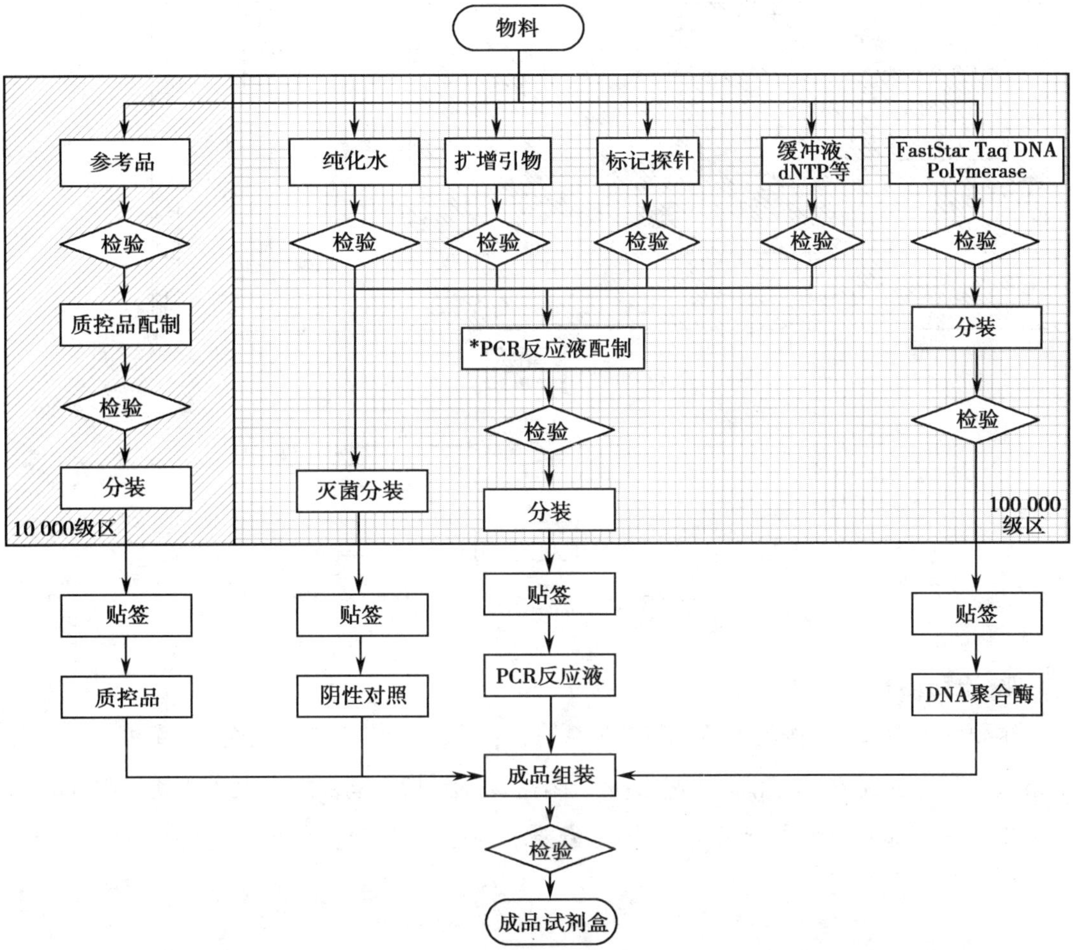

图3-2　分子生物学试剂的生产工艺

注：阴性对照配制、PCR反应液配制、DNA聚合酶分装都在10 000级洁净室（区）；质控品为10 000级洁净室（区）。检验在检验室完成。其中*标记的PCR反应液配制为关键工艺。

在测序试剂生产中，涉及的生产工艺复杂，组分众多，包括酶、磁珠、多种引物、接头、探针、芯片、缓冲液等。以图 3-3 进行示例说明。

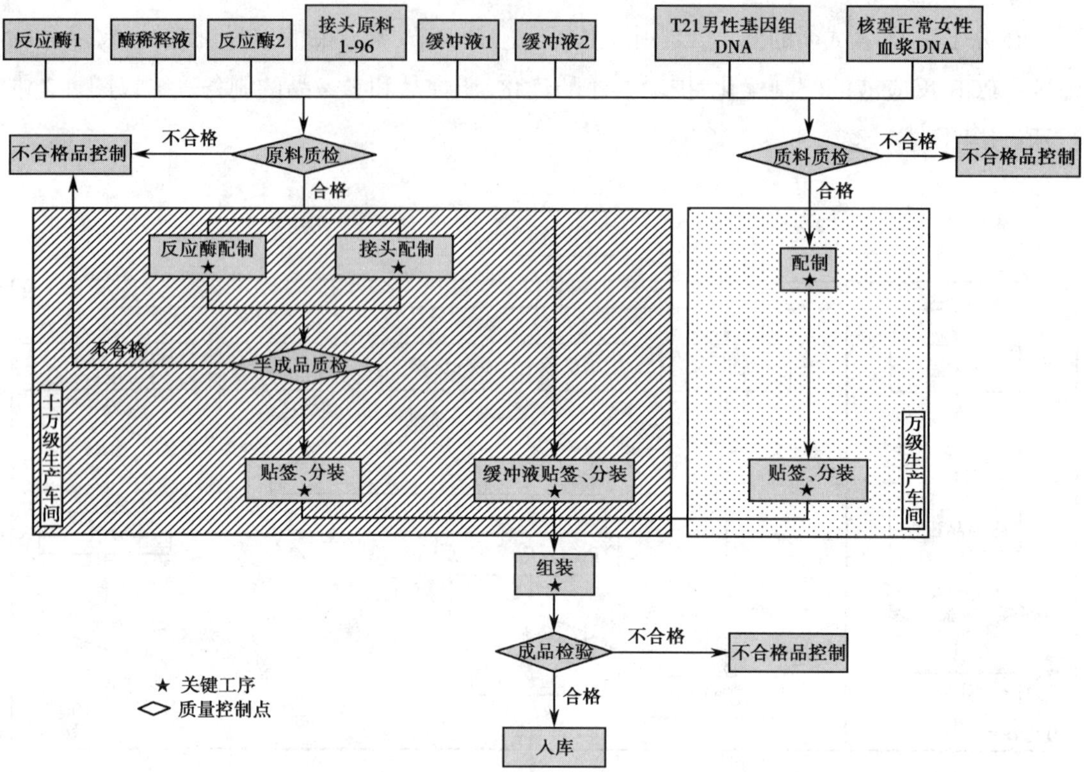

图 3-3　测序试剂生产工艺

4. 干粉培养基试剂

主要是原料烘干、按配方称料、搅拌混匀、质检、分包装、贴标、装盒、入库等工艺。如麦康凯琼脂平板配方：蛋白胨、乳糖、NaCl、胆盐、琼脂、指示剂及抑菌剂若干等。其生产工艺主要为采用部分原料进行烘干、按照配方要求进行称量、混合搅拌混匀、分装等。

第四节　体外诊断试剂质量控制

体外诊断试剂产品在成分构成、生产过程和质量检测等方面与一般医疗器械产品截然不同，主要是依据化学、生物化学、免疫学、微生物学、分子生物学等原理或方法制备，可开展包括微生物、抗原、抗体、核酸、血型、细胞组织配型、免疫组化、组织细胞类、人类基因、肿瘤标志物及酶类、化学物质等较多项目的检测。体外诊断试剂产品由于能够较客观直接的反映机体的代谢状况，常被临床医生作为判断疾病、治疗效果及预后的主要参考依据，在临床检验中发挥了重要的作用。

体外诊断试剂质量控制体现在原材料、生产工艺、半成品以及成品的整个生产管理链条。

质量控制从质量管理体系方面包括对“人、机、料、法、环”的控制，以确保生产出来的产品符合强制性标准和经注册或备案的产品技术要求。在检验部门的设置上要求企业必须设置独立的质量检验部门。质量检验部门可以由企业负责人直接领导，也可以由管理者代表领导，也有企业将质量检验部门设立在质量管理部门之内。在检验人员的配备方面企业应配备有资质即经过培训或熟悉相关领域检测技术，包括与所生产医疗器械有关的国家、行业标准和注册或备案的产品技术要求及进货检验、过程检验和成品检验所涉及专业技术的检验人员，还应对部分有相关规定的检验仪器和设备的操作人员进行必要的技术培训。应对检验仪器和设备的使用、校准等要求做出规定。并按照规定由经过培训及授权的人员使用检验仪器和设备；应当按规定和计划进行周期校准等。为保障产品的安全有效，每批产品都应有满足可追溯性要求的检验记录和检验报告等。

质量控制从质量检验方面需要考虑原材料、环境监测、工艺用水、半成品、成品检验、留样检验等。应制定合理的质量标准满足国行标或企业的要求。

1. 原材料

应建立物料的抽样方法、检验标准和检验方法，检验标准符合产品技术要求 / 注册产品标准中的要求或企业要求。原材料检验标准应根据原材料的功能作用、生产工艺、关键性能指标等方面建立。

如在核酸检测试剂中经常用到的主要原材料如相应功能的酶（末端修复酶、DNA 连接酶、缺口修复酶、DNA 聚合酶等）、核苷酸序列（引物、接头序列、标签序列、文库定量标准品）、缓冲液及 dNTP 组成。其中酶应考虑纯度、活性和稳定性等质控指标，可提交功能性试验资料反映其质控标准的符合性；核苷酸序列应提交相应的序列组成和纯度信息，序列准确度及稳定性资料；引物设计应提交引物设计原则及选择对比依据；dNTP 应提交对纯度、浓度、保存稳定性等的详细验证资料。

如在胶体金诊断试剂中与生产的产品质量密切相关的生物原料包括各种天然抗原、重组抗原、单克隆抗体、多克隆抗体以及多肽类生物原料。这类原料可用于胶体金标记、包被硝酸纤维膜及用于制备质控线的抗原或抗体等。使用前应按照工艺要求对这类生物原料进行质量检验，以保证其达到规定的质量标准。主要生物原料的主要质量标准一般包括：外观、纯度和分子量、蛋白浓度、效价等指标。可以采用的检验方法有肉眼观察、SDS-PAGE 电泳、蛋白定量检测以及功能性验证等。

2. 生产过程质量控制

应建立生产过程质量控制的规程，制定合理的质量标准满足国行标的要求或企业的要求。如一般应具备无菌、微生物限度和阳性对照的检测能力和条件（微生物检测应在 10 000 级下的局部 100 级条件下进行操作），制定满足产品技术要求的工艺用水规程等。如在分子生物学诊断试剂中设计开发的关键点为靶标的选择、临床预期用途的考察，产品性能关键质量控制点为引物探针的筛选、反应液配方的配制优化，生产环节的关键点为引物探针的溶解配制、反应液的配制等过程，在使用中则是仪器平台使用的合乎规定等。干粉培养基的生产控制环节主要为烘干操作、混匀搅拌的过程、生产环境的除尘除湿等。胶体金试剂的主要质控点为主要生物原料的质量控制、标记物的制备浓度确定、点膜、封闭和干燥、切膜（需防尘措施），其中温度、湿度等的控制非常关键等。

3. 成品检验

应建立成品的抽样方法、检验标准和检验方法，确保符合产品技术要求 / 注册产品标准中的要求。成品检验时，一般使用国家标准品（参考品）或经国家标准品（参考品）标化后的企业参考品，并达到相应质量要求。检验指标一般包括阴 / 阳性参考品的符合率、灵敏度（最低检出量）、精密性等，均应达到相应的质量标准要求。如单纯疱疹病毒 IgM 抗体检测试剂盒行业标准要求的指标如下。

（1）外观应符合如下要求　①试剂盒各组分应齐全、完整，液体无渗漏；②中文包装标签应清晰，无磨损。

（2）阳性参考品符合率　用单纯疱疹病毒 IgM 抗体检测试剂对国家阳性参考品（盘）或经标化的阳性参考品进行检测，结果应符合要求。

（3）阴性参考品符合率　用单纯疱疹病毒 IgM 抗体检测试剂对国家阴性参考品或经标化的阴性参考品进行检测，结果应符合要求。

（4）最低检测限　用单纯疱疹病毒 IgM 抗体检测试剂对国家最低检测限参考品或经标化的最低检测限参考品进行检测，结果应符合要求。

（5）重复性　①用单纯疱疹病毒 IgM 抗体检测试剂对重复性参考品进行检测，批内精密度变异系数（CV，%）应不大于 15.0%；②用单纯疱疹病毒 IgM 抗体检测试剂对重复性参考品进行检测,反应结果应一致、显色均一,且均为阳性。

(6) 稳定性　①效期稳定性:试剂盒在规定的条件下保存至有效期末,检验结果应符合规定。②热稳定性:将试剂盒在37℃条件下放置一定时间,检验结果应符合规定。

4. 留样检验

产品留样指生产企业按照规定保存的、用于质量追溯或调查以及产品性能研究的物料、产品样品。应当根据产品和工艺特点制定留样管理制度,明确留样目的、留样样品、留样比例或数量、留样观察等方面的要求,开展留样观察,并保持相关记录。

体外诊断试剂的质量控制还包含有校准品、质控品、菌毒种等特殊方面的质控要求。

第五节　各类体外诊断试剂风险及控制

随着检验医学的发展,临床医生越来越依赖各项检测报告,如果诊断试剂的产品质量不稳定,会在一定程度上掩盖病情的客观真相,误导医生对疾病的判断,延误治疗,严重的还将会造成不良后果,因此存在一定的使用风险。由于此类产品在使用过程中不直接与人体接触,因此并不对被检查者造成直接风险,可是在一定情况下,由于与试剂有关的危害导致或促成错误的决定可能构成间接风险。此外,与使用者有关的危害及其伴生风险,也应加以考虑。目前,不少体外诊断试剂产品生产厂家在质量体系管理的过程中对产品风险没有足够的认识,有的甚至认为此类产品由于不与人体接触又不作为临床确诊的唯一依据,不会产生很高风险,对产品的风险未加充分的分析,没有引起足够的重视。

我国体外诊断试剂行业起步较晚,在原料和技术方面都还需要很大的改进,使得市场的体外诊断试剂产品质量良莠不齐。各类体外诊断试剂的风险都是存在于产品生产、使用的全过程中。应该从设计研发的源头开始,建立各项检验制度,覆盖原料、中间品和成品,监控整个产品实现的过程,通过包装标签上的警告性语句,尽可能避免这些风险的出现,并在使用环节进行培训,保证使用的规范。

IVD 医疗器械提供的结果可以用于疾病的诊断或其他状况,包括:对健康状况进行判断以治愈、减轻、治疗或预防疾病,以及对治疗用药物进行监测和对捐献的血液或器官的安全性进行判断。这些器械可以被具有不同教育水平、培训水平和经验的人使用,可以在具有不同环境控制水平的环境中使用。例如,有些 IVD 医疗器械预期由分析专家在医疗实验室中进行,有些在护理场所进行,有些由没有经验的使用者在家里使用。在行业的一端,IVD 实验在实验室中进行,结果报给临床医生,由其解释数据并诊断、治疗或监测患者;在另一端,IVD 检查由患者进行,并使用结果对自身状况进行监测和用药。

由于 IVD 医疗器械和它们的预期用途的差异,这些说明书或操作方法可能不适用于所有情况。

IVD 医疗器械可能会对患者造成损害。不正确或延迟的结果可能导致不适用的或延迟的决定或行动,从而给患者造成损害。用于(屏幕)显示输血或移植状况的体外诊断器械的不正确的结果可能对血液或组织的接收者造成损害,用于检测传染疾病的 IVD 器械的不正确结果,可能会对公众健康造成危害。

除了与其他医疗器械相同的化学、机械、电气和生物特性外,IVD 医疗器械还具有决定检查结果准确性的性能特性。不符合特定医疗用途的性能特性将导致可能对患者产生风险的危害处境。

具体可参见ISO14971附录C和H，表3-1为举例分析的风险点和初步控制措施的设计。

表3-1 体外诊断试剂的风险点及初步控制的措施的设计

编号	可预见的事件	初步控制措施设计
R1	采购原料不合格	按照采购控制程序对供方进行严格评审并按程序要求控制原材料的采购，重要原、辅料在入库前必须进行检验
R2	洁净区尘埃粒子超标、温度、湿度不符合要求等	制定《工作环境控制程序》对环境进行要求
R3	仓库环境不符合要求等	制定《工作环境控制程序》对环境进行要求，制定《产品防护控制程序》规定仓储、运输等要求
R4	运输不当	制定《产品防护控制程序》规定仓储、运输等要求
R5	预期用途未能明确说明	根据产品设计原理和临床试验结果，在说明书中明确指明预期用途
R6	产品上标识不明确、不清晰不准确	设计符合相关法规的标签，给予充分的提示信息
R7	包装上防护措施标识不明确不清晰	设计符合相关法规的包装标识，给予充分的提示信息
R8	说明书上注意事项、操作步骤描述繁琐或不清晰易懂或信息不全，说明书不完整或试剂性能特征不适当的描述以及未充分说明试剂限制	说明书编制应层次清晰，根据产品的设计、研制、生产影响因素、质量控制、使用等多个环节进行考虑试剂盒在临床使用中应考虑的影响因素、根据不同的适用仪器平台进行操作步骤的详细描述
R9	没有注意说明书上注意事项及图示而使产品不能预期使用（正常状态）、不正确的操作、使用过期试剂、简化操作程序、使用非配套的试剂等	对使用者进行培训，在说明书中应说明使用者需要经必要的培训并提出应达到的考核指标，经过相应的考核合格后进行操作，对试剂盒效期进行标示，提示试剂的使用应严格按照说明书规定的组合使用
R10	产品的性能指标不合格，如批内的不均匀性、批间不一致性、灵敏度、特异性、样本中其他物质干扰	在设计开发阶段进行评估，在生产工艺进行优化，在临床试验中进行验证，提高试剂性能指标
R11	生产过程中出现试剂污染、混淆、清场不完全、配制不规范等	在生产阶段进行质量控制，包括半成品的质量控制、人员培训、操作考核、质量监督人员的培训考核、SOP的宣贯等
R12	标本处理后的试剂废弃物存在微生物污染	说明书警告按要求进行防护措施，如手套、工作服，废弃物处理需要符合相关规定
R13	使用者操作不正确导致生物污染试剂或环境	说明书警告必须由专业人员严格根据说明书操作
R14	配套仪器不相容	说明书标识配套仪器种类和型号，性能评估报告
R15	使用不符合要求的标本类型、混杂不同批号的试剂、操作失误等	说明书警告和提示
R16	使用了不符合制造商要求的消耗品和配套仪器设备	说明书明确标识对消耗品和配套仪器设备的要求

按照ISO14971所述内容，对所列各项风险进行的评估，详细评估在设计、生产、贮存、运输、使用过程中存在一些不利影响，通过事前制订的防范措施，可以将风险降至较低水平。

（黄　杰）

第二章

体外诊断试剂附录条款检查指南

第一节 人　　员

2.1.1 体外诊断试剂生产、技术和质量管理人员应当具有医学、检验学、生物学、免疫学或药学等与所生产产品相关的专业知识，并具有相应的实践经验，以确保具备在生产、质量管理中履行职责的能力。

■ 条款解读

体外诊断试剂产品具有专业性强、涉及学科范围广、技术更新快速的特点，因此对从事体外诊断试剂生产、技术和质量管理的人员有较高要求。该条款规定了从事体外诊断试剂生产、技术和质量管理的人员所应当具备的资质条件和能力要求。生产、技术和质量管理是生产型企业的核心关键环节，其人员配置也体现了一个企业人力资源的配备能力和水平，体外诊断试剂生产企业由于涉及专业领域，既应该对人员专业能力提出要求，同时也应该要求人员具备相应实践经验。

从事体外诊断试剂生产、技术和质量管理的人员首先应当具备与体外诊断试剂相关的专业学科背景，例如医学、检验学、生物学、免疫医学或药学等，只有具备专业背景，才能具有专业眼光，才能更好地认识和把握产品的风险所在，从而在产品的实现过程中懂得如何去降低风险和规避风险。其次，人员应能够了解体外诊断试剂的基本工作原理、结构和成分组成、预期用途和使用方法、生产过程和主要性能指标，只有懂产品，才能从专业的角度识别出产品的质量要素，从而控制产品的风险；第三，人员应具备一定的实践经验，能够承担体外诊断试剂生产、技术和质量管理工作，从而确保在实际工作中履行相应的职责。

■ 检查要点

应关注企业对生产、技术和质量管理岗位的设置、岗位资质要求、岗位职责和相对应的人员配置情况。

对生产、技术和质量管理岗位人员的专业能力、实践经验进行查验，以综合评价其人员实际能力与岗位匹配程度。

■ 检查方法

(1) 查验组织机构图，查看生产、技术和质量管理岗位的设置情况。

(2) 查验人员花名册，对生产、技术和质量管理岗位的人员进行确认。

(3) 对生产、技术和质量管理岗位人员的专业及学历证书、培训记录、工作经历简介等记录进行查验。

(4) 可采取口头询问的方式与相关人员进行专业知识、岗位职责和作业内容等方面的交流，以综合判断其对产品和所从事工作的熟悉程度。

(5) 如审查资料或交流时发现有可疑或不符合的情况时，可以针对其岗位作业指导书或操作指南性文件中的部分内容抽查现场实际操作，以考察人员实际能力。

(6) 在现场检查过程中应综合评价各相关人员的履职情况，可通过抽查研发记录、生产和检验的批记录、放行记录、内审记录等各类质量记录来考察人员履职情况。

■ 注意事项

(1) 对人员职责的规定是否清晰、明确，是否既包括专业要求又包括实践经验要求。

(2) 对专业岗位人员要求是否符合本企业生产的体外诊断试剂产品的特点。

(3) 人员的职责履行情况是否能提供证实的依据。

(4) 本条款既要求生产、技术和质量管理人员具备相关专业知识，又要求具有实际工作能力，原意是防止片面的仅用学历和专业来判断人员能力，不考虑实际能力。如在日常检查中发现有些生产、技术或质量管理人员虽然不具备相关专业背景和学历，但在相关行业已有多年的工作经验，例如某公司质量负责人为中文系毕业，在某体外诊断试剂生产企业工作已多年，现场检查时应偏重于了解其是否具备与生产产品相适应的基础专业知识。

2.1.2 凡在洁净室(区)工作的人员应当定期进行卫生和微生物学基础知识、洁净作业等方面培训。临时进入洁净室(区)的人员，应当对其进行指导和监督。

■ 条款解读

该条款针对的是需要在洁净室(区)内进行产品生产的企业,对于不需要在洁净室(区)内进行生产活动的企业,本条款不适用。由于这一类企业的产品需要在洁净室(区)内进行生产操作,因而对操作人员提出了较高要求,其中包括人员进出洁净室(区)的流程、对洁净室(区)的使用要求和相关设施的正确使用方法、对洁净环境的维护、在洁净室(区)内的卫生行为守则等。

企业应当首先制定对洁净室(区)的一系列控制要求文件,并对在洁净室(区)内工作的人员进行洁净室(区)控制的专题培训,内容应当包括卫生和微生物学基础知识、洁净室(区)的环境要求和设施设备的使用要求、洁净区作业卫生要求等相关内容。对临时进入洁净室(区)的人员应该制定具体的操作指导文件,并进行指导,使其满足进入洁净室(区)并在内部活动的要求。

本条款中所指的洁净室(区)的卫生和微生物学基础知识,通常指不同洁净度级别的洁净室(区)内的微生物限度要求和如何防止污染以确保环境达到规定的要求。在GB50457-2008《医药工业洁净厂房设计规范》中对人员净化、物料净化均提出要求。标准对以下术语进行定义:

1. 医药洁净室(区)(pharmaceutical clean room)

空气悬浮粒子和微生物浓度,以及温度、湿度、压力等参数受控的房间或限定空间。

2. 空气洁净度

以单位体积空气中某粒径粒子和微生物的数量来区分的洁净程度。

3. 微生物(microorganisms)

指能够复制或传递基因物质的细菌或非细菌的微小生物实体。

4. 含菌浓度(microorganisms concentration)

指单位体积空气中微生物的数量。

5. 人员净化用室(room for cleaning human body)

指人员在进入洁净区之前按一定程序进行净化的房间。

体外诊断试剂虽然不是无菌医疗器械,但其生产环境有净化要求时,应符合相应级别的最大微生物允许数。此外,为确保洁净室(区)净化环境达到规定的要求,YY0033-2000还专门设置一章内容为“卫生管理”,对洁净室(区)内进行卫生管理提出要求,摘录如下。

11　卫生管理

企业应制定与产品质量要求和生产工艺相适应的卫生管理文件,并认真执行、做好记录。

11.1　洁净室（区）卫生

11.1.1　应按文件规定对洁净室（区）进行定期清洁、清洗和消毒，所用的消毒剂或消毒方法不得对设备、工装、物料和产品造成污染。消毒剂的品种应定期更换。

11.1.2　应定期按照附录 C 的要求对洁净室（区）进行监测、记录。

11.2　个人卫生

11.2.1　企业应制定操作人员卫生守则，内容应包括经常理发、洗澡、剪指甲、不准化妆、不准佩戴饰物、严禁将个人物品带人洁净室（区）等，并有专人检查。

11.2.2　企业应建立职工健康档案，直接接触物料和产品的操作人员每年至少应体检一次，对患有传染性和感染性疾病的人员不得从事直接接触产品的工作。

11.2.3　进入洁净室（区）的人员必须按相应产品要求的人员净化程序进行净化。并穿戴洁净工作服、工作帽、口罩、工作鞋。直接接触产品的操作人员每隔一定时间对手再进行一次消毒。

11.3　工艺卫生

11.3.1　设备、管道应定期清洗、保持整洁，无跑、冒、滴、漏现象。

11.3.2　设备、工装上与产品直接接触的部位及工作台面、工位器具应定期清洗、消毒，保持洁净。洁净室（区）内的工位器具应在洁净室（区）内用纯化水进行清洗、消毒。

11.3.3　洁净工作服应选择质地光滑、不产生静电、不脱落纤维和颗粒性物质的材料制作。其工作服和帽子应能有效地遮盖内衣、头发。不同洁净度级别使用的洁净工作服应分别定期集中在相应级别的洁净环境中清洗、干燥、整理。

11.3.4　洁净室（区）仅限于该区域生产操作和经批准的人员进入。

YY0033 修订版征求意见稿中将人员卫生和健康列入可能导致无菌医疗器械受到污染的风险因素而加以控制。

在 GB50457-2008《医药工业洁净厂房设计规范》中对人员净化、物料净化、空气净化等卫生管理措施也提出了要求，后续章节会着重解读。

综上所述，企业应根据标准要求，对在洁净室（区）内操作的人员进行卫生、微生物基础知识培训，包括如何做好洁净室（区）的卫生防护、如何防控污染、洁净室（区）对微生物的控制要求以及洁净作业要求有哪些等，从原理上讲清道理，使员工理解培训目的，从而有效控制污染。对于临时进入洁净室（区）的人员同样要采取基本操作培训，例如人员及物料进入洁净室（区）的卫生操作流程，包括换鞋、洗手、更衣、手消毒以及洁净室（区）内作业的各种行为规范等，使其意识到洁净区的特殊要求，将污染的可能性降到最小。

■ 检查要点

检查时应首先关注企业所生产的产品是否需要洁净室（区）环境；其次，企业是否配备洁净室（区）并制定了相关的控制要求和人员操作要求；第三，是否列出了常规在洁净室（区）内活动的人员名单，是否对这些人员提出培训要求；第四，是否实施培训，培训有效性如何；第五，对临时进入洁净室（区）的人员有哪些要求，是否落实相关措施。

■ 检查方法

(1) 通过查验产品技术要求、物料清单、说明书等技术文件确认产品是否属于《医疗器械生产质量管理规范 体外诊断试剂附录》中规定的需要在净化环境下生产的类型。

(2) 查看洁净室（区）的洁净度级别规定和依据，是否对洁净室（区）制定了书面化的控制要求，以及对人员培训的文件规定；企业应提供洁净室（区）空调系统的验证报告和（或）第三方环境测试报告，确认该洁净室（区）达到规定的净化级别。

(3) 查看在洁净室（区）内常规工作的人员名录和有可能短时进入洁净区的人员范围（例如设备维护人员、检验人员、检查及参观人员等）。

(4) 查看培训计划，是否策划对在洁净室（区）工作的人员定期进行卫生和微生物学基础知识、洁净技术等方面的培训。

(5) 查看洁净室（区）进出人员的登记表，从中抽查 3~5 名相关人员的培训记录。

(6) 现场查看洁净室（区）人员进出流程和实际操作是否能执行相关要求。

(7) 查看对临时进入洁净室（区）的人员的文件化要求以及实施情况，可抽查某时间段内进入洁净区的人员名录，查看是否落实临时培训措施。

■ 注意事项

应注意洁净室（区）内工作的人员应包括常规工作人员和临时工作人员，尤其是一些清洁人员、维修人员、质检人员、检查人员等临时进出洁净室（区）的人员也应纳入培训范围，制定有针对性、快速培训内容。部分企业在洁净室（区）入口处制订了看板，用图片的形式讲解洁净室（区）的洁净要求、可能的风险、人员清洁流程和要求，并在每一个人员清洁环节用看板图示操作，例如换鞋、更衣、洗手、换洁净服等，十分直观、有效，值得借鉴。

2.1.3 从事体外诊断试剂生产的全体人员，包括清洁、维修等人员均应当根据其产品和所从事的生产操作进行专业和安全防护培训。

■ 条款解读

本条款包含有两层意思，第一，从事体外诊断试剂生产的全体人员应根据产品和所从事的生产操作进行专业和安全防护培训；第二，从事各类清洁（包括车间、物料、环境）和维修（包括生产设施设备、检测设施设备）的人员也应进行专业和安全防护培训。而企业往往会忽略第二类人员的培训，尤其是进入净化区域进行清洁和维修的人员，如果不了解洁净室（区）的使用管理规定，不了解洁净室（区）内物料的特性，未按要求在净化区域内操作，会存在对环境、物料、产品、设备和人员造成污染的风险。

由于体外诊断试剂在生产过程中可能会接触到一些易被污染的物料、有生物活性的物料或对环境条件比较敏感的物料（如各类酶、抗体、核酸、细胞等）；还有一些本身就具有污染性、毒性、传染性的物料（如强酸强碱、各类染液、各类血清、各类病毒或细菌等）。这就需要受过专业培训的人员来进行处理和操作，以防止发生影响产品质量的事故或对人员安全造成影响的其他意外事件。本条款旨在确保与体外诊断试剂生产相关的人员都能够获得与产品安全性相关的专业知识和安全防护知识，不但包括生产人员，还应包括清洁与维修人员，以预防潜在的产品质量和人员安全的风险。

■ 检查要点

首先关注企业所生产的产品是否存在需要专业处理和操作的环境、设备设施、物料或生产过程。

其次应关注企业是否针对以上环境、设备设施、物料或生产过程制定了专业操作要求、安全防护要求和相关规定。

第三，应关注需要对哪些人员进行这些专业操作要求、安全防护要求和相关规定的培训，是否实施了培训，效果如何。

■ 检查方法

（1）通过查验产品技术要求、工艺流程图、物料清单、使用说明书等技术文件确认产品，是否属于《医疗器械生产质量管理规范 体外诊断试剂附录》中规定的需要在净化环境下生产的类型；查验是否存在需要进行专业操作和安全防护的物料、设备设施和生产过程。

（2）查看对洁净室（区）的人员要求和对人员培训的文件规定；查看对需要专业和安全防护的物料、设施设备和过程的要求和规定。

（3）查看在洁净室（区）内工作的人员名录、查看有可能接触到危险品、污染物的人员名录。

(4) 查看培训计划，是否明确应对从事体外诊断试剂生产的全体人员，包括清洁、维修等人员根据其产品和所从事的生产操作进行了专业和安全防护培训。可从名录中抽查人员的培训记录。

(5) 现场查看洁净室（区）内人员是否能执行相关要求。

(6) 查看对临时进入洁净室（区）的人员的文件化要求以及实施情况。

(7) 企业从事高生物活性、高毒性、强传染性、强致敏性等有特殊要求产品的生产和质量检验人员应当具备相关岗位操作资格或接受相关专业技术培训和防护知识培训，合格后方可上岗，可具体核查培训记录和考核记录。

■ 注意事项

对于安全防护要求，企业应首先识别出是否存在特殊要求的原料或产品，是否存在生物危害、化学危害等，并采取相应的专业防护措施。

2.1.4　应当建立对人员的清洁要求，制定洁净室（区）工作人员卫生守则。人员进入洁净室（区）应当按照程序进行净化，并穿戴工作帽、口罩、洁净工作服、工作鞋。裸手接触产品的操作人员每隔一定时间应当对手再次进行消毒。裸手消毒剂的种类应当定期更换。

■ 条款解读

本条主要对在洁净室（区）工作的人员清洁提出具体要求。企业应当专门制定在洁净室（区）内工作的人员的卫生守则，制定净化程序，对穿戴工作帽、口罩、洁净工作服和工作鞋进行规定。

根据 GB50457-2008《医药工业洁净厂房设计规范》5.2《人员净化》的要求，

医药洁净室（区）的人员净化程序推荐为：

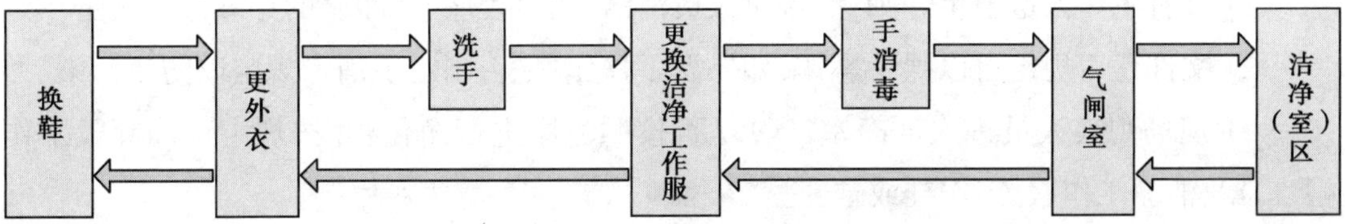

换鞋、存外衣、更洁净工作服是人员净化的基本程序。通过换鞋、脱外衣、洗手消毒、更换洁净工作服，以去除人体、外衣表面沾染、黏附和携带的污染物。更衣后人员经气闸室进入洁净室（区）。气闸室（air lock）是控制人员出入洁净室（区）时气流和压差的设施，主要指设置在洁净室（区）出入口处，为了阻隔室外或邻室气流和压差控制的房间。在医药洁净区域的入口处应设置气闸室，气闸室的出入门应采取防止同时被开启的措施，一般推荐使用联动门。

洁净工作服一般要求为连体洁净工作服，应选择质地光滑、不产生静电、不脱落纤维和颗粒性物质的材料制作。其工作服和帽子应能有效地遮盖内衣、头发。不同洁净度级别使用的洁净工作服应分别定期在相应级别的洁净环境中集中清洗、干燥、整理。

手是交叉污染的媒介，人员在洁净室（区）内工作首先要保证手部清洁。至于是否进行裸手操作，笔者认为企业可根据实际生产情况而确定。如果操作的工序或接触的物料怕受外界污染，裸手直接接触物料可能会污染物料导致影响产品性能，为防止在生产过程中对产品的污染，在洁净室（区）内工作的人员需要定期手消毒，并定期更换消毒剂种类，否则可视为不适用。例如在胶体金试剂的生产过程中如果裸手操作直接接触到膜条，手部的汗渍或细菌可能会对原料、半成品、成品造成污染，应按规定进行手消毒，或戴经洁净处理的手套或指套进行操作。

如果操作的物料有污染性，例如阳性血清、危化品等，可戴手套操作保护操作人员。本条款所指的“裸手接触产品的操作人员每隔一定时间应当对手再次进行消毒。裸手消毒剂的种类应当定期更换”是专门针对裸手操作的情况而言。如果采用裸手操作，应定期手消毒并更换消毒剂种类。

■ 检查要点

应关注产品的生产环境要求，应制定相关的人员清洁、卫生规范。如果在洁净区域内生产应制定进入洁净室（区）的人员净化、物料净化要求。

■ 检查方法

（1）查看工作人员卫生守则，是否对人员清洁、进出程序、洁净服的穿戴作出规定。

（2）文件是否规定可以裸手操作，如果裸手操作，是否制定手消毒规定以防止污染。

（3）现场观察人员进入洁净室（区）是否按照程序进行净化，并按规定正确穿戴工作帽、口罩、洁净工作服、工作鞋或鞋套。

（4）查看是否存在裸手操作，消毒剂配制或领用记录，是否按要求定期更换裸手消毒剂的种类。

■ **注意事项**

本条款应重点关注企业是否有在洁净室(区)内生产的文件化要求及是否建立了控制方式,如何对在洁净室(区)工作的人员净化进行控制和管理,人员在生产操作过程中如何避免对产品造成污染。

2.1.5　应当制定人员健康要求,建立人员健康档案。直接接触物料和产品的操作人员每年至少体检一次。患有传染性和感染性疾病的人员不得从事直接接触产品的工作。

■ **条款解读**

本条款着重指出应对与物料和产品直接接触的人员制定人员健康要求,应确保其健康状态不会对物料、产品和生产环境产生不良影响。

健康要求的制定应根据所生产的产品、接触的物料、操作岗位的特点来确定,不应一概而论。如进入洁净室(区)工作的人员不应该患有呼吸系统传染性疾病,细菌感染等症状的皮肤病和其他传染性、感染性疾病,尤其是直接接触产品的岗位应对人员健康状况重点监控。企业内部应该建立相关岗位人员健康检查制度,确保不符合健康要求的人员不得上岗操作。这包括定期健康检查和日常健康检查。定期健康检查包括在指定的医疗机构体检或办理医药从业人员健康证,日常健康检查包括每日进入净化区域之前的检查,如有感冒、感染等症状时应暂时停止进入净化区工作,待康复后再进入。

■ **检查要点**

应关注企业对人员的健康要求以及制定健康要求的依据,对直接接触物料的人员是否有年度体检要求,如何确保患有传染性和感染性疾病的人员不与产品直接接触。

■ **检查方法**

(1) 查看相关文件规定,是否对人员健康要求做出规定,对哪些人员有健康要求,是否建立人员健康档案。

(2) 查看洁净间直接接触物料和产品的人员的体检报告或健康证明,是否按规定时间进行体检,确保患有传染性和感染性疾病的人员未从事直接接触产品的工作。

(3) 是否有日常健康检查流程,确保患有传染性和感染性疾病的人员不与产品直接接触。查看相关记录。

■ 注意事项

本条关键在于人员是否存在直接接触物料和产品的操作过程，非直接接触产品的过程一般有称量、配制、灌装等工序，通常借助工具进行操作；直接接触物料和产品的过程一般为金标类试纸条生产过程中的贴膜、组装大卡、切割、装外壳等过程。

2.1.6　应当明确人员服装要求，制定洁净和无菌工作服的管理规定。工作服及其质量应当与生产操作的要求及操作区的洁净度级别相适应，其式样和穿着方式应当能够满足保护产品和人员的要求。洁净工作服和无菌工作服不得脱落纤维和颗粒性物质，无菌工作服应当能够包盖全部头发、胡须及脚部，并能阻留人体脱落物。

■ 条款解读

本条款为对洁净室（区）人员服装的通用要求。在洁净室（区）内工作的人员应符合洁净区着装规定的要求，原则是能够保护产品和人员，保护洁净环境。在洁净室（区）活动的人员是外源性散菌体，可通过毛发和皮屑的脱落、体液的接触、呼吸、谈话、咳嗽等途径污染产品和环境，因此在洁净室（区）内穿着的服装应根据净化级别的要求起到包裹体表、毛发、阻留人体脱落物、阻止唾液、汗液直接接触洁净空气以避免污染的作用。反之，对于部分对人员有危害的过程，如处理阳性血清、致病病原体等操作，同样需要穿着适宜的防护衣来保护人员不受到传染和感染。

洁净工作服一般分为分体式和连体式，可根据情况进行选择。一般在洁净度级别较高的区域例如 10 000 级、100 级区域建议使用连体式洁净工作服，连帽、带护面部分并带鞋套，可起到充分防护的作用。洁净工作服的材质建议光滑、无纤维脱落、易于清洗和消毒。

洁净工作服的管理还包括清洗、消毒和更换。应制定相应的管理制度，包括清洗的方式、地点、频次等。GB50457 对洁净工作服的洗涤、干燥、整理也提出明确要求。

（1）空气洁净度 100 000 级及以上的医药洁净室（区）的洁净工作服洗涤、干燥和整理室，其空气洁净度等级不低于 300 000 级。

（2）空气洁净度 300 000 级的医药洁净室（区）的洁净工作服可在清洁环境下洗涤和干燥。

（3）不同空气洁净度等级的医药洁净室（区）使用的工作服，应分别清洗和整理。

（4）无菌工作服的洗涤和干燥设备宜专用。洗涤干燥后的无菌工作服应在空气洁净度 100 级单向流下整理，并及时灭菌。

■ 检查要点

根据车间平面布局图查看不同生产操作区域的净化级别要求。关注对于不同区域内人员的着装要求和书面规定。洁净室（区）内的工作服应满足要求，不得脱落纤维和颗粒性物质，无菌工作服应当能够包盖全部头发、胡须及脚部，并能阻留人体脱落物。

■ 检查方法

(1) 查看对洁净区域人员服装要求，制定洁净和无菌工作服的管理规定。

(2) 现场查看各区域工作服的样式、材质是否符合规定的要求，人员着装与要求规定是否一致。

(3) 查看洁净工作服清洗条件。

■ 注意事项

有的企业虽然在 100 000 级洁净室（区）内生产，但仍穿着白大衣，不能有效覆盖腿部和脚部，易脱落纤维，不易于清洗和消毒。

常见问题和案例分析

◎ 常见问题

(1) 人员培训和考核记录简单，流于形式，缺乏考核和评价，缺乏上岗后跟踪考核。

(2) 体外诊断试剂生产、技术和质量管理人员专业不符合条款的要求。

(3) 未对所有在洁净室（区）内工作的人员进行净化车间卫生管理培训，尤其是设备维护、检修的人员和临时进入洁净室（区）的人员。

(4) 不能提供洁净室（区）面积与人数的验证依据。

(5) 在 100 000 级洁净室（区）内未按要求穿戴洁净工作服，仅穿戴白大衣。

(6) 在洁净室（区）内裸手操作未规定消毒要求。

(7) 未建立员工健康档案。

(8) 未按规定的程序进行人员净化。

◎ 案例分析

【案例一】 检查员抽查生产操作人员培训记录时发现仅有一张培训签到表,表格中部有一栏内容为考核方式,填写为口试合格,考核人员为人事部经理;表格中培训内容一栏填写为“操作培训”,没有具体培训内容,也无考核内容,不能提供培训计划。查看企业的人员培训要求,没有规定具体内容。

分析:根据体外诊断试剂规范检查指导原则的要求,至少需要提供如下培训内容。

(1) 凡在洁净室(区)工作的人员应当定期进行卫生和微生物学基础知识、洁净作业等方面培训。临时进入洁净室(区)的人员,应当对其进行指导和监督。

(2) 从事体外诊断试剂生产的全体人员,包括清洁、维修等人员均应当根据其产品和所从事的生产操作进行专业和安全防护培训。

企业应该首先制定人员培训的管理要求,对不同岗位人员培训需求、培训计划、实施、考评、岗位能力确认等内容进行有针对性的、详细的规定。其次,应对人员实施系统化的培训和考核,建立培训计划,明确培训内容、制定考核办法。第三,应由使用部门负责人实施考核和评价,由人事部门进行确认。第四,应建立培训档案,保存培训和考核的记录。

检查过程中,检查员应关注培训的实效性,核查企业是否将培训落到实处,否则只会使企业培训工作流于形式,敷衍应付,最终影响实际岗位人员能力。

【案例二】 查某体外诊断试剂生产企业,企业工艺文件规定生产用微孔板包被机及管道系统使用前,需用工艺用水冲洗 30 分钟进行管道清洁。检查员查某批生产记录时,发现记录显示其操作前设备清洁开始时间为 8:30,微孔板包被开始时间为 8:50,中间间隔仅 20 分钟,未达到生产工艺要求的 30 分钟冲洗时间。核查相关操作人员 ××× 的培训记录显示培训为集中上课,考核方式未明确。

分析:本案例主要问题在于操作人员培训未达到预期效果。

(1) 操作人员未按照工艺文件的要求进行设备的清洗操作,无法保证产品的质量,存在质量隐患。

(2) 操作人员未按确认的方法对设备进行清洗,企业应对生产的产品进行风险分析，评估对产品质量的影响，决定后续处理措施。

(3) 此事件中，查见相关人员已进行了培训，但实际操作未按规定执行，企业未对培训有效性进行评价，未对操作人员的实际操作能力进行跟踪检查。

此案例说明，企业应针对不同工序的操作人员制定不同的培训形式，可以灵活采用授课、实操等方式对员工进行培训；其次对不同工序的人员应采取不同的考核形式，偏重于操作的应以操作考核为主，确认其能够掌握操作要求，完成正确操作；第三，应对培训合格上岗人员跟踪检查，确认培训效果；第四，发现未达到培训要求的员工应重新培训或调离岗位。

（刘 歆）

第二节　厂房与设施

2.2.1　应当有整洁的生产环境。厂区的地面、路面周围环境及运输等不应对产品的生产造成污染。行政区、生活区和辅助区的总体布局合理，不得对生产区有不良影响。厂区应当远离有污染的空气和水等污染源的区域。

■ 条款解读

该条款描述了对体外诊断试剂生产场所的环境要求。条款沿袭了规范对医疗器械生产的整体环境要求，总的目的是能够确保整体环境符合生产要求。医疗器械生产场所选址应注意远离污染源，尽可能减少对生产环境的干扰，尤其是对于需要在洁净室（区）内进行生产的产品，空气和水的污染会大大降低洁净室（区）和制水系统的使用寿命，增加使用和维护的成本。尤其是水源，对于体外诊断试剂产品而言，水可以说是占体积比最大的组分，如果水源受到污染，会导致产品质量产生偏差。

其次，厂区地面、路面周围环境及运输不应对产品的生产造成污染，厂内区域布局合理，生产区应与行政区、生活区、辅助区相对独立，以避免相互干扰、增加管理的难度。

医疗器械现行法规中尚未有明确的条文对本条款提出具体要求，但从普遍意义来看，企业应当充分考虑厂房设备设施维护成本和生产收益之间的平衡，在洁净室（区）内生产的体外诊断试剂产品尤其应考虑周围环境对洁净室（区）的干扰，例如在金属加工厂、化工厂等易产尘、产生腐蚀性气体的企业旁边建造净化厂房，势必会影响净化厂房的使用寿命，增加维护成本和能耗。

GB50457《医药工业洁净厂房设计规范》中专门有一章内容针对厂址选择和总平面布置提出要求，标准中对国内工业区、市郊、农村的室外大气含尘、含菌浓度进行了比对，农村大气含尘、含菌浓度显著较低，因此首先选择郊区，如无法远离城市或污染区时，应尽量选择位于空气污染源最大频率风向的上风侧。根据现行国家标准 GB50073《洁净厂房设计规范》中“环境尘源影响范围研究报告”，交通主干道全年最大频率风向下风侧 50m 内为严重污染区，100m 为轻度污染区。因此在确定洁净厂房与交通主干道之间距离时，可综合以下因素：①洁净厂房与交通主干道之间的上下风向关系；②交通主干道的实际车流量；③交通主干道与洁净厂房之间的绿化状况和其他阻尘措施；④交通主干道与洁净厂房间距的计算标准。由于交通主干道与洁净厂房的污染主要由厂房的新风口传入，为避开交通主干道的严重污染区，医药工业洁净厂房新风口与市政交通主干道近基地侧道路红线之间距离宜大于50m。当洁净厂房处于交通主干道全年最大频率风向上风侧，或与交通主干道之间设有城市绿化带等阻尘措施时，可适当减小。

合理布局主要是指各功能区域的设置应确保面积与产能匹配、区域划分清晰、功能明确，不交叉。如生产区专门从事生产活动，检验区专门从事检验活动，仓储区专门用于仓储，生活区仅用于人员休息等，在与生产相关的区域内不应出现生活用品，在生活区不应出现生产物料和设备等。

■ 检查要点

关注企业的厂区周边环境和整体布局情况。现场查看厂区的坐落区域，周边的环境、毗邻的产业类型、进出厂区的道路情况、厂区内的总体布局，各辅助区域的布局，以确定是否对体外诊断试剂的生产造成影响。

■ 检查方法

(1) 查看房地产权证明、租赁合同等资料，确认企业的厂区周边环境、毗邻产业，是否存在明显污染区域。

(2) 查看厂区平面布局图，各功能区域的划分和布局是否存在交叉、混乱等情况，布局面积与实际产能是否匹配。

(3) 现场查看厂区的实际情况，应当整洁、无积水和杂草。厂区的地面、路面周围环境及运输等不应对产品的生产造成污染。检查地面、道路平整情况及减少露土、扬尘的措施和厂区的绿化，以及垃圾、闲置物品等的存放情况。

(4) 实际查看周边的环境、生产区、行政办公、生活区、仓储区、辅助区等具体位置。

■ 注意事项

由于现行法规条文中未明确厂房选址的具体要求，该条款在核查时应注意从实际的洁净室（区）环境控制能力和措施着手，评价企业在现有的厂址是否能够达到规定的要求。如处于污染区，是否有控制污染的措施，洁净室（区）维护的频次和要求等是否能提供相关证据。可根据企业厂房设计规模预估产能，一旦超出产能，企业应进行风险防控，防止出现不开空调净化系统生产、不按工序要求生产，以及批次交叉、易混淆等偏差。

2.2.2　生产厂房应当设置防尘、防止昆虫和其他动物进入的设施。洁净室（区）的门、窗及安全门应当密闭，洁净室（区）的门应当向洁净度高的方向开启。

■ 条款解读

体外诊断试剂生产车间应当清洁，设有防尘、防虫、放动物进入的措施。一般清洁环境的厂房会设置较高的门槛、捕鼠器具、防尘风帘、门挡板等防护措施，防止飞虫、爬虫、老鼠等入内。

如果试剂产品需要在洁净室（区）内生产，一般应符合洁净车间建造规范的要求，为了保证洁净室（区）在正常工作或空气平衡暂时受到破坏时，气流都能从空气洁净度高的区域流向空气洁净度低的区域，使洁净室（区）的空气洁净度不会受到污染空气的干扰，所以洁净室（区）的门窗及安全门应密闭，以便于保持一定的压差。

通常情况下洁净区相对外界为正压，以便于将污染的空气阻隔在室外，当洁净室（区）的门向洁净度高的方向开启时，压力会使门始终保持关闭状态，以防止污染的空气进入洁净区，因此应保证洁净室（区）的门向洁净度高的方向开启。

■ 检查要点

应关注整个生产厂房的环境和布局，是否清洁，有无防尘措施，是否有防止昆虫、动物进入的措施。如果有洁净车间应关注门窗是否密闭，压差以及门的开启方向。

■ 检查方法

（1）现场查看车间及周围环境，查看是否设置了防尘、防虫、防动物进入的设施，有效性如何。

（2）现场查看洁净室（区）的门、窗、边框封闭情况、压差监测情况以及门开启的方向。

■ 注意事项

部分企业在安装压差计时方向装反，出现室内负压的情况，或压差计未调零，两室联通后不能归零，应加以注意。常规来看，洁净室（区）的门均应该向里推开，推动时可感受到阻力。

2.2.3 应当根据体外诊断试剂的生产过程控制，确定在相应级别的洁净室（区）内进行生产的过程，避免生产中的污染。空气洁净级别不同的洁净室（区）之间的静压差应当大于 5 帕，洁净室（区）与室外大气的静压差应大于 10 帕，并应当有指示压差的装置。相同级别洁净室（区）间的压差梯度应当合理。

■ 条款解读

体外诊断试剂由于作用原理、原材料、工艺不同，对生产过程的控制也有区别。本条款强调应当根据体外诊断试剂的生产过程，确定在相应级别的洁净室（区）内进行生产的过程，避免生产中的污染。体外诊断试剂可分为清洁车间生产的产品，如普通化学类试剂，典型产品为白蛋白测定试剂盒（溴甲酚绿法）由于组分一般为普通无机化学试剂，如各种无机盐类，性质稳定，不易变性变质，不利于细菌存活，在普通清洁环境内就可以生产；在洁净室（区）内生产的体外诊断试剂例如免疫学试剂，典型产品为乙肝病毒抗原测定试剂盒（ELISA 法），在 100 000 级洁净车间内进行生产的原因是试剂盒组分中含有抗体、抗原、酶类等蛋白质类原材料，受环境影响较明显，易变性，效价降低会影响产品性能。根据体外诊断试剂产品和原材料的特性，确定其生产环境，目的是防止有生物活性的原料在生产过程中受到污染或者受到环境影响而失效。如果试剂产品需要在洁净室（区）内生产，其洁净室（区）应符合一般洁净车间的通用要求，如空气洁净级别不同的洁净室（区）之间的静压差应当大于 5 帕，洁净室（区）与室外大气的静压差应大于 10 帕，并应当有指示压差的装置用于压差监测。相同级别洁净室（区）间的压差梯度应当合理，如同样是在 100 000 级洁净车间，走廊相对房间可能会有 1~3 帕的压差，由于走廊为公共区域，相对污染，这就确保房间内的压力略高于走廊，相对污染的空气不会返流到房间内。

洁净室（区）的压差值应设置适当，压差值过小，洁净室（区）的压差很容易被破坏，空气洁净度就会受到影响。压差值过大，回流净化空调系统新风量增大，空调负荷增加，同时中效、高效过滤器使用寿命缩短，不经济。因此应合理确定压差值。国际标准 ISO16466-1、美国联邦标准 FS209E、日本工业标准 JIS9920 等有关洁净室（区）标准中均有明确规定，虽然各个国家规定不同等级洁净室（区）之间、洁净室（区）和相邻的无洁净度级别的房间之间最小压差不尽相同，但最小值都在 5 帕以上。

洁净室（区）和室外的最小压差，是根据 GB50073《洁净厂房设计规范》标准确定的。研究发现，当室外风速大于 3m/s，产生的风压力接近 5 帕，若洁净室（区）内压差值为 5 帕时，室外的污染空气将有可能渗漏到室内，因此将标准中将洁净室（区）与室外的最小压差值定为 10 帕。应设置指示压差装置的区域如下。

（1）不同空气洁净度等级的洁净室（区）。

（2）无菌洁净室（区）与非无菌洁净室（区）之间。

（3）需要保持相对负压的房间。

（4）人员净化用室和物料净化用室的气闸室。

■ 检查要点

应按规范要求配备与产品相适应的生产环境。应关注产品设计输出文件中是否规定产品操作的环境要求，以及净化环境的设置是否符合法规要求。洁净室（区）的布局图、人流物流通道、传递窗、送风出风装置、压差监控点等布局图是否能够提供，技术文档是否与设计输出的要求一致。洁净室（区）控制文件是否已规定相关要求。

■ 检查方法

（1）查看设计输出文件，例如工艺流程图、工艺规程、产品技术要求等是否明确了生产过程的洁净度级别；现场查看是否在相应级别洁净室（区）内进行生产，如何避免生产中的污染。

（2）查看洁净室（区）的平面布局图、第三方环境检测报告、压差指示图等技术文档，是否符合规定的要求。

（3）现场查看是否配备了指示压差的装置，空气洁净级别不同的洁净室（区）之间以及洁净室（区）与室外的静压差是否符合要求。

（4）查看相关文件，是否明确相同级别洁净室（区）间的压差梯度，现场查看是否符合要求。

■ 注意事项

应首先查看试剂盒的产品技术要求和说明书，明确方法学和详细组分，确定是否需要洁净室（区）生产。有些企业所有产品均在洁净室（区）生产，包括普通生化类产品，应防止部分有挥发性、毒性、腐蚀性的物料影响洁净室（区）的环境，这一类物料应在洁净室（区）外部进行称量、稀释后进入洁净室（区）。

查看部分企业在安装压差计时方向装反，出现室内负压的情况，或压差计未调零，两室联通后不能归零，应加以注意。

2.2.4　酶联免疫吸附试验试剂、免疫荧光试剂、免疫发光试剂、聚合酶链反应（PCR）试剂、金标试剂、干化学法试剂、细胞培养基、校准品与质控品、酶类、抗原、抗体和其他活性类组分的配制及分装等产品的配液、包被、分装、点膜、干燥、切割、贴膜以及内包装等，生产区域应当不低于 100 000 级洁净度级别。

■ 条款解读

本条款规定了各种原理不同的体外诊断产品的生产区域净化级别要求。设置的原则为避免试剂产品中活性组分受到外界环境的影响，如温度、湿度、外来污染物等，最大程度的保护物料的效价和质量，尽可能地保证产品在有效期内质量稳定。笔者认为本条款表述不清晰，可能存在笔误，应分为两个层次的意思：①“酶联免疫吸附试验试剂、免疫荧光试剂、免疫发光试剂、聚合酶链反应（PCR）试剂、金标试剂、干化学法试剂、细胞培养基、校准品与质控品”是指成品；②“酶类、抗原、抗体和其他活性类组分”是指以上成品中涉及的原料，“配液、包被、分装、点膜、干燥、切割、贴膜以及内包装”是指具体工艺。即以上成品中涉及酶类、抗原、抗体和其他活性类组分的配液、包被、分装、点膜、干燥、切割、贴膜以及内包装工艺过程的应在不低于100 000级洁净度级别的生产区域内进行操作。

我国体外诊断的监管历史始自20世纪90年代，当时监管部门为医药管理局，在此之前市场上的体外诊断试剂一般为酶联免疫类试剂，均按药品进行管理，直至2003年体外诊断试剂才正式划为医疗器械进行管理。2005年、2006年国家局在全国范围内开展体外诊断试剂摸底调查研究和生产实施细则制定工作，为了保持法规的延续性，2007年原国家食品药品监督管理局发布的《体外诊断试剂生产实施细则》（试行）则在全国征求意见的基础上沿袭了以往药品管理对酶免类试剂的生产环境管理要求，确定其在100 000级洁净区域内进行生产。究其根本，绝大部分体外诊断试剂类产品（除培养基外）虽然本身并没有无菌要求，甚至没有微生物指标要求，但由于影响产品质量的关键组分通常是蛋白酶类、抗原、抗体、核酸、无菌羊血等易受外界环境因素影响的活性物料，此外金标试剂的硝酸纤维素膜、玻璃纤维膜、干化学试剂的试纸、培养基也易受到环境的影响，污染后会影响产品性能。甚至有的物料还容易受到光线的影响例如发光试剂及荧光试剂组分等。因此在100 000级净化环境下进行称量、配制、包被、分装等操作，通过控制恒温、恒湿、洁净度，使物料得到适宜的保护，可以有效地保证试剂在效期内性能稳定。

酶联免疫吸附试验试剂是指采用酶联免疫吸附试验方法（ELISA）的体外诊断试剂，ELISA是酶免疫测定技术中应用最广的技术。其基本方法是将已知的抗原或抗体吸附在固相载体（聚苯乙烯微量反应板）表面，使酶标记的抗原抗体反应在固相表面进行，用洗涤法将液相中的游离成分除去。常用的ELISA方法有双抗体夹心法和间接法，前者用于检测大分子抗原，后者用于测定特异抗体。此类试剂基本原料是抗原、抗体、标记酶（辣根过氧化物酶HRP等）、聚苯乙烯微量反应板、底物、缓冲液等。主要生产工艺是组分称量、配制（包括标记）、包被、分装、包装。三种ELISA原理如图3-4所示。

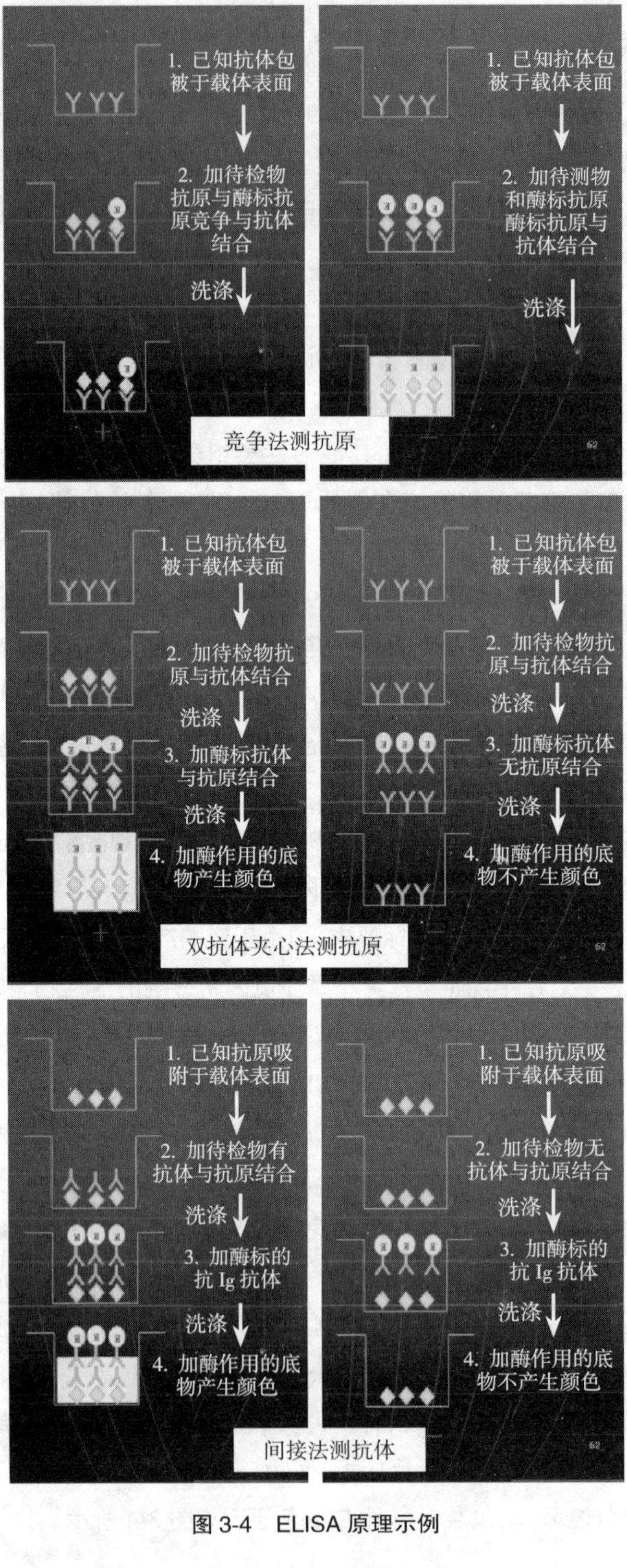

图 3-4　ELISA 原理示例

免疫荧光试剂的基本原理是先用特异性抗体与细胞内相应抗原结合，再用荧光素标记的二抗与特异性抗体相结合，形成抗原－特异性抗体－标记荧光抗体的复合物。因为在复合物上带有比直接法更多的荧光标记物；再用荧光显微镜检查上述标本，荧光素受光照射激发就会发出荧光，在显微镜下可以清晰地看见荧光所在的细胞，从而能检测某种抗原的存在与否，并可结合定量技术计算含量。主要组分是荧光素标记的抗体、缓冲液等。主要生产工艺是组分称量、配制（包括标记）、分装、包装。

化学发光免疫分析（chemiluminescence immunoassay，CLIA），是将具有高灵敏度的化学发光测定技术与高特异性的免疫反应相结合，用于各种抗原、半抗原、抗体、激素、酶、脂肪酸、维生素和药物等的检测分析技术。是继放免分析、酶免分析、荧光免疫分析和时间分辨荧光免疫分析之后发展起来的一项最新免疫测定技术。化学发光免疫分析包含两个部分，即免疫反应系统和化学发光分析系统。化学发光分析系统是利用化学发光物质经催化剂的催化和氧化剂的氧化，形成一个激发态的中间体，当这种激发态中间体回到稳定的基态时，同时发射出光子（hM），利用发光信号测量仪器测量光量子。免疫反应系统是将发光物质（在反应剂激发下生成激发态中间体）直接标记在抗原（化学发光免疫分析）或抗体（免疫化学发光分析）上，或酶作用于发光底物。该类试剂的主要原料也是抗原、抗体、标记酶（辣根过氧化物酶等）、化学发光底物（鲁米诺、金刚烷等）、缓冲液。主要生产工艺是组分称量、配制（包括标记）、分装、包装。

聚合酶链反应（PCR）是在模板 DNA、引物、四种脱氧核苷酸的存在下，DNA 聚合酶催化下的酶促合成反应，整个扩增过程分变性、退火和延伸三步，经过若干循环后使目的 DNA 得以迅速扩增。聚合酶链反应（PCR）试剂盒一般用于基因检测、致病病原体检测。其试剂盒组成主要有核酸提取试剂、核酸扩增试剂、产物检测试剂三部分。主要原料有：寡核苷酸引物和探针、扩增缓冲液和 dNTP、Taq 酶和反转录酶、辣根过氧化物酶、聚丙烯微孔板和硝酸纤维素膜等。主要生产工艺过程为称量、各组分配制、灭菌、分装、包装。

金标试剂目前主要是胶体金层析试剂，由氯金酸（$HAuCl_4$）在还原剂如白磷、抗坏血酸、枸橼酸钠、鞣酸等作用下，可聚合成一定大小的金颗粒，并由于静电作用成为一种稳定的胶体状态，形成带负电的疏水胶溶液，由于静电作用而成为稳定的胶体状态，故称胶体金。胶体金在弱碱环境下带负电荷，可与蛋白质分子的正电荷基团形成牢固地结合，由于这种结合是静电结合，所以不影响蛋白质的生物特性。免疫金标记技术（immunogold labelling techique）主要利用了金颗粒具有高电子密度的特性，在金标蛋白结合处，在显微镜下可见黑褐色颗粒，当这些标记物在相应的配体处大量聚集时，肉眼可见红色或粉红色斑点，因而用于定性或半定量的快速免疫检测方法中，这一反应也可以通过银颗粒的沉积被放大，称之为免疫金银染色，目前是 POCT 检测常规技术之一。金标试剂盒主要原料有抗体、抗原、标记物、吸水纸、玻璃纤维膜、硝酸纤维素膜、PVC 底板等，现在还有一些电子试剂，带有电子显示屏，可直接读结果。产品的生产过程为：称量、配制、烧金、标记、点膜包被、组装大卡、切割成条、装外壳、包装。

产品基本结构如图 3-5 所示。

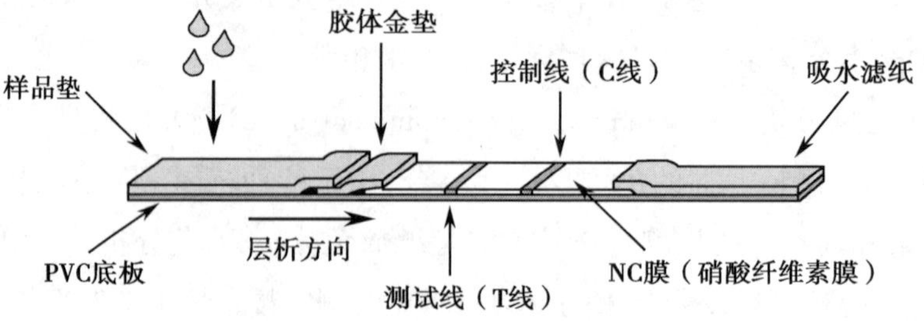

图 3-5　金标试剂盒基本结构

细胞培养基类试剂主要指营养培养基、保存培养基、运送培养基、药敏试验用培养基、鉴别培养基、专用/选择性增菌培养基、分离培养基、选择培养基等。根据不同的使用目的，培养基的主要原料可能有蛋白胨、营养琼脂、葡萄糖、血液、生长因子、微量元素、指示剂、抑制剂、抗生素等。生产工艺通常为称量、配制、灭菌、添加无菌特殊成分例如羊血、抗生素等、无菌灌装、封装、包装。由于培养基有无菌要求，无菌灌装一般应在 100 000 级下的 100 级层流环境下进行操作。

干化学试剂中所谓“干化学”是与传统的“湿化学”（即溶液化学）相对比较而言的。它是以被检测样品中的液体作为反应媒介，待测物直接与固化于载体上的干粉试剂反应的一种方式。它与传统湿化学的最大区别就在于参与化学反应的媒介不同。干化学试剂载体一般为二层结构、三层结构或多层结构，一般用于生化分析的试剂载体是最简单的二层结构，塑料基片上有一层试剂纤维素膜层，固化所有试剂，最典型的是尿生化分析试剂条。三层结构是在试剂层上加一多孔胶膜过滤层，其作用是将样品中的杂质过滤掉，并起保护试剂层作用。常见的是微量法测定葡萄糖的试剂条。多层结构则包含光学、酶工程学、化学计量学、计算机技术，相对复杂，多种反应试剂被固化在一张透明聚酯膜上，上面覆以多孔的扩散层，然后被夹在一个塑料结构中。如图 3-6 所示，共有 4 个功能层：扩散层、试剂层、指示剂层和支持层。每个试剂片的层数视所采用的分析方法而定，干片的大小大致与一枚邮票相同，显色剂层呈现的颜色深浅与待测物浓度成正比。

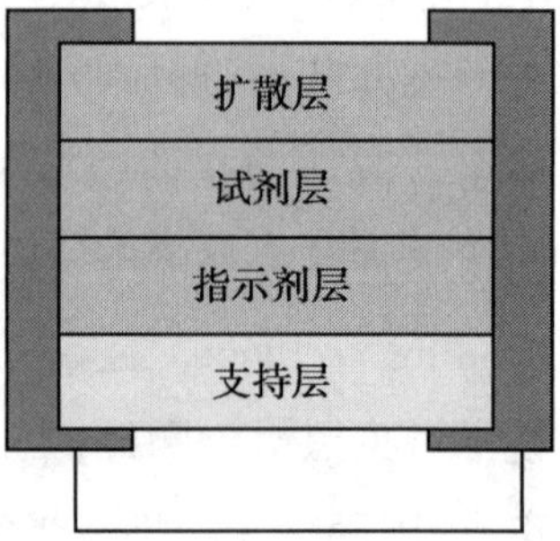

图 3-6　干片模式图

校准品和质控品后续章节将会具体阐述。

■ 检查要点

根据企业所生产的产品方法学种类判定是否在适宜的净化环境内生产，是否符合规范的要求。企业应对本条款形成书面要求并配置相应的硬件设施。

■ 检查方法

(1) 查看产品的研发文档、技术要求、说明书，根据主要成分和方法学判断产品是否属于在净化环境下生产的产品。

(2) 查看企业是否制定生产环境的文件规定，是否在生产工艺流程图、生产工艺文件中注明各工序的生产环境要求。

(3) 查看第三方环境监测报告，是否符合 100 000 级净化要求。

(4) 查看日常环境监测报告，是否符合规定的要求。

(5) 现场查看硬件设施是否符合本条款要求，是否配备了与产品生产相适应的洁净室(区)。

■ 注意事项

应首先查看试剂盒的产品技术要求和说明书，明确方法学和详细组分，是否存在本条款明确的工艺过程，确定是否需要在洁净室(区)内组织生产。

条款中的“细胞培养基”，应包括属于医疗器械管理的所有培养基类产品。

2.2.5　阴性或阳性血清、质粒或血液制品等的处理操作，生产区域应当不低于 10 000 级洁净度级别，并应当与相邻区域保持相对负压。

■ 条款解读

该条款中的阴性或阳性血清、质粒、血液制品通常指在试剂盒中用于阳性或阴性对照品、质控品、校准品的物料。阳性血清主要指含有试剂盒检测靶物质的人血清，而阴性血清通常指不含有试剂盒检测靶物质的人血清。这里的阴性和阳性主要相对于检测靶物质而言，举例说明：CoxB(柯萨奇病毒)抗体 IgM 检测试剂盒(ELISA)中的阳性对照就是 CoxB 阳性的灭活人血清，阴性对照就是 CoxB 阴性的灭活人血清；人 ABO 血型反定型用红细胞试剂盒的原材料就是人全血；人乳头瘤病毒核酸检测试剂(PCR- 荧光探针法)试剂盒中的阳性对照的原材料就是质粒；很多生化试剂的校准品也是人血清。此处的阴性血清指不含被检测靶物质的血清，但不排除含有其他病毒或传染性因子，也可能用于制备特异性参考物质。

本条款中的质粒（plasmid）主要指质粒载体，在由限制性核酸内切酶修饰过的质粒DNA序列中插入外源目的基因，以质粒为载体，将目的基因通过转化或转导的方法导进宿主细胞，进行重组、筛选和扩增。该外源目的基因就是靶基因，通常用大肠埃希菌进行制备。质粒在此处的含义为具有潜在污染性的物料，因此一并建议在10 000级负压保护环境下操作。

当体外诊断试剂产品用血清或其他血液来源的物料作为原料制备阳性或阴性对照品时，尤其是含有致病病原体的阳性血清，应当在生物安全防护实验室内进行操作，主要目的是为了避免污染环境和人员。该类物料应设置专门的操作区，应与相邻区域保持相对负压，使操作区内压力相对较低，相对污染的空气不会进入其他区域，以防止有传染性的血清或血液制品扩散。一般建议血清、血液、质粒等物料在生物安全柜内进行操作，可以起到保护物料、保护环境、保护操作者的作用。

■ 检查要点

关注企业生产过程中是否使用这些物料，对该类物料的操作是否制定文件化的规定并配备硬件设施和设备，实际操作是否能够达到防止污染的效果。

■ 检查方法

(1) 查看产品技术要求、制定检定规程等技术文件，确认是否使用此类原料。

(2) 查看对该类物料的操作规定和生物安全防护规定，查看硬件设施的配备。

(3) 查看处理该类原料的洁净室（区）是否专用，压差是否为负压，能否提供环境监测记录。

(4) 抽查生产记录中相关原料的操作处理记录。

■ 注意事项

应首先查看试剂盒的产品技术要求和说明书，明确试剂盒的方法学，查看生产工艺文件，具体查看各组分的配方和关键原材料，是否存在本条款中明确规定的阴性或阳性血清、质粒或血液制品等，确定是否在10 000级洁净室（区）内组织生产。

2.2.6 无菌物料等分装处理操作，操作区域应当符合局部 100 级洁净度级别。

■ 条款解读

无菌物料的处理要求防止污染，保持无菌特性。无菌指不存在活的微生物，一般体外诊断试剂不要求无菌或控制微生物限度，只有培养基类产品才有无菌要求。例如分离培养基、选择培养基等在称量、配制、灭菌工艺完成后需要添加无菌物料时应始终保持无菌状态，因此应在局部 100 级环境下进行无菌操作。

本条款中的无菌物料，一般指在生产过程中使用的有无菌要求的物料，如培养基中添加的无菌羊血、无菌药物如抗生素、生长因子等、主要起到营养、支持生长、选择性抑制等作用。此外还有 PCR 方法检测的试剂盒中可能会使用灭菌水，防止产生非特异性条带等。为确保添加无菌物料的过程中人员操作和环境不对无菌物料造成污染，应当保持无菌状态，需要在至少 100 级净化环境中进行操作。

100 级洁净室（区）要求微生物最大允许数为浮游菌 5cfu/m^3，沉降菌 1cfu/m^3；悬浮粒子最大允许数≥0.5μm 为 3500 个 /m^3，≥5μm 为 0。一般培养基生产车间的设置为 100 000 级洁净室（区）内设 100 级层流罩或超净工作台。

目前培养基生产根据规模不同可分为手工生产和流水线生产，手工生产主要以人员手工操作为主，适合于特殊品种，产量较少的培养基产品。流水线生产的培养基一般会采取自动化原位灭菌后管道灌装、添加成分、包装，全程封闭自动化，但需要做好设备的验证和清洁、灭菌、维护。

■ 检查要点

是否存在无菌物料以及分装处理工艺过程，操作处理区域是否设置了局部 100 级设施、设备。

■ 检查方法

(1) 查看文件规定，硬件设施配备情况。

(2) 查看无菌物料的种类和质量技术要求。

(3) 查看局部 100 级环境的监测报告，是否达到要求。

(4) 查看无菌物料的处理和检测记录。

■ 注意事项

局部100级面积不限，满足生产规模即可，既可以使用层流罩，也可以使用超净工作台或生物安全柜。

2.2.7 普通类化学试剂的生产应当在清洁环境中进行。

■ 条款解读

普通化学类试剂指通过氧化还原反应来实现检测功能的试剂产品，例如无机离子（铝、镉等）测定试剂盒、白蛋白测定试剂盒（BCG法）、总胆固醇测定试剂盒（COD-CE-PAP法）、电解质分析仪随机试剂、生化分析仪用稀释液、冲洗液、血液分析仪用稀释液、溶血剂等。

产品举例：白蛋白测定试剂盒（溴甲酚绿法）

主要原理：在酸性条件（pH 4.15）下，白蛋白与溴甲酚绿形成蓝绿色络合物，在波长628nm处有吸收峰，复合物的吸光度与白蛋白含量成正比。主要成分：丁二酸、纯化水、溴甲酚绿、防腐剂（叠氮钠）。生产工艺为称量、配制、分装。

这类试剂的组分通常为普通无机化学试剂，例如无机盐、显色剂、酸、碱等，不含蛋白质、核酸等生物活性物质。该类试剂的特点是性质稳定，不易受到环境中如温度、湿度、洁净度、微生物等的影响。为保证生产条件的整洁、有序和规范，体外诊断试剂现场检查指导原则规定了对清洁环境的基本要求。

(1) 要有防尘、通风、防止昆虫或其他动物以及异物混入等措施。

(2) 人流、物流分开，人员进入生产车间前应当有换鞋、更衣、佩戴口罩和帽子、洗手、手消毒等清洁措施。

(3) 生产场地的地面应当便于清洁，墙、顶部应平整、光滑，无颗粒物脱落。

(4) 操作台应当光滑、平整、无缝隙、耐腐蚀，便于清洗、消毒。

(5) 应当对生产区域进行定期清洁、清洗和消毒。

(6) 应当根据生产要求对生产车间的温湿度进行控制。

以上要求为医疗器械生产车间的常规清洁要求，对普通类化学试剂也具有普遍性意义。

■ 检查要点

查看技术文档，熟悉产品的作用原理、主要成分，查看产品的工艺流程图和作业指导书，以及对生产环境的文件规定。

■ 检查方法

(1) 现场查看生产环境是否符合规定的要求。

(2) 查看定期清洁的记录以及温、湿度控制的记录。

■ 注意事项

应注意，普通类化学试剂的生产可能会用到强酸、强碱、腐蚀性、挥发性、毒性物料，在生产车间内应配备通风橱、淋洗龙头、防护眼镜、防护手套等防护设施，以免发生意外。

2.2.8　洁净室（区）空气洁净度级别应当符合下表规定。

表洁净室（区）空气洁净度级别

洁净度级别	尘粒最大允许数 /m^3		微生物最大允许数	
	≥0.5μm	≥5μm	浮游菌 /m^3	沉降菌 / 皿
100 级	3500	0	5	1
10 000 级	350 000	2000	100	3
100 000 级	3 500 000	20 000	500	10

■ 条款解读

该条款对体外诊断试剂生产车间的净化级别进行了规定，与 YY0033、GB50457 标准要求一致。医疗器械生产用洁净室（区）的洁净度等级，一般按洁净室（区）空气中的含尘浓度和含菌量，分为四个等级：100 级、10 000 级、100 000 级、300 000 级，对悬浮粒子最大允许数、微生物最大允许数有明确规定，此外根据生产工艺，对温度、湿度、风速、压差也有要求。

在国际标准 ISO 14644-1《洁净室（区）及其环境控制 第 1 部分：空气洁净度分级》中的空气洁净度等级见表 3-2。

表 3-2　洁净室(区)及洁净区空气中悬浮粒子洁净度等级

ISO 等级序数(N)	大于或等于表中粒径的最大浓度限值（pc/m³—空气浓度限值按公式计算）					
	0.1μm	0.2μm	0.3μm	0.5μm	1μm	5μm
ISO Class1	10	2				
ISO Class2	100	24	10	4		
ISO Class3	1000	237	102	35	8	
ISO Class4	10 000	2370	1020	352	83	
ISO Class5	100 000	23 700	10 200	3520	832	29
ISO Class6	1 000 000	237 000	102 000	35 200	8320	293
ISO Class7				352 000	83 200	2930
ISO Class8				3 520 000	832 000	29 300
ISO Class9				35 200 000	8 320 000	293 000

注:由于涉及测量过程的不确定性,故要求用三个有效的数据来确定浓度等级水平。

空气中悬浮粒子洁净度以等级序数 N 命名。每一被考虑的粒径 D 的最大允许粒子浓度按下式确定:

$$C_n=10^N\times\left(\frac{0.1}{D}\right)^{2.08}$$

式中:C_n—被考虑粒径的空气悬浮粒子最大允许浓度(pc/m³·空气)。C_n 是以四舍五入至相近的整数,通常有效位数不超过三位数。

N—ISO 等级级别,数字不超过 9,ISO 等级级别 N 之间的中间数可以按 0.1 为最小允许增量进行规定。

D—被考虑的粒径(μm)。

0.1—常数,其量纲为 μm。

表 3-2 列出的空气中悬浮粒子洁净度等级及其相应的大于或等于被考虑的粒径的粒子浓度。在有争议的情形下,从上式得出的浓度 C_n 可作为标准值。

目前药品 GMP 对洁净室(区)及洁净区空气洁净度等级要求如下。

(1) A 级　高风险操作区,如灌装区、放置胶塞桶、敞口安瓿瓶、敞口西林瓶的区域及无菌装配或连接操作的区域。通常用层流操作台(罩)来维持该区的环境状态。层流系统在其工作区域必须均匀送风,风速为 0.36~0.54m/s(指导值)。应有数据证明层流的状态并须验证。在密闭的隔离操作器或手套箱内,可使用单向流或较低的风速。

(2) B 级　指无菌配制和灌装等高风险操作 A 级区所处的背景区域。

(3) C 级和 D 级　指生产无菌药品过程中重要程度较低的洁净操作区。

以上各级别空气悬浮粒子的标准规定如表 3-3 所示。洁净区微生物监测的动态标准见表 3-4。

表 3-3　各级别空气悬浮粒子的标准规定

洁净度级别	悬浮粒子最大允许数 / 立方米			
	静态		动态	
	≥0.5μm	≥5μm	≥0.5μm	≥5μm
A 级	3520	20	3520	20
B 级	3520	29	352 000	2900
C 级	352 000	2900	3 520 000	29 000
D 级	3 520 000	29 000	不作规定	不作规定

注：为了确定 A 级区的级别，每个采样点的采样量不得少于 $1m^3$。A 级区空气尘埃粒子的级别为 ISO 4.8，以≥0.5μm 的尘粒为限度标准。B 级区（静态）的空气尘埃粒子的级别为 ISO 5，同时包括表中两种粒径的尘粒。对于 C 级区（静态和动态）而言，空气尘埃粒子的级别分别为 ISO 7 和 ISO 8。对于 D 级区（静态）空气尘埃粒子的级别为 ISO 8。测试方法可参照 ISO14644-1。

表 3-4　洁净区微生物监测的动态标准（a）

级别	浮游菌 cfu/m^3	沉降菌（f90mm） cfu /4 小时[(2)]	表面微生物	
			接触碟（f55mm）cfu / 碟	5 指手套 cfu / 手套
A 级	<1	<1	<1	<1
B 级	10	5	5	5
C 级	100	50	25	-
D 级	200	100	50	-

根据 GB50457 的规定，洁净车间分为以下三种状态。

（1）空态（as-built）　设施已经建成，所有动力接通并运行，但无生产设备、材料及人员。

（2）静态（at-rest）　设施已经建成，生产设备已经安装，并按业主及供应商同意的状态运行，但无生产人员。

（3）动态（operational）　设施以规定的状态运行，有规定的人员在场，并在商定的状态下进行工作。

经过比较，由此可见，本条款中的 100 级相当于 ISO14644-1 中的 Class 5，相当于药品 GMP 中 A 级；本条款中的 10 000 级相当于 ISO14644-1 中的 Class 7，相当于药品 GMP 中动态 B 级，静态 C 级；条款中的 100 000 级相当于 ISO14644-1 中的 Class 8，相当于药品 GMP 中动态 C 级，静态 D 级。但对微生物检测要求除 A 级外均比药品 GMP 严格。

目前一般空气洁净度的检测指标有六个：温度、相对湿度、压差、风速或换气次数（层流）、微粒、菌落数或浮游菌。温、湿度指标应根据所生产产品的具体要求来决定。如金标试剂的生产需要控制湿度不超过 30%，应增加除湿装置，并增加湿度监控设施，随时监控湿度是否超标。但是，湿度的设置还要考虑人员的舒适度，虽然湿度不超过 30%，也应规定合理下限，防止人员产生不适。

评价洁净室（区）是否达到规定的级别微粒数应用≥0.5μm 和≥5μm 两个指标，微生物数用浮游菌或沉降菌两个指标中的一个即可。

有部分企业由于间歇式生产，以销定产，并非天天有生产任务，此类企业可能仅在生产时开启空调净化系统，如果空调净化系统并非连续运行，可根据生产工艺要求设置值班送风。在开始生产前应提前开机自净，注意做好验证工作，达到要求后方可生产。

■ 检查要点

本条款主要目的是对洁净室（区）的监控参数进行规定。如果在洁净室（区）内进行生产，应达到规定的要求。

■ 检查方法

（1）查看工艺文件，是否规定产品在洁净室（区）内生产，净化级别如何规定。

（2）其生产车间是否达到相应的净化级别。检查洁净室（区）的平面布局图和环境监测报告。

（3）检查洁净室（区）的日常监测要求和记录。如监测频次、方法、数值、监测人员能力等。

■ 注意事项

（1）至于沉降菌和浮游菌的检测问题，YY0033 规定两个指标选其一即可。

（2）有湿度控制要求的产品，洁净室（区）湿度的设置不但要考虑对产品的影响还要合理设置湿度下限，防止操作人员产生不适。

（3）空调净化系统并非连续运行，是否开启值班风机，是否能提供生产前的环境验证，应着重核查真实性。

（4）有些企业自己并未配备环境监测设备，由于洁净室（区）使用频次较低，每次监测均外包给第三方检测机构，应着重核查其真实性，查看外包合同或协议、具体约定内容，每次检测的记录等。

2.2.9　洁净室（区）应当按照体外诊断试剂的生产工艺流程及所要求的空气洁净度级别进行合理布局，人流、物流走向应当合理。同一洁净室（区）内或相邻洁净室（区）间的生产操作不得互相交叉污染。

■ 条款解读

本条款提出了洁净室（区）的工艺布局要求，工艺布局应符合工艺流程及空气洁净度级别的要求，并应根据工艺设备的安装维修、管线布置、气流流型以及净化空调系统等各种技术措施的要求综合决定。

工艺布局应防止人流和物流之间的交叉污染，并应符合以下基本要求：

(1) 应分别设置人员和物料进出生产区域的出入口；对在生产过程中易于造成污染的物料应设置专用出入口。

(2) 应分别设置人员和物料进入医药洁净室（区）前的净化用室和设施。

(3) 医药洁净室（区）内工艺设备和设施的设置，应符合生产工艺要求。生产和储存的区域不得用作非本区域内工作人员的通道。

(4) 输送人员和物料的电梯宜分别设置。电梯不应设置在医药洁净室（区）内。需设置在医药洁净室（区）内的电梯，应采取确保医药洁净区空气洁净度等级要求的措施。

(5) 医药工业洁净厂房内物料传递路线宜短。

如体外诊断试剂在洁净室（区）内生产时通常会设置暂存间用于原料、半成品、工位器具的暂存；清洗间用于包装瓶、工艺器具的清洁处理和干燥；称量室用于原材料的称取；配制间用于试剂组分的配制；灌装间用于试剂组分的灌装。金标类试剂由于工艺特殊性还需要设置烧金、点膜划 / 膜、大卡切割、组装等工作区域或功能间等；由于体外诊断试剂产品种类多、规格型号多、组分多且复杂，各种原料、不同浓度的缓冲液和稀释液、大量的无色透明液体半成品、每天都有大量的物料需要存放、周转。如果没有足够的储存面积和合理的操作及存放区域，可能会造成人为差错和物料的交叉、混淆及污染。因此体外诊断试剂工艺布局的总体原则是应按工艺顺序进行物料的流转和传递，针对不同的工艺特点进行布局，尽量减少人流、物流交叉，减少不必要的污染和偏差。

合理布局还包括面积合理、功能区划分清晰、人流和物流路线清晰、工序过程流转路线顺畅不存在交叉往复的含义。

■ 检查要点

查看洁净室（区）的平面布局图及其功能标识。了解不同洁净室（区）的操作内容和要求，判定是否存在交叉污染。

■ 检查方法

(1) 查看洁净室（区）现场实际布局情况与平面图是否一致。

(2) 现场查看洁净室(区)的人流、物流走向是否合理,是否能够避免交叉污染。是否能达到防止交叉污染的目的。

■ **注意事项**

如果试剂盒组分中有来自于血液、病毒、细菌等阳性对照品或阴性对照品时,其生产不应与其他组分在同一区域内进行。

2.2.10　进入洁净室(区)的管道、进回风口布局应当合理,水、电、气输送线路与墙体接口处应当可靠密封,照明灯具不得悬吊

■ **条款解读**

应符合GB50457-2008《医药工业洁净厂房设计规范》对洁净室(区)的基本要求,管道、风口、水、电、气、照明等设施的布局应符合要求。密闭可靠的洁净厂房才能够有效的保持压差,防止能源的浪费,达到规定的压力要求。照明灯具悬吊会对气流造成阻碍,同时存在跌落的风险,还容易积累灰尘,因此最好不要选用悬吊式灯具。

由于洁净室(区)内气流交换全靠送回风口,通过送风口补偿室内排风量和保持室内正压所需的新鲜空气,通过回风将风抽出洁净室(区)进入净化系统内重新过滤后再回到洁净室(区)。布局合理一般是指气流流型和送回风的方式,保证室内气流流型满足空气洁净度等级要求。气流流型(air pattern)指室内空气的流动形态和分布状态。气流应分布均匀,流速满足生产工艺、洁净等级、人体卫生的要求。一般空气洁净度100级,气流应采用单向流;空气洁净度10 000级、100 000级时,气流应采用非单向流,应减少涡流区。GB50457规定的送回风方式如表3-5所示:

表3-5　医药洁净室(区)气流的送、回风方式

医药洁净室(区)空气洁净度等级	气流流型	送回风方式
100级	单向流	水平、垂直
10 000级	非单向流	顶送下侧回,侧送下侧回
100 000级	非单向流	顶送下侧回、侧送下侧回、顶送顶回
300 000级		

单向流医药洁净室(区)内不宜设置洁净工作台;非单向流的医药洁净室(区)内设置洁净工作台时,应远离回风口。培养基的无菌灌装可以在100 000级下设置100级超净

工作台，且应远离回风口。

易产生污染的工艺设备应设置排风口。有局部排风装置或需要排风的工艺设备，宜布置在医药洁净室（区）下风侧，有发热量大的设备，应减少热气流对气流分布的影响。在洁净室（区）内使用烘干机、冻干机等设备的应参考本条。

■ 检查要点

应符合洁净车间建造规范的要求。查看各布局图，查看现场，是否符合要求。

■ 检查方法

查看文件和相关记录，查看现场是否符合文件规定的要求。

■ 注意事项

(1) 应格外注意清洗间的上水和下水区域，是否存在未密闭的情况，尤其是下水管道与地面连接处应硅胶密封，还应设置回水弯防止昆虫爬入和气味反流。

(2) 应注意洁净区的回风口是否被遮挡。

2.2.11　洁净室（区）的温度和相对湿度应当与产品生产工艺要求相适应。无特殊要求时，温度应当控制在 18~28℃，相对湿度控制在 45%~65%。

■ 条款解读

洁净室（区）温度、相对湿度应根据生产工艺要求确定。如果有特殊要求时，应配备相应的功能间和设施、设备，如金标类体外诊断试剂的烘干、切割等工序过程一般要求湿度控制在 30% 以下，应当配备除湿机和干燥设备。如果没有特殊要求时，一般温度控制在 18~28℃，相对湿度控制在 45%~65%，这主要是考虑在净化区域内操作的工作人员的舒适度。

规范附录条款从字面上看好似不是强制性要求，但是如果生产工艺没有特殊要求时企业应按该规定执行。有一种情况需要注意，就是在生产过程中由于某些原因导致生产环境的温度、相对湿度不易控制时应当作为生产工艺的特殊要求来对待，从而放宽或提高温度、相对湿度的控制范围。所以，企业一定要根据生产工艺要求和《医疗器械生产质量管理规范附录无菌医疗器械》的要求在相关文件中做出明确、科学、合理的规定，特别是对产品质量不能有不利影响。一般情况下，温度和相对湿度每班要进行记录。

■ 检查要点

查看工艺文件对生产环境的要求，洁净室（区）内温度、湿度是否有特殊要求，如无特殊要求是否在条款规定的温、湿度范围内。

■ 检查方法

(1) 查看现场温、湿度监控装置是否配备齐全并运行有效，是否经过计量检定，数值显示是否在范围内。

(2) 查看对净化区域的环境监测文件，是否规定对温度、湿度的监测要求，如监测频次、参数要求等。

(3) 查看洁净室（区）环境监测记录是否符合规定的要求。

■ 注意事项

有些洁净室（区）内仅有部分房间有温、湿度监控仪器，应加以注意，尤其是关键工序和对温、湿度有要求的工序应配备温湿度计，并应经过计量检定，确保显示的数值准确。

2.2.12 洁净室（区）和非洁净室（区）之间应有缓冲设施。

■ 条款解读

应符合 GB50457-2008《医药工业洁净厂房设计规范》对洁净室（区）的基本要求，在洁净室（区）和非洁净室（区）之间设置缓冲间或气闸室。

GB50457-2008《医药工业洁净厂房设计规范》中定义如下。

气闸室（air lock）：在洁净室（区）出入口，为了阻隔室外或邻室气流和压差控制而设置的房间。

气闸室一般设在洁净室（区）的出入口，是用以阻隔外界或邻室气流和进行压差控制所设置的缓冲间。为了尽量减小微粒传递速度（通常大于 0.5m/s）所需的空气总量，污染受控空间的所有门均应始终保持在关闭状态。若面积为 $2m^2$ 的区域的某扇门处于打开状态，则通过该门、并包含微粒的空气流量可达约 $3500m^3/h$；若面积为 $2m^2$ 的区域的某扇门处于关闭状态，则仅会有 $160m^3/h$ 空气通过该门的裂缝漏出，用以阻止微粒进入。气闸室还可以：

(1) 保持两个区域之间的压降。

(2) 提供一个进出某一已分级空间穿/脱工作服的场地。欧盟GMP附录一《无菌医药产品的生产》将更衣室称为气锁室，两个或两个以上串接式气锁室可用于“工作服分段着装”。

(3) 采用小容量设计　其风量能具备较高的换气率，从而能从较高的微粒水平迅速恢复正常；因此可将某扇门打开时带入清洁空间的污染减到最低水平。该原理已经在欧盟GMP附录一《无菌医药产品的生产》中给出了例证：“更衣室的最后一段应保持在静态，并应具备与其所导向区域相同的等级”。也就是说，在通往较清洁的洁净室（区）的门被打开时，从气锁室输入的空气污染不得对该洁净室（区）的空气污染水平造成影响。

(4) 提供进出物料和设备消毒/清洁场所[物料或设备进出通道，又称物料气锁室（MAL）]。

(5) 作为正压或者负压缓冲区使用，用于特殊工艺（通常指口服制剂或者有害物料）的污染物出入控制。

特定的小型物料气闸室又称为“传递窗”，由于规格尺寸过小，无法供人员使用。

对于B级以上的洁净室（区），应采用带高效过滤器进行换气通风的传递窗。

(6) 气闸室压力　气闸室按其压力和气流方向可分为：梯度式气闸室、正压气闸室、负压气闸室三种类型（图3-7）。其中梯度式气锁是最常用的形式，用于不同洁净区之间的隔离，但不能阻止高级别区含产品空气的扩散。而正压气闸室和负压气闸室则既可用于分隔不同区域之间的气流，又可有效阻止含产品空气从高级别区向低级别区的扩散。

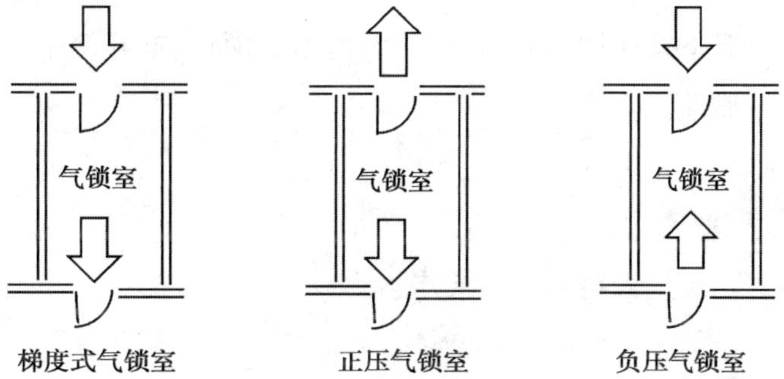

图3-7　三种气锁室压力流向图

■ 检查要点

查看洁净室（区）平面图，查看洁净室（区）现场的实际情况。

■ 检查方法

(1) 查看文件和相关记录，查看洁净室（区）平面图。

(2) 查看洁净室（区）实际是否符合文件规定的要求，缓冲间是否有联动互锁装置。

■ **注意事项**

(1) 人员缓冲间的设置通常为：一更换鞋、脱外衣后进入二更，一更无洁净度级别；二更洗手、穿洁净服，二更有洁净度要求，再进入气闸室，手消毒，缓冲后进入洁净室（区）内。

(2) 物料缓冲的设置通常为：室外脱外包装，进入物料缓冲传递窗或物料缓冲间，经紫外灯照射后进入洁净室（区）内。

(3) 无论人员缓冲间还是物料缓冲间都应该设置互锁装置，防止两扇门同时打开，造成洁净区空气与室外空气直接相通，影响洁净度水平。

2.2.13　洁净室（区）的内表面（墙面、地面、天棚、操作台等）应当平整光滑、无裂缝、接口严密、无颗粒物脱落，避免积尘，并便于清洁处理和消毒。

■ **条款解读**

应符合 GB50457-2008《医药工业洁净厂房设计规范》对洁净室（区）的基本要求，洁净室（区）应密闭，所用材质应易于清洗、消毒。一般洁净车间采用彩钢板为主体材料，在墙角和接头处一般设计为圆弧形，踢脚不突出于墙面，地面一般铺设环氧树脂，整体性好，平整、不易开裂、耐磨、耐撞击、防潮、不易集聚静电且容易除尘、清洁、消毒。

门窗、操作台一般不宜使用木质材料，不易清洁和消毒，推荐使用不锈钢台面，易于清洁、耐磨、耐腐蚀、易消毒。

■ **检查要点**

查看现场实际情况，是否符合条款要求。

■ **检查方法**

查看文件和相关记录，查看现场是否符合文件规定的要求。

■ **注意事项**

不推荐企业在洁净区内使用多孔篮、网状篮等器具，难以清洁。

2.2.14　洁净室（区）的空气如循环使用应当采取有效措施避免污染和交叉污染。

■ 条款解读

应符合 GB50457-2008《医药工业洁净厂房设计规范》对洁净室(区)的基本要求。循环空气应有过滤处理并及时清洗更换过滤装置,防止污染和交叉污染。

按照 GB50457-2008《医药工业洁净厂房设计规范》的规定,气流流型应满足空气洁净度等级的要求,空气洁净度 100 级时,气流应采用单向流流型,送回风方式应为水平、垂直。空气洁净度 10 000 级、100 000 级和 300 000 级时,气流采用非单向流流型,应减少涡流区,在室内设置单向流洁净工作台时,位置应远离回风口。送回风方式宜采用顶送下侧回。

送风量应根据洁净室(区)的层高和洁净度级别确定换气次数。根据洁净室(区)内操作物料的特性,如果全排、直排的应经过有效空气净化处理后再排出,如果可以循环使用的应经过风险评价后安全循环使用,防止污染空气净化系统。以下情况的空气不应循环使用。

(1) 当生产过程中散发粉尘的洁净室(区),其室内空气如经处理仍不能避免交叉污染时。

(2) 生产中使用有机溶媒,且因气体集聚可构成爆炸或火灾危险的工序。

(3) 病原体操作区。

(4) 生产过程中产生大量有害物质、异味或挥发性气体的生产工序。

如果不能通过过滤、除尘、防静电、防爆或其他防护措施避免交叉污染的应单独设置排风系统,采取全排、直排等方式。

■ 检查要点

查看洁净室(区)空气循环走向布局图,如果循环使用会造成污染,如何处理。

■ 检查方法

查看空调净化系统送、回、排风相关图纸,空气如循环使用的,核实控制措施是否有效。

■ 注意事项

不推荐企业在洁净区内进行强酸、强碱、挥发性、异味物料的配制和稀释工作,这类物料可在清洁区配好工作液再转移到洁净区内进行后续的配制工作。

2.2.15 洁净室(区)内的水池、地漏应安装防止倒灌的装置,避免对环境和物料造成污染。100级的洁净室(区)内不得设置地漏。

■ 条款解读

应符合GB50457-2008《医药工业洁净厂房设计规范》对洁净室(区)的基本要求。

洁净室(区)厂房内的给水系统设计,应根据生产、生活和消防等各项用水对水质、水温、水压和水量的要求,分别设置直流、循环或重复利用的给水系统。高纯水系统应设置循环管道。管材的选择应符合下列要求。

(1) 纯水管、高纯水管应采用硬聚氯乙烯管、聚丙烯管或不锈钢管。

(2) 冷却循环给水和回水管宜采用镀锌钢管。

(3) 生产用水设备与管道的连接宜采用优质软管;管道的配件应采用相应的材料。

洁净室(区)厂房内可设置开水供应设施;盥洗室内的盥洗盆宜供应热水;软化水、纯水管相应预留清洗口;纯水终端净化装置应放在近用水点处。洁净室(区)厂房的周围,应设置洒水设施。

洁净室(区)厂房的排水系统设计,应根据生产排出的废水性质、浓度、水量等特点确定排水系统,并应有废水处理或综合利用设施。洁净室(区)内的排水设备以及与重力回水管道相连接的设备,必须在其排出口以下部位设水封装置,水封高度不应小于50mm,并应有防止水封被破坏的设施。

100级、1000级洁净室(区)内,不宜设置地漏;如必须设置时,应采用有盖地漏,并不应设排水沟。10 000、100 000级洁净室(区)内允许穿过排水竖管,但在竖管上不得设置检查口。洁净室(区)厂房内应采用不易积存污物、易于清扫的卫生器具、管材、管架及其附件。

■ 检查要点

洁净室(区)内查看水池和地漏,是否安装防倒灌装置,是否存在污染的隐患。

■ 检查方法

(1) 查看文件和相关记录,是否做出相关规定。

(2) 查看净化车间布局图,是否有水池和地漏,实际查看现场是否符合规范的要求。

■ 注意事项

注意水池和地漏的上下水管接头处,是否能做到密封、无返味。

2.2.16　产尘操作间应当保持相对负压或采取有效措施，防止粉尘扩散，避免交叉污染。

■ 条款解读

易于产尘的物质多指原材料中具有密度轻、颗粒微小的特点，在称取或加入过程中易于飞扬并分散在空气中的物质。对该类物料进行称量、投料等过程时应设置防护措施，防止粉尘扩散，避免交叉污染。

生产过程中散发粉尘的洁净室应设置除尘设施，除尘器应设置在净化空调系统的负压段，且应该单独设置排风系统，全排，不参与循环，以免减低中效过滤器和高效过滤器的寿命。

■ 检查要点

查看是否有产尘工序。如有，查看防护规定和实际防护措施。

■ 检查方法

(1) 查看文件和相关记录。
(2) 查看现场是否符合文件规定的要求。

■ 注意事项

如有散发粉尘的工序过程，应有除尘措施。

2.2.17　对具有污染性、传染性和高生物活性的物料应当在受控条件下进行处理，避免造成传染、污染或泄漏等。

■ 条款解读

本条款主要针对体外诊断试剂生产过程中对具有污染性、传染性和高生物活性物料的控制和处理。首先应识别哪些是具有污染性、传染性和高生物活性物料；其次是会有哪些风险；最后是采取什么受控方式，是否能有效防止传染、污染和泄露。

污染性或传染性的物料一般指活 / 灭活菌株、活 / 减活 / 灭活毒株、致病病原体阳性的血液，及其他阳性体液、有毒有害的化学原料、染色剂等。此类物料易对操作人员造成感染，对环境造成污染。高生物活性物料这里主要指高生物活性蛋白，例如效价较高的蛋白酶类、抗原、抗体等物料，其特点是具有特殊的生物活性、效价高、易失活、容易受到环境的影响（温度、污染等）因此需要特殊保护以防止失效。

传染、污染或泄漏是这些特殊物料在生产过程中可能会造成的风险。传染一般指致病病原体的传染，如乙肝阳性血清等，可能会导致人员受到感染。污染通常指生产环境或其他物料沾染到干扰的物质，如空气受到挥发性物质的污染，半成品受到其他原料的污染，操作台面受到腐蚀性原料的污染等。泄漏则指一些具有挥发性的气体、腐蚀性的液体、有传染性的致病病原体从防护状态中溢出至外部环境中。

因此本条款中的受控条件有两层含义，一层含义是指采取措施防止物料本身被外界污染，另一层含义是指物料本身具有污染性或传染性，防止其污染环境和人员。受控措施通常针对物料的特性采取有效的对应手段，如对于传染性的物料，可以在负压保护的环境下进行操作，独立设置排风，排出的空气经过滤等无害处理后再排出室外。对于污染性的物料可以在通风橱、专用防腐蚀的操作区内进行处理，以便与其他物料和区域隔离；高生物活性的物料可以在环境条件良好的洁净区域内进行处理，如超净工作台、生物安全柜等，防止受到污染。

■ 检查要点

查看企业是否存在并识别出具有污染性、传染性和高生物活性的物料，是否根据这些物料的特性配备防护处理措施，验证其有效性并进行文件规定。

■ 检查方法

（1）查看文件规定。

（2）查看相关记录。

（3）查看现场防护措施是否符合文件规定的要求，是否经验证后达到防护要求。

■ 注意事项

本条的关键是核查受控措施的有效性。

2.2.18　生产激素类、操作有致病性病原体或芽胞菌制品的，应当使用单独的空气净化系统，与相邻区域保持负压，排出的空气不能循环使用。

■ 条款解读

本条款主要目的在于要求制备激素标准品或质控品、操作含有致病病原体或芽孢菌的物料(如致病病原体阳性的血液或体液)时,应当使用单独的空气净化系统,以避免对其他部位产生污染。该系统应保持负压,空气不可循环使用,应经过消毒、过滤等处理后直接排放,以防止有潜在污染可能的空气泄露到其他区域,造成污染。

该条款来源于药品GMP的规定。2003年之前诊断试剂按药品管理,分为放免类试剂、血筛试剂和体外诊断试剂,2003年注册管理办法出台后,放免试剂和血筛试剂仍划归药品管理,体外诊断试剂按医疗器械管理。本条款中所指的激素类产品的生产其实是指激素的合成过程,芽孢菌制品的操作也是生物制品生产过程中涉及的,在体外诊断试剂生产中基本不会涉及。如人绒毛膜促性腺激素(HCG)质控物质的配制,为外购的HCG标准品添加至阴性尿液或PBS缓冲液中制备而成,并不存在激素的合成过程,除非是生产合成HCG标准品,否则类似此种情况不适用于本条。

操作有致病病原体的,应当使用单独的空气净化系统,与相邻区域保持负压,排出的空气不能循环使用是净化车间空调系统的基本要求。之前的条款已有阐述,此处不再赘述。

■ 检查要点

识别产品实现过程中是否存在该类受控物料,是否做出文件规定,是否配备相应的处理间,符合单独专用、直排、负压等条件。

■ 检查方法

(1) 现场查看生产激素类、操作有致病病原体、芽孢菌制品的区域与其他类产品生产区域是否严格分开。

(2) 如系多楼层建筑,在同一生产层面与其他一般品种的生产线不能共用物料通道、人员通道、包装线等,防止产品交叉污染。

(3) 现场查看是否为独立的空气净化系统,排出的空气不能循环使用。

(4) 现场查看压差表,是否与相邻区域保持负压。

■ 注意事项

本条的关键是核查是否保持负压,对其他区域不造成影响。

2.2.19 进行危险度二级及以上的病原体操作应当配备生物安全柜，空气应当进行过滤处理后方可排出。应当对过滤器的性能进行定期检查以保证其有效性。使用病原体类检测试剂的阳性血清应当有相应的防护措施。

■ 条款解读

本条款中危险度二级及以上的病原体是根据卫生部2006年发布的《人间传染的病原微生物名录》中的相关规定而来。名录中第一类、第二类具有强传染性、危害严重的致病病原体应在生物安全柜内操作，其空气应经过滤处理后排出。定期检查过滤器性能是对其安全性的监控措施，应根据使用的情况设置期限，确保过滤器性能达到要求。阳性血清应该在负压保护的生物安全柜内进行处理，达到对环境和人员的保护。

关于实验室生物安全要求的标准在国内外均有标准和要求，如我国的GB 19489-2004《实验室生物安全通用要求》《WHO实验室生物安全手册》、中华人民共和国国务院令第424号《病原微生物实验室生物安全管理条例》等。国家根据病原微生物的传染性、感染后对个体或者群体的危害程度，将病原微生物分为以下四类。

第一类病原微生物，是指能够引起人类或者动物非常严重疾病的微生物，以及我国尚未发现或者已经宣布消灭的微生物。

第二类病原微生物，是指能够引起人类或者动物严重疾病，比较容易直接或者间接在人与人、动物与人、动物与动物间传播的微生物。

第三类病原微生物，是指能够引起人类或者动物疾病，但一般情况下对人、动物或者环境不构成严重危害，传播风险有限，实验室感染后很少引起严重疾病，并且具备有效治疗和预防措施的微生物。

第四类病原微生物，是指在通常情况下不会引起人类或者动物疾病的微生物。

第一类、第二类病原微生物统称为高致病性病原微生物。

国家根据实验室对病原微生物的生物安全防护水平，并依照实验室生物安全国家标准的规定，将实验室分为一级、二级、三级、四级。三级、四级实验室应当通过实验室国家认可，一级、二级实验室不得从事高致病性病原微生物实验活动。

《人间传染的病原微生物名录》是2006年由卫生部制定发布，其中对病毒、细菌的危害程度、实验活动所需生物安全实验室级别、运输包装分类进行了标注。第一类为危害程度最高，第四类为危害程度最低。常见的危害程度第一类的有埃博拉病毒、危害程度为二类的有高致病性禽流感病毒、艾滋病病毒（Ⅰ型和Ⅱ型）、SARS冠状病毒。危害程度为第三类有腺病毒、冠状病毒、柯萨奇病毒、EB病毒、肝炎病毒（甲型、乙型、丙型等）、单纯疱疹病毒、甲型流行性感冒病毒 H_2N_2 亚型、人乳头瘤病毒等。该名录中给出了生物安全实验室的级别，例如乙型肝炎病毒实验活动所需生物安全实验室级别为：病毒培养在 BSL-2 实验室、未经培养的感染材料的操作在 BSL-2 实验室、灭活材料的操作在 BSL-1 实验室。

关于使用人类病毒的重组体：在卫生部发布有关的管理规定之前，对于人类病毒的重组体（包括对病毒的基因缺失、插入、突变等修饰以及将病毒作为外源基因的表达载体）暂时遵循以下原则。

(1) 严禁两个不同病原体之间进行完整基因组的重组。

(2) 对于对人类致病的病毒，如存在疫苗株，只允许用疫苗株为外源基因表达载体，如脊髓灰质炎病毒、麻疹病毒、乙型脑炎病毒等。

(3) 对于一般情况下即具有复制能力的重组活病毒（复制型重组病毒），其操作时的防护条件应不低于其母本病毒；对于条件复制型或复制缺陷型病毒可降低防护条件，但不得低于 BSL-2 的防护条件，如来源于 HIV 的慢病毒载体，为双基因缺失载体，可在 BSL-2 实验室操作。

(4) 对于病毒作为表达载体，其防护水平总体上应根据其母本病毒的危害等级及防护要求进行操作，但是将高致病性病毒的基因重组入具有复制能力的同科低致病性病毒载体时，原则上应根据高致病性病原体的危害等级和防护条件进行操作，在证明重组体无危害后，可视情降低防护等级。

(5) 对于复制型重组病毒的制作事先要进行危险性评估，并得到所在单位生物安全委员会的批准。

对于高致病性病原体重组体或有可能制造出高致病性病原体的操作应经国家病原微生物实验室生物安全专家委员会论证。

■ 检查要点

识别是否存在危险度二级及以上的病原体操作过程，是否制定相应的文件规定，是否符合《人间传染的病原微生物名录》中的操作要求。查看实际设备设施是否达到防护要求，操作记录是否完整。

■ 检查方法

(1) 查看产品技术要求、说明书、工艺文件和配方，识别是否存在危险度二级及以上的病原体操作过程。

(2) 查看是否已制定相关的文件对该过程提出控制要求。

(3) 查看实际控制措施，包括硬件设施和管理制度。

(4) 查看对防护设施的维护保养记录,是否进行定期检查。

■ 注意事项

现场查看病原体的来源、保存、处理要求和记录。

2.2.20 对于特殊的高致病性病原体的采集、制备,应当按照有关部门颁布的行业标准,如人间传染病微生物名录、微生物和生物医学实验室生物安全通用准则、实验室生物安全通用要求等相关规定,配备相应的生物安全设施。

■ 条款解读

本条款特指的高致病性病原体一般是《人间传染的病原微生物名录》中的第一类、第二类具有强传染性、危害严重的致病病原体。此类致病病原体的检测试剂在生产和检测过程中如果需要使用来源于人体的样本如血清、全血、唾液、其他分泌物等物料,应严格按照国家相关标准和法规要求操作,以避免实验室污染和扩散,造成不良后果。以下为摘录自各个相关标准和文件中关于生物安全防护的部分内容,仅供参考借鉴。

1.《人间传染的病原微生物名录》

在保证安全的前提下,对临床和现场的未知样本检测操作可在生物安全二级或以上防护级别的实验室进行,涉及病毒、病原菌分离培养的操作,应加强个体防护和环境保护。要密切注意流行病学动态和临床表现,判断是否存在高致病性病原体,若判定为疑似高致病性病原体,应在相应生物安全级别的实验室开展工作。但此项工作仅限于对样本中病原菌的初步分离鉴定。一旦病原菌初步明确,应按病原微生物的危害类别将其转移至相应生物安全级别的实验室开展工作。“大量”的病原菌制备,是指病原菌的体积或浓度,大大超过了常规检测所需要的量。比如在大规模发酵、抗原和疫苗生产,病原菌进一步鉴定以及科研活动中,病原菌增殖和浓缩所需要处理的剂量。

2. GB 19489-2004《实验室生物安全通用要求》

当实验室活动涉及传染或潜在传染性生物因子时,应进行危害程度评估。危害程度评估应至少包括下列内容:生物因子的种类(已知的、未知的、基因修饰的或未知传染性的生物材料)、来源、传染性、致病性、传播途径、在环境中的稳定性、感染剂量、浓度、动物实验数据、预防和治疗。危害程度评估应由适当的有经验的专业人员进行。

根据所操作的生物因子的危害程度和采取的防护措施,将生物安全防护水平(biosafety level,BSL)分为4级,Ⅰ级防护水平最低,Ⅳ级防护水平最高。以BSL-1、BSL-2、

BSL-3、BSL-4表示实验室的相应生物安全防护水平；以ABSL-1、ABSL-2、ABSL-3、ABSL-4表示动物实验室的相应生物安全防护水平。

3. 中华人民共和国国务院令第424号《病原微生物实验室生物安全管理条例》

第七条 国家根据病原微生物的传染性、感染后对个体或者群体的危害程度，将病原微生物分为四类：

第一类病原微生物，是指能够引起人类或者动物非常严重疾病的微生物，以及我国尚未发现或者已经宣布消灭的微生物。

第二类病原微生物，是指能够引起人类或者动物严重疾病，比较容易直接或者间接在人与人、动物与人、动物与动物间传播的微生物。

第三类病原微生物，是指能够引起人类或者动物疾病，但一般情况下对人、动物或者环境不构成严重危害，传播风险有限，实验室感染后很少引起严重疾病，并且具备有效治疗和预防措施的微生物。

第四类病原微生物，是指在通常情况下不会引起人类或者动物疾病的微生物。

第一类、第二类病原微生物统称为高致病性病原微生物。

第二十一条 三级、四级实验室从事高致病性病原微生物实验活动，应当具备下列条件：

（一）实验目的和拟从事的实验活动符合国务院卫生主管部门或者兽医主管部门的规定；

（二）通过实验室国家认可；

（三）具有与拟从事的实验活动相适应的工作人员；

（四）工程质量经建筑主管部门依法检测验收合格。

国务院卫生主管部门或者兽医主管部门依照各自职责对三级、四级实验室是否符合上述条件进行审查；对符合条件的，发给从事高致病性病原微生物实验活动的资格证书。

第二十二条 取得从事高致病性病原微生物实验活动资格证书的实验室，需要从事某种高致病性病原微生物或者疑似高致病性病原微生物实验活动的，应当依照国务院卫生主管部门或者兽医主管部门的规定报省级以上人民政府卫生主管部门或者兽医主管部门批准。实验活动结果以及工作情况应当向原批准部门报告。

实验室申报或者接受与高致病性病原微生物有关的科研项目，应当符合科研需要和生物安全要求，具有相应的生物安全防护水平，并经国务院卫生主管部门或者兽医主管部门同意。

具体内容，可参考以上标准和文件。

■ 检查要点

识别是否存在高致病性病原体的操作，如何控制生物安全，是否符合国家相关法规要求。

■ 检查方法

(1) 查看相应文件，是否明确病原体的危险等级，生物安全防护要求是否符合相关规定。

(2) 现场查看是否配备生物安全设施，是否符合防护要求。

■ 注意事项

现场查看高致病性病原体的来源、保存、处理要求和记录。是否配备国家认可的生物安全实验室。

2.2.21　生产聚合酶链反应(PCR)试剂的，其生产和检验应当在独立的建筑物或空间内进行，保证空气不直接联通，防止扩增时形成的气溶胶造成交叉污染。其生产和质检的器具不得混用，用后应严格清洗和消毒。

■ 条款解读

本条款主要目的是防止扩增时形成的气溶胶造成交叉污染，因此要求生产和检验的空间和器具应相互分开，各自独立专用。空气应做到不直接联通，以防止气溶胶污染导致造成检测结果不准确。生产和检验的器具在使用后应严格清洗和消毒，之前清洗生产和质检器具主要是防止核酸酶的存在对核酸产生水解和破坏，使用后严格清洗消毒主要是防止出现交叉干扰，如非特异性条带等。

本条款主要参考卫生部办公厅关于印发《医疗机构临床基因扩增管理办法》的通知，实验室审核和设置章节及附件《医疗机构临床基因扩增检验实验室工作导则》。具体如下。

临床基因扩增检验实验室区域设计

(一) 临床基因扩增检验实验室区域设计原则。临床基因扩增检验实验室应当设置以下区域：试剂储存和准备区、标本制备区、扩增区、扩增产物分析区。这 4 个区域在物理空间上必须是完全相互独立的，各区域无论是在空间上还是在使用中，应当始终处于完全的分隔状态，不能有空气的直接相通。根据使用仪器的功能，区域可适当合并。例如使用实时荧光 PCR 仪，扩增区、扩增产物分析区可合并；采用样本处理、核酸提取及扩增检测为一体的自动化分析仪，则标本制备区、扩增区、扩增产物分析区可合并。各区的功能是：

1. 试剂储存和准备区：贮存试剂的制备、试剂的分装和扩增反应混合液的准备，以及离心管、吸头等消耗品的贮存和准备。

2. 标本制备区：核酸（RNA、DNA）提取、贮存及其加入至扩增反应管。对于涉及临床样本的操作，应符合生物安全二级实验室防护设备、个人防护和操作规范的要求。

3. 扩增区：cDNA 合成、DNA 扩增及检测。

4. 扩增产物分析区：扩增片段的进一步分析测定，如杂交、酶切电泳、变性高效液相分析、测序等。

（二）临床基因扩增检验实验室的空气流向。临床基因扩增检验实验室的空气流向可按照试剂储存和准备区→标本制备区→扩增区→扩增产物分析区进行，防止扩增产物顺空气气流进入扩增前的区域。可按照从试剂储存和准备区→标本制备区→扩增区→扩增产物分析区方向空气压力递减的方式进行。可通过安装排风扇、负压排风装置或其他可行的方式实现。

（三）工作区域仪器设备配置标准

1. 试剂储存和准备区

（1）2~8℃和 -20℃以下冰箱。

（2）混匀器。

（3）微量加样器（覆盖 0.2~1000μl）。

（4）可移动紫外灯（近工作台面）。

（5）消耗品：一次性手套、耐高压处理的离心管和加样器吸头。

（6）专用工作服和工作鞋（套）。

（7）专用办公用品。

2. 标本制备区

（1）2~8℃冰箱、-20℃或 -80℃冰箱。

（2）高速离心机。

（3）混匀器。

（4）水浴箱或加热模块。

（5）微量加样器（覆盖 0.2~1000μl）。

（6）可移动紫外灯（近工作台面）。

（7）生物安全柜。

(8) 消耗品:一次性手套、耐高压处理的离心管和加样器吸头(带滤芯)。

(9) 专用工作服和工作鞋(套)。

(10) 专用办公用品。

(11) 如需处理大分子 DNA,应当具有超声波水浴仪。

3. 扩增区

(1) 核酸扩增仪。

(2) 微量加样器(覆盖 0.2~1000μl),(视情况定)。

(3) 可移动紫外灯(近工作台面)。

(4) 消耗品:一次性手套、耐高压处理的离心管和加样器吸头(带滤芯)。

(5) 专用工作服和工作鞋。

(6) 专用办公用品。

4. 扩增产物分析区

视检验方法不同而定,基本配置如下:

(1) 微量加样器(覆盖 0.2~1000μl)。

(2) 可移动紫外灯(近工作台面)。

(3) 消耗品:一次性手套、加样器吸头(带滤芯)。

(4) 专用工作服和工作鞋。

(5) 专用办公用品。

上述各区域仪器设备配备为基本配备,实验室应当根据自己使用的扩增检测技术或试剂的特点,对仪器设备进行必要的增减。

临床基因扩增检验实验室工作基本原则

(一) 进入各工作区域应当严格按照单一方向进行,即试剂储存和准备区→标本制备区→扩增区→扩增产物分析区。

(二) 各工作区域必须有明确的标记,不同工作区域内的设备、物品不得混用。

(三) 不同的工作区域使用不同的工作服(如不同的颜色)。工作人员离开各工作区域时,不得将工作服带出。

(四) 实验室的清洁应当按试剂贮存和准备区→标本制备区→扩增区→扩增产物分析区的方向进行。不同的实验区域应当有其各自的清洁用具以防止交叉污染。

(五) 工作结束后,必须立即对工作区进行清洁。工作区的实验台表面应当可耐受诸如次氯酸钠的化学物质的消毒清洁作用。实验台表面的紫外照射应当方便有效。由于紫外照射的距离和能量对去污染的效果非常关键,因此可使用可移动紫外灯(254nm 波长),在工作完成后调至实验台上 60~90cm 内照射。由于扩增产物仅几百或几十碱基对(bp),

对紫外线损伤不敏感，因此紫外照射扩增片段必须延长照射时间，最好是照射过夜。

（六）实验室的安全工作制度或安全标准操作程序，所有操作符合《实验室生物安全通用要求》（GB19489-2008）。

临床基因扩增检验实验室各区域工作注意事项

（一）试剂储存和准备区。贮存试剂和用于标本制备的消耗品等材料应当直接运送至试剂贮存和准备区，不能经过扩增检测区。

（二）标本制备区。由于在样本混合、核酸纯化过程中可能会发生气溶胶所致的污染，可通过在本区内设立正压条件，避免从邻近区进入本区的气溶胶污染。为避免样本间的交叉污染，加入待测核酸后，必须盖好含反应混合液的反应管。对具有潜在传染危险性的材料，必须在生物安全柜内开盖，并有明确的样本处理和灭活程序。

（三）扩增区。为避免气溶胶所致的污染，应当尽量减少在本区内的走动。必须注意的是，所有经过检测的反应管不得在此区域打开。

（四）扩增产物分析区。核酸扩增后产物的分析方法多种多样，如膜上或微孔板或芯片上探针杂交方法（放射性核素标记或非放射性核素标记）、直接或酶切后琼脂糖凝胶电泳、聚丙烯酰胺凝胶电泳、Southern 转移、核酸测序方法、质谱分析等。本区是最主要的扩增产物污染来源，因此必须注意避免通过本区的物品及工作服将扩增产物带出。在使用 PCR-ELISA 方法检测扩增产物时，必须使用洗板机洗板，废液必须收集至 1mol/L HCl 中，并且不能在实验室内倾倒，而应当至远离 PCR 实验室的地方弃掉。用过的吸头也必须放至 1mol/L HCl 中浸泡后再放到垃圾袋中按程序处理，如焚烧。

由于本区有可能会用到某些可致基因突变和有毒物质如溴化乙啶、丙烯酰胺、甲醛或放射性核素等，故应当注意实验人员的安全防护。

企业应根据基本原则设置实验室布局，达到防止交叉污染的目的。

■ 检查要点

查看生产车间和质检室的布局，是否各自独立专用，通过什么手段能做到空气不直接联通。生产和质检的器具是否有清洗和消毒的设施和记录。

■ 检查方法

查看文件和相关记录，查看现场是否符合文件规定的要求。

■ 注意事项

PCR 检测试剂盒的生产和质检若在同一建筑体内，但应有有效的隔离措施防止气溶胶污染，如生产和质检设置在不同楼层、通过物理隔断和人员管理防止交叉污染等。

2.2.22 洁净室（区）内的人数应当与洁净室（区）面积相适应。

■ 条款解读

本条款主要目的是防止过多的人在有限的洁净室（区）区域内活动，对洁净室（区）环境造成不良影响，确保洁净室（区）空气质量符合标准要求。应在验证的基础上确定洁净室（区）内人员数量。这与洁净室（区）的面积、布局、功能间的分布、工序的复杂程度、洁净室（区）的循环净化能力等因素有关。

GB 50073-2001《洁净厂房设计规范》的4.3.5条规定，根据不同的空气洁净度等级和工作人员数量，洁净厂房内人员净化用室和生活用室的建筑面积应合理确定。一般宜按洁净区设计人数平均每人2~4m^2计算。洁净工作服更衣室的空气洁净度等级宜按低于相邻洁净区空气洁净度等级1~2级设置。第6.1.5条规定洁净室内的新鲜空气量应取下列二项中的最大值：①补偿室内排风量和保持室内正压值所需新鲜空气量之和；②保证供给洁净室内每人每小时的新鲜空气量不小于40m^3。

以下计算方法为理论推导，验证思路仅供参考。

100 000级，房间高度按2.5m计算，换气次数取15次/小时，新风量取20%，每人最低需要面积 $=40m^3 \div 20\% \div 15 \div 2.5m=5.33m^2$

10 000级，房间高度按2.5m计算，换气次数取25次/小时，新风量取20%，每人最低需要面积 $=40m^3 \div 20\% \div 25 \div 2.5m=3.2m^2$

100级，房间高度按2.5m计算，换气次数取300次/小时，新风量取4%，每人最低需要面积 $=40m^3 \div 4\% \div 300 \div 2.5m=1.33m^2$

可以看出人均需要面积与于新风量、换气次数、房间高度均是正比关系，应根据洁净车间具体的参数来确定各个房间的人数限制，其实在图纸设计时是根据工艺要求设计各房间新风量、换气次数、房间高度、面积等参数。

上面计算出的人数是第一优先满足的（生存需要），然后确认完成工艺操作最少的人员，根据这两点确定最大人数来进行验证工作，即进行模拟最差条件测试，验证人数最大情况下的房间洁净度，一般检验动态粒子数（模拟正的工艺操作），微生物建议也检测，这两项国内目前没有明确规定，可参考国外标准。

■ 检查要点

查看洁净室(区)的级别、面积、布局,是否制定书面化的人员数量规定,是否能提供相应的验证记录。

■ 检查方法

(1) 查看验证记录,是否对现场工作人员数量上限进行验证,确认能够满足洁净控制要求。

(2) 查看洁净室的管理文件,是否规定了人数并与验证的人数一致。

(3) 核实现场工作人员数量,查看相关记录,不应超过验证时所确认的现场工作人员数量上限。

■ 注意事项

以上为推荐的验证思路,企业应根据实际情况在验证的基础上得出合理的人数。

2.2.23 对生产环境没有空气净化要求的体外诊断试剂,应当在清洁环境内进行生产清洁条件的基本要求:要有防尘、通风、防止昆虫或其他动物以及异物混入等措施;人流、物流分开,人员进入生产车间前应当有换鞋、更衣、佩戴口罩和帽子、洗手、手消毒等清洁措施;生产场地的地面应当便于清洁,墙、顶部应平整、光滑,无颗粒物脱落;操作台应当光滑、平整、无缝隙、耐腐蚀,便于清洗、消毒;应当对生产区域进行定期清洁、清洗和消毒;应当根据生产要求对生产车间的温湿度进行控制。

■ 条款解读

该条款适用于无空气净化要求的体外诊断试剂。对这类产品的生产环境提出一定的清洁要求,在控制区内进行生产活动。详见前文 2.2.7 条款。

■ 检查要点

查看所生产的体外诊断试剂产品是否需要在净化环境下生产,如果不需要的话应在控制区内生产,是否按照规范的要求对控制区实施控制。

■ **检查方法**

查看文件和相关记录，查看现场是否符合文件规定的要求。

■ **注意事项**

同 2.2.7。

2.2.24　易燃、易爆、有毒、有害、具有污染性或传染性、具有生物活性或来源于生物体的物料的管理应当符合国家相关规定。所涉及的物料应当列出清单，专区存放、专人保管和发放，并制定相应的防护规程。

■ **条款解读**

本条款对体外诊断试剂生产过程中涉及的危害物料提出了安全管理的要求，一方面需要保护生产环境和操作人员，另一方面需要保护活性物料本身。

易燃、易爆、有毒、有害、具有污染性的物料，一般指配制过程中使用的危险化学类试剂，例如强酸、强碱、有挥发性的试剂、防腐剂、染色剂等。根据国务院 591 号令《危险品安全管理条例》中第三条，危险化学品是指具有毒害、腐蚀、爆炸、燃烧、助燃等性质，对人体、设施、环境具有危害的剧毒化学品和其他化学品。国家已出台了危险化学品名录(2015 版)。条例第二十八条规定使用危险化学品的单位，其使用条件(包括工艺)应当符合法律、行政法规的规定和国家标准、行业标准的要求，并根据所使用的危险化学品的种类、危险特性以及使用量和使用方式，建立、健全使用危险化学品的安全管理规章制度和安全操作规程，保证危险化学品的安全使用。

条例第二十九条规定，使用危险化学品从事生产并且使用量达到规定数量的化工企业(属于危险化学品生产企业的除外，下同)，应当依照本条例的规定取得危险化学品安全使用许可证。

前款规定的危险化学品使用量的数量标准，由国务院安全生产监督管理部门会同国务院公安部门、农业主管部门确定并公布。

第三十条规定申请危险化学品安全使用许可证的化工企业，除应当符合本条例第二十八条的规定外，还应当具备下列条件：

(一) 有与所使用的危险化学品相适应的专业技术人员；

(二) 有安全管理机构和专职安全管理人员；

（三）有符合国家规定的危险化学品事故应急预案和必要的应急救援器材、设备；

（四）依法进行了安全评价。

传染性的物料一般指菌株、毒株、含有致病病原体的血液及其他体液等有传染性或潜在危害，易对操作人员造成感染，对环境造成污染的物料。具有生物活性或来源于生物体的物料一般指细胞株、酶类、动物血清、抗原、抗体、核酸类、阴性血清等物料，其质量易于受到环境的影响。管理要求应包括识别、标记、储存、保管和防护。国家相关规定包括《病原微生物实验室生物安全管理条例》《实验室生物安全通用要求》《人间传染的病原微生物名录》等均对此类物料及其防护要求做出了详细的规定。可参考其他条款的解读。

对于这些物料的管理应严格控制，包括制作清单明细、标明特性、专人管理、专区储存、物料进出建立台账、制定防护规程、配备防护设施等。

■ 检查要点

(1) 首先通过对产品原理和检测指标的熟悉，查看在生产和质检过程中是否涉及上述物料。

(2) 其次查看企业是否对这些物料进行分类并列举特性，并根据这些特性制定相应的安全管理制度。

(3) 现场查看是否配备了与文件规定相一致的设施设备和防护措施，并验证有效性。

■ 检查方法

(1) 查看清单，是否将易燃、易爆、有毒、有害、具有污染性或传染性、具有生物活性或来源于生物体的物料纳入明细。

(2) 查看防护规程，是否明确管理、防护要求。

(3) 现场查看是否专区存放、专人管理，是否有收入和发放记录。

■ 注意事项

危化品应关注购买和使用许可，收入和发出数量；生物活性物质和生物危害物料应重点关注来源、保存、处理和使用。

2.2.25 动物室应当在隔离良好的建筑体内，与生产、质检区分开，不得对生产造成污染。

■ 条款解读

如果生产过程中用到动物室，应将其设置在隔离良好的建筑体内，不应对其他区域造成影响。动物室不应与生产、质检在同一区域内，不应对生产造成污染。该处所指的污染主要指对空气、生产环境、工艺用水的污染。

体外诊断试剂产品生产过程中使用的动物一般用于制备抗体，是试剂盒关键组分之一，动物符合要求是制备合格抗体原料的重要因素。因此，为加强对动物室的规范化管理，保证生产用动物质量，确保原料制备质量可靠以及安全评价符合标准，同时为了防止人畜共患病的发生及蔓延，应根据生产实际情况对于动物室管理做出规定。

动物的管理及使用可参照《实验动物管理条例》规定执行，实验动物是指经人工饲养培育，遗传背景明确或者来源清楚，对其质量实行控制，用于科学研究、教学、医药、生产和检定以及其他科学实验的动物。动物实验设施是指以科研和教学为目的进行实验动物饲育和试验的建筑物、设备以及运营管理在内的总和。动物实验设施的管理应严格遵照动物实验室的相关规定及各项标准操作规程执行。

企业生产过程中如果需要使用动物应取得实验动物使用许可，配备专业实验动物管理操作人员；动物实验设施的清洁与消毒应严格按照动物实验室相关规定和标准操作规程执行，定期对各个区域进行清扫并采用规定的消毒剂进行消毒和灭菌。动物饲养人员负责实验动物的饲养和管理工作，提供已按国家饲养标准处理过的实验动物饮用水、饲料和垫料；保持饲育间的清洁卫生，按照相关操作规程定期对饲养箱、笼具和环境等进行消毒灭菌处理。

■ 检查要点

主要关注生产过程中对所使用动物的管理方式，动物室的管理应参考《实验动物管理条例》的要求执行，动物室应单独设置，与生产区域、质检区域隔离，不对其造成影响。

■ 检查方法

(1) 查看动物管理的文件和相关记录。

(2) 现场查看动物室是否符合文件规定的要求。查看动物房的硬件设施，对动物饲养的条件及对环境的影响进行评估。不应对整个生产区的水、空气、物料等造成影响。

■ 注意事项

应注意动物室的合法资质，是否取得实验动物使用许可，动物是否具有质量合格证。动物的饲养过程中的清洁处理，动物尸体与废弃物的处理状况。

常见问题和案例分析

◎ 常见问题

(1) 生产区内存放生活物品，如储存原料的冰箱里存放食物。

(2) 洁净室门边缘有缝隙；下水管路未密封；工艺用气管路与墙体之间未密封等。

(3) 洁净室与大气压差小于5帕；洁净室和外界连通后压差计不能归零；常规100 000级洁净区压差计显示相对外界为负压等。

(4) 酶免试剂未在100 000级净化车间内生产。

(5) 阴性或阳性血清与其他缓冲液组分一起在100 000级净化车间进行处理。

(6) 洁净室环境监测不能达到规定的要求；未按规定的频次对洁净室进行监测。

(7) 洁净室内人流、物流布局不合理，存在交叉往复。

(8) 洁净室温、湿度超标。

(9) 进行危险度二级及以上的病原体操作的生物安全柜，未对过滤器的性能进行定期检查。

(10) 不能提供洁净室(区)内的人数应当与洁净室(区)面积相适应的验证依据。

(11) 未能对易燃、易爆、有毒、有害、具有污染性或传染性、具有生物活性或来源于生物体的物料列出清单，专区存放、专人保管和发放，未制定相应的防护规程。

◎ 典型案例分析

【案例一】 检查员现场检查了某企业的试剂分装车间，发现50m^2车间内有近15人在进行产品试剂的分装操作。询问了生产线的领班是否该车间有最大人数限制的要求，领班称因为产品生产任务紧张，安排大量人员进行生产操作，未考虑车间是否有人数限制。

分析：根据体外诊断试剂规范检查指导原则的要求：

洁净室(区)内的人数应当与洁净室(区)面积相适应。需生成验证记录现场工作人员数量上限进行验证，确认能够满足洁净控制区的环境要求企业应至少采取以下措施。

(1) 需按照洁净区的面积，对现场工作人员数量的上限进行验证，确认最大人数上限时，仍能满足洁净控制要求并生成相应的验证报告。

(2) 应根据验证输出的结果，规定现场操作人员的数量，不得超过上限。

【案例二】 检查员在某公司生产现场检查时发现成品冷库门口温度显示为12℃，不符合成品储存温度2~8℃的要求。询问现场仓库管理人员该温度超标的情况，现场工作人员回答刚刚进行了成品出货的操作，冷库门被打开一段时间，故造成冷库温度上升并超标。检查员随即查看冷库验证文件及冷库管理操作规程，发现该公司冷库验证报告未对冷库的开门时间进行验证，无法输出能保证温度符合要求的允许开门时间，冷库管理文件也无相关规定，此类偏差对产品质量的影响也未进行任何评估。

分析：根据体外诊断试剂规范检查指导原则的要求，需要冷藏、冷冻的原料、半成品、成品，应当配备相应的冷藏、冷冻储存设备，并按规定监测设备运行状况、记录储存温度。

该公司冷库管理有以下问题：

(1) 该公司冷库验证方案中未包括冷库开门时间对温度的影响，验证结果无冷库开门温度随时间变化的数据，不能提供允许的最长开门时间，无法确保冷库在正常开门操作时，温度仍然满足产品储存温度的要求。

(2) 该公司冷库管理规程缺少对冷库开门时间的规定。

(3) 该公司对冷库的温度监测不到位，超温未报警、未纠偏，温度监控虽有，但形同摆设。

该公司人员对于产品防护意识淡薄，质量意识不强，员工培训效果欠佳。企业应至少采取以下措施。

(1) 对冷库的开门时间和温度上升的关系进行验证，规定允许开门的时间。

(2) 对冷库监测设备进行更新，设定警戒线和超温报警，对超温情况及时进行记录和处理。

(3) 对冷库操作人员进行培训和跟踪检查。

（刘歆　杭红）

第三节　设　　备

2.3.1　洁净室（区）空气净化系统应当经过确认并保持连续运行，维持相应的洁净度级别，并在一定周期后进行再确认。

若停机后再次开启空气净化系统，应当进行必要的测试或验证，以确认仍能达到规定的洁净度级别要求。

■ 条款解读

本条款是《医疗器械生产质量管理规范附录体外诊断试剂》对洁净室（区）空气净化系统的确认和再确认以及在停机后启动空气净化系统的验证的要求。

洁净室（区）是指将一定空间范围内的空气中的尘粒、微粒子、有害空气、细菌、微生物等污染物排除，并将室内温度、洁净度、室内压力、气流速度与气流分布、噪音振动及照明、静电控制在某一需求范围内，而所给予特别设计的房间。其建筑结构、装备及其作用均具有减少该房间（区域）内污染源的介入、产生和滞留的功能。不论外在空气条件如何变化，其室内均能具有维持原先所设定要求的洁净度、温湿度及压力等性能的特性。洁净室(区)的重要任务就是要控制室内空气中浮游的微粒、细菌以及其他物理化学因素对生产的污染，使室内生产环境的空气洁净度符合工艺要求。空气净化系统从吸入新风开始，一般通过使用初效过滤器、中效或亚高效过滤器以及高效过滤器来保证洁净度的要求。

但空气净化系统是否满足工艺要求则需通过验证的方式进行确认，并对运行一段时间后空气净化系统是否仍能满足工艺要求进行再确认。在经过一段时间的停机后对于空气净化系统是否能满足洁净度和温湿度的要求也需要通过一定的方式进行测试或验证来确认满足工艺要求。

洁净室（区）空气净化系统的验证应包括设计确认、安装确认、运行确认和性能确认。

(1) 空气净化系统设计确认　主要是检查设备的设计、选型及技术参数是否符合预期用途和生产质量管理规范的要求。

(2) 空气净化系统的安装确认　主要是对设备进行各种检查，以确认设备是否被正确地安装，确保其设计、制造、放置和安装均是适当的，且便于维护、调整、清洁和使用。通过设备安装图、说明书、报告书及各种手册，仪表管道图、空调系统图、分区平面图、空调参数图等来进行安装确认。

(3) 空气净化系统的运行确认　通过对设备进行试运行，确认设备的运行状态和技术参数，以确定设备是否达到了预定的技术要求。可以通过仪表校准保证其准确度和精度的误差在允许的范围内(空气流量表、压差表、湿度表、温度表和压力表)的检查来保障运行确认。

(4) 空气净化系统的性能确认　可以通过洁净室(区)环境监测的结果来反映净化系统的性能。主要通过风量、风压、风速、过滤器(HEPA)完整性测试、温湿度、尘埃粒子、沉降菌、浮游菌测试等项目来进行性能确认。

■ 检查要点

(1) 查看洁净室(区)空气净化系统的确认和再确认记录。

(2) 如果洁净室(区)空气净化系统不连续使用，应当通过验证明确洁净室(区)空气净化系统重新启用的要求，并查看每次启用空气净化系统前的操作记录是否符合控制要求。

(3) 如果未进行验证，在停机后再次开始生产前应当对洁净室(区)的环境参数进行检测，确认达到相关标准要求。

■ 检查方法

(1) 对本条款检查，采取查看生产现场和查阅设备档案资料及设备管理文件相结合的方法。在参观生产现场时应查看空气净化系统全部设备有无状态标识和使用、清洁、维护和维修记录，查看初、中、高效过滤器的更换清洗记录等，压差表、湿度表、温度表和压力表的校准记录等。

(2) 查看生产车间平面布局示意图(标注净化级别)，空调净化系统运行 SOP，空调净化系统维护保养 SOP，初中效、回风口清洁 SOP，洁净区洁净度标准及检测 SOP，洁净区清洁消毒 SOP 等文件。

(3) 重点查看空气净化系统是否进行了验证，验证过程中的数据和分析内容是否以文件形式归档保存，并有验证计划或方案、验证记录和(或)报告，评价和建议、批准人等，验证结果能否表明满足预期用途。再验证的周期频次、空气净化系统停止使用的间隔时间，以及中断一定时间再使用的自净时间进行规定，并能提供验证数据进行支持。

■ 注意事项

体外诊断试剂生产企业应标示关键的图纸如监测示意图，应对监测频次周期进行文件规定，对验证数据进行汇总统计分析作为再验证的支持数据。

2.3.2 应当确定所需要的工艺用水。当生产过程中使用工艺用水时，应当配备相应的制水设备，并有防止污染的措施，用量较大时应当通过管道输送至洁净室（区）的用水点。工艺用水应当满足产品质量的要求。

■ 条款解读

本条款是《医疗器械生产质量管理规范附录体外诊断试剂》要求企业采用能满足产品质量要求的工艺用水，并配备与生产规模相应的制水设备和输送装置。

工艺用水主要用于：可作为产品的组成成分；可用于试剂的配制；可用于零部件、半成品或外协件、成品、包装材料的清洁；可用于产品的检验；可用于洁净环境的清洁；可用于洁净室（区）内直接接触产品的工装、工位器具、设施设备的清洁；可用于洁净室（区）内工作服及人员的清洁等。

体外诊断试剂生产企业研制和生产试剂产品，应制订工艺用水质量标准。在产品设计阶段，就应根据方法学和配套检测技术的要求，提出控制参数，通过研制试样、中试和临床试验等各环节的验证和确认，从而形成工艺用水的质量标准。

体外诊断试剂工艺用水，需满足医疗器械工艺用水质量管理指南的要求，法规要求相对比较简单，给了企业很大自主度。一般可引用药典纯化水标准或者 GB/T 6682-2008《分析实验室用水规格和试验方法（ISO 3696：1987，MOD）》中的某个级别纯水标准或者行业标准 YY/T 1244-2014《体外诊断试剂用纯化水》，验证后使用。规定一个检验标准使水质能符合所有实验的要求，既不太可能，也没有必要。但在进行特定实验时，必须考虑是否应对水中特定杂质成分进行控制。典型的例子是，测定样本中的铅含量，试剂工艺用水、实验过程用水都应是可靠的“无铅水”。

为满足工艺用水质量标准的要求，工艺用水必须经过相应的制水设备处理后获得。工艺用水制水设备一般主要包括原水预处理部分、脱盐部分、后处理部分和贮存分配部分。原水一般为饮用水，预处理部分包括原水储罐、多介质过滤器、活性炭过滤器、树脂软化器（或加药阻垢设备）、精密过滤器（5μm）等；脱盐部分主要为反渗透、EDI 或离子交换器等装备；后处理部分包括紫外线和臭氧发生器等消毒杀菌装置；贮存分配部分包括纯化水储罐和输送泵等。

■ 检查要点

（1）查看工艺用水质量标准制定的支持数据，并通过分析产品设计原理所需工艺用水的相关要求、查看产品质量检测记录、水质检验记录等判定工艺用水选择的合理性。

⑵ 查看生产产品品种，询问企业产品品种生产、设备清洁等工艺过程需要的用水量。适用时，查看用水点的分布以及输送管道。

⑶ 现场查看制水设备是否满足用水要求；是否具有防止污染的措施。

■ 检查方法

对本条款检查采取查看生产现场和查阅设备档案资料及设备管理文件、质检记录等相结合的方法。查看生产产品品种，询问企业产品品种生产、设备清洁等工艺过程需要的用水量；检查工艺用水的设计流程图；检查工艺用水制水设备系统档案中制水设备、储罐和分配管道的材质证明；在参观生产现场时应检查工艺用水制水设备的设施、设备、管道；查看制水设备有无状态标识和使用、清洁、维护和维修记录；是否具有防止污染的措施；查看工艺用水质量标准制定的支持数据，并通过分析产品设计原理所需工艺用水的相关要求、查看产品质量检测记录、水质检验记录等判定工艺用水选择的合理性。

■ 注意事项

体外诊断试剂生产企业应根据生产产品的技术原理配套使用的试剂以及制水设备能达到的制水性能指标科学合理地制定相应的工艺用水质量标准，并通过验证等手段进行确定工艺用水。

检查员不能生搬硬套药典纯化水或其他标准的水质要求对企业进行要求。

2.3.3　应当制定工艺用水的管理文件，工艺用水的储罐和输送管道应当满足所生产的产品对于水质的要求，并定期清洗、消毒。

■ 条款解读

本条款是《医疗器械生产质量管理规范附录体外诊断试剂》要求企业制定合理的工艺用水管理规定，保证工艺用水在储罐和输送管道输送中仍能满足产品质量要求。

应当保存制水系统的设计图纸、使用说明书、工艺用水制备流程图、技术文件等档案资料。应确定工艺用水的传输形式，用量较大时应当通过管道输送至洁净室（区）的用水点。通过管道输送时，应对工艺用水种类、流向进行标识。

应当确保与工艺用水直接接触的储罐、输送管道的材质不对工艺用水造成污染和影响，设计安装方式应避免死角盲端，以防止微生物的滋生。

应当制定工艺用水管理规定，对工艺用水的制备方法、检验、使用期限以及储存要求等内容进行规定，对制水系统操作规程、储罐和输送管道清洗消毒方法以及制水系统日常维护、验证确认等内容进行规定，并保存相关活动记录。

应当确定对制水系统适宜的消毒方法和频次，并予以验证。清洗消毒方法不得污染水质，不得对储罐、输送管道等造成影响，并保存储罐、输送管道清洗消毒、验证等记录。

应当对制水系统进行定期维护。涉及需计量、校验的仪表、器具应当定期计量、校验，标识明显，并保存制水系统仪表、器具的计量、校验证书。委托制水系统厂家进行维护、清洗消毒的，应当与委托制水系统厂家签订协议，规定技术要求、质量要求等内容，明确双方所承担的质量责任，并保存相关记录。

■ 检查要点

(1) 查看工艺用水的管理文件，是否明确工艺用水种类是否符合药典或GB/T6682或YY/T1244等标准要求，是否包括设备维护、保养、清洗、消毒，水质监测、检测的要求。查看工艺用水管理规定，要求对工艺用水的制备方法、检验、使用期限以及储存要求等内容进行规定，对制水系统操作规程、储罐和输送管道清洗消毒方法以及制水系统日常维护、验证确认等内容进行规定，并查看相关活动记录、验证报告。

(2) 现场查看工艺用水的储罐和输送管道是否用不锈钢或其他无毒材料制成。查看与工艺用水直接接触的储罐、输送管道的材质，设计安装方式。

(3) 查看制水系统储罐、输送管道清洗消毒、验证等记录。查看制水系统验证报告，评估消毒方法和频次对水质的影响。

■ 检查方法

对本条款检查采取查看生产现场和查阅设备档案资料及设备管理文件、质检记录等相结合的方法。检查工艺用水的设计流程图；检查工艺用水制水设备系统档案中制水设备、储罐和分配管道的材质证明；在参观生产现场时应检查工艺用水制水设备的设施、设备、管道；查看制水设备有无状态标识和使用、清洁、维护和维修记录；是否具有防止污染的措施；查看工艺用水管理规定，并查看相关活动记录、验证报告。查看制水系统储罐、输送管道清洗消毒、验证等记录。查看制水系统验证报告，评估消毒方法和频次对水质的影响。

■ 注意事项

要相互对照查看制水设备、储罐和管道消毒周期以及水质检验记录、制水系统验证报告是否和生产品种要求的工艺用水质量标准相符。

2.3.4 配料罐容器与设备连接的主要固定管道应当标明内存的物料名称、流向，定期清洗和维护，并标明设备运行状态。

■ 条款解读

本条款是《医疗器械生产质量管理规范附录体外诊断试剂》要求企业在具有配料罐容器生产条件的情况下，为防止混淆污染等意外情况，必须将配料罐容器与设备连接的主要固定管道内存的物料名称、流向标明，定期清洗和维护，并按照设备管理规定标明设备运行状态。

■ 检查要点

(1) 现场查看储罐等生产设备是否处于良好状态，有无状态标识，标识是否明显，能防止误用，与其连接的设备是否标识了设备运行状态。

(2) 检查设备管理规定和设备使用、清洁、维护和维修的操作规程；设备使用、清洁、维护和维修记录信息是否充分，能满足质量追溯的要求。查看主要固定管道的清洗和维护记录。

(3) 查看配料罐容器与设备连接的主要固定管道内存的物料名称、流向是否标注，标识是否清晰。

■ 检查方法

对本条款检查采取查看生产现场和查阅设备档案资料及设备管理文件、清洗维护记录等相结合的方法。现场查看生产设备是否处于良好状态，有无状态标识，标识是否明显，能防止误用。查看设备管理规定和设备使用、清洁、维护和维修的操作规程；设备使用、清洁、维护和维修记录信息是否充分。查看配料罐容器与设备连接的主要固定管道内存的物料名称、流向是否标注。

■ 注意事项

应注意观察该条款是否适用。

2.3.5 与物料或产品直接接触的设备、容器具及管道表面应当光洁、平整、无颗粒物质脱落、无毒、耐腐蚀，不与物料或产品发生化学反应和粘连，易于清洁处理和消毒或灭菌。

■ 条款解读

本条款是《医疗器械生产质量管理规范附录体外诊断试剂》要求企业选择的与物料或产品直接接触的设备、容器具及管道表面不能对产品造成不良影响。要求光洁、平整、无颗粒物质脱落、无毒、耐腐蚀，不与物料或产品发生化学反应和粘连，并且易于清洁处理和消毒或灭菌。

■ 检查要点

(1) 现场检查直接接触的设备表面的光洁、平整情况。

(2) 检查设备档案确认与产品直接接触的设备、容器具、管路、阀门、输送泵的材质；确认设备直接接触部位的材质与所生产产品的主要成分是否发生化学反应或吸附。

(3) 检查设备需润滑、冷却部位是否有防止渗漏的装置，并检查润滑剂、冷却剂是否渗漏。

■ 检查方法

查看现场，检查设备清洁记录、设备保养记录、器具应该有容器具清洁记录。核对设备或器具的外表面材料，建议为不发生化学反应的不锈钢或惰性材料等。

■ 注意事项

建议对管道内外表面以及设备使用的润滑剂等进行关注。

2.3.6　需要冷藏、冷冻的原料、半成品、成品，应当配备相应的冷藏、冷冻储存设备，并按规定监测设备运行状况、记录储存温度。

冷藏、冷冻体外诊断试剂应当配备符合其温度要求的运输设施设备。

■ 条款解读

本条款是《医疗器械生产质量管理规范附录体外诊断试剂》要求企业对冷藏、冷冻的原料、半成品、成品所需的冷藏、冷冻储存设备进行状态确认并监测运行，确保达到规定的温度范围。对体外诊断试剂的运输也要求采取相应的温度控制措施来确保整个运输过程中环境温度不会对产品质量造成损害。

■ 检查要点

(1) 查看相关文件,是否明确需要冷藏、冷冻的原料、半成品和成品的储存条件。查看冰箱、冷库等冷藏、冷冻储存设备的运行状态并对温度监控探头或温度计等温度监控设施设备进行计量校准。

(2) 现场查看是否根据产品生产、储存对温度的控制要求配备冷藏、冷冻的设施设备,如有冷库,查看冷库是否有温度显示、是否有报警功能、如冷库断电是否有应急措施。查看储存环境的温度记录,是否持续满足产品的储存要求。

(3) 查看冷藏、冷冻体外诊断试剂运输管理文件,是否明确试剂运输过程中的防护要求和方法。查看现场,是否具有相应的运输设施设备,是否符合储存运输的温度要求。

■ 检查方法

企业应制定规程对需要冷藏、冷冻的原料、半成品和成品的储存、转运等过程进行规定,查看相关文件明确企业对温度控制的要求。查看冷藏、冷冻体外诊断试剂运输管理文件,明确试剂运输过程中的防护要求和方法。现场查看是否根据产品生产、储存对温度的控制要求和产品的生产储存规模配备相应大小或数量的冷藏、冷冻的设施设备。查看冰箱、冷库等冷藏、冷冻储存设备的运行记录和温度监控记录,查看温度监控探头或温度计等温度监控设施设备计量校准报告或证书。查看产品运输设施设备,是否符合储存运输的温度要求。

■ 注意事项

温度监控探头或温度计等温度监控设施设备计量校准应考虑温度范围,冷藏、冷冻储存设备的验证应考虑空间分布分层进行布点。产品运输设施设备应根据企业对产品运输相关规定进行配置。

常见问题和案例分析

◎ 常见问题

(1) 净化空调系统的验证缺陷，如空调自净时间无验证输出，允许进入洁净生产区最大人数未进行验证。

(2) 净化空调系统的初效、中效、高效文件中规定了更换频率及清洗周期，但无更换和清洗记录。

(3) 整个洁净区的尘埃粒子原始检测记录，存在时间上的逻辑问题；洁净区微生物检测（沉降菌、浮游菌）使用的培养基数量多于购买的培养基数量，数据的真实性存疑。

(4) 工艺用水的储罐和输送管道的材质不符合要求。

(5) 工艺用水的日常监测未制定警戒限与纠偏限。

(6) 工艺用水日常监测超标数据未进行分析。

(7) 未对工艺用水系统单位时间内的用水量进行确认。

(8) 用于高腐蚀性溶液配制、分装的不锈钢容器具接口处有锈迹，无法提供容器具材质证明。

(9) 容器具上无清洁状态或清洁有效期的标识。

(10) 产品、中间品储存冷库温度未经验证，无温度监控最差点的输出，温度监控点设置无依据。

(11) 冷库温度探头没有及时计量，无计量状态标识或者计量状态标识未及时更新。

(12) 冷库中压缩机的维护保养未能按照文件规定进行。

◎ 典型案例分析

【案例一】 检查某体外诊断试剂生产企业，检查员发现工艺用水系统的清洁消毒记录上显示，7 月份工艺用水的消毒周期为 33 天，比规定的 30 天多了 3 天，企业未对此进行说明，未进行风险评估。核查企业工艺用水的确认文件，确认的消毒周期为 30 天，操作文件也规定 30 天，制水操作人员未按规定执行。

分析：根据体外诊断试剂现场检查指导原则的要求：工艺用水的储罐和输送管道应当满足所生产的产品对于水质的要求，并定期清洗、消毒。

(1) 工艺用水系统的清洁消毒周期未按确认的周期进行，操作人员未按文件规定操作，且未向质量部门报告偏差，操作人员培训不到位。

(2) 清洁消毒周期长于确认的周期，企业未对此进行风险评估，未对超过规定周期外的3天内的工艺用水水质进行监测及评估。

检查过程中，检查员应关注企业的文件规定是否与实际操作一致。

【案例二】 检查某体外诊断试剂生产企业，检查员发现，企业工艺用水管理文件规定，制水操作员应每2小时1次取样监测工艺用水的pH值、电导值，现场检查时，时间为下午15:10分，离上一次监测时间(12:00)已超过3小时，未见取样监测的记录。核查制水操作人员的培训记录，相关培训已完成。但制水操作人员未按文件规定的频率进行监测。

分析：根据体外诊断试剂现场检查指导原则的要求：企业应制定工艺用水的管理文件，包括设备维护、保养、清洗、消毒，水质监测、检测的要求。

(1) 工艺用水的管理文件明确规定日常监控的频率，制水操作人员未按规定进行监测并记录，可见实际培训效果不佳，企业应对培训效果的有效性进行跟踪评价，质量管理部门应加强监督检查。

(2) 企业在完成员工的上岗前培训后，应定期对在岗人员进行再培训，制定考核办法，并由部门负责人实施考核和评价。

（黄　杰）

第四节 设 计 开 发

企业应该对设计和开发全过程的阶段和相关活动进行程序性规定。必要时,还需明确从设计和开发哪个阶段起开始控制,或者为特别过程进行特别规定。程序至少应对设计和开发的策划、输入、输出、验证、确认、评审、设计和开发变更、设计和开发过程风险管理等活动涉及的部门与人员、职能与分工、全部流程运行与控制等做出合理的规定并形成文件,以确保企业设计开发的质量,为产品固有质量特性的形成和最终产品的质量奠定基础。

企业应对设计和开发全过程按照程序规定和策划计划进行控制,保留所有设计和开发策划和控制相关文件和记录,包括项目计划书、输出和输出文件及记录、所有的验证、确认、评审方案及记录、风险管理活动文件与记录、所有技术规范或标准。

企业在设计开发活动中必须满足以下六点。

(1) 设计开发的产品要符合国家及行业标准要求。

(2) 设计和开发输出要满足输入要求,包括采购、生产和服务所需的相关信息、产品技术要求等,实际生产作业指导文件内容要与设计和开发输出相关内容一致。

(3) 设计开发要进行风险管理。设计过程要按照 YY/T 0316-2008(idt ISO 14971:2007)《医疗器械风险管理》对医疗器械应用的要求对产品的风险进行分析和管理,并能提供风险管理报告。并对影响检测结果的因素进行风险分析并提出相应的处理措施(如标本因素:严重溶血、脂血等;用户不正确使用产生风险的控制,如产品外观不符合要求不能使用等)。

(4) 设计开发过程研制记录要完整、真实、可追溯。确保物料信息、物料的采购记录、临床批 / 注册批产品留样、生产记录、稳定性研究记录等整个研制过程真实、可追溯,临床评价符合国家要求。

(5) 企业设计输出与实际生产用技术文档、制造规程、检验规程完整并与注册产品技术要求等注册批准文件一致,任何更改符合法规要求。

(6) 在部分试剂设计开发中需进行参考品的设计开发。企业参考品能有效控制产品的性能。确认企业参考品能有效控制产品的性能(如阳性符合率、阴性符合率、最低检出限等)。

2.4.1 研制条件,包括配合使用的设备、仪器和试剂应当满足研究所需,研制所用的设备、仪器和试剂应当保存使用记录。

■ 条款解读

本条款是对产品研制所需的仪器设备以及使用的关键试剂按照设备管理规定、物料管理规定等相关文件进行记录、控制，保证仪器设备状态、关键试剂满足产品研制的要求。企业应该对设计和开发全过程的阶段和相关活动进行程序性规定。产品研制过程应符合质量手册、程序文件等相关文件的要求。

■ 检查要点

(1) 查看企业设计开发相关文件。查看企业研制报告和记录。

(2) 查看企业相关设备管理文件，查看企业设备档案，现场查看设备状态标示、计量校准记录、使用记录等。

(3) 查看关键试剂采购记录、使用记录等，对关键试剂进行数量核对。

■ 检查方法

产品研制过程使用的仪器设备应符合企业设备管理相关文件的规定，查看仪器设备的状态、计量校准、使用维护、清洁保养等记录。查看企业关键试剂的采购记录、出入库记录以及使用记录等。查看产品研制报告并和仪器设备的使用记录、关键试剂使用记录等相关记录文件对照。

■ 注意事项

产品研制报告和仪器设备的使用记录、关键试剂使用记录等相关记录文件要求应能相互对照。

2.4.2　研制过程中主要原料、中间体、重要辅料应当明确来源，其数量、使用量及其剩余量应当保存记录。

■ 条款解读

本条款是对产品研制使用的主要原料、中间体、重要辅料应能够进行追溯，并保证物料平衡。产品研制过程应符合质量手册、程序文件等相关文件的要求。物料平衡是生产管理中防止差错、污染的一种重要措施。加强物料平衡的管理，有利于防止物料的误用和非正常流失。

■ 检查要点

查看主要原料、中间体、主要辅料的物料采购资料，进行物料平衡核查，查看使用记录。

■ 检查方法

查看主要原料、中间体、主要辅料的物料采购资料，进行物料平衡核查，查看使用记录。应对采购物料的验收结果、验收日期、物料批号、数量、检验结果、入库日期等进行核对。应对关键物料核查物料平衡单；现场查看关键原材料台账，账、卡、物应一致。

■ 注意事项

查看原材料台账和进行物料平衡核查。

2.4.3　工艺研究、技术要求/分析性能研究、稳定性研究、检验、临床试验/评价（包括预实验）研究、参考值研究等各个阶段的样品数量、贮存条件、留样、使用或销毁情况应当保存记录，样品试制量应当满足从事研究所需要的数量。

■ 条款解读

本条款是要求企业研制的样品量能满足工艺研究、技术要求/分析性能研究、稳定性研究、检验、临床试验/评价（包括预实验）研究、参考值确定等研制过程的需求。产品研制过程应符合质量手册、程序文件等相关文件的要求。

体外诊断试剂工艺研究包括工作液的配制、分装和冻干，固相载体的包被和组装，显色/发光系统等的描述及确定依据等内容。体外诊断试剂分析性能评估主要包括精密度、准确度、灵敏度、特异性、线性范围或测定范围等项目。应当对多批产品进行性能评估，对结果进行统计分析，以有效地控制产品生产工艺及产品质量的稳定。如注册申请中包含不同的包装规格，需要对不同包装规格之间的差异进行分析或验证。如不同的包装规格产品间存在性能差异，需要提交采用每个包装规格产品进行的上述项目评估的试验资料及总结。如不同包装规格之间不存在性能差异，需要提交包装规格之间不存在性能差异的详细说明，具体说明不同包装规格之间的差别及可能产生的影响。稳定性研究包括效期稳定性（实时稳定性）、运输稳定性、开瓶稳定性及热稳定性等研究，可根据实际需要选择合理的稳定性研究方案。稳定性研究资料应包括研究方法的确定依据、具体的实施方案、详细的研究数据以及结论。对于效期稳定性研究，应提供至少三批样品在实际储存条件下保存至成品有效期后的实时稳定性研究资料，并应当充分考虑产品在储存、运输和使用过程中的不利条件，进行相应的稳定性研究。应当详细说明稳定性研究方法的确定依据及具体试验方法、过程。

体外诊断试剂产品从设计开发到产品定型需要经过原材料筛选、主要生产工艺过程优化、参考品或标准品及质控品制备、分析性能验证、参考值确定、稳定性评价、注册检验或自检、临床试验验证等。在每一个过程中都需要进行相应的实验或测试证明其预期目标的适当性。

如在核酸检测试剂研究阶段原材料筛选中一般会根据参考文献，选择保守区域，通过公认的软件等手段设计多组引物探针，通过已知样本或制备相应的参考品、质控品等比较不同引物和探针组合对检测灵敏度、特异性和准确性的影响。在这个实验中就需要根据实验工作量判断原材料的量是否满足需求。

工艺研究的过程也需要进行试验，以便进行生产工艺的确定。核酸检测试剂中一般会进行引物浓度、探针浓度、dNTP 浓度，反应液缓冲液的选择优化。在一般 PCR 反应中引物浓度过低则产物量降低，引物浓度过高不仅促进非特异性产物的产生，而且还会增加引物二聚体的形成。非特异产物和引物二聚体与靶序列竞争 DNA 聚合酶、dNTP，从而使靶序列的扩增量降低。因此需要对引物浓度、探针浓度、dNTP 浓度、体系条件等通过试验确定。一般企业会根据确定的优化体系来制定了试生产的工艺和质检的操作。

试生产后的产品通过检测已知样本或相应的参考品、质控品等来反映生产产品的性能。产品的分析性能指标一般包含有准确度、特异性、检测限、精密度(重复性)等。稳定性包含实时稳定性、运输稳定性、加速稳定性等。参考值区间一般采用一定例数的临床样本进行确定参考值区间或阳性参考值和阴性参考值。在整个验证过程中需要根据实验工作量判断产品量是否满足需求。

因此在核查过程中，应详细核查工艺研究、标准研究、稳定性研究、检验、临床试验等各个阶段的样品数量、贮存条件、留样、使用或销毁记录，重点核查样品试制量是否能满足所从事研究需要的数量。

■ 检查要点

查看企业研制试样的生产记录。查看留样记录，统计工艺研究、技术要求 / 分析性能研究、稳定性研究、检验、临床试验 / 评价(包括预实验)研究、参考值确定等研制过程样品使用量。

■ 检查方法

批记录应当能追溯到该批产品的原料批号、所有生产和检验步骤等。查看企业研制试样的采购物料记录、生产记录、检验记录、留样记录等。统计工艺研究、技术要求/分析性能研究、稳定性研究、检验、临床试验/评价(包括预实验)研究、参考值确定等研制过程样品使用量。

■ 注意事项

应注意查看、统计整个研制过程、留样、检验的样品使用记录和使用量。

常见问题和案例分析

◎ 常见问题

(1) 空气净化系统验证不完整，验证报告缺少评价和建议、批准人等。

(2) 再验证的周期频次、空气净化系统停止使用的间隔时间以及中断一定时间的再使用的自净时间不能提供验证数据进行支持。

(3) 部分设备的设备档案中无材质证明；直接接触的设备表面粗糙、不易清洗。

(4) 部分固定管道缺少标识；管道标识不醒目，标识太小或太少(长管道仅用一个标识)。

(5) 生产设备状态标识的文件中对设备状态标识的样式、设备所处状态悬挂何种设备状态标识未作出明确规定或规定不合理。

(6) 研制试样批记录不能追溯到该批产品的原料批号、所有生产和检验步骤等。

◎ 典型案例分析

【案例一】 某体外诊断试剂生产企业规定，空气净化系统的验证周期为设备大修或者更换时、一年定期再验证。查看其验证报告，抽查其最近一年的洁净区监测记录，发现未严格对洁净室(区)环境参数进行监控，未对环境监控数据进行分析汇总,不能支持空气净化系统一年定期再验证周期、停止使用的间隔时间以及中断一定时间再使用的自净时间的规定。

分析:这个案例反映出企业在制订验证程序和进行验证工作上流于形式,对已有的监控数据利用不充分。整个空气净化系统是由空气处理装置(包括冷源、空气的过滤、输送及分配设备)组成的一个完整的系统,该系统能够对空气进行冷却、加热、加除湿和净化处理,保证在生产过程中生产环境符合洁净等级要求。洁净室(区)空气净化系统的验证应包括设计确认、安装确认、运行确认和性能确认。空气净化系统的性能确认可以通过洁净室(区)环境监测的结果来反映净化系统的性能,主要通过风量、风压、风速、过滤器(HEPA)完整性测试、温湿度、尘埃粒子、沉降菌、浮游菌测试等项目来进行性能确认。还可以通过对一定周期的监控数据分析汇总进行验证周期的确定。

【案例二】 检查员在检查某体外诊断试剂生产企业的α-L-岩藻糖苷酶测定试剂盒(连续监测法)产品时发现,依据《6840体外诊断试剂分类子目录(2013版)》,α-L-岩藻糖苷酶已由Ⅱ类产品升为Ⅲ类产品,同时预期用途发生改变,企业进行了说明书变更及相关验证与确认,但未进行设计变更评审,也未对设计更改进行风险分析。

分析:这个案例反映了企业对《医疗器械生产质量管理规范》的理解与实施不到位,特别是对设计与开发更改未进行充分的评估。《医疗器械生产质量管理规范》第三十七条提出,企业应当对设计和开发的更改进行识别并保持纪录。必要时,应当对设计和开发更改进行评审、验证和确认,并在实施前得到批准。该企业检查的产品α-L-岩藻糖苷酶已由Ⅱ类产品升为Ⅲ类产品,同时预期用途发生了改变,这种更改是非常有必要也必须进行评审的,同时这种类别的调整,与产品预期用途有很大关联,所以企业还应当评价因改动可能带来的风险,如果有必要,应当采取措施,将风险降低到可接受水平。

(黄杰 郭准)

第五节　采　　购

2.5.1　外购的标准品、校准品、质控品、生产用或质控用血液的采购应满足可追溯要求。应当由企业或提供机构测定病原微生物及明确定值范围；应当对其来源地、定值范围、灭活状态、数量、保存、使用状态等信息有明确记录，并由专人负责。

■ 条款解读

鉴于目前体外诊断试剂在标准品、校准品、质控品、血液原材料方面的管理和使用的现状，规范条款的主要目的是控制外购的标准品、校准品、质控品和血液类原材料的来源、可追溯性和质量。一方面企业应明确标准物质、校准品和质控品的来源途径，保证测量系统的稳定性和量值溯源，确保试剂的检测性能；另一方面企业应实现可追溯性，使每批放行的产品均能够追溯到产品实现过程中的所有内部质控过程。

对于血液类原材料（全血、血清或血浆），一般在体外诊断试剂生产中用于试剂盒中阳性、阴性对照品或内部质控参考物质的配制。由于我国对血液的严格管制，企业较难获得，因此在供货的合法性和稳定性方面存在困难。一般来源为临床检验机构使用后的剩余废血，经过收集、混合、灭活后用于阳性 / 阴性对照品或参考品的制备。

如果血液类原材料用于试剂盒组分的生产，因存在生物安全风险，需要按照供应商管理的要求，与供方签订质量技术协议，明确血液类原材料用于试剂生产，处于灭活状态，如果含有致病病原体，应明确其种类、含量等信息。如果血液类原材料仅用于内部质控，可以签订科研合作协议。

对于血液类原料（全血、血清或血浆），企业应能提供证据证明其是否含有致病病原体并明确其定值范围。为安全起见，进货验收时，应由供应商提供检测报告，或由企业自行检测，并出具检测报告，然后再根据所含致病病原体的实际情况采取下步处理或防护的措施。

无论何种来源的血液类原料（全血、血清或血浆）均应单独建立台账并记录来源、数量、特性、灭活状态等信息，对分装、配制等操作处理进行记录。此外含有致病病原体的血液或体液对环境、操作人员具有危害性，有传染扩散的潜在风险，应在安全防护条件下进行操作。为更好地符合法规要求，规范检查时应要求企业明确提供血液的来源途径、数量，用于试剂盒组分生产时应查验与供方签订的质量技术协议中是否已明确用于体外诊断试剂生产，是否已记录灭活状态等重要信息，并提供符合性的证据；用于内部质控时，是否已签订科研合作协议。在内部采购管理时，应由专人记录物料的来源、每批数量、灭活状态、操作过程等。

■ 检查要点

查看企业的标准品、校准品、质控品、血液原材料的供方管理，包括采购控制程序文件、供方名录、供方评价记录、质量技术性协议、采购订单、采购记录、验收记录、仓储管理记录等。是否符合可追溯性要求。商品化的标准品、校准品、质控品是否能提供合法资质。

■ 检查方法

(1) 查看采购控制程序文件，是否明确规定采购程序、采购要求、验收要求。

(2) 查看供应商管理文件，是否明确规定供应商评选的程序和要求；查看合格供应商名录、采购物资明细表、供应商评价记录、质量协议。

(3) 随机抽查仓库台账，并根据记载的批号等信息追溯其采购记录包括来源、数量、供方、进货验收、质量保证凭证等信息。

■ 注意事项

外购校准品和标准品应提供溯源方法和量值溯源文件，商品化的校准品、标准品和定值质控品应能提供注册证。

常见问题和案例分析

◎ 常见问题

(1) 外购校准品不能提供合法证明、溯源途径等。

(2) 未能与合格供方签订质量技术协议。

(3) 外购的血液类不能提供来源、数量等信息，无法确认来源，无法实现追溯。

(4) 物料处理记录不完整，无法追查处理过程。

◎ 典型案例分析

【案例】 企业称内控用正常人血清来自龙华医院，但不能提供来源证明，也未签订相关质量技术协议，不能提供进货数量、病原微生物的状态等信息。

分析：

(1) 根据条款要求，该企业内控用的正常人血清不能提供采购证据，无法追溯。

(2) 企业不能提供应当由企业或提供机构测定的病原微生物状态及明确定值范围，对其来源地、定值范围、灭活状态、数量、保存、使用状态等信息不能提供明确记录。

企业对生产或质控使用的血液（全血、血清等）应有严格的管理要求。生产用血液应签订采购合同，明确生产用途；质控用血清应签订采购或科研合作协议或合同，明确质控用途；每一批次进货均应有采购凭证、进货验收、入库凭证等；对血液病原微生物的状态应进行确认，可由供方提供检测报告、灭活证明，或自行灭活及检测。

（刘　歆）

第六节 生 产 管 理

2.6.1 洁净室(区)内使用的压缩空气等工艺用气均应当经过净化处理。与产品使用表面直接接触的气体,其对产品的影响程度应当进行验证和控制,以适应所生产产品的要求。

■ 条款解读

在洁净室(区)内生产的体外诊断试剂,如果用到压缩空气或其他工艺气体时,应采取净化措施进行处理,以防止对操作环境和产品进行污染,确保净化空气能达到规定的要求。工艺用气的处理原则为去水、去油、去杂质,可通过安装空气过滤装置实现,并通过验证确保措施的有效性。

与产品直接接触的气体应安装终端净化装置,应靠近用气点。如果不经过净化处理,可能存在污染的风险,导致产品性能下降或有效期缩短,有必要时还需要进行除菌过滤。但其影响程度,应通过验证来进行确定,所采取措施的有效性也同样通过验证来进行确定。

洁净室(区)内的工艺用气还有一种情况是气体并不会与产品直接接触,主要用于驱动机器设备的运行,此种情形需要具体分析所用气体是否会进入洁净室(区)的空气中,会造成何种风险,并根据风险采取防护措施。但仍需要在进洁净室区前进行清洁,如通过过滤的手段去除污染物。

工艺用气的气瓶应集中设置在洁净室(区)外,当日用气量不超过一瓶时可设置在洁净室(区)内,但应采取措施使其不积尘、易清洁。工艺用气的管路穿越洁净室(区)墙壁、顶棚等部位时应有密封措施,防止出现空隙,导致漏压增加能耗及污染。

■ 检查要点

查看企业在生产过程中是否存在工艺用气。如果需要使用工艺用气,是否与产品直接接触,对环境和产品的影响程度是否经过验证或控制,如对工艺用气进行验证、对过滤器进行定期更换等。采取了何种措施防止工艺用气造成的污染,是否有效。

■ 检查方法

(1) 查看验证记录、文件规定和相关处置记录。查看现场是否配备了工艺用气,是否有净化措施。

(2) 现场查看工艺用气的净化处理装置及管路设置，工艺用气是否经过净化处理。

(3) 查看对与产品使用表面直接接触的气体对产品所造成的影响进行评价和验证的记录，是否根据评价和验证的结果规定了控制措施并实施。

■ 注意事项

应注意驱动设备运行的工艺用气是否会对洁净室空气造成影响，接入洁净室的气体均应经过净化处理。

2.6.2　生产设备、容器具等应当符合洁净环境控制和工艺文件的要求。

■ 条款解读

在净化环境下生产的体外诊断试剂，其生产设备和容器具应符合工艺要求，容易清洁、消毒，不会脱落杂质，不会对试剂生产和净化环境造成不良影响。应制定相关的书面要求。

GB50457 标准中对放置在洁净室(区)内的设备和容器具作出了一般规定。原则上应采用防尘、防微生物污染的设备和设施。首先，设备能力应与产能匹配，与批量相适应；其次，设备应计量精确，调节控制相对稳定；第三，设备和器具应表面平整、光洁、不得有颗粒物脱落；第四，设备和器具应易于清洗、消毒；第五，如果设备在不同空气洁净度等级的洁净室(区)内安装时，应采用密封隔断装置，如果无法密封，可调节压差进行控制。

体外诊断试剂生产过程中涉及的设备一般有清洗设备如超声波清洗机、烘干机等；称量设备如架盘天平、电子秤、分析天平、地秤等；配制设备如配制罐及管路、配制塔及管路、配制桶、搅拌用具、加温设备等；包被设备如点膜机、划膜机、洗板机、芯片点样仪、恒温水浴箱、冰箱等；其他特殊设备还有离心机、冻干机、切割机、灌装机、分装器具、金标试剂压盖机等。这些设备在洁净室内的摆放位置应便于洁净室清洗、消毒。

洁净室(区)内使用的容器具一般为玻璃器具及不锈钢器具，如烧杯、烧瓶、容量瓶、不锈钢桶、不锈钢罐等。

此外在洁净室(区)内使用的设备应选用低噪音设备，噪声值不应超过洁净室(区)控制水平。精密仪器设备还应考虑振动对设备精度的影响，如果生产设备对精确度要求高，在厂房设计时就应考虑隔振，还可以采取大理石台防振动措施或单独设置仪器间等。

需要在洁净室(区)内清洗的设备、容器具，其清洗室的空气洁净度级别应与该洁净室

（区）相同。设备、容器及工位器具洗涤后应该干燥，并应在与使用该设备、容器、工位器具的洁净度一致的洁净室（区）内存放，如果有灭菌需要的设备和容器具洗涤后应及时灭菌，灭菌后应保持无菌状态下存放。

■ 检查要点

本条主要要求洁净室（区）内的生产设备和容器具符合洁净环境控制和工艺文件的要求。

■ 检查方法

（1）查看生产设备和容器具的相关文件，是否明确其净化要求，符合环境控制和工艺文件的要求。

（2）现场查看生产设备和容器具是否符合洁净室控制要求。

（3）查看洁净室内生产设备和容器具的清洁、维护、保养的相关记录。

■ 注意事项

应注意设备的结构、型式、运行原理是否利于清洁、消毒，是否影响洁净室环境和空气度级别。

2.6.3　应当按照物料的性状和储存要求进行分类存放管理，应当明确规定中间品的储存条件和期限。

物料应当在规定的使用期限内，按照先进先出的原则使用。无规定使用期限的，应当根据物料的稳定性数据确定储存期限。储存期内发现储存条件变化且可能影响产品质量时，应及时进行复验。

■ 条款解读

分类储存、先进先出是仓库管理的基本原则要求。本条款提出了针对体外诊断试剂生产所涉及的原料、半成品、成品、留样品等物料储存的管理要求。体外诊断试剂生产过程中涉及的原料种类较多，既有化学试剂，又有辅料，还有包装材料；物料的特性不同导致物料的储存要求各不相同，既有常温储存，又有冷藏储存，还有冷冻储存，因此应识别物料特性，进行风险识别、分类、有针对性的采取储存、防护措施。

体外诊断试剂生产所需的物料通常如下六类。

1. 普通化学类试剂

化学试剂按纯度分为四级:①一级试剂,又称保证试剂,代号 GR(guarantee reagent),也称优级纯。基准试剂也属于一级试剂,瓶签以绿色为标记;②二级试剂,又称为分析纯,代号 AR(analytical reagent),瓶签为红色标记;③三级剂,又称化学纯 CP,代号(chemical pure),瓶签为蓝色标记;④四级试剂,称实验试剂,代号 LR(laboratory reagent),也称工业试剂,标签以棕色为标记。此外,还有色谱纯试剂(色相色谱 GC,液相色谱 LC),生化试剂 BR、生物染色剂 BS、国家标准物质 GBW 等规定标记。这些试剂在纯度上虽然不同,但化学性质上确是相同的,在安全使用与保管有一致的要求。

从性质来分,无机物如无机盐、酸类、碱类,需要关注的是有强腐蚀性的酸、碱和强氧化物;有机物如按功能团分类存放。烃类、醇类、酚类、醛类、酮类、羧酸类、胺类等,需要关注的是易燃、易挥发的有机物;指示剂如酸碱指示剂、氧化还原指示剂、络合滴定指示剂、荧光指示剂、染料等。

按安全管理的需要,化学试剂传统上分为六类:爆炸品、易燃品、强氧化剂、强腐蚀剂、剧毒品及放射性试剂。此外,随着用途需要的变化,某些本来安全的试剂,会成为一定时期的管制品,如醋酐,本无危险,但成为毒 / 品制造原料后,就成为安全管理中的管制品,企业应根据自身需要,及时了解国家对化学品的管理要求,及时调整管理方式。

化学试剂的管理通常要求“妥善”保存,做到“八防”(防挥发、防潮、防变质、防毒害、防光、防震、防鼠害、防火)。变质试剂是导致分析误差的主要原因之一,遇到下列情况易出现试剂变质。

(1) 空气的影响 空气中的氧易使还原性试剂氧化而被破坏。强碱性试剂易吸收二氧化碳而变成碳酸盐,水分可以使某些试剂潮解、结块;纤维、灰尘能使某些试剂还原、变色等。

(2) 温度的影响 试剂变质的速度与温度有关。夏季高温会加快不稳定试剂的分解;冬季严寒则促使甲醛聚合而沉淀变质。

(3) 光的影响 日光中的紫外线能加速某些试剂的化学反应而使其变质(如银盐、汞盐、溴和碘的钾、钠、铵盐和某些酚类试剂)。

(4) 杂质的影响 不稳定试剂的纯净与否,对其变质情况的影响不容忽视。如纯净的溴化汞实际上不受光的影响,而含有微量溴化亚汞或有机物杂质的溴化汞遇光易变黑。

(5) 贮存期的影响 不稳定试剂在长期贮存后可能发生歧化聚合、分解或沉淀等变化。

在贮存期和有效期内液体如发现有分层、浑浊、变色、发霉等异常现象,流动相用于样品检测时,样品的保留时间或相对保留时间发生明显变化,固体如发现吸潮、变色等异常现象则应停止使用。

各种化学试剂除供日常生产使用外还需要储存，大部分化学试剂都具有一定的毒性，有的是易燃易爆危险品，因此必须由专人保管。储藏室最好设朝北的房间及易于处理意外事故的地方。室内应设有温度计、湿度计、灭火装置，避免阳光照射室温过高及试剂见光变质。室内应干燥通风、严禁明火，危险物品按国家公安部门的相关规定管理执行。储藏室尽量保持保管室内的通风低温、干燥状况。

2. 抗原、抗体、酶类

该类物料的本质是蛋白质，容易受到如温度、细菌、化学物等环境因素的影响，通常需要冷藏或冷冻。一般冷藏温度为2~8℃，冷冻温度还可分为-20℃以下冷冻和-70℃以下深冻。如果抗原、抗体、酶进货时为冻干粉，储存稳定性比液态更好。高浓度的抗原、抗体或酶比稀释液更容易稳定的储存；抗原、抗体、酶应避免反复冻存。收到抗体后请根据实验的需要，对抗体进行分装，避免同一管抗体反复冻融（反复冻融会导致抗体结构变性，导致多聚体形成，从而降低抗体的结合能力）。抗体保存得当与否，直接决定了抗体的活性和使用效果，如果保存得当，大部分抗体活性都可以维持数年。企业应按照说明书推荐的保存条件正确处理和保存抗原、抗体和酶类。

3. 水

请参考本规范专门讲述工艺用水的章节。

4. 引物、探针类

一般需要密封、-20℃冻存。荧光探针还需要避光存放，以防质量下降。干粉比工作液易于保存。

5. 载体类

包括玻璃纤维膜、硝酸纤维素膜、多孔塑料板条等。这些物料需要常温、干燥、清洁存放。

6. 包材类

内包装瓶、铝箔袋等。一般常规室温存放，使用前清洁。

以上为常规生产体外诊断试剂所需的原料的储存要求。体外诊断试剂的半成品、留样品的储存要求通常基本一致。应当根据储存要求配备相应的储存设备，如冷藏设备、冷冻设备、干燥设备、恒温设备等。

对有有效期的物料应根据有效期进行管理和使用，不应使用超过有效期的物料。物料应先进先出尽量避免近效期使用，以免影响产品质量。未标识有效期的物料，应在验证的基础上确认使用期限，并规定企业内部储存有效期。一般而言，像氯化钠等相对稳定的化学试剂一般不标注有效期，用量也比较大，企业在储存的过程中可根据情况暂定效期，在发现储存条件不符合要求时，应对物料的性能进行复验，确认性能是否发生变化，再决定是否继续使用。

对于试剂干粉、母液、工作液、稀释液等不同浓度状态，由于受环境影响不同，应确定不同的有效期。以下为推荐的判定有效期的基本原则，仅供参考。

(1) 无机化合物　只要妥善保管，包装完好无损，理论上可以无限期使用。但是，一些容易氧化(如亚硫酸盐、苯酚、亚铁盐、碘化物、硫化物等应将其固体或晶体密封保存，不宜长期存放；其水溶液亚硫酸、氢硫酸溶液要密封存放；钾、钠、白磷更要采用液封形式)、容易潮解的物质，在避光、阴凉、干燥的条件下，只能短时间(1~5 年)内保存，具体要看包装和储存条件是否符合规定。

(2) 有机小分子量化合物　一般挥发性较强，包装的密闭性要好，可以长时间保存(3~5 年)，但容易氧化、受热分解、容易聚合、光敏性物质等，在避光、阴凉、干燥的条件下，只能短时间(1~5 年)内保存，具体要看包装和储存条件是否符合规定；有机高分子，尤其是油脂、多糖、蛋白、酶、多肽等生命材料，极易受到微生物、温度、光照的影响，而失去活性，或变质腐败，故此，要冷藏(冻)保存，而且时间也较短。

(3) 基准物质、标准物质和高纯物质　原则上要严格按照保存规定来保存，确保包装完好无损，避免受到化学环境的影响，而且保存时间不宜过长。一般情况下，基准物质必须在有效期内使用。GB/T 601-2002 中对标准溶液的有效期有明确的规定：在常温(15~25℃)下保存时间一般不超过 2 个月。超过 2 个月要重新标定或检查之后再用。

(4) 培养基　按规定配制并消毒好培养基，冷至室温，保存在阴暗处(尽可能贮藏在冰箱内)，配制好的培养基应在 1 个月内用完，具体见培养基制备操作规程。除另有规定外，试液、缓冲液、指示剂(液)的有效期均为半年。HPLC 用的流动相、纯化水有效期为 15 天。

(5) 检验用的试剂、配制的试液必须贴好标签，配制的试液必须做好配制记录，其中培养基还必须做使用记录，标准滴定液领用后应做使用记录。检验用试剂的有效期必须在贮存期内。除另有规定外，液体试剂开启后 1 年内有效，固体试剂开启后 3 年内有效。

储存期限内，如果企业的储存条件发生变化，如温、湿度不能达到要求，不能避光等，应根据物料的特性进行风险评价，并对发生变化的物料进行评估，有必要时进行验证，并根据验证结果判断是否还能继续使用。

■ 检查要点

查看企业是否识别出物料特性、储存要求及有效期。是否根据物料特性、储存要求和有效期进行储存文件化规定，并配备储存条件。

是否制定仓储管理制度，规定先进先出的原则，定期盘库查验物料是否在有效期内。

对未标注有效期的物料是否在验证的基础上规定企业内部的使用期限。

■ 检查方法

(1) 查看物料管理、储存、防护相关文件，是否对不同物料的特性进行识别和规定；是否明确先进先出的使用原则，是否对无规定使用期限的物料明确根据物料的稳定性数据确定储存期限。

(2) 查看仓库现场是否配备相应的储存条件，能否达到储存要求和防护要求。

(3) 现场查看物料存放是否分类存放，满足其储存要求。查看物料储存环境记录，对不符合储存要求的，查看复验记录。

(4) 现场查看中间品的储存条件和期限是否符合规定。

(5) 查看物料领用记录，是否符合先进先出的要求。对无规定使用期限的物料，查看物料的稳定性数据。

■ 注意事项

对一些大包装分装试剂，应格外注意原大包装的有效期，分装后的成品试剂有效期不应该超过原物料的效期。

2.6.4　进入洁净室（区）的物品应当按程序进行净化处理。

■ 条款解读

进入洁净室（区）的物料应最大可能地减少外界污染物，避免对净化环境的干扰。企业应根据物料的包装及特性确定净化处理的方法。外包装如纸箱、塑料薄膜等应在洁净室外脱包装，避免进入洁净室（区）影响环境。可根据物料的包装情况采取适宜的清洁方式，如清洗、擦拭、紫外线照射消毒、灭菌等方式。

需要进入洁净室的原辅物料、包装材料和其他物品出入口应设置物料净化用室。净化用室一般在净化车间外部独立设置，根据需要一般可设置为清洁级别，通过传递窗或气闸室与洁净室连接，主要用于脱外包装、清洁、消毒、灭菌等。传递窗应密闭性好，易于清洁，建议使用联动门，防止同时被开启。传递窗大小应与传递的物品相匹配。

如果有需要灭菌后进出洁净室的物料出入洁净室，还需要在出入口处设置供物料、物品灭菌用的灭菌室及灭菌设施。如培养基产品如果在洁净室外灭菌后进入洁净室灌装，建议尽量在洁净室入口附近设置灭菌室，减少传递路程，减少污染机会；反之，如果在洁净室内操作有污染性或感染性的物料时，在传出洁净室时可通过双扉灭菌柜进行灭菌和传递。废弃物出口应注意单独设置，不建议与物料进口合用一个气闸室。

■ 检查要点

主要核查企业对物料净化的程序是否合理，是否能够有效地防止外来物料对洁净室环境造成影响。

■ 检查方法

(1) 查看相关文件，是否明确物品进入洁净室（区）的相关程序。

(2) 现场查看进入洁净室（区）物品的净化程序是否符合规定要求。

■ 注意事项

应注意在洁净室内操作有污染性的物料后是如何废弃处理的；是否存在外包装进入洁净室的情况。关注物料净化用室与洁净区是否有联动装置，是否可避免两边同时开门的状况。

2.6.5　在生产过程中，应当建立产品标识和生产状态标识控制程序，对现场各类物料和生产区域、设备、管路的状态进行识别和管理。

■ 条款解读

建立产品标识和生产状态标识是生产管理的基本要求。产品实现过程中的标识蕴含着很多重要信息，同时也是实现追溯的重要环节。

产品标识包括对物料、半成品、成品的标志和识别，一般注明品名，附带有名称、数量、规格型号、批号等实现可追溯的重要信息；生产状态标识包括：①功能区域，例如清洗区、烘干区、称量间、包被间、暂存区、灌装间等，主要用于区别生产流程中的各个工序环节；②检验状态，如待检、合格、不合格，可采用色标的方式进行区分，一般待检为黄色，合格为绿色，不合格为红色，可以一目了然的识别检验状态，防止混淆和误操作；③加工过程状态：一般指正在进行中的工序名称、正在操作的物料批号、规格以及功能区域的清场状态等，可通过区域挂牌的方式实现；④设备状态：正常备用、使用中、待检修、停用、报废、已清洁、待清洁等状态；⑤管路：物料名称、物料流向、管路清洁状态等。

标识管理主要目的在于一目了然地识别出正在进行的过程、正在操作的物料、检验状态、设备状态等，以防止混淆、交叉干扰等人为造成的错误。

标识可以根据企业的实际情况采用颜色、标牌、贴标签、划线等方式表示和区分。一般有固定标识和动态标识两种。固定标识可以与场地、区域对应，如待检区、不合格品区、称量区等。动态标识应及时进行变更，如从待检状态变为合格品，从包被区转移到分装区等，尤其是仓库面积较小时可以使用动态标识，例如当部分物料库存为零时可以用来储存其他物料，根据实际情况对仓储区域实施动态管理。动态标识应注意状态变更的管理，人员权限、检查核对制度、记录、跟踪和确认，建立一系列的制度和标准操作规程会有效的保证标志的正确性。

■ 检查要点

通过核查文件、记录和生产现场的实际情况来判定企业对可追溯性的管理控制方式和能力。标识是可追溯性是否有效实现的关键要素，如果标识错误或遗漏将会导致追溯链的断裂，一旦发生问题，无法查找原因并改进。

■ 检查方法

(1) 查看关于标识和可追溯性的文件规定，是否对标识的范围、方式、追溯性进行明确规定。

(2) 现场查看生产区域、检验区域、仓储区域标识是否与文件规定一致，是否能有效区别各种物料、状态、进程、区域等。

(3) 查看生产和检验记录，是否标识清晰、完整、可追溯。

■ 注意事项

是否存在动态标识的管理，如何控制变更和授权，是否有发生人为错误的潜在风险。

2.6.6　应当对每批产品中关键物料进行物料平衡核查。如有显著差异，必须查明原因，在得出合理解释，确认无潜在质量事故后，方可按正常产品处理。

■ 条款解读

物料平衡指投入量和产出量符合工艺要求，进行物料平衡主要的目的是防止因投料错误导致的不可预测的产品质量问题。由于体外诊断试剂产品生产的特殊性，工艺主要以按配方配制，涉及的物料种类较多，很多化学、生物物料的工作液的外观、性状都是白色粉末或者无色无味澄清透明液体,极易混淆,如果仅通过标识控制,可能存在投料错误的风险,因此需要进行物料平衡核查,通过对投料量和产出量的计算来检查是否存在较大差异,以便于查找原因。本条款主要是指关键物料的平衡核查,确保影响产品质量的关键因素不会发生问题,其他物料企业可根据实际情况,确定平衡核查的范围。

物料平衡的前提是过程控制,包括标识管理到位、人员操作熟练规范、步骤正确、检查无误、数据记录真实可靠。如果发现产出出现明显的差异,应查找分析原因,并进行风险评估,给出合理解释,然后再进行后续处理。生产过程中应严格按照工艺文件的配方要求进行投料,应进行物料品名的核对,对称量、复核、记录、加料、损耗、产出量等环节进行记录。

物料平衡通常采取计算的方式进行推导。物料平衡通常指产品或物料实际产量或实际用量及收集到的损耗之和与理论产量或理论用量之间的比较,并考虑可允许的偏差范围。如有显著误差,必须查明原因,确认无潜在质量事故后,方可按正常事故处理,物料平衡是产品质量的检验性指标。

物料平衡率 =(实际产量 + 抽样量 + 损耗量)/ 理论产量 ×100%

式中,理论产量 — 按照所用的原料量在生产中无任何损失或差错的情况下得出的最大量;

实际产量 — 为生产过程实际产出量。

在体外诊断试剂批记录中对物料平衡进行核算有助于发现投料错误等问题。如按工艺规程要求,1mg 物料 A 和 2mg 物料 B 反应后可获得 2.5mg 半成品 C,当结束生产时发现获得的半成品 C 并不是理论上的 2.5mg,如果偏差显著时,或超过偏差可接受范围时,应考虑投料是否存在错误,人员操作是否规范,反应条件是否正确,是否存在超量损耗等。

■ 检查要点

物料平衡主要使用在投料、配制阶段,以及产品放行阶段的复核。本条款要点一在于在此过程中应查看物料平衡记录,检查投料和产出是否存在显著差异。要点二在于发现差异后应启动纠偏程序,包括查找原因,评估风险,确定不合格程度,是否需要返工等。

■ 检查方法

(1) 查看文件,对物料平衡是否有明确规定,是否确定物料平衡核查的计算方法和发现偏差的处理办法。

(2) 查看在生产过程中是否实施物料平衡核查,并记录。抽查部分生产记录,查看是否进行了平衡核查，是否出现明显的差异，有没有采取纠偏措施。

■ **注意事项**

物料平衡核查主要体现在每次投料前后，尤其是关键物料，要确保投料量和产出量比例平衡，无显著差异。在产品放行时也应确认物料平衡核查无误。

2.6.7　应当制定批号管理制度，对主要物料、中间品和成品按规定进行批号管理，并保存和提供可追溯的记录。同一试剂盒内各组分批号不同时应当尽量将生产日期接近的组分进行组合，在每个组分的容器上均标明各自的批号和有效期。整个试剂盒的有效期应当以最先到有效期的组分的效期为准。

■ **条款解读**

批号是体外诊断试剂产品实现追溯的重要信息，通过批号可以追溯和审查该批产品的生产历史。通常批的概念是指在同一生产条件下，同一时间段内，同一批原料生产出来的产品为一批。批号的概念是指对批的识别和规定，一般为一组有特殊含义的数字，可包括产品代号、生产日期、每月生产批次的流水号等。在生产过程中，批号主要起标识作用。它在生产计划阶段产生，并可随着生产流程的推进而增加相应的内容，同时形成与之对应的生产记录。根据生产批号和相应的生产记录，向前可追溯至产品的各个生产过程(环境、设备、人员、工艺配方)、质控过程、甚至所用原料的采购记录、批号、供应商、质量检验记录等，向后可根据仓库台账和销售记录追溯至运输储存方式、市场去向、经销商、使用机构、质量状况。一旦产品上市后出现质量问题，批号通常是最重要的追溯信息，在需要的时候可以控制或回收该批产品。对医疗器械监督管理者来说，可以依据该批产品的抽检情况及使用中出现的情况进行体外诊断试剂质量监督和控制。此外在体外诊断试剂的使用中，也都涉及批号。如果生产过程中批和批号管理混乱，无法实现有效追溯，一旦出现质量事故和不良事件将导致无法事后追踪产品信息和追究责任，无法查找原因，无法实施改进。

企业在文件层面首先应对物料、半成品、成品的批次进行规定，何为一批，如何组批；然后对批号的编制方法进行规定，一般批号与生产日期相关联，有些企业为防止批号用生产日期代表过于简单，还专门设置了批号与生产日期对应表，用不同的英文字母代表月份。批号的编制在医疗器械监管法规中无明确要求，企业生产实践中也无一定之规，企业可根据自己的需要编制批号，但应在文件中明确规定编制方法和追溯方法，确保通过批号能实现有效追溯。

由于体外诊断试剂通常为多组分，尤其是酶免试剂、核酸检测试剂等产品，即使是同一试剂盒内，各组分由于性质不同也可能存在有效期不同的情况，如抗原、抗体工作液、酶工作液的有效期可能会短于显色液、终止液、清洗液等组分。因此在生产过程中有可能各组分生产批号不一致，有效期不一致。因此在制定生产计划时应确保组装试剂盒的各组分生产日期尽量接近，明确标识各组分效期。为保证试剂盒正常使用功能，整个试剂盒的有效期应当以最先到有效期的组分的效期为准，如生化酶法双试剂，R1 组分为效期 24 个月的缓冲盐溶液，R2 组分为效期 12 个月的酶，当组装为一个试剂盒时，整个产品的效期应定为 12 个月，以确保产品的有效性。

■ **检查要点**

应制定批号管理制度，明确原料、半成品、成品批号的编制方法。合理安排生产和组装，使各组分生产日期尽量接近，整个试剂盒的有效期应当以最先到有效期的组分的效期为准。并在批记录中体现原料、半成品、成品的批号，以保证能够实现追溯。

■ **检查方法**

(1) 查看批号管理制度，是否明确主要物料、中间品和成品的批号编制方法。

(2) 查看相关记录，是否可追溯到主要物料、中间品。

(3) 抽查部分已上市产品的批号，通过批号查看是否能追溯至销售记录、生产记录、检验记录、原料采购记录、生产环境控制记录等。

■ **注意事项**

应关注分包装产品的批号和效期的关系。多组分试剂盒应查看各组分的批号和效期，整个试剂盒的效期是否与最短效期组分一致。

2.6.8　不同品种产品的生产应当做到有效隔离，以避免相互混淆和污染。有数条包装线同时进行包装时，应当采取隔离或其他有效防止混淆的措施。

■ **条款解读**

本条款所指的“不同品种”是指①同一方法学，不同检测靶物质，如同为胶体金法的毒品检测试剂盒和人绒毛膜促性腺激素测定试剂盒；②不同方法学，不同检测靶物质，如荧光 PCR 法的人乳头瘤病毒检测试剂盒和酶联免疫法的乙肝病毒检测试剂盒。在进行生产区域设置时，应格外注意不同品种之间的共性和差异，判定是否可以共室生产，是否会产生交叉混淆。为防止不同品种产品生产的交叉干扰，避免人为导致的错误，应尽量通过设置不同区域同时进行不同品种的生产，如果企业受生产条件限制无法有效设置不同区域时，应通过生产调度、清场等方式安排顺序生产，同一时间段内仅生产一种半成品或产品，以防混淆。

对于普通化学类等以配制为主的体外诊断试剂来说，由于生产过程简单，基本是称量、配制、分装，工序之间不存在交叉，但组分之间可能存在交叉，应注意各组分的区分和生产安排。对金标试剂来说，生产工序较复杂，但工序过程几乎一样，由于包被的抗体或抗原不一样，导致产品检测性能完全不同，当企业同时生产检测不同项目的金标试剂盒产品时，应采取有效的措施区分和隔离包被有不同物料的试纸条，以防止混淆。可采取时间专用、空间专用的生产计划安排，通过清场转换生产品种。

对于体外诊断试剂产品来说，包装线使用的机会较小，一般为灌装后组盒、进行外包装。如果同时有多种检测方法学一样的产品进行包装，最好的办法是物理隔离，做好标记，及时贴签打标，防止产品混淆，造成错误。

■ 检查要点

是否存在同一区域内对不同产品进行生产的情况，如有此种情况，是否设置隔离或其他有效措施防止混淆。

■ 检查方法

查看文件和相关记录，查看现场是否符合规定的要求。

■ 注意事项

尤其应注意同一方法学的体外诊断试剂生产，由于工序流程和工艺过程基本一致，有些企业会对一些过程进行合并生产，如金标试剂盒，烧金、铺金、缓冲液制备、切割、压盖等过程可能会合并，但点膜过程需要绝对分开和标记，应采取有效措施实施控制，同时关注措施的有效性。

2.6.9　应当制定洁净室（区）的卫生管理文件，按照规定对洁净室（区）进行清洁处理和消毒，并做好记录。所用的消毒剂或消毒方法不得对设备、容器具、物料和产品造成污染。消毒剂品种应当定期更换，防止产生耐药菌株。

■ 条款解读

本条款的目的在于对洁净室(区)进行清洁管理,包括日常清洁处理和消毒,以达到洁净室(区)环境控制标准。

首先应制定洁净室的卫生管理文件。YY0033有专门一章内容涉及卫生管理,摘录如下,仅供参考:

11　卫生管理:企业应制定与产品质量要求和生产工艺相适应的卫生管理文件,并认真执行、做好记录。

11.1　洁净室(区)卫生

11.1.1　应按文件规定对洁净室(区)进行定期清洁、清洗和消毒,所用的消毒剂或消毒方法不得对设备、工装、物料和产品造成污染。消毒剂的品种应定期更换。

11.1.2　应定期按照附录C的要求对洁净室(区)进行监测、记录。

11.2　个人卫生

11.2.1　企业应制定操作人员卫生守则,内容应包括经常理发、洗澡、剪指甲、不准化妆、不准佩戴饰物、严禁将个人物品带人洁净室(区)等,并有专人检查。

11.2.2　企业应建立职工健康档案,直接接触物料和产品的操作人员每年至少应体检一次,对患有传染性和感染性疾病的人员不得从事直接接触产品的工作。

11.2.3　进入洁净室(区)的人员必须按相应产品要求的人员净化程序进行净化。并穿戴洁净工作服、工作帽、口罩、工作鞋。直接接触产品的操作人员每隔一定时间对手再进行一次消毒。

11.3　工艺卫生

11.3.1　设备、管道应定期清洗、保持整洁,无跑、冒、滴、漏现象。

11.3.2　设备、工装上与产品直接接触的部位及工作台面、工位器具应定期清洗、消毒,保持洁净。洁净室(区)内的工位器具应在洁净室(区)内用纯化水进行清洗、消毒。

11.3.3　洁净工作服应选择质地光滑、不产生静电、不脱落纤维和颗粒性物质的材料制作。其工作服和帽子应能有效地遮盖内衣、头发。不同洁净度级别使用的洁净工作服应分别定期集中在相应级别的洁净环境中清洗、干燥、整理。

11.3.4　洁净室(区)仅限于该区域生产操作和经批准的人员进入。

关于消毒的问题,主要有两层含义,一层是消毒方法的选择,另一层是防止耐药。消毒(disinfection)是指清除或杀灭传播媒介上病原微生物,使其达到无害化的处理。消毒剂(disinfectant)是指能杀灭传播媒介上的微生物并达到消毒要求的制剂。消毒剂也分为低效、中效、高效三种,同样对应的也有低水平消毒、中水平消毒和高水平消毒。具体可参考中华人民共和国卫生部《医疗机构消毒技术规范》(2012年版)。消毒方法的选择实际是针对洁净室的具体情况而言,包括对人员的消毒、对空气的消毒、对设施设备的消毒和对工位器具的消毒。无特殊情况时可采用常规消毒剂,如人员消毒常用的苯扎溴铵、医用乙醇等;空气消毒常用臭氧、乳酸熏蒸、紫外线照射等;设备设施表面常用苯扎溴铵、医用乙醇等;工位器具常用苯扎溴铵、医用乙醇浸泡、擦拭、干热灭菌。有特殊要求的生产如PCR器具如需灭菌,可采用湿热灭菌等方法,有致病病原体的可采用有针对性的消毒灭菌方法。

细菌的消毒剂耐药性是指对消毒剂的常用浓度不再敏感的菌株出现,也指那些在能杀灭或抑制绝大部分该种细菌的消毒剂浓度下不能被杀灭或抑制的菌株的出现,定量概念即指细菌与消毒剂多次接触后,使该类消毒剂的最小抑菌浓度或最小杀菌浓度(MIC或MBC)升高的现象。

细菌的天然耐药性是指生化结构形成的耐药性:某些菌株具有特殊的结构,从而起到消毒剂屏蔽作用,产生天然耐药,如外膜蛋白、脂多糖等。电子显微镜观察发现,对消毒剂敏感和不敏感的菌株其外膜脂多糖及外膜蛋白存在着明显的差异。这些发现表明,细菌的表层结构对增加细菌对一些非化学抑制剂的耐药性有一定作用。铜绿假单胞菌对苯扎溴铵的耐药性研究表明,敏感及耐药菌株的菌壁脂类含量不同。典型的细菌芽孢多层厚膜更是对消毒剂抵抗强大的结构。许多研究表明,生物被膜的形成也是消毒剂耐药性的一种机制。生物被膜阻碍消毒剂的有效扩散,并与消毒剂产生交互作用,影响消毒剂与细菌的接触,而表现出耐药性。细菌可通过获得质粒、转座子或发生基因突变而产生对消毒剂的耐药性。质粒介导的耐药性的获得为主要途径。有学者证明金黄色葡萄球菌对汞离子的耐药性与大肠埃希菌对甲醛的耐药性均有其相应的基因,同时还证明对金属离子、六氯双酚、甲醛、苯扎氯铵和氯己定的耐药性是由质粒介导的。

为控制细菌的耐药性,应建立健全消毒剂使用规范,谨慎和合理使用消毒剂,减少盲目使用。应改变消毒越多越"干净"的观念,减少不必要的消毒剂使用,同时采用恰当的处理方法。使用足量(浓度、时间等因素充分)的消毒剂,在尽量保护环境的情况下,以超过MBC的剂量一次将致病菌全部杀死为宜。建立消毒剂轮换使用制度,避免对同一种消毒剂的长期耐受;同时要考虑交叉耐药的情况,严格控制非医用消毒剂的使用。

■ 检查要点

应制定洁净区的卫生管理文件,对清洁处理和消毒进行文件化的规定。对消毒剂的选择、使用、效果验证、更替进行规定,防止耐药。

■ 检查方法

(1) 查看洁净室(区)工艺卫生管理文件和记录,工艺卫生管理文件是否包含下列内容:①设备清洁规定;②工位器具(容器具、管路、储罐等)清洁规定;③物料清洁规定;④操作台、场地、墙壁、顶棚清洁规定;⑤清洁工具的清洁及存放规定;⑥洁净室(区)空气消毒规定;⑦消毒剂选择、使用的管理规定。

(2) 现场查看洁净室(区)内的清洁卫生工具,是否使用无脱落物、易清洗、易消毒,是否按用途分类使用,不同洁净室(区)的清洁工具不得跨区使用。

(3) 查看相关文件,是否对消毒剂或消毒方法作出规定,应包括消毒剂品种、使用时间、频次、更换周期等内容,应保留相关的记录。

(4) 应当对所选择的消毒方法、选用的消毒剂进行效果评价或验证;所用的消毒剂或消毒方法不应当对设备、容器具、物料和产品造成污染。

(5) 现场查看所使用的消毒剂是否符合文件规定,是否按期进行更换。

■ 注意事项

查看选择消毒剂的依据,是否对企业洁净室区内的微生物污染情况进行分析,根据洁净室区内使用的器具、设备种类和要求进行消毒剂的选择。其次查看为防止消毒剂耐药所采取的措施。

2.6.10　生产设备所用的润滑剂、清洗剂均不得对产品造成污染。

■ 条款解读

查看洁净室(区)生产设备是否使用润滑剂、清洗剂,是否与产品直接接触,是否存在污染的风险。

体外诊断试剂产品的生产过程中一般需要用到自动化的设备较少,润滑剂极少用到,且一般不会与产品直接接触,常用的是清洁剂,尤其是普通生化试剂、酶免试剂,主要以称量、配制、分装为主,配制使用玻璃器具和不锈钢器具较多。由于很多液体类试剂产品需要进行分装,一般企业采取专管专用,即使用专门的硅胶管分装唯一的品种,以防造成交叉污染。金标试剂和蛋白芯片等需要划膜、点膜的产品则需要对划膜设备的针头、管路类进行清洗。这些管路、针头由于与产品直接接触,每次使用完毕均应进行清洗,不可避免地会使用到清洗剂。

由于体外诊断试剂产品的有效成分通常为蛋白类和核酸类，受环境影响较大，容易受到污染，因此要求与其直接接触的管路、器具、针头清洗彻底，且无残留清洗剂。目前常用的清洗方式是纯化水反复冲洗、使用指定缓冲液或清洗剂循环冲洗等，应关注清洁剂的成分。通常需要企业在验证的基础上确定清洗程序，包括清洗剂的选择。最终清洗剂是否会对产品造成影响通常依靠残留验证来判断。经过设定的清洗程序后，收集最终的清洗用水进行分析，如果符合纯化水的要求，一般可认为不存在残留。

■ 检查要点

(1) 是否使用润滑剂、清洗剂及其种类特性。

(2) 是否与产品直接接触，是否有污染的风险。

■ 检查方法

查看验证报告，所使用的润滑剂、清洗剂等不会对产品造成污染，或有相应措施消除污染的影响。

■ 注意事项

关注是否使用润滑剂和清洁剂，以及清洁剂的成分，是否会影响产品性能。

2.6.11　应当建立清场的管理规定。前一道工艺结束后或前一种产品生产结束后必须进行清场，确认合格后才可以入场进行其他生产，并保存清场记录。相关的配制和分装器具必须专用，使用后进行清洗、干燥等洁净处理。

■ 条款解读

“清场”从字面上可以理解为清理场地和清洁场地，它不同于平常的清洁卫生，但又包括清洁卫生在内。清场是医疗器械生产质量管理的一项重要内容。清场的目的，是为了防止产品生产中不同批号、品种、规格之间的污染和交叉污染事故的发生，或者产生混批、混品种、规格等现象，导致产品无法溯源。对所操作的设备、工作台面、工作现场进行清理，确认无上次生产遗留物及其他异物。清场涉及至少四个方面。

(1) 物料　包括原辅料、半成品、成品、包装材料、剩余的材料、散装品、印刷的标志物等。

(2) 生产指令、生产记录等书面文字材料。

(3) 生产中的各种状态标志等。

(4) 清洁卫生工作。

体外诊断试剂清场除了以上含义以外，还有一个重要目的是防止投料错误，由于生产过程中可能使用到多种性状、外观相同的物料，但工作液浓度可能不同，清场可有效地避免错误投料。清场完毕应进行检查核对，确定无残留物品后才能入场。清场还应包括对配制和分装器具的检查，应使用经过清洗、干燥等洁净处理的器具。

为了使岗位清场正确操作，防止产品产生污染及生产操作发生差错和混淆，应当建立清场的操作规程。清场操作规程应对清场目的、要求、责任人、范围、程序、频次、方法、记录、检查等做出专门详细的规定，以便生产操作人员和检查人员共同遵循和执行。依据生产岗位，每个岗位生产前、后按清场 SOP 进行清场，清场范围应包括生产操作的整个区域、空间。

对清场的要求包括但不限于以下方面：①地面无积尘、无结垢，门窗、室内照明灯、风管、墙面、传递窗外壳无积灰，室内不得存放与生产无关的杂物；②使用的工具、容器应清洁、无异物，无前次产品的遗留物；③设备内外无前次生产遗留的产品，无油垢；④直接接触产品的机器、设备及容器应每天清洗或清理；⑤生产工序需更换不同规格、型号时，应对现场、设备、周转筐清理干净，合格品与不合格品应分类存放，多余的标签、标识物及包装材料应全部按规定处理；⑥清场工作应有清场记录，清场记录应包括工序、清场前产品的品名、规格、批号、清场日期、清场项目、检查情况、清场人、复核人及其签字，清场记录应纳入批生产记录；⑦清场完毕并确认合格后，放置已清场标识；⑧停机或检修时，现场、设备均应清理干净。

清场还可以根据实际生产情况分为大清场和小清场。大清场适用于品种转换，如 PCR 试剂生产结束转为酶联免疫试剂的生产，或在规定的时间间隔内进行整个生产区域的清洁、消毒工作。小清场通常用于同一类试剂不同品种之间的转换，工艺类似，仅涉及部分原料发生变化时。

■ 检查要点

(1) 建立文件化的清场管理制度。

(2) 清场后进行检查，确认无干扰物。

■ 检查方法

(1) 是否根据生产工艺制定清场的管理规定及记录。

(2) 现场查看上次生产遗留物的处理是否符合规定，查看清场记录。

■ **注意事项**

关注清场管理规定中是否对清场的频次，清场的具体要求、清场的有效期做出要求。

2.6.12　应当建立可追溯性程序并形成文件，应当规定可追溯的范围、程度、标识和记录。记录应当包括生产过程所用的原材料、生产过程、生产设备、操作人员和生产环境等内容。

■ **条款解读**

可追溯性是医疗器械的重要特性，同样适用于体外诊断试剂。可追溯性是指追溯所考虑对象的历史、应用情况或所处场所的能力。包括以下三种主要含义：①就产品而言可能包括以下内容：原材料和零部件的来源、产品的生产历史、产品出厂后的分布及位置；②就校准而言：是指测量设备和国家或国际标准，基本物理常数或特性参考物质的关系；③就信息收集而言：是指质量环节全过程中产生的统计数据和数据，有时要追溯到对实体的质量要求。

企业应建立可追溯性的程序，规定追溯的范围、程度、标识，如在企业内部如何追溯，能否追溯到原料、半成品、生产过程及人员、设备；产品出厂后如何实现追溯，一旦产品上市后出现质量问题，能在多大程度上及时控制问题产品，通过哪些信息可以追溯到问题产品，并查明导致质量问题的原因。批记录是实现内部追溯的重要证据，记录应当包括生产过程所用的原材料（品名、批号、数量、质量标准、进货验收记录、采购凭证等）、生产过程（工艺流程、规程、参数、配方等）、生产设备（型号、状态、检定校验历史、维护保养记录等）、操作人员（姓名、工号、上岗资质、培训考核记录、健康记录等）和生产环境（环境监测记录）等内容，生产的原始记录才有追溯的价值。批号是实现外部追溯的重要信息，如产品上市后可以通过批号向外追至销售记录、使用记录，向内追至批生产记录。企业内部进行自查时可着重查整个产品实现过程的可追溯性，可调取已销售产品的批号查看是否能够实现全程追溯，确保一旦产品上市后出现问题可及时查找和召回。

具体关于标识和可追溯性要求，可参考规范2.6.5条款的解读，本条不再赘述。

■ **检查要点**

关注企业是否制定标志和可追溯性的程序文件，明确规定可追溯的范围、程度、途径、标识和记录。记录中是否已记载以上规定的内容。并查看是否可以通过记录实现可追溯。

■ **检查方法**

(1) 查看关于标志和可追溯性程序文件,查看对标识的管理办法,对追溯的程度、范围、途径的规定。

(2) 查看现场,是否按文件规定的要求进行标识。

(3) 抽取销售记录,或留样记录,查看可追溯的范围、途径、程序是否与文件规定一致,是否能有效实现追溯。

■ **注意事项**

关注实际追溯的有效性。通过条款要求,是否可实现追溯。

2.6.13　生产一定周期后,应当对关键项目进行再验证。当影响产品质量的主要因素,如工艺、质量控制方法、主要原辅料、主要生产设备等需要开展重新验证的条件发生改变时,应当进行相关内容的重新验证。

应当根据不同产品特性提出验证的时间。

■ **条款解读**

本条款所指的验证是指在产品不发生变化的情况下,为防止生产过程中因操作导致的偏差而采取的验证措施。

生产一定周期后,生产人员的操作习惯、设备状况、环境控制、制水系统、物料管理均可能会存在偏差,偏差累积可能会导致生产过程能力下降,因此在生产一定时期后应对设备、环境、物料进行回顾性验证,这是一种纠偏的措施,如果发现偏差,可以启动偏差控制程序,内容可以包括偏差定义和识别、原因分析、偏差纠正、预防措施。

此外,如果当影响产品质量的主要因素,如工艺、质量控制方法、主要原辅料、主要生产设备等需要重新验证的条件发生改变时,应当进行相关内容的重新验证,以确保产品质量的稳定性。验证时间并非一概而论,应根据验证对象的实际情况确定,风险评估结果,确定再验证。

本条款偏重于对关键工序的控制能力的考察,强调在生产过程中针对不同的工序采取不同的控制程度,并确保对关键工序相关的设备、参数、原料进行严格控制,不断纠偏,保障质量稳定性。

生产一定周期的具体时间长短的确定取决于企业的实际控制情况，如果经过评估，偏差在可控范围内，可以延长再验证期限，如果偏差经常出现或者偏差超出可接受范围时，应该及时开展再验证。

本条款需要积累大量的体系运行数据，与 ISO9001 和 ISO13485 数据分析控制程序的要求相关联，可参考标准要求。只有在长期连续观察与记录体系运行数据的基础上，才能够判定产品质量运行环境的稳定性，以及清楚地发现偏差，如果平时不注意数据的积累和记录以及分析，很难明确的发现偏差，继而难以准确的评估系统运行有效性，更加难以判定系统运行的趋势。

■ 检查要点

(1) 确定验证项目和周期。

(2) 确定影响产品质量的主要因素，并确定验证的方法和频次。

(3) 实施验证并记录。

(4) 验证结论应服务于生产。

■ 检查方法

查看验证相关文件，是否明确关键项目再验证的要求，查看相关记录。

查看验证相关文件，是否明确上述因素发生改变时再验证的要求，查看相关记录。

■ 注意事项

本条款偏重于对关键工序的控制能力的考察，强调在生产过程中针对不同的工序采取不同的控制程度，并确保对关键工序相关的设备、参数、原料进行严格控制，不断纠偏，保障质量稳定性。

2.6.14　生产车间连续停产一年以上的，重新组织生产前应当对生产环境及设施设备、主要原辅材料、关键工序、检验设备及质量控制方法等重新进行验证。

连续停产不足一年的，如有必要，也应当重新对生产环境和设施设备进行验证。

■ 条款解读

生产车间连续停产一年以上的，指该车间完全停止生产活动。在重新启用之前应确保车间环境和设备条件符合生产要求，并进行试生产验证。当验证结果符合要求时，才可以重新开展生产活动。

连续停产不足一年，有可能指间歇式、小批量生产，通常由于销路不佳、产品市场需求较小，价格昂贵等外在因素导致，这种情况下由于非正常生产，整个生产过程运行不稳定，容易发生各种问题，应加以关注。

洁净室（区）如果经常处于间歇式停用，其气道风管、台面、地面等区域容易沉积灰尘，温、湿度受季节影响，管路、过滤器等部位还会滋生细菌、霉菌。重新开始生产前有必要应进行清洁维护，并对运行和性能进行验证，确保达到洁净室（区）环境要求时才能继续生产。

制水系统也是一样，体外诊断试剂对水质要求较高，制水系统如果长期停用，管路易于积尘，存留的余水也会滋生细菌、霉菌。如果工艺用水出现问题将会导致试剂成品检测性能受到影响。制水系统停用虽然可能不满一年，但仍有必要在开启前进行清洗、维护，验证，以确保水质达到要求。

此外还有其他一些关键设备，如包被抗原或抗体的点膜机等，停产重新启用之前应先确认设备的使用状态和能力，或进行检修、保养或进行小样试生产，确认样品达到规定的要求后再投入生产使用。

■ 检查要点

应先制定验证管理文件，明确规定以上内容，对连续一年停产的状况以及非连续停产的状况进行验证的规定。如果出现停产的情况，应按规定实施验证并记录。

■ 检查方法

(1) 查看验证管理文件，是否符合要求。

(2) 查看验证管理的记录，是否存在长期停产或间歇性停产的状态，如果存在，在重新启动生产前是否按文件规定的要求实施了验证，能否达到规定的要求。

(3) 抽查部分批记录，查看时间，要求企业提供重启的验证依据。

■ 注意事项

对间歇性生产的企业，查看每次启动生产前的验证记录。

2.6.15　应当对生产用需要灭活的血清或血浆建立灭活处理的操作规程，并按照操作规程的要求，对生产用灭活前后的血清或血浆状态进行明显的区分和标识。

■ 条款解读

体外诊断试剂生产过程中有可能用到来自于医疗机构的血清或血浆，为了消除感染性，保留抗原性，需要对血清或血浆进行灭活，以保护操作人员免于受到感染。常规的病毒灭活方法有巴斯德消毒法、有机溶剂结合表面活性剂（S/D 法）法、干热灭活法、光化学法。常用的去除病毒工艺主要有色谱技术、纳米膜过滤等。这些方法一般用于血液制剂的生产，对体外诊断试剂所用血液原料的生物安全性有一定的借鉴意义。

为了避免肝炎、艾滋病等血源性传播疾病随血液制品的应用而传播，保证临床使用安全，原国家药监局于 2002 年发布国药监注[2002]160 号《血液制品去除 / 灭活病毒技术方法及验证指导原则》。体外诊断试剂的生产中也存在使用血清、血浆作为原料的情况，指导原则的相关内容同样可以借鉴使用。因此本教材摘录部分内容来介绍去除 / 灭活病毒的技术方法和原则，以便于读者更好的理解条款并实施。指导原则中指出目前已知经血液制品传染的病毒主要有 HBV、HCV、HIV-1、HIV-2、HTLV 和细小病毒 B19。尚未发现经血液制品传染 CJD。但有少数研究报告发现有实验性传染现象，因此要密切关注 CJD，特别是 vCJD 的发展动向。

为了提高血液制品安全性，生产工艺要具有一定的去除 / 灭活部分病毒能力，生产过程中应有特定的去除 / 灭活病毒方法。本技术指导原则是对血液制品（指以人血浆为原料制备的制品）生产过程以及特定的去除 / 灭活病毒方法验证的指导原则，包括指示病毒和病毒去除 / 灭活方法的选择、验证方案的设计、结果判定以及附录所列技术验证申报的程序。

去除 / 灭活病毒方法的选择

由于不同类血液制品潜在的污染病毒的可能性不同，为此选择病毒去除 / 灭活方法的侧重点也应有所不同。

（一）凝血因子类制品

生产过程中应有特定的能去除 / 灭活脂包膜和非脂包膜病毒的方法，可采用一种或多种方法联合去除 / 灭活病毒。

（二）免疫球蛋白类制品

对于免疫球蛋白类制品（包括静脉注射用人免疫球蛋白、人免疫球蛋白和特异性人免疫球蛋白）生产过程中应有特定的灭活脂包膜病毒方法。但从进一步提高这类制品安全性考虑，提倡生产过程中加入特定的针对非脂包膜病毒的去除 / 灭活方法。

（三）白蛋白

采用低温乙醇生产工艺和特定的去除 / 灭活病毒方法，如巴斯德消毒法等。

常用的去除 / 灭活病毒方法评价

（一）巴斯德消毒法（巴氏消毒法）

1. 人血白蛋白制品

几十年临床应用结果表明，白蛋白的巴氏消毒法对 HIV 和肝炎病毒是安全的。其病毒灭活条件已很完善，可不要求进行病毒灭活验证。但是必须对巴氏消毒法所用设施进行验证，使巴氏消毒各参数符合要求（包括制品内温度分布的均一性和灭活时间）。

2. 其他血液制品（液体制剂）

由于制品的组成、稳定剂（如氨基酸、糖、枸橼酸盐等）及其浓度的不同，均会对灭活病毒效果有一定的影响。因此在采用巴氏消毒灭活病毒方法时必须进行病毒灭活效果验证。

（二）干热法（冻干制品）

80℃加热 72 小时，可以灭活 HBV、HCV、HIV 和 AV 等病毒。但应考虑制品的水分含量、制品组成（如蛋白质、糖、盐和氨基酸）对病毒灭活效果的影响。应确定允许的制品瓶间各参数的差异。病毒灭活用的干热箱至少每半年验证一次。验证时干燥箱内应设多个测温点（包括制品内、箱内最高和最低温度点）。

（三）有机溶剂 / 去污剂（S/D）处理法

有机溶剂，如磷酸三丁酯（TNBP）和非离子化的去污剂，如 ritonX-100 或聚山梨酯 -80 结合可以灭活脂包膜病毒，但对非脂包膜病毒无效。常用的灭活条件是 0.3% TNBP 和 1% 聚山梨酯 -80，在 24℃处理至少 6 小时；0.3%TNBP 和 1% ritonX-100，在 24℃处理至少 4 小时。S/D 处理前应先用 1μm 滤器除去蛋白溶液中可能存在的颗粒（颗粒可能藏匿病毒从而影响病毒灭活效果）。加入 S/D 后应确保是均一的混合物。在灭活病毒全过程中应将温度控制在规定的范围内。如果在加入 S/D 后过滤，则须检测过滤后 S/D 的浓度是否发生变化，如有变化应进行适当调整。聚山梨酯 -80 应采用植物源性，并应采用称量法量取。

（四）膜过滤法

膜过滤技术只有在滤膜的孔径比病毒有效直径小时才能有效除去病毒。该方法不能单独使用，应与其他方法联合使用。

验证研究时应考虑蛋白溶液的浓度、滤速、压力和过滤量等重要参数。在过滤前及过滤后应测试滤膜的完整性。

（五）低 pH 值孵放法

研究表明，免疫球蛋白生产工艺中的低 pH 值（如 pH=4）处理（有时加胃酶）能灭活几种脂包膜病毒。灭活条件（如 pH 值、孵放时间和温度、胃酶含量、蛋白质浓度、溶质含量等因素）可能影响病毒灭活效果，验证试验应该研究这些参数允许变化的幅度。

特定的去除/灭活病毒方法验证

(一) 指示病毒的选择

首先,应该选择经血液传播的相关病毒(如 HIV),不能用相关病毒的,要选择与其理化性质尽可能相似的指示病毒;第二,所选择的病毒理化性质应有代表性(病毒大小、核酸类型以及有无包膜),其中至少应包括一种对物理和(或)化学处理有明显抗性的病毒。在进行去除/灭活病毒验证时,应根据制品的特性及所采用的病毒去除/灭活工艺,参照表 3-6 列举的病毒选择适宜的指示病毒。所选择的指示病毒至少应包括 HIV-1、HBV 和 HCV 模拟病毒以及非脂包膜病毒。水疱性口炎病毒(VSV)耐受的 pH 值范围比较广,验证低 pH 孵放法灭活病毒效果时可选用此指示病毒。

表 3-6　经血液传播疾病的相关病毒及验证可选用的指示病毒(举例)

病毒	基因组	脂包膜	大小(nm)	指示病毒举例
HIV	RNA	有	80~100	HIV
HBV	DNA	有	45	鸭乙型肝炎病毒、伪狂犬病毒
HCV	RNA	有	40~60	牛腹泻病毒、Sindbis 病毒
HAV	RNA	无	27	HAV、脊髓灰质炎病无毒、脑心肌炎(EMC)
B19	DNA	无	20	犬细小病毒、猪细小病毒

(二) 方案设计

(1) 去除/灭活病毒验证研究应符合 GLP 的要求。

(2) 研究影响去除/灭活病毒效果的参数(包括机械参数和理化参数)允许变化的幅度。

(3) 研究病毒灭活动力学,包括病毒灭活速率和灭活曲线。

(4) 指示病毒滴度应该尽可能高(病毒滴度应≥10^6/ml)。

(5) 加入的病毒与待验证样品体积比不能高于 1 : 9。

(6) 如可能,验证过程中每步取出的样品应尽快直接进行病毒滴定,不做进一步处理(如超离心、透析或保存、除去抑制剂或毒性物质等)。如果样品必须做进一步处理,或不同时间取出的样品要在同一时间进行测定,应考虑这些处理方法对病毒检测结果的影响。

(7) 检测方法可包括蚀斑形成、细胞病变(如合胞体或病灶形成)、终点滴定或其他方法。这些方法应该有适宜的灵敏度和可重复性,每一个取样点应取双份样品并设有对照以保证结果的准确性。

(8) 如果制品的生产工艺中包含了两步或两步以上病毒去除/灭活方法,应该分别进行病毒灭活效果验证。

（三）观察指标

1. 病毒方面

（1）去除/灭活病毒滴度；

（2）灭活病毒速率、灭活曲线。以列表和做图形式报告验证结果。

2. 病毒去除/灭活各参数允许变化范围

3. 蛋白质方面

（1）制品质量应符合《中国生物制品规程》或有关规定。

（2）采用适当方法测定蛋白质结构和功能活性的变化。如制品比活性、HIVIG 的 Fc 功能分析可了解蛋白质结构是否发生了变化；凝胶色谱法可检测蛋白质分子大小和形状的变化；蛋白质形状变化可导致扩散系数、沉降常数和黏度的改变；SDS-PAGE，特别是等电聚焦和 PAGE 结合（双向电泳）也是检测蛋白质结构变化的很好方法。

（3）如果采用新的去除/灭活方法（包括更换使用已认可的病毒灭活方法或国内外未曾采用过的病毒去除/灭活方法），需对蛋白质半衰期和新免疫原性进行研究。要求如下：半衰期：用适宜动物（如大鼠或家兔）和未经病毒去除/灭活的相同制品进行半衰期比较；新免疫原性：新免疫原性用来检查蛋白质较高级别结构上的变化。这些变化不一定损害蛋白质功能，但是会引起受体免疫反应。实验室检测新免疫原性是非常困难的。可用经和未经病毒灭活的蛋白分别免疫动物（如家兔），所产生的抗体交叉用未经和经病毒灭活的蛋白结合。如果经病毒灭活的蛋白抗体被未经病毒灭活的蛋白完全结合，说明不含新抗原。由于不能保证人类免疫系统识别的表位与实验动物相同，因此推荐在Ⅳ期临床（获得生产文号后）开展是否有新抗原产生的研究。

（四）效果的判定

判断病毒去除/灭活的有效性须综合考虑，不能仅以病毒去除/灭活的量来确定。在确定有效之前，必须考虑如下因素，审慎评价每次验证结果。

（1）验证试验所选择的病毒是否适宜，病毒验证的设计是否合理。

（2）病毒降低量（log10）≥4 logs，表示该步骤去除/灭活病毒有效。如因检测方法造成病毒降低量 <4 logs 时，应盲传三代，如无病毒检出，可认定是有效的灭活病毒方法。

（3）病毒灭活动力学可更好的显示病毒灭活的效果。病毒灭活通常不是简单的一级反应。往往是起始反应速率快，其后变慢。如果病毒灭活速率随时间明显降低，表示该方法可能无效，或者残留的指示病毒对该灭活方法有抵抗力，说明该步病毒灭活方法无效。

（4）病毒实际滴度为基础病毒，指示病毒与样品 1∶9 的比例混匀后零点取样的病毒滴度，通过与经去除/灭活病毒后的测定的实际病毒残留量的比较，作为该病毒去除/灭活方法（步骤）实际的灭活病毒的量。

(5) 病毒检测敏感度的限值。

举例说明：

① 加入 6 logs 病毒，剩余 4 logs 病毒，可将去除 / 灭活病毒的 log 数计算在生产全过程中去除 / 灭活病毒总量之中，但是就此步（方法）去除 / 灭活病毒能力而言是无效的。

② 加入 6 logs 病毒，但由于制品本身的细胞毒作用使得检测灵敏度限值为 4 logs，仅证明除去 2 logs 的病毒。在此种情况下需改变试验设计重新进行验证。

③ 加入 6 logs 病毒，但仍可测定 2 logs 的剩余病毒，且清除病毒的量可重复出，并不受工艺的影响，应认为是有效地去除 / 灭活病毒的方法。

④ 加入 6 logs 病毒，之后未检测出病毒。但是由于检测灵敏度限值为 2 logs，仅能认为大约清除或灭活了 4 logs 病毒。事实上可能等于或大于 4 logs，因此应判定此方法清除的病毒量≥4 logs。

⑤ 病毒灭活动力学是非常重要的观察指标。如巴氏消毒法（60℃，10 小时），如果病毒残留量很快降到最低检出限度值，说明此方法灭活病毒效果很好。如果病毒灭活速率缓慢，在灭活结束时才达到最低检出限度值，不能认为是一个有效的病毒灭活方法。这就是说，评价验证结果不能仅考虑病毒降低量，同时也要考虑病毒灭活动力学。

生产工艺去除 / 灭活病毒能力的验证

生产工艺去除 / 灭活病毒能力验证参照特定的去除 / 灭活病毒方法验证的要求进行。需要特殊考虑的问题有以下几方面。

（一）只对可能有去除 / 灭活病毒作用的生产步骤进行验证。

（二）模拟的生产工艺各种参数应尽可能与实际的生产工艺相一致，如 p、温度、蛋白质和其他组成成分的浓度、反应时间、层析柱的柱床高度及流速与床高的比例、洗脱图谱及该步骤的生产效果（如产量、比活性、组成成分）。应分析生产工艺中各种参数的偏差对病毒去除 / 灭活效果的影响。

（三）生产各步骤对不同类型病毒去除 / 灭活的选择性。

（四）核酸扩增技术（如 PCR）检测病毒核酸的灵敏度比较高，但是该检测技术最大的局限性是不能区别被灭活了还是未被灭活的病毒。因此该技术不能用于灭活病毒量的验证，只能用于生产过程中病毒去除量的验证。

（五）通常在生产过程中去除 / 灭活病毒量是可以计算在清除病毒总量中，但不能认定是有效病毒去除步骤。因为生产过程通常有一些变化，很难控制及验证，而且，病毒分配完全取决于病毒特异的理化性质，这些理化性质影响了病毒与凝胶介质相互作用和沉淀的性质。因此由于病毒表面特性的微小差异（如糖基化），指示病毒与靶病毒分配形式可能完全不同。在实验室增殖的相关病毒可能在分配上与野生株不同。然而，如果病毒降低量可重复，如果影响病毒分配的各生产参数可以适当地确定和控制，所要的组分能可靠地与一般公认的含病毒组分分开，就可以符合有效步骤的标准（即认为是有效去除/灭活病毒步骤）。

（六）验证的目的是为了确定生产工艺去除/灭活病毒的能力，获得生产全过程中估计去除/灭活病毒的总量。一般降低的总量是各步降低病毒量的总和。但是由于病毒验证的局限性，如分步骤中病毒降低量≤1 log则不应将其计算在总量中。

去除/灭活病毒方法的再验证

以下几种情况需进行病毒去除/灭活方法的再验证。

（一）首次生产者，需对生产工艺中特定的去除/灭活病毒方法进行再验证。

（二）采用新工艺或对原有生产工艺进行了重大改革时，需对生产工艺进行清除病毒能力验证；对特定的去除/灭活病毒方法进行去除/灭活病毒效果验证。

（三）工艺改变但不属重大工艺改革时，需对特定的去除/灭活病毒方法进行再验证。

（四）被灭活的中间品组成成分或 p 值发生改变时，需对特定的去除/灭活病毒方法进行再验证。

此外，《中国药典》中对生物制品病毒灭活也提出了推荐方法，企业可根据自己的实际情况制定病毒灭活操作程序，并提供充分的技术依据。

本条款作为生产管理的重要环节，还强调应通过标识管理对灭活前后的血清或血浆进行区分和专门储存，以防止混淆，避免造成后续污染或感染。

■ 检查要点

首先应识别生产过程中是否使用血清或血浆，人源性还是动物源性；是否具有感染性；是否需要灭活处理。文件层面应制定灭活规定，并能提供技术依据并按规定对血清或血浆进行灭活处理和记录。

■ 检查方法

(1) 查看灭活处理的操作规程，是否明确生产用需要灭活的血清或血浆的种类、灭活的方法，操作过程中的防护措施、灭活前后物料的隔离和标识要求。

(2) 查看灭活记录。

(3) 现场查看是否对灭活前后的血清或血浆进行区分和标识，标识应有血清或血浆的名称、批号、是否灭活、灭活日期等。

■ 注意事项

注意查看病毒操作的级别和程度，是否有相应的防护措施并实施。

2.6.16 生产中的废液、废物等应当进行无害化处理，并符合相关的环保要求。

■ 条款解读

体外诊断试剂生产过程中经常涉及各类化学试剂，甚至有些是有毒、有害、有腐蚀性的化学危险品，在使用和废弃的过程中不应随意放置和丢弃，防止对环境（空气、水、土壤）、操作人员造成危害，建议进行无害化处理，如稀释、中和、沉淀、灭菌，或移交给专业公司处理等措施。

一般生产中产生废物、废液的环节主要为称量、配制工序，如称量过量，不允许倒回原包装内的干粉或液体试剂；配制错误的过程品和损耗的半成品；检验不合格的半成品、成品等。

生产中的废液、废物建议参考国家环保总局文件《国家危险废物名录》（2016 版），《废弃危险化学品污染环境防治办法》等法规。部分相关内容摘录如下。

（1）废物类别，是在《控制危险废物越境转移及其处置巴塞尔公约》划定的类别基础上，结合我国实际情况对危险废物进行的分类。

（2）危险特性，包括腐蚀性（corrosivity，C）、毒性（toxicity，T）、易燃性（ignitability，I）、反应性（reactivity，R）和感染性（infectivity，In）。

生产过程中产生的感染性废物、化学性废物可参照目录内的具体条目。

■ 检查要点

企业是否识别生产过程中废弃的有毒有害物料，确定有毒有害物料在生产过程中的转化和残留情况。对剩余废液、废物的安全性风险进行评价，并采取措施，验证有效性。还应制定如何处理的规定性文件，并按要求进行无害化处理并记录。

■ 检查方法

（1）查看文件规定，是否对生产过程中废弃的有毒有害物料进行识别和风险评价。

（2）查看文件中是否规定对废弃物和废液的现场处理措施。

（3）查看现场是否配备对废弃物和废液的处理装备，控制方式是否有可操作性，能够有效实施。

■ 注意事项

注意查看废弃物的识别和处理措施，是否配备相应的设施或器具。

常见问题和案例分析

◎ 常见问题

(1) 未对危险物料进行识别和特征分析，储存条件和防护不具有针对性。

(2) 对特殊过程识别不够，对点膜、标记、包被、冻干等特殊过程未进行确认。

(3) 不重视验证活动，不能按条款要求提供验证依据。

(4) 仓储区账、卡、物、名称、进出数量、批号等信息不完整。

(5) 未明确规定中间品的储存期限。

(6) 未按照物料规定的储存要求储存，如避光、温度、湿度等，尤其是已开封试剂。

(7) 未按要求进行物料平衡核查。

(8) 批号使用与批号管理制度要求不一致。

(9) 大包装分装试剂效期已过半（如效期 12 个月，仅剩 6 个月），经过分装后重新给 12 个月效期。

(10) 多组分试剂盒未以最短效期为试剂盒效期。

(11) 多个品种同时操作，未采取有效隔离。

(12) 点膜设备未进行清洗验证，无法提供交叉污染及清洗剂残留量验证结果。

(13) 生产现场标识混乱、缺失，不能实现有效追溯。

(14) 生产一定周期后未进行偏差验证。

(15) 生产过程中产生的废物、废液未按规定处理。

◎ 典型案例分析

【案例一】 检查员查看胶体金产品生产车间低湿区（生产工艺湿度要求≤30%）在线实时监控系统（BMS）时发现，2016.08.09 14:00~15:10 存在湿度超标情况（显示最高湿度值为 35%），经核实，当天正在进行试纸条切割工序生产，生产部门发现湿度超标轻微，认为对产品无影响，未进行任何偏差处理。查看当天生产记录，也未记录此超标情况。

分析：根据体外诊断试剂规范检查指导原则的要求：

洁净室（区）的温度和相对湿度应当与产品生产工艺要求相适应。无特殊要求时，温度应当控制在18~28℃，相对湿度控制在45%~65%。

该企业规定生产工艺湿度要求≤30%，对于洁净控制区温、湿度超标，应当启动偏差调查，采取必要的应急措施，由质量部门组织相关人员对产品进行风险评估。

如以上案例，企业应至少采取以下措施：

(1) 当偏差发生时，生产部应采取应急措施，立即停止生产并进行清场，将生产现场的物料进行封存、标识，放入干燥柜中，同时应立即上报质量部门。

(2) 工程部门应立即进行低湿空调系统检查并维修，配合质量部门进行偏差调查，调查发生偏差的根本原因，并有预防纠正措施。

启动偏差调查，填写偏差报告，质量部门汇总生产部、工程部进行偏差风险分析，评估超标环境是否对产品性能产生影响，根据分析评估结果，进行后续处理。

【案例二】 检查某企业酶联免疫法检测的丙肝病毒抗HCV体外检测试剂，检查员查某组分在中间控制过程中加速稳定性结果显示阳性，参考品符合率不符合要求且内控的样品吸光度值比临界值（S/COV）亦下跌明显。经企业调查，发现根本原因为山羊血清质量问题引起，最终将本批山羊血清退回了供应商，并将该组分进行了报废处理。检查员检查该批次山羊血清的使用情况，发现还用于了其他产品的组分，但企业未对涉及该批山羊血清的产品进行风险分析评估，存在质量隐患。

分析：企业对生产中发生的不合格品，应该从人、机、料、法等环节进行分析，调查出引起产品质量问题的根本原因。其次，对使用了该批不合格物料的其他产品同样应进行调查和分析，根据评估结果，对涉及的产品进行处理。第三，对虽已放行但实际存在质量问题的山羊血清进行入库检验过程调查，确认是否由于抽样不足导致无法发现物料有瓶间差，若现有方法不能发现问题应该提高抽样量，加严检测。第四，应该对山羊血清的供应商进行投诉，责其调查分析原因，避免再次发生类似的发生质量问题。

（刘歆　杭红）

第七节　质 量 控 制

2.7.1　应当建立校准品、参考品量值溯源程序。对每批生产的校准品、参考品进行赋值。

■ 条款解读

本条款是《医疗器械生产管理规范》对企业开展定量体外诊断试剂或通过定量来定性的试剂盒生产质量控制工作的规定，要求应建立所使用试剂校准品、参考品量值溯源程序，要求对每批企业生产的校准品、参考品进行赋值。

1. 量值的溯源性

ISO 对溯源性的定义如下：测量结果或标准量值的属性，它使测量结果或标准量值通过连续的比较链与给定的标准联系起来，给定的标准通常是国家或国际标准，比较链中的每一步比较都有给定的不确定度。

定义解读 1：通过一条具有规定不确定度的不间断的比较链，使测量结果或计量标准的值能够与规定的参考标准，通常是国家计量基（标）准或国际计量基（标）准联系起来的特性。这种特性使所有的同种量值，都可以按这条比较链通过校准向测量的源头追溯，即溯源到同一个测量基准（国家基准或国际基准），这样才能确保计量单位统一，量值准确可靠，才具有可比性、可重复性和可复现性，而其途径就是按比较链，向计量基准的追溯。

定义解读 2：不确定度是与测量结果相关的参数。代表测量结果的分散性，很可能是被测量值的一部分。不确定度包括 A、B 两类。A 类不确定度通过对测量结果进行统计计算而得，B 类则基于经验或其他信息的概率分布进行估计，结合 A 类和 B 类不确定度得到标准不确定度。

溯源性解决的是测定结果的正确性问题，即测定均值与真值的一致程度。理论上溯源性不解决正确性以外的测定质量问题。目前临床检验量值的溯源性要求主要体现在两个环节，一是产品的校准物定值，二是临床检验结果，对象分别是产品的生产企业和临床实验室。目前绝大多数临床实验室使用商品化的试剂盒，因此企业生产的校准物的溯源性显得更为重要。欧盟有关体外诊断用品导则提出的溯源性要求和 ISO17511 及 ISO18153 都是针对生产企业而言，导则要求“校准物和（或）质控物的定值，必须通过现有的较高级别的参考测量程序和（或）参考物质以保证其溯源性”。

（1）参考品种类与等级　参考品又称参考物质，分为质控品（质控物质）、标准品（标准物质)、校准品(校准物质)。参考品按照级别分为国际参考品、国家参考品、企业参考品;按有无证书,分为有证参考品、无证参考品;按溯源链层级又分为一级参考品(物质)、二级参考品(物质)。

① 国际参考品(international reference):国际参考品是由 WHO 指定的实验室制备,并与有关国家的一定机构联系(在我国是卫生部与中国食品药品检定研究院),被国际公认为最高级别的标准品。到目前为止,与标记免疫分析有关的已达数十种。但由于标记免疫分析方法的迅速发展及免疫方法的特殊性,很多标记免疫分析方法还没有国际参考品,如糖类抗原系列、抗体类参考物质。另外,许多物质本身的不稳定也是许多国际标准物质迟迟无法上市的原因,如脑钠肽等。

② 国家标准品:国家级标准品是由国家的有关权威机构,用高化学纯和高免疫纯、低交叉反应的纯品制备的,供国家内部使用。国家级标准品应与国际参考品或其他国家的国家级标准品进行比对。我国现已有国家级标准品数种,如胰岛素(insulin)、绒毛膜促性腺素(hCG)、三碘甲状腺原氨酸(T3)、甲状腺素(T4)、甲胎蛋白(AFP)等。

中国食品药品检定研究院负责组织国家标准品、参考品的制备和标定工作,并提供部分定量、定性体外诊断试剂类标准物质[来源体外诊断试剂注册管理办法]。

③ 企业参考品:是由生产厂家制备的参考品,又称二级参考品。所有的二级参考品都必须经过与国家标准品或国际参考品进行比对或校正。如没有国际参考品或国家级标准品的,也应采用国际公认的生产厂家试剂,利用比对方法并采用不同测定范围的新鲜冰冻血清进行定值。

特别强调:对于质控物质(定值或非定值),国际临床化学协会(IFCC)的定义是专门用于质量控制目的的标本或溶液,不能用于校准,因而不需要溯源。

关于标准物质的溯源、定义、作用及相关研制等内容可参见本节的“知识链接”增加了解。

(2) 需要溯源的参考物质

① 校准品:用于定标,即标准曲线的绘制。企业指定用来校准某检测系统(仪器 + 试剂 + 方法程序)的,考虑到有基质效应的情况下,人为赋予校准品的校准值。因此,校准品必须专用于某一检测系统(注:某些企业购买其他企业的校准品如罗氏、朗道、Biorad 等直接为自己的系统校准不可取,因为系统不同,定值不同)。

② 国际常规校准品:分量值不能溯源到 SI 单位,但为国际公认设定。

③ 厂家工作校准品:按照一家或多家厂家选择测量程序定值。有时候,此校准品称为“厂家控制校准品”(或“内部校准品”)。需要证明可用厂家选择测量程序和校准程序互换的校准物质。

④ 厂家产品校准品：按照厂家常规测量程序定值，用于校准终端用户常规测量程序。

⑤ 定量试剂盒的校准品：用于厂家最终产品的校准物质。

(3) 量值溯源程序

① 国际常规参考测量程序：测量程序产生值不能溯源到 SI 单位，但为国际公认，用于确定分量的参考值。

② 厂家选择测量程序：测量系统采用的一种或多种一级或二级校准品校准。

③ 厂家常规测量程序：测量系统采用的一家或多家厂家工作校准品或更高级校准品，用于确认分析特异度。

④ 终端用户常规测量程序：由厂家提供的一种测量系统，用一家或数家厂家商品校准品校准。

2. 溯源链的结构和工作原理

临床检验的量值溯源可以有不同模式，但其中心内容是使各测量方法的测量值与公认的标准发生联系。根据参考物质能否最后溯源到国际单位制(SI)单位，分为有 SI 单位和无 SI 单位溯源链。图 3-8 为主要针对校准物质溯源性的标准而简化的量值溯源图。一个样品或校准物质的测量结果的溯源性通过一系列对比测量而建立，对比测量中的测量过程和校准特质的计量学等级由低到高组成一条连续的链(溯源链)。链的顶端是 SI 单位(基本或导出单位)，SI 单位国际通用，不随时间和空间的变化而变化。因此它们是溯源链的最高级别。一级参考测量过程是具有最高计量学特性的参考测量过程，必须是基

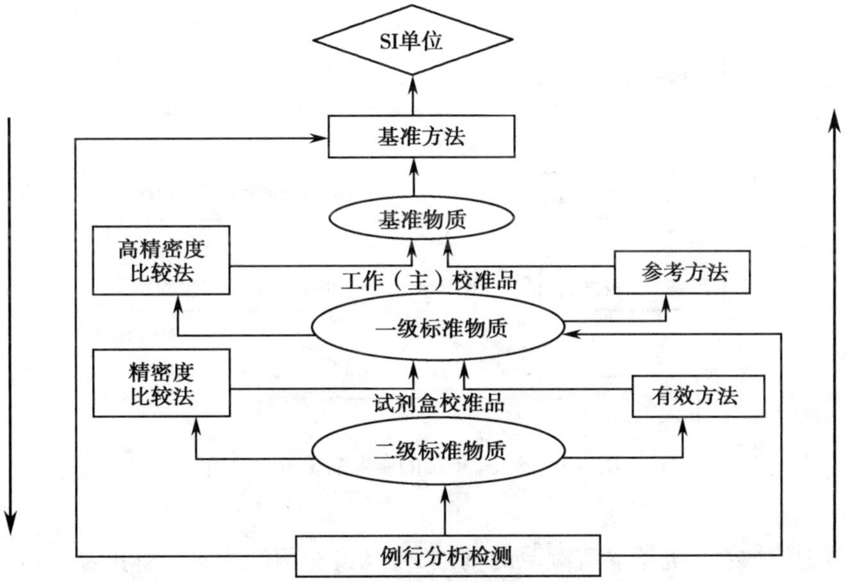

图 3-8　有 SI 单位的量值溯源图

于特异、无需同量校准而能溯源至SI单位、低不确定度的测量原理，目前认为可用于一级参考测量过程的测量原理仅限于同位素稀释/质谱(ID/MS)、库仑法、重量法、滴定法和依数性(凝固点降低)测量等。一级参考物质是测量单位的体现，具有最可能小的测量不确定度，它可由一级参考测量过程直接定值，也可通过可靠的杂质分析间接定值，一级参考物质一般是高度纯化的被测物质。二级参考测量过程是经充分论证，其不确定度能满足特定要求，能用于低一级测量过程评价和参考物质鉴定的测量过程，二级参考测量过程用一级参考物质校准。二级参考物质用一种或多种二级测量过程定值，一般具有与实际样品相同或相似的基质，主要用于量值传播。一级和二级参考测量过程的建立和维持及一级和二级参考物质的制备都有高度的知识、技术和设备要求，故一般由国际或国家计量机构及经认证的参考实验室完成。一级和二级参考物质一般是经计量权威机构或行政机构认证的认证参考物质(CRM)。上述一级和二级参考测量过程和参考物质称参考系统，有时参考系统也包括从事参考测量的实验室。图3-8中其他环节的工作原理与上述原理类似，只是计量学级别较低，也较灵活，可依各厂家或实验室的不同情况而异。溯源链自上而下各环节的溯源性逐渐降低，而不确定度则逐渐增加，因此量值溯源过程应尽量减少中间环节。从计量学角度上讲，理想的情况是用一级参考测量过程直接测量样品，省去所有中间环节，这在临床检验中显然是不可能的。

图3-9为无SI单位的参考品量值溯源图，其采用的方案为约定值方案及约定校准物。

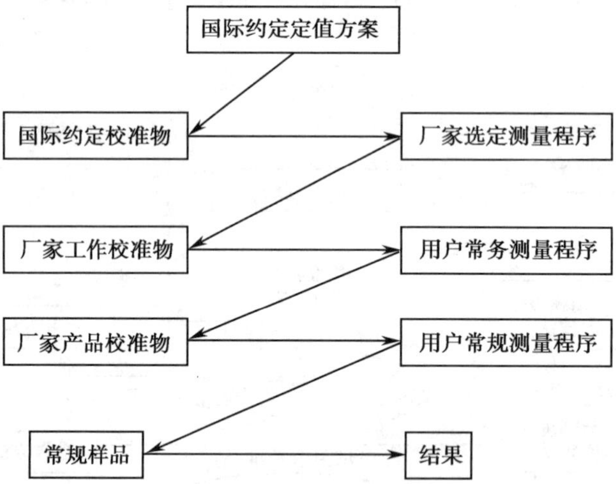

图3-9　无SI单位的参考品量值溯源图

如上所述，参考系统是量值溯源的基础，在既没有国际或国家标准品，又没有参考方法的情况下，通常溯源链可以选择比对的方法。

■ 检查要点

(1) 检查不同级别校准品、参考品量值溯源程序。

(2) 检查每批生产的校准品、参考品进行赋值的资料和赋值记录。

■ 检查方法

(1) 查阅厂家不同级别校准品的溯源资料，查阅是否按照溯源程序对不同级别的校准品进行定值。有 SI 单位的参照图 3-8，是否溯源至 SI 单位。没有 SI 单位的参照图 3-9，查阅其赋值过程是否采用国际公认的方案。

(2) 查阅不同级别校准品定值的不确定度，每一级别的标准品在向下传递时，不确定度是逐级放大，查阅其引入不确定度分量是否充分（如标准物质分量、称量分量、精密度分量、赋值分量等）。

(3) 查阅试剂盒工作校准品在溯源至国际、国家或其他二级校准品时，有无使用不同浓度的新鲜人样本进行互换性试验，采用的实验室的数量（一般不少于 5 家），所使用的试剂盒的批号是否一致。

(4) 查阅企业溯源资料中所使用的国际、国家或其他参考品的记录（如来源可通过发票查阅）。

■ 注意事项

(1) 在上一级校准品向下传递过程中，不确定度是逐渐增加的，注意其数值。

(2) 注意所选择定值方法的依据，定值数据统计方法的选择很关键，尤其是数据的剔除采用的规则是否正确。

(3) 质控品是低级的参考物，不可索要溯源资料，可查阅其定值过程。

■ 知识链接

1. 国际导则

欧盟关于体外诊断用品导则（Directive 98/79/EC）中一项关键内容是对体外诊断用品的溯源性要求："校准物质和（或）质控物质定值的溯源性必须通过已有的高一级的参考方法和（或）参考物质予以保证。"上述导则是法律文件，各成员国必须实行。欧盟关于体外诊断用品导则的实施意味着体外诊断用品的量值溯源问题已上升到了法律高度。为配合欧盟体外诊断用品导则的实施，国际标准化组织（ISO）已于 1999 年起草了 5 个相关的 ISO 标准文件，其中与生产厂家和临床实验室关系密切的是 ISO/CD 17511《校准物质和质控物质定值的计量学溯源性》和ISO/CD 18153《酶催化浓度校准物质和质控物质定值的计量学溯源性》。鉴于上述欧盟导则和ISO标准的出现及其潜在的国际影响，美国计量权威机构国家标准与技术研究所（NIST）与国家临床实验室标准委员会（NCCLS）合作，在疾病控制与预防中心（CDC）、高级医学技术联合会（AdvaMed）、病理学协会（CAP）和临床化学学会（AACC）的支持下，召集美国和欧洲有关专家座谈关于临床实验室检验和体外诊断检验系统的量值溯源问题，座谈会的目的是对量值溯源的必要性做出说明，以便生产厂家执行国际标准，同时也为了提高临床检验数据的可比性，从而促进临床诊断和治疗的有效性。

2. 溯源现状

临床检验样品是生物样品，有高度的复杂性。图3-8是理想的溯源链，即溯源终点是SI单位。溯源至SI单位的前提是必须有一级参考测量过程、一级参考物质和二级参考测量过程。目前国际上临床检验项目大约有400~600个，能溯源至SI单位的只有25~30个，它们主要是一些化学定义明确的小分子化合物，包括电解质类物质（如钾、钠、氯、镁、钙、锂离子等）、代谢物类物质（如胆固醇、甘油三酯、葡萄糖、肌肝、尿酸、尿素等）和某些甾体类激素及甲状腺激素。这些项目虽占的数目不大，却是临床检验常规项目的主要组成部分。除上述少量项目外，其余多数临床检验项目因被测物质（主要是生物大分子类物质）的复杂性（如混合物、异构体等），其一级参考测量过程的建立和一级参考物质的制备非常困难，其量值溯源只能停留在较低水平。这类检验项目目前国际上有以下几种情况，一种是有国际参考测量过程（非一级参考测量过程），也有用此参考测量过程定值的国际参考物质，如糖化血红蛋白；另一种是国际参考测量过程，无国际参考物质，大约有30个检验项目属于这种情况；第三种情况是有国际参考物质及定值方案，但无国际参考测量过程，属于这种情况的检验项目约有250个；还有约300个既无国际参考测量过程，也无国际参考物质。上述能溯源至SI单位的检验项目的高级参考系统（一级和二级参考测量过程、一级参考物质和高准确度基质参考物质）多数由美国NIST、德国临床化学会（DCKC）和欧共体标准局（BCR）建立和保持。也有一些大学、医院、研究机构和生产厂家的专业实验室建立了自己的参考测量过程，多年从事参考测量工作，达到了很高的计量学水平。不能溯源至SI单位的检验项目的参考系统（主要是参考物质）主要来自有关国际组织，如世界卫生组织（WHO）、国际临床化学会（IFCC）等。过些测量过程和物质将很可能成为国际一级参考测量过程和一级参考物质。量值溯源作为提高检验质量的重要手段，已受到越来越广泛的重视，检验结果的溯源性将可能成为体外诊断试剂生产和临床实验室检验中的重要质量指标。体外诊断试剂的研发者应高度重视临床检验的溯源性问题，认真学习有关文献如ISO/CD 17511及ISO 18153等，以真正提高所研发产品的质量水平，作为检查员建议对这方面的相关知识做到多学习、了解，才能做出正确判断。

3. 与体外诊断试剂相关的 SI 单位

(1) 基本单位：SI 基本单位只有 7 个，分别是长度（米）、质量（千克）、时间（秒）、电流（安培）、热力学温度（开尔文）、物质的量（摩尔）、发光强度（坎德拉），它们是构成 SI 的基础。只有质量（千克）、物质的量（摩尔）是与体外诊断试剂有关的。

(2) 导出单位：SI 导出单位是用选定的代数式由 SI 基本单位组合起来构成的单位。由基本单位构成的这些单位，有一些可用专门的名称和符号代替，这些专门的名称和符号本身又可以构成其他的导出单位的表示式和符号，即用 SI 基本单位和具有专门名称的 SI 导出单位以代数形式表示的单位，如速度的 SI 单位为米每秒（m/s），浓度的单位为千克每升（kg/L），这种形式的单位称为组合单位。

(3) 非 SI 单位：由于实用上的广泛性和重要性，在我国法定计量单位中，有 10 个是国际计量大会同意与 SI 单位并用的非 SI 单位，其中“体积单位 - 升”是体外诊断试剂中的常用单位。

(4) SI 单位的倍数单位：在 SI 中，用以表示倍数单位的词头，称为 SI 词头。它们是构词成分，用于附加在 SI 单位之前构成倍数单位（十进倍数单位和分数单位），而不能单独使用，如毫（m），微（μ）均为 SI 词头。词头符号与所紧接着的单个单位符号（这里仅指 SI 基本单位和 SI 导出单位）应视作一个整体对待，共同组成一个新单位，并具有相同的幂次，而且还可以和其他单位构成组合单位。由于历史原因，质量的 SI 基本单位名称“千克”中已包含 SI 词头，所以，“千克”的十进倍数单位由词头加在“克”之前构成。如应使用毫克（mg），而不得用微千克（μkg）。

4. 标准物质的分级与编号

我国将标准物质分为一级与二级，它们都符合有证标准物质的定义。一级标准物质符合如下条件：①用绝对测量法或两种以上不同原理的准确可靠的方法定值。在只有一种定值方法的情况下，用多个实验室以同种准确可靠的方法定值；②准确度具有国内最高水平，均匀性在准确度范围之内；③稳定性在一年以上，或达到国际上同类标准物质的先进水平；④包装形式符合标准物质技术规范的要求。二级标准物质符合如下条件：①用与一级标准物质进行比较测量的方法或一级标准物质的定值方法定值；②准确度和均匀性未达到一级标准物质的水平，但能满足一般测量的需要；③稳定性在半年以上，或能满足实际测量的需要；④包装形式符合标准物质技术规范的要求。

一级标准物质的编号是以标准物质代号“GBW”冠于编号前部，编号的前两位数是标准物质的大类号。第三位数是标准物质的小类号，最后二位是顺序号。生产批号用英文小写字母表示。排于标准物质编号的最后一位。二级标准物质的编号是以二级标准物质代号“GBW”冠于编号前部，编号的前两位数是标准物质的大类号，后四位数为顺序号，生产批号用英文小写字母表示，排于编号的最后一位。

5. NIST 标准物质资源

美国国家标准技术研究所（National Institute of Standards and Technology，NIST）是世界上开展标准物质研制最早的机构。NIST 的前身为美国国家标准局，成立于 1901 年，是设在美国商务部科技管理局下的非管理机构，负责国家层面上的计量基础研究。NIST 在研究权威化学及物理测量技术的同时，还提供以 NIST 为商标的各类标准参考物质（Standard Reference Material，SRM），该商标以使用权威测量方法和技术而闻名。目前，NIST 共提供 1300 多种标准参考物质，形成了世界领先的、较为完善的标准物质体系，在保证美国国内化学测量量值的有效溯源及分析测量结果的可靠性方面发挥了重要的支撑作用。总体来讲，美国 NIST 与其他美国商业标准物质生产者的关系是：NIST 作为国家计量院将其研究重点放在高端标准物质及测量标准的研究上，建立国家的高端量值溯源体系，商业标准物质将其量值通过 NTRM、校准等各种形式溯源至 NIST，以改善标准物质的供应状况，满足不同层次用户对标准物质日益增长的需求。

NIST 在采纳由 ISO 制定的国际计量学通用基本术语中对 CRM、RM 的定义外，又将其标准物质分为 SRM（标准参考物质）、RM（标准物质）及 NTRM（可溯源至 NIST 的标准物质）。对它们分别解释如下。

（1）NIST SRM　符合 NIST 规定的附加定值准则，带有证书（物理特性类）或分析证书（化学成分类）并在证书上提供其定值结果及相关使用信息的有证标准物质（CRM）。该类标准物质必须含有认定值（Certified value），同时可提供参考值和信息值。

（2）NIST RM　由 NIST 发布的、带有研究报告而不是证书的标准物质。该类标准物质除了符合 ISO 对 RM 的定义，还可能符合 ISO 对 CRM 的定义。该类标准物质必须含有参考值，同时可提供信息值。

（3）NTRM　可以通过很好建立的溯源链溯源至 NIST 化学测量标准的商业标准物质。溯源链的建立必须符合由 NIST 确定的系列标准和草案。通过管理授权，NTRM 也可等价于 CRM。NTRM 模式目前在气体分析用标准物质和光度分析用标准物质方面得到了很好的应用。

在标准物质所提供的特性量值方面，有以下三类。

（1）NIST 认定值　具有最高准确度、所有已知或可疑偏差来源均已经过充分研究或考虑。

（2）NIST 参考值　是对真值的最佳估计，但是对所有已知或可疑偏差来源未经过充分研究或考虑。

(3) NIST 信息值　是对标准物质用户有一定使用价值的特性量值，但在不确定度评定方面缺乏充分的信息。

在 NIST 标准物质的定值中，比较注重尽量采用多种方法并采取措施保证方法的独立性，同时，较多地运用了同位素稀释质谱等基准或权威测量方法，以提高定值结果的可靠性并使标准物质特性量值具有相对较小的不确定度。

考虑标准物质的购买者常常不是使用者或一些标准物质通过经销商转售的情况，还提供了标准物质实际使用者的网上注册登记功能，以保证在发现问题时能够有效地通知到每一位使用者。

对美国 NIST 标准物质的查询可通过 NIST 官方网站进行(网址:http://ts.nist.gov/measurementservices/referencematerials/index.cfm)。

6. 欧盟标准物质资源

欧盟标准物质主要指以欧盟委员会联合研究中心标准物质与测量研究院(IRMM)为核心，在欧盟资金支持下研发的标准物质，具有以 BCR、ERM 或 IRMM 开头的标准物质编号。近年来，欧盟重视发展同位素、元素形态、农药、兽药、抗生素、生物毒素、转基因、致病基因、微生物等方面的标准物质，在这些资源领域形成了自己的优势和特色。

(1) BCR 标准物质　为有证标准物质(CRM)，受到欧盟研究基金项目的支持，其研制并不是基于单一组织或生产者的生产计划或市场战略，而是基于欧盟对各测量领域标准物质需求的总体考虑。标准物质的研发项目的立项需要经过需求分析、可行性分析等多方面的考查。以最大程度地推进欧盟各成员国在测量方面的协调一致和标准化进程。所有 BCR 标准物质在研制结束之后，连同技术资料交由 IRMM 负责保存、分发及后续监控和复制。目前 BCR 标准物质的数量约 400 种。

(2) ERM 标准物质　为有证标准物质(CRM)，2004 年由 IRMM、英国政府化学实验室(LGC)、德国联邦材料测试研究院(BAM)合作推出。目前，已建立了 ERM 标准物质技术委员会，在标准物质分类、编码、技术性要求、申请、审核、批准方面已形成一套概括性的文件体系，原则上，标准物质的生产还必须符合 ISO 导则 34 的要求，每一合作成员均需通过其他成员的同行评审。ERM 标准物质是在欧盟各国充分认识到标准物质国际互认的重要性及标准物质对国家测量校准能力互认(CMC-MRA)的重要支撑作用的基础上诞生的。也正因为如此，ERM 的合作者必须是国际计量委员会国际互认(CIPM-MRA)的签署国指派实验室即各国国家计量院(NMI)。各国国家计量院主要通过参加由 BIPM 组织的国际比对来实现国家测量校准能力的互认，并以标准物质、测量校准服务等形式将该能力向国内外相关测量领域延伸，以推动测量结果的国际互认，在该过程中，标准物质所提供的特性量值也得到了间接互认，从而保证标准物质的公认权威性。相对于 BCR 标准物质而言，

ERM 标准物质目前有近 150 种。

(3) IRMM 标准物质 为 IRMM 自主认定的有证标准物质(CRM),现有一百余种,主要为浓缩同位素、同位素丰度、高纯物质、微生物、临床、材料、食品等领域标准物质。

(4) QCM 质控标准物质 为疯牛病测试用质量控制标准物质,不是有证标准物质。

欧盟标准物质所提供的特性量值中,认定值采用"certified value"表示,未认定值采用"uncertified value""indicative value"或"additional information value"表示。所有 BCR、ERM 与 IRMM 认定标准物质证书基本可在 IRMM 网站上得到,大部分标准物质还能得到安全信息清单以及更为详细的定值报告,以弥补证书信息的不全。

对欧盟标准物质的查询可通过欧盟 IRMM 官方网站进行(网址:http://irmm.jrc.ec.europa.eu/html/reference_materials_catalogue/index.htm)。

7. 标准物质概念与层级

多年以来,在测量领域一直就存在一些关于有证标准物质和标准物质的层级问题的热烈的争论,争论的起因源于各种标准物质的名称。

为合理地使用标准物质,根据标准物质在计量学中的作用、在溯源链中的位置以及标准物质特性量值的认定准确度(定值测量的不确定度大小),人们将标准物质划分为若干等级。在术语层级中,标准物质(RM)具有"较高"的地位,因为它有一个较高级的概念(可谓之"族名"),而有证标准物质(CRMS)只是一个"从属"的概念(只是家族中的一员)。其他具有从属概念的例子还有:"工作标准物质(WRMS)""校准物质(CALS)",或"基准标准物质(PRMs)"等。这种层级并不是一种价值的判断,而仅仅是术语学上的层级。"有证"和"基准"是限定词,标志着标准物质(RM)的特殊组群。因此,所有有证标准物质(CMRS)都是标准物质(RMS),但标准物质(RMS)不都是有证标准物质(CRMS)。

在测量领域中,基准物质(PRMS)和有证标准物质(CRMS)应该具有"较高"的计量学层级,因为它载有一个或多个可溯源的量值,每个量值都附有一个相关的测量不确定度。按照"国际通用计量学基本术语"和"国际标准化组织指南 30",相关标准物质的定义如下。

(1) 标准物质(reference material,RM) 具有一种或多种足够均匀和很好确定了特性值的物质或材料。用以校准设备、评价测量方法或给材料赋值的材料或物质。

(2) 有证标准物质(certified reference material,CRM) 附有证书的标准物质,其一种或多种特性值用建立了溯源性的程序确定,使之可溯源到准确复现的用于表示该特性值的计量单位,而且每个标准值都附有给定置信水平的不确定度。

(3) 基准标准物质(primary reference material,PRM) 这是一个比较新的概念,国际计量委员会(CIPM)于 1993 年建立了物质量咨询委员会(CCQM),在 1995 年的物质量咨询委员会会议上提出了如下定义。

基准方法(primary methedof measurement,PMM):具有最高计量品质的测量方法,它的操作可以完全地被描述和理解,其不确定度可以用SI单位表述,测量结果不依赖被测量的测量标准。

基准标准物质:一种具有最高计量品质,用基准方法确定量值的标准物质。从上述定义可以看出,标准物质具有两个显著特点:①具有量值准确性;②用于计量目的。这就澄清了有关标准物质的某些模糊概念,把那些不是用来校准计量器具和计量方法,同时也没有量值准确度要求的"产品系列标准样品"与标准物质区别开来。

上述标准物质的等级关系为:SI单位——基准物质(纯物质)PRM——有证标准物质CRM——标准物质RM——测试样品。

值得注意的是标准物质和化学试剂没有必然的联系。标准物质可以是高纯的化学试剂(但高纯试剂不一定就是标准物质,还要看是否符合标准物质的特征以及是否有相应的标准证书),也可以是按照一定的比例配制的混合物(例如pH标准溶液),甚至可以是一些天然样品按照一定的方法制备的具有复杂成分的标准样品(比如临床分析中的标准物质)。化学试剂则一般都是高纯度的纯净物或含量和组成确定的简单混合物。但凡化学实验中用到的已知其成分的物质都可以称为化学试剂。

8. 标准物质的要求

体外诊断试剂标准物质是以特性量值的稳定性、均匀性和准确性为其主要特征的,这三个特性也是标准物质的基本要求。

(1) 稳定性 是指标准物质在规定的时间和环境条件下,其特性量值保持在规定范围内的能力。影响稳定性的因素有:光、温度、湿度等物理因素;溶解、分解、化合等化学因素和细菌作用等生物因素。稳定性表现在:固体物质不风化、不分解、不氧化;液体物质不产生沉淀、发霉;气体和液体物质对容器内壁不腐蚀、不吸附等。

(2) 均匀性 是物质的一种或几种特性具有相同组分或相同结构的状态。从理论上讲,如果物质各部分之间的特性量值没有差异的话,那么该物质就这一给定的特性而言是完全均匀的。然而,物质各部分之间特性量值是否存在差异,必须用实验方法才能确定。因此,所谓均匀性指的是物质各部分之间特性量值的差异不能用实验方法检测出来。这样,均匀性的实际概念就包括物质本身的特性和所用的计量方法的某些参数,如计量方法的精密度(标准偏差)和试样的大小(实验取样量)等。在许多情况下,计量方法可能达到的精密度与取样量有关,因此,标准物质的均匀性是对给定的取样量而言。通常标准物质证书中都给出均匀性检验的最小取样量。影响均匀性的因素有:物质的物理性质(密度、粒度等)和物质成分的化学形态及结构状况。密度不同可能引起重力偏析(化学成分的不均匀现象称为偏析)。一般地说,固体颗粒越细越容易出现重力偏析。此外,颗粒过细时,表面积增大,吸湿和污染的机会也增加。

(3) 准确性　是指标准物质具有准确计量的或严格定义的标准值(亦称保证值或鉴定值)。当用计量方法确定标准值时,标准值是被鉴定特性量之真值的最佳估计,标准值与真值的偏离不超过计量不确定度。在某些情况下,标准值不能用计量方法求得,而用商定一致的规定来指定。这种指定的标准值是一个约定真值。通常在标准物质证书中都同时给出标准值及其计量不确定度。当标准值是约定真值时,则还给出使用该标准物质作为"校准物"时的计量方法规范。

另外,体外诊断试剂品种繁多,方法平台各异,生化试剂、核酸试剂、蛋白类试剂等使用的平台不同,因此其标准品的要求均有其自身特点。以免疫定量标准品为例,特殊要求如下。

① 化学结构:原则上标准品应与被测物具有完全相同的化学结构,包括相同的立体化学结构。但在实际工作中,用化学结构完全相同的物质作标准品是十分困难的。这是由于一方面来源有限,另一方面有些被测物本身的化学结构还不清楚,或是有明显的异型性。所以有时也用结构类似的物质作标准品。此时,应充分了解这些物质与真正标准品之间的定量关系。

② 化学纯度:所有通过化学合成法制备的小分子化合物,都应是高化学纯度的纯品。对某些蛋白类物质,则可能由于纯化的方法不同而有差异。对此,在最初建立该方法时,应与国际上公认的标准参考品或高纯度的纯品进行比对。

③ 免疫纯度:标记免疫分析是通过比较被测物质与标准品的免疫活性实现的,故被测物质与标准品对所用抗体的免疫活性应该完全一致,即两者对所用的同一抗体有完全相同的亲和力。因此,标准品的免疫纯度比其化学纯度更重要。

④ 反应基质:免疫学反应受反应基质和温度等条件的影响,所以理论上要求标准品和被测物应在完全相同的介质中进行反应(这也是所有使用标准物质应遵循的一条原则),如测定血清中某物质的浓度,其所用的标准品也应溶解在无被测物的零值血清中;如测定尿液中某物质的浓度,其所用的标准品也应溶解在无被测物的尿液中等。但在实际工作中这一点很难做到。因为,血清中的成分十分复杂,因而无被测物的零值血清的制备非常困难,而且个体血清中还可能存在一些干扰物质。另外血清中还存在许多内源性的物质,如肿瘤标准物。理想的标准品应该用与被测样品相同的基质(如血清),先将被测物质完全去除,然后再加入已知量的被测物质的纯品。如果不能完全去除残留或使用模拟空白样本,要考察基质的互换性,把基质效应考虑进去。对于试剂盒零校准品,基质样本浓度应至少低于测量区间低限至少一个数量级。

⑤ 干扰物质:标准品中不能有干扰分析的物质。在作为标准品使用前,必须对那些

从机体提取到的大分子物质活性进行测定。

⑥ 标准品的批量：为保证检测的连续可比性，每批标准品应有相当大的量，以保证在较长的时间内使用。每批标准品如保存的条件适当，在相当长的时间内可保持其浓度和免疫活性的稳定。这对于生产标记免疫分析试剂的厂家尤为重要。

9. 标准品的用途

标准品的正确与否直接影响样品的测定结果。如果在连续测定中，或各实验室之间使用的标准品不一致，则可影响到实验结果的可比性。

在分析化学中，标准物质是溯源链的主要组成单元，因此，它们的计量学特征，特别是所提供特性量值的不确定度和在溯源层级中所处的位置，是分析测量质量保证关心的焦点问题。

标准物质所提供特性量值的不确定度必须已知且满足测量需求。因此，标准物质可以按不确定度等级（越小越好，但评定必须合理）和依据不确定度报告的可靠性和验证结果进行分级分类。

国际标准化组织（ISO）标准物质委员会编制的 ISO 导则 33—— “有证标准物质的使用”中提出的有证标准物质在计量学中的作用包括如下四方面。

(1) 贮存和传递特性量值信息 根据定义，一种标准物质具有一个或多个准确测量的特性量值。一种有证标准物质中的特性量值一旦被确定，在有效期内它们就被贮存在这种有证标准物质中。当这种有证标准物质从一地发送到另一地使用时，它所携带的量值也就得到了传递。在规定的不确定度范围内，有证标准物质的特性量值可以用作实验室间比对的标准值或用于量值传递目的。因此，有证标准物质帮助量值在时间和空间上的实现传递，类似于测量仪器和材料标度的传递。

(2) 保证测量溯源性 实验室应该控制并且校准或检定一定数量的仪器以确保所开展的测量的溯源性。但在所有具体必要的环节中做到这一点是非常困难的。此项工作通过使用已建立了溯源性的有证标准物质可被大大地简化。标准物质（基体）要求必须尽可能地近似于被测的实际样品，以便对冲基质效应，以此来囊括测量时可能引起误差的所有问题。当然，使用者应当对标准物质和未知样品的测量采用相同的分析测量程序。因此，标准物质的作用与用于其他产业计量实验室的传递标准的作用相同，它允许在一个规定的不确定度范围内开展比较测量工作。有证标准物质也为确定分析测量或工艺测试测量的不确定度提供一种可行的方式。

(3) 复现国际单位 SI 基本单位的复现依赖于物质和材料。这些材料作为 SI 单位所依据的定义物质具有特殊状态。这种状态严格应用来定义特定单位，因为这种单位的复现也许还涉及其他物质 / 材料。这种情况当涉及摩尔和千克的复现时特别符合实际。在标准物质的帮助下复现 SI 导出单位。

(4) 约定标度　如今,国际单位制并不能涵盖所有的工程特性量,有些工程特性量的单位需要特别约定。为了方便地实现实际测量,一般通过标准物质建立其约定标度,并在国际建议或者标准文件上说明给定的值。全球认可的用于复现约定标度固定点的标准物质在国际上具有广泛的一致性。这种约定标度的复现与传递主要依赖于复现标度固定点的标准物质和测量方法或测量过程的技术规范。

10. 标准品的研制

标准品的研制是非常复杂的问题,也是标记免疫分析中比较难于制备的一个成分。作为企业试剂中标准品的研制流程一般如下所示。

(1) 基质的制备　如前所述,作为标准品的介质(基质)成分应与被测样品相同。

大多数用于测定血清中某物质的标准品,应用不含被测物质的零血清制备,以求反应的基质环境相当。但有时零值血清的制备十分困难,尤其体液中含有内源性的物质。所以有些标准品用适当的缓冲液制备,并在缓冲液中加入一定量的载体蛋白(一般用 1%~2% 的牛血清白蛋白或人血白蛋白),以便使其与样品的基质环境相近。零值血清的制备方法如下。

① 吸附法:血清中小分子物质如三碘甲状腺原氨酸(T3)、甲状腺素(T4)等,可用活性炭吸附去除。这种方法简便,但待测物质难以清除干净,而且大分子活性物质不能用此法进行制备。

② 反复冻融法:对大分子活性物质可选用低值血清,经反复冻融使被测物质失活。用这种方法可使某些蛋白类激素大部分失活,但也难以得到真正的零值血清。

③ 亲和层析法:用特异性抗体制备亲和层析柱,用以吸附被测抗原。用这种方法可以得到高质量的零值血清,但本法比较复杂而且成本也高。

(2) 标准物纯品的选择　应选择高化学纯和高免疫纯的纯品作标准品。其中免疫纯尤为重要,在标准品中不应含有与被测物质有交叉反应的物质。

(3) 标准品的制备　先用零值血清配置高浓度的标准品,然后根据实验系统的要求,用零值血清将高值血清稀释至应有的浓度,制成符合预定要求的,由不同浓度组成的系列标准品。

(4) 免疫活性的鉴定　选用高特异性的抗血清分别作公认标准品(如 WHO 的国际参考品或国家标准品)的待鉴定标准品的剂量反应曲线,并观察两条曲线的平行性。如两条剂量反应曲线平行,说明两种物质对同一抗体有相同的亲和力,即二者是同质性物质。如两条剂量反应曲线不平行,说明两种物质具有异质性,因而这一待鉴定的标准品是不能使用的。

(5) 浓度的标定 用已鉴定过的,免疫活性合格的标准品,与公认的标准品作浓度相同的剂量反应曲线。此时,两条剂量反应曲线应该是基本重合的。如果两者平行但不重合,则取两条剂量反应曲线的50%结合处的相应剂量(ED_{50})或者通过测定其比活计算二者的换算系数,然后调整待鉴定标准品的浓度,直至使两条剂量反应曲线完全或基本重合为止。在给标准品定值过程中数据的处理是定值准确性的关键之一,如何取舍要遵从相应统计学规则。

(6) 标准品的计量 许多小分子抗原或半抗原已能得到纯品或进行合成,它们对作为标准品的要求可以得到基本的满足,其计量多直接用单位体积中的重量表示,如mg/ml、ng/ml、pg/ml等。最近WHO推荐用质量单位取代重量单位,即mol/L、mmol/L或nmol/L等。对大分子的活性物质则比较复杂。由于得不到绝对的纯品,故很难直接用单位体积中的重量或单位体积中的质量计量。因此,常用该物质的生物活性单位表示,如IU/L、mIU/L等。

(7) 标准品的稳定性考察与保存 如前所述,为保证检测的连续可比性,每批标准品应有相当大的量,以保证能在较长时间内使用。因此,每批标准品应在适当的条件下保存,使其免疫活性和浓度保持稳定。影响标准品稳定的有如下因素。

① 基质中的酶、细菌污染、pH的变化、氧化、潮湿等因素都可以导致标准品的变性,而且这些变化可因高温和光照加速。

② 在保存过程中发生聚合反应等分子结构的变化,可使标准品失活。

③ 容器内壁的吸附作用和溶剂的蒸发可造成标准品浓度的改变。

④ 保存条件不适当也可以影响标准品的稳定性,如反复的冻融可降低标准品的免疫活性等。

因此,根据标准品规定的储存环境,要考察标准品的稳定性,包括长期稳定性,加热稳定性,运输稳定性,冻融稳定性。在标准品的储存期内还要做期间核查,以确定其有效性。

关于标准品的保存方法有如下形式。

(1) 冷冻干燥法 冷冻干燥对标准品的浓度和免疫活性无明显的影响,是目前最常用的保存方法。冷冻干燥制品在低温下,可在较长的时间内保持稳定。但应用冷冻干燥制品时,复溶体积的准确度十分重要。因此,要用经过校准的量器准确的复溶,以减少标准品的浓度误差。

(2) 在标准品中加一定量的防腐剂可减少细菌污染的影响。

(3) 密闭真空保存或充入惰性气体等方法也可以增加标准品的稳定性。目前最常用的方法是:在标准品中加入少量的防腐剂(如0.1%叠氮钠或0.1%硫柳汞),冷冻干燥后密封,并在低温下保存。但应注意,一旦复溶后应放低温保存,并不得反复冻溶。复溶后的标准品其有效期明显缩短，一般不超过 6~8 周，有些物质可能更短。

上述标准品的研制及保存同样适合企业用来进行产品校准品的研制。

2.7.2　生产和检验用的菌毒种应当标明来源，验收、储存、保管、使用、销毁应执行国家有关医学微生物菌种保管的规定和病原微生物实验室生物安全管理条例。应当建立生产用菌毒种的原始种子批、主代种子批和工作种子批系统

■ 条款解读

本条款是《医疗器械生产管理规范》对企业开展体外诊断试剂盒生产和质量控制工作所使用的菌毒种的管理要求。其来源，验收、储存、保管、使用、销毁应执行国家有关医学微生物菌种保管的规定和病原微生物实验室生物安全管理条例，同时制定企业自己的管理制度。

1. 相关概念

病原微生物：是指能够使人或者动物致病的微生物。

实验活动：是指实验室从事与病原微生物菌(毒)种、样本有关的研发、检测活动。

国家对病原微生物实行分类管理，对实验室实行分级管理。国家实行统一的实验室生物安全标准。实验室应当符合国家标准和要求，实验室的设立单位及其主管部门负责实验室日常活动的管理，承担建立健全安全管理制度，检查、维护实验设施、设备，具有控制实验室感染的职责。

2. 病原微生物的分类

国家根据病原微生物的传染性、感染后对个体或者群体的危害程度，将病原微生物分为四类。

第一类病原微生物，是指能够引起人类或者动物非常严重疾病的微生物，以及我国尚未发现或者已经宣布消灭的微生物。

第二类病原微生物，是指能够引起人类或者动物严重疾病，比较容易直接或者间接在人与人、动物与人、动物与动物间传播的微生物。

第三类病原微生物，是指能够引起人类或者动物疾病，但一般情况下对人、动物或者环境不构成严重危害，传播风险有限，实验室感染后很少引起严重疾病，并且具备有效治疗和预防措施的微生物。

第四类病原微生物，是指在通常情况下不会引起人类或者动物疾病的微生物。

第一类、第二类病原微生物统称为高致病性病原微生物。

3. 生产和检验用的菌毒种种类

生产用菌毒种：一般为用于体外诊断试剂生产用抗原、抗体或酶类蛋白的提取、质控品制备。种类包括：基因工程菌毒种，临床分离株、标准株（细菌、病毒、真菌、支原体等）。

检验用菌毒种：微生物限度检测用对照菌或培养基灵敏度检测用对照菌，培养、药敏、菌株鉴定用等培养基检验。

在分类上，菌毒种保管和实验室活动安全级别有所不同。体外诊断试剂生产和检验所涉及菌毒种是属于实验室从事与病原微生物菌（毒）种、样本有关的研究、检测、诊断等活动范畴，因此是按《人间传染的病原微生物名录》为基础分类。一类风险最高，如埃博拉（Eboebola）病毒，二类微生物是如结核分枝杆菌。体外诊断试剂涉及的微生物以三类居多，如乙肝病毒、风疹病毒、流感病毒、乳头瘤病毒等，多用于检验用阳性样本，如阳性血清、阳性口腔拭子；第四类病原微生物中的减毒株常用于抗原的提取，如结核分枝杆菌等，但当使用临床样本（如核酸检测）作为检测样本或质控品时，则属于第二类。

4. 重组工程菌毒种

体外诊断试剂领域常常涉及重组工程菌，即采用基因重组的方法将生产所需要的抗原或酶蛋白的表达基因导入高效表达菌株，构建工程菌以制备生产用的抗原或酶蛋白原料；另外，由于在检验时无法正常使用高致病活性的菌毒种作为日常质控品，也常常采用将扩增区域构建到噬菌体成为假病毒，或将扩增区域插入高拷贝质粒，然后导入到扩增菌中，以制备核酸扩增试剂盒的质控品。

(1) 基因工程菌的稳定性　大多用于产物表达的工程菌毒种都会存在不同程度的不稳定性，直接影响的是表达产物量，通常表现在重组质粒的不稳定性，这种不稳定性具有以下表现形式：①结构不稳定，即重组 DNA 分子上某一区域发生缺失、重排、修饰，导致其生物学功能的丧失；②分配不稳定，整个重组 DNA 分子从受体细胞中逃逸；③宿主细胞的变异。上述因素决定了对于重组工程菌毒种需要制定特殊的管理规程，需要对所使用的菌毒种代数有明确规定，对其生物学性能定期复验，以保证生产用原材料的稳定性。

(2) 基因工程菌的安全性　大多数基因工程菌使用的原菌毒种均为低致病性的微生物，在安全管理上仍然应按其原始亲本中的最高类别对待。多数国家都制定了有关 DNA 重组实验的准则，即在试管内用酶等构建异种 DNA 的重组分子，并用它转入活细胞中的实验，以及使用重组体的实验应遵循的规程，其目的是保证实验的安全和推动重组 DNA 的研究。这些准则参照了防止病原微生物污染的措施，以及根据对实验安全度的评定，采用物理密封（P1~P4）和生物学密封（B1 和 B2）两种方法。物理密封是将重组菌封闭于设备内以防止传染给实验人员和向外界扩散。物理密封由密封设施、实验室设计和实验注意事项组成。密封程度分为 P1、P2、P3 和 P4 级，数字越大，密封水平越高。生物学密封要求用只有在特殊培养条件下才能生存的宿主，同时用不能转移至其他活细胞的载体，通过这样组合的宿主载体系统可以防止重组菌向外扩散。企业中进行重组菌培养时的设备标准有 LS-1 和 LS-2。LS-2 相当严格，工业生产起码应在 LS-1 的设备标准下培养。LS-1 标准要点是：①使用防止重组菌体外漏，能在密闭状态进行内部灭菌的培养装置；②培养装置的排气由除菌器排出；③使用易产气溶胶的设备时要安装可收集气溶胶的安全箱等。设计用于基因重组菌的培养装置时不仅要考虑外部杂菌的侵入，还要防止重组菌的外漏。此外，培养后的菌体分离、破碎等处理也必须在安全柜内进行或是采用密闭型的设备。在普通通气搅拌罐中可能发生外漏的部位和操作，归纳起来有：排气、接种、取样、培养后的灭菌（通入湿热蒸气）、排液（输送至下一工序）。

《基因工程安全管理办法》规定：从事基因工程工作的单位，应当根据安全等级，制定相应治理废弃物的安全措施。排放之前应当采取措施使残留遗传工程体灭活，以防止扩散和污染环境。应当制定预防事故的应急措施，并将其列入安全操作规则。遗传工程体应当贮存在特定设备内，贮放场所的物理控制（系指利用设备的严密封闭、设施的特殊设计和安全操作，使有潜在危险的 DNA 供体、载体和宿主细胞或者遗传工程体向环境扩散减少到最低限度）应当与安全等级相适应。应当编制遗传工程体的贮存目录清单，以备核查。转移或者运输的遗传工程体应当放置在与其安全等级相适应的容器内，严格遵守国家有关运输或者邮寄生物材料的规定。必须认真做好安全监督记录。安全监督记录保存期不得少于十年，以备核查。

关于使用人类病毒的重组体：在卫生部发布有关的管理规定之前，对于人类病毒的重组体（包括对病毒的基因缺失、插入、突变等修饰以及将病毒作为外源基因的表达载体）暂时遵循以下原则：①严禁两个不同病原体之间进行完整基因组的重组；②对于对人类致病的病毒，如存在疫苗株，只允许用疫苗株为外源基因表达载体，如脊髓灰质炎病毒、麻疹病毒、乙型脑炎病毒等；③对于一般情况下即具有复制能力的重组活病毒（复制型重组病毒），其操作时的防护条件应不低于其母本病毒；对于条件复制型或复制缺陷型病毒可降低防护条件，但不得低于 BSL-2 的防护条件，如来源于 HIV 的慢病毒载体，为双基因缺失载体，可在 BSL-2 实验室操作；④对于病毒作为表达载体，其防护水平总体上应根据其母本病毒的危害等级及防护要求进行操作，但是将高致病性病毒的基因重组入具有复制能力的同科低致病性病毒载体时，原则上应根据高致病性病原体的危害等级和防护条件进行操作，在证明重组体无危害后，可视情降低防护等级；⑤对于复制型重组病毒的制作事先要进行危险性评估，并得到所在单位生物安全委员会的批准。对于高致病性病原体重组体或有可能制造出高致病性病原体的操作应经国家病原微生物实验室生物安全专家委员会论证。

5. 菌种保管与使用

体外诊断试剂的菌种保管与使用同样遵守《中国医学微生物菌种保藏管理办法》,使用及保管企业应根据菌种性质,配置相适用的实验室设施,验收、储存、保管、使用、销毁应首先执行国家有关医学微生物菌种保管的规定和病原微生物实验室生物安全管理条例,其次要建立自己的管理规程,在验收及系列操作时严格执行并保留相关记录。

使用菌种的单位,需有一定从事微生物工作的条件和设备。菌种应有专人负责管理,建立必要的制度。使用一类菌种的单位,需经卫生部批准,使用二类菌种的单位需经省、自治区、直辖市卫生局批准。使用单位要有严格的专用隔离实验室和专用下水、消毒、排气过滤及严格的防鼠、防虫设施。进行一类菌种实验时,应设有单独隔离区,经上级主管部门检查符合要求后,由经过专门训练,有经验的技术人员操作,工作时应有严格防护措施。凡有疫苗者,工作人员应进行免疫接种,未经免疫接种人员不得进入隔离区及进行菌种操作。任务完成后应在本单位领导监督下,将菌种销毁。使用菌种工作时,如发生严重污染环境或实验室人身感染事故时,应及时处理,并向当地卫生局报告,同时报告卫生部和有关保藏管理中心。

无论哪一类菌毒种在保管上按相关规定必须做到:①专人负责:菌种保管指定专人负责,存放于加锁冰箱中。保管人员要求业务知识扎实,具备高度的责任心,并严格执行有关的规章制度;②详细记录:每一菌种都设有记录卡,对各菌种进行详细登记,内容包括菌种名称、编号、来源、数量、代数、保存方法、使用转移、销毁情况和原因;③定期移种:所保存的菌种按规定时间定期检查并进行生物学或血清学鉴定,尤其体外诊断试剂相关的菌毒种涉及重组工程菌毒种,存在遗传不稳定性,没有条件进行的检测可以委托有资质的检测结构。另外,要及时移种以保证菌种质量。为保持菌种的长期的活性,一般存放于低温、甚至超低温。④防止发生病原微生物被盗、丢失、泄漏,

在菌毒种使用处理上则要做到:①实验室人员对菌(毒)种的操作都在无菌罩中进行。在实验室里保存的菌种有不少对人体具有致病性,多次接种易被污染和发生变异,没有严格的保管制度,有可能导致菌种播散。因此,实验室人员对菌(毒)种的移种必须在无菌罩中进行,在开启冷冻真空干燥安瓿管等危险操作时,对工作人员起到安全防护作用;用过的接种环,接种时应立刻经火焰灭菌/若接种环沾有液体石蜡,烧灼时应从环的远侧开始,以免直接在酒精灯上烧灼时,液体石蜡洒溅造成污染。涂片镜检后的玻片以及带菌的吸管用后立即放入消毒液中,用过和报废的菌种应放入指定容器内,经高压灭菌处理。②对一些传染性强的菌(毒)种需将其销毁时,应按规定报请有关部门批准后再行销毁/同时须填写菌(毒)种销毁登记。

实验操作如涉及“大量”病原菌的制备(“大量”的病原菌制备,是指病原菌的体积或

浓度,大大超过了常规检测所需要的量。比如在大规模发酵、抗原生产,病原菌增殖和浓缩所需要处理的剂量),或易产生气溶胶的实验操作(如病原菌离心、冻干等),应采取有效措施防止对环境及人体的污染。

6. 实验室的设立与管理

国家根据实验室对病原微生物的生物安全防护水平,并依照实验室生物安全国家标准的规定,将实验室分为一级、二级、三级、四级。三级、四级实验室应当通过国务院认证认可监督管理部门确定的认可机构认可。生产单位一般不具备三级、四级实验室。新建、改建或者扩建一级、二级实验室,应当向设区的市级人民政府卫生主管部门备案。设区的市级人民政府卫生主管部门应当每年将备案情况汇总后报省、自治区、直辖市人民政府卫生主管部门。一级、二级实验室不得从事高致病性病原微生物实验活动,并应当严格依照国务院卫生主管部门的规定,建立健全规章制度,保证实验室生物安全。

实验室的设立单位负责实验室的生物安全管理。应当制定科学、严格的管理制度,并定期对有关生物安全规定的落实情况进行检查,定期对实验室设施、设备、材料等进行检查、维护和更新,以确保其符合国家标准。应当加强对实验室日常活动的管理。作为实验室生物安全的第一责任人,应当严格遵守有关国家标准和实验室技术规范、操作规程。应当指定专人监督检查实验室技术规范和操作规程的落实情况。应当每年定期对工作人员进行培训,保证其掌握实验室技术规范、操作规程、生物安全防护知识和实际操作技能,并进行考核。工作人员经考核合格的,方可上岗。应当建立实验档案,记录实验室使用情况和安全监督情况。应当依照环境保护的有关法律、行政法规和国务院有关部门的规定,对废水、废气以及其他废物进行处置,并制定相应的环境保护措施,防止环境污染。

应当指定专门的机构或者人员承担实验室感染控制工作,定期检查实验室的生物安全防护、病原微生物菌(毒)种和样本保存与使用、安全操作、实验室排放的废水和废气以及其他废物处置等规章制度的实施情况。负责实验室感染控制工作的机构或者人员应当具有与该实验室中的病原微生物有关的传染病防治知识,并定期调查、了解实验室工作人员的健康状况。

7. 体外诊断试剂相关材料分类及安全管理

体外诊断试剂相关材料的操作参考《病原微生物实验室生物安全管理条例》分以下三类。

(1) 未经培养的感染性材料的操作　指未经培养的感染性材料在采用可靠的方法灭活前进行的病毒抗原检测、血清学检测、核酸检测、生化分析等操作。未经可靠灭活或固定的人和动物组织标本因含病毒量较高,其操作的防护级别应比照病毒培养的防护级别应比照病毒培养。

(2) 灭活材料的操作　指感染性材料或活病毒在采用可靠的方法灭活后进行的病毒抗原检测、血清学检测、核酸检测、生化分析、分子生物学实验等不含致病性活病毒的操作。

(3) 无感染性材料的操作　指针对确认无感染性的材料的各种操作，包括但不限于无感染性的病毒 DNA 或 cDNA 操作。

大部分不经培养的一类生物材料操作均在 P3(BSL-3)实验室，经灭活的在 BSL-2，如埃博拉病毒，少部分不经培养的一类生物材料操作在 P2(BSL-2)实验室，灭活的在 BSL-1，如黄热病毒，用于体外诊断试剂的检验的微生物如果涉及一类菌毒种，一般采用模拟样本或灭活样本，如埃博拉病毒可以采用假病毒。如果采用非灭活真实样本进行操作，则需要在符合要求的 BSL-3 实验室进行。临床和现场的未知样本检测操作可在生物安全二级或以上防护级别的实验室进行。

8. 种子批系统

菌毒种应采用种子批系统，原始种子库应验明其记录、历史、来源和生物学特性。从原始种子库传出、扩增后保存的为生产或检验用种子库。生产或检验用种子批的生物学特征应与原始种子批一致。每批生产或检验用种子批均应按规程要求保管、检定和使用。

■ 检查要点

(1) 查阅菌毒种的管理规程。

(2) 查阅菌毒株的来源、验收、储存、保管、使用、种子批记录，培养条件、销毁要求是否按国家有关医学微生物菌种保管的规定和病原微生物实验室生物安全管理条例执行了上述安全管理。

(3) 查阅是否建立生产及检验用菌毒种的原始种子批、主代种子批和工作种子批系统。

■ 检查方法

(1) 查阅菌(毒)种子批、主代种子批的定期移种记录？是否按照规程进行验收、储存、保管、使用。

(2) 查阅来源时可利用检查购买发票、来源证明，自建菌种的证明资料。

(3) 查阅菌毒种台账，领用、使用、储存、入库、销毁记录。

(4) 检查菌(毒)种的验收、储存、保管、使用、销毁是否执行国家。

有关医学微生物菌种保管的规定和病原微生物实验室生物安全管理条例，储存条件、储存位置，是否分不同的地方储存，是否专人负责，是否有加锁设施？

(5) 检查是否具备所使用菌/毒种培养及使用的设施与设备。设施与设备的使用记录,维护与校准记录是否齐全。

(6) 查阅菌(毒)种储存条件的监控记录。

■ 注意事项

(1) 注意管理规程是否与国家相关实验室生物安全管理条例相违背。

(2) 注意是否存在工作种子在取出后又返回的情况。

(3) 注意菌(毒)种的储存条件是否满足规定。

(4) 注意是否具有菌(毒)种定期检定记录。

(5) 注意是否具备原位菌(毒)株灭活的设施、设备。

2.7.3　生产用细胞应当建立原始细胞库、主代细胞库、工作细胞库。应当建立细胞库档案资料和细胞操作日志。自行制备抗原或抗体,应当对所用原料的来源和性质有详细的记录并可追溯。

■ 条款解读

本条款是《医疗器械生产管理规范》对企业开展体外诊断试剂盒生产用细胞的管理要求。所培养细胞的目的用于制备体外诊断试剂生产用抗体、抗原、酶类蛋白或用于试剂盒质控细胞的制备,对上述用途目的细胞应当建立管理档案和操作日志。

体外诊断试剂涉及的细胞从用途上分为以下 2 种。

生产用细胞:用于质控品制备、单抗生产,抗原、蛋白提取,病毒培养,衣原体培养。

检验用细胞:用于染色体核型分析、细胞培养基检验、细胞计数、分型与分类。

从种类上分为基因工程、杂交瘤等可传代肿瘤细胞,在质控品制备时还会涉及羊水、骨髓、全血细胞等,常见的为杂交瘤细胞、基因重组细胞和血细胞。

1. 杂交瘤细胞

即淋巴细胞杂交瘤,是利用淋巴细胞杂交瘤技术(又称单克隆抗体技术)制备的细胞,用以生产大量特异性的单克隆抗体。它是在体细胞融合技术基础上发展起来的,这一技术的基础是细胞融合技术。骨髓瘤细胞在体外可以连续传代,而脾细胞是终末细胞,不能在体外繁殖。如将小鼠的骨髓瘤细胞与分泌某种抗体或因子的淋巴细胞融合,则融合细胞既具有肿瘤细胞无限繁殖的特性,又具有淋巴细胞能分泌特异性抗体或因子的能力,同时也克服了免疫淋巴细胞不能在体外繁殖的缺点,融合的细胞称为淋巴细胞杂交瘤。

杂交瘤技术的基本原理是通过融合两种细胞而同时保持两者的主要特征。这两种细胞分别是经抗原免疫的小鼠脾细胞和小鼠骨髓瘤细胞。被特异性抗原免疫的小鼠脾细胞（B淋巴细胞）的主要特征是它的抗体分泌功能，但不能在体外连续培养，小鼠骨髓瘤细胞则可在培养条件下无限分裂、增殖，即具有所谓永生性。在选择培养基的作用下，只有B细胞与骨髓瘤细胞融合的杂交细胞才能具有持续培养的能力，形成同时具备抗体分泌功能和保持细胞永生性两种特征的细胞克隆。

大量生产单克隆抗体的方法主要有两种：①体外使用旋转培养管大量培养杂交瘤细胞，从上清中获取单克隆抗体。但此方法产量低，一般培养液含量为10~60μg/ml，如果大量生产，费用较高。②体内接种杂交瘤细胞，制备腹水或血清。其中，实体瘤法是以对数生长期的杂交瘤细胞接种于小鼠背部皮下，待肿瘤达到一定大小后采血，从血清中获得单克隆抗体，含量可达到1~10mg/ml。但采血量有限。而相比较，从腹水中制备当克隆抗体则非常有效，常规腹腔接种杂交瘤细胞后，一只小鼠可获1~10ml腹水，还可用注射器抽取腹水，可反复收集数次。腹水中单克隆抗体含量可达5~20mg/ml，这是目前最常用的方法，还可将腹水中细胞冻存起来，复苏后转种小鼠腹腔则产生腹水快、量多。大部分生产企业采用这种技术。

2. 基因重组细胞

为了获得大量的目的蛋白（抗原或生物酶类），通常采用基因重组技术进行目的蛋白的表达，原核生物无疑是高效表达系统，但在体外诊断试剂领域，所涉及的抗原或酶类均为人类即真核生物的基因，成熟的天然蛋白之所以具有较好的抗原性或酶的活性，是因为真核生物具有表达后修饰功能，使得天然蛋白具备特有的空间构象，而这恰是抗原决定簇或酶活性位点的决定因素。原核生物（如大肠埃希菌），不具备表达后修饰功能，因而，需要空间构象的蛋白质不适合在原核系统进行表达，需要在真核生物中表达。常用的真核生物如酵母菌、哺乳动物肿瘤细胞。

基因重组细胞的另一用途是通过对某些肿瘤细胞的基因进行敲除或插入靶基因，使得重组细胞具有某些突变基因类型，从而获得既具有全基因组特性又具有突变基因的细胞株，能够更真实的质控人类遗传基因检测及个体化用药检测试剂盒的质量。尤其是大多数肿瘤均具有异质性，而突变率的检测是一重要指标，突变率样本的制备以使用突变细胞株更为准确可靠。

3. 血细胞

全血质控物是一种生物制品试剂，是用于医学临床检验检测血液细胞技术方法上的对使用的试剂、技术操作、仪器性能进行全过程质量监控的标准物品。其来源可以为新鲜健康人全血，也可来自动物血液。将分离出来的红细胞、白细胞、血小板中分别加入已准备好的相应比例的固定剂，固定后分别洗涤，然后混匀，再加入一定量的细胞保养液，制成白细胞五分群或三分群质控物。

另一种质控血液细胞是专为质控流式细胞术使用。流式细胞术计数血液 T、B 和 NK 淋巴细胞亚群及血液中的干细胞已成为临床医学中最常用的检查项目之一，使用与新鲜血液类似的质控品和标本平行处理，才能确保整个分析过程处于所控制的范围内。

在体外诊断试剂的检验中，经常要使用到质控血液细胞，这类细胞无法长期传代培养，对此质控品的生产只要做好样本的管理，不必要求建立不同代数细胞库系统。

这些细胞质控品的生产原料来自健康人全血，属于血液制品范畴，在生物安全防护及血液来源上要遵守《血液制品管理条例 》及《中华人民共和国献血法》相关规定。

4. 肿瘤细胞

一般指筛选出的带有某些突变基因的肿瘤细胞，如非小细胞肺癌 PC9 细胞株带有 EGFR 基因突变，A549 细胞株带有 K-ras 基因突变，用这些细胞制备质控品用以评价个体化用药试剂盒的性能。

另有一种肿瘤细胞制备的质控品，是一种细胞涂片，用于荧光杂交（FISH）试剂盒的正常对照。

对于自行制备抗原、抗体所用的细胞，企业应当详细记录所用细胞的来源和性质，尤其不同代数细胞的性质，每一批试剂盒的生产原料要能追溯到细胞代数。无论杂交瘤细胞、基因重组细胞还是肿瘤细胞，都会因为长时间的分裂增殖发生突变，它们的生物学特性会发生改变，因而需要严格控制细胞的代数，并定期进行生物学特性的复验。对于在液氮中保存的杂交瘤细胞株，都需要定期检查染色体数、抗体产生能力，因有些杂交瘤细胞会逐渐丢失染色体，使产生抗体的能力丧失或减弱，此时需及时进行克隆化，保留稳定分泌抗体的细胞株。对于体外传代培养的转基因细胞株，则要定期检查外源基因表达的稳定性，对于血液细胞要记录其病毒灭活情况。

■ 检查要点

（1）检查细胞的管理规程。

（2）检查是否建立原始细胞库、主代细胞库、工作细胞库。

（3）检查是否建立细胞库档案资料和细胞操作日志。

（4）检查自行制备的抗体、抗原、酶类蛋白或用于试剂盒质控细胞所用原料的来源和性质是否有详细的记录并可追溯。

■ 检查方法

(1) 查阅管理规程，是否按照规程进行细胞的验收、储存、保管、使用。

(2) 查阅来源时可检查购买发票、来源证明，自建工程细胞株的证明资料。

(3) 查阅细胞库台账，领用、使用、储存、入库记录。

(4) 储存条件、储存位置，是否分不同的地方储存，是否有加锁设施？

(5) 检查是否具备所使用细胞的培养及使用的设施与设备。

(6) 检查储存条件的监控记录，液氮的使用记录，检查自制原料的台账是否平衡。

2.7.4 应当对检验过程中使用的标准品、校准品、质控品建立台账及使用记录。应当记录其来源、批号、效期、溯源途径、主要技术指标、保存状态等信息，按照规定进行复验并保存记录。

■ 条款解读

本条款是《医疗器械生产管理规范》对企业开展体外诊断试剂盒检验时所使用的标准品、校准品、质控品的管理，应建立上述参考品的台账及使用记录。使用记录应当包括其来源、批号、效期、溯源途径、主要技术指标、保存状态等信息，制定参考品复验制度，并按照规定进行复验并保存记录。

1. 企业检验中使用到的参考品种类

体外诊断试剂检验包裹原料检验、中间品检验和成品检验，遵守检验规程的规定，成品的检验规程依据产品技术要求的规定。种类有标准品、校准品、质控品。通常质控品用于试剂盒质控、重复性或精密度检测，标准品用于准确度检测，校准品、高值血清或高值标准品常用于线性的检测。标准品对于定性的试剂盒一般是已参考盘的形式出现，每一套参考盘中含有阳性参考品，可能会涉及不同的血清型、基因型、不同的浓度，另外参考盘中的阴性参考品一般由可能引起交叉反应的干扰物质组成，如微生物的相同种属，血液中的同型抗体，内源性反应物质等。

2. 参考品的信息

企业应对购置或自行制备的参考品建立台账，每一参考品均有独立的批号与定值，主要技术指标一般包括：定值准确性、瓶内精密度、瓶间差、开瓶稳定性，对于质控品，往往要注明质控品的定值范围。

在检验报告中要注明应当记录所使用的标准品、校准品、质控品的来源、批号、效期、溯源途径(质控品可不必量值溯源)、主要技术指标、保存状态等信息,企业的检验报告以表格形式存在时,容易遗漏相关信息。企业使用的标准品、校准品和质控品有的是采购来的,因此企业在进行验收时,应注意其运送是否符合要求、外包装是否完好、物品是否损坏、使用说明书、保存条件以及其有效期是否满足相关要求。若存在疑问需要及时处理并做好相关记录。

3. 参考品的使用

外购标准品和质控品在使用和储存过程中,如果没有自行验证,要严格按说明书要求存放,不可擅自改变储存条件使用,不能多次冻融的标准品或质控品要进行分装保存。

按规定要求存储并记录保存的环境条件,保证在有效期内使用。如发现过期、失效时,必须及时清理,以防止误用。校准品和质控品的报废也要制定相关的处理程序。

尤其注意:切不可擅自更换标准品,企业在研发或注册时往往很重视标准品,但在日常的原料、中间品及成品检验中,有时为了节约成本,可能会使用企业的标准品、校准品或质控品,但前提是遵守企业检验规程及产品技术要求的规定,需要使用企业自行标定的参考品时,要做好转换工作。

大多数参考品使用的是临床样本,因此应当作为潜在感染性生物材料对待,在人员操作和销毁时应按照生物安全相关规定进行。

参考品的定值稳定性受储存环境的影响而变化,因此要定期进行复验,并对复验结果做出评价以决定继续使用、降级使用或报废的决定,尤其是针对近效期的参考品。

由于参考品是特殊物料,其来源及定值较为困难,有时候其效期的规定是基于有限的数据推测,因此对于过效期的参考品并不是一定报废,在验证的基础上,通过期间核查,可以继续使用符合性能要求的参考品,并以此作为延长参考品效期的实时稳定性考察数据。

■ 检查要点

(1) 检查检验过程中使用的标准品、校准品、质控品的台账。

(2) 检查检验过程中使用的标准品、校准品、质控品管理规程及使用记录。

(3) 检查参考品复验制度及复验记录。

■ 检查方法

(1) 查阅参考品管理规程,检验过程中使用的参考品的台账中是否包含如下信息:来源、批号、效期、溯源途径、主要技术指标、保存状态。

(2) 查阅检验过程中使用的参考品的保存条件、效期、冰箱使用温度记录、校准记录。

参考品如果不能反复冻融，有无分装，分装后的台账。

(3) 查阅标准品的使用说明书，是否按说明书规定存放。如果改变存放的温度或在超过规定温度放置的时间，要查阅改变条件的确认及评价记录。

(4) 查阅出厂检验所使用的标准品在数量上是否满足产品批的数量，尤其注意参考盘中用于重复性或精密度检测的参考品的量能否满足所有的检测（这在使用国家参考品进行原料检测、中间品检测及成品检测中常见，要注意查阅购置发票、装量）。

(5) 对照复验制度，检查是否按照规定进行了复验，检查复验结果是否符合各自的技术指标。对复验不合格的参考品是否有违规使用，是否按要求处理。

(6) 查阅检验报告中有无标准品、校准品、质控品等参考品的信息，如批号、冻融次数、靶值等。

■ 注意事项

参考品应该可追溯。有时企业为了节省费用（如节省购买国家参考品的费用），擅自变更、使用不合规定的自制参考品进行检验，造成出厂检验都合格，而上市后漏检、误诊的风险。在检查时要注意其检验标准尤其是产品标准或技术要求规定的是何种类型参考品；使用自制参考品的规定如何；溯源性如何；通过计算物料平衡进行判断所购买或制备的参考品能否满足检验的要求等。

2.7.5　留样应当在规定条件下储存。应当建立留样台账，及时记录留样检验信息，留样检验报告应当注明留样批号、效期、检验日期、检验人、检验结果等。留样期满后应当对留样检验报告进行汇总、分析并归档。

■ 条款解读

本条款是《医疗器械生产管理规范》对企业开展体外诊断试剂盒质量控制时，应当建立留样制度，留样应当在规定条件下储存。应当建立留样台账并及时记录留样检验信息，留样检验报告应当注明留样批号、效期、检验日期、检验人、检验结果等。留样期满后应当对留样检验报告进行汇总、分析并归档。

留样是为考察产品质量的稳定性、追溯产品及原料质量、延长产品有效期和处理质量问题提供实物依据的重要手段。研发和生产过程中涉及的原料、中间产品及成品都要涉及留样管理，一般由质量管理部负责留样的制备、保存及定期观察。

1. 留样的要求

生产的产品及中间产品需要根据规定留样；对产品质量有重大影响的关键原料原则上均需留样。对发现的不合格品在未得到妥善处理以及处置结果未得到充分评估之前必须留样。

2. 留样步骤

⑴ 每批产品、原料在取样时采取足够的样品，分样的同时留取足够量的留样。在留样瓶上或留样包装上贴好留样标签，填写好各项内容，如样品名称、批号、数量、留样时间、留样人。由留样人放入留样柜中指定位置保存。

⑵ 在《留样登记台账》上进行登记，写明位置号、批号、留样时间、留样数量。

3. 留样数量

每批物料的留样量成品应不少于三次全项检测用量，原辅料一般为一次全检量。需要作产品稳定性考察的，根据稳定性考察方案备足样品量，并提前按照每次定期检测所需样品量将样品分好。

4. 留样的储存条件

留样室内保持清洁，温度波动不大，避免受振动和阳光直射。样品柜每层都应水平、牢固可靠，样品柜除需保存的样品外，应清洁无污染，特殊样品必须在特定条件下保存，如超低温环境。盛放关键原料的留样器具应采用清洁、无污染的专用留样器具，并根据样品的不同性质采用相适应的材质。定期对样品进行检查，发现有渗漏或较大异味时应及时查找原因，并采取相应的措施进行处理。

留样室内温、湿度应符合产品规定的储存要求，有温、湿度储存要求的原则上应有温湿度仪与排风设施。留样管理员要按规定记录留样室的温、湿度，出现偏差的，要按相关偏差处理标准操作规程进行处理。

5. 留样的保存使用

留样由专人负责保管，有专门的留样室加锁保管。留样样品应按品种分区存放，并按规格、生产日期、批号分别排列，不同品种不能存于同一留样柜内以防止混淆。每个包装上品种，规格要有明显的标识。企业应建立留样产品信息表以及时登记留样产品。

所有的留样均为重要的实物档案，不得随意动用，如需使用留样，则要由使用部门提交“留样使用申请”，由相关质量负责人批准后领取，并在留样发放后做好台账记录。留样管理员应在留样期间观察留样是否有异常。

企业应规定成品、中间品及原料的留样期限，超过留样期限的留样进行销毁时要经过审批，并注明品名、批号、数量、销毁原因、销毁方法，企业行使留样销毁行为时，一般至少还需要一名监督者，填写销毁记录时由销毁者、监督者签字，留样期满后应当对留样检验报告进行汇总、分析并归档。

留样期满的数据分析可以供不良事件监测、分析和改进中的数据收集，以验证产品安全性和有效性。

■ 检查要点

(1) 查看是否制定了留样管理制度，是否明确了留样的数量、规格、储存条件、检验要求等。

(2) 现场查看留样室（区）的环境是否满足留样产品的要求，是否配备所需的环境监测设备是否有记录。

(3) 查看留样台账和留样检验报告，是否符合要求。

■ 检查方法

(1) 查阅留样制度及留样台账。

(2) 查阅留样储存环境监测设备的记录，温、湿度计的校准或检定标识、校准或检定报告。

(3) 查阅是否按照技术要求、留样管理程序进行留样检验，留样检验报告是否包括留样批号、效期、检验日期、检验人、检验结果等。查阅留样检验的原始结果数据，不能只有合格与否。

(4) 查阅留样期满后的样品处理记录，留样期满后的检验报告汇总、分析并归档。

■ 注意事项

对于体外诊断试剂，留样不仅仅是成品留样，还包括半成品或主要原材料，如抗原、抗体。

常见问题和案例分析

◎ 常见问题

(1) 查阅参考品管理规程，未规定检验过程中使用的参考品的台账中应包含如下信息：来源、批号、效期、溯源途径、主要技术指标、保存状态，未规定冻融次数。

(2) 现场未能提供校准品和质控品量值的溯源程序，未对每批生产的校准品和质控品的均要进行赋值的规定。

(3) 物料的复验规程中缺少对关键物料在储存期内储存条件发生变化可能

影响产品质量时的规定,如未规定在冰箱出现异常情况下,应对参考品、菌种等进行再评价及必要时的复验。

(4) 对检测中使用的校准品和质控品建立了台账及使用记录,规定了保存状态;但企业未能提供HIV抗体检测企业质控品的制备记录;也未能提供按照《检验分析用试剂盒标准品管理规程》(ET-04MS-Q203-1)进行定期复验的记录。

(5) 留样检验有原始记录和结论,无检验报告,不宜于日后的分析、追溯;留样期满后也未对留样结果汇总分析。

(6) 查阅检验过程中使用的参考品的使用记录,该参考品不能反复冻融,企业声称对参考品进行了分装,但分装后的参考品没有台账。

(7) 现场发现企业购买的HIV抗体检测国家参考盘存于2~8℃冰箱,无分装记录,查实验记录已超过2个月,与参考品说明书的储存规定不符。企业无法提供改变存放的温度或在超过规定温度放置的时间后的性能确认及评价记录。

(8) 企业规定,在进行原料检测、中间品检测及成品检测时均使用国家参考品进行,在查阅检验记录及购置发票后,经计算所使用的标准品在数量上不能满足产品批的数量,尤其参考盘中用于重复性或精密度检测的参考品的量不能满足所有的检测。

(9) 质检实验室内冰箱(编号BCD-185)保存的"CO_2高标"试剂有效期标记为2012年10月(已过期),未能提供有效性复验记录。

(10) 企业质控品赋值、标定记录中无相关试剂、仪器信息;未建立检测中使用的质控品台账。

◎ 典型案例分析

【案例一】 检查员现场抽查淀粉酶测定试剂盒的溯源资料,企业未能提供该试剂盒校准品量值溯源的程序文件。经与多名人员(质量部、研发部、参考实验室)面谈核实,企业并未制定针对批生产校准品和参考品制定统一赋值规程,经提问,部分相关工作人员对如何去正确赋值叙述不清。

分析:根据《医疗器械生产质量管理规范附录体外诊断试剂》生产质量控制工作的规定,企业需要制定针对所有定量试剂盒的校准品、参考品量值溯源程序,并根据该程序针对每一试剂盒的特点制定相应的赋值规程,保留每一批校准品或参考品的赋值记录。

企业应该首先制定试剂校准品、参考品量值溯源程序，对从事相关工作岗位的人员做出岗位技能规定，对从事该工作岗位的人员制定培训计划，明确培训内容，并实施培训、考评和能力确认。

量值溯源可以提高检测结果的准确性，提高不同实验室检测结果的可比性，是衡量检验质量的重要手段。检验结果的溯源性将成为临床实验室的工作和检验试剂生产的重要质量指标。如果量值溯源的重视程度不够，极易导致试剂盒的临床测定结果的偏差，致使同一病人不同医院或同一医院不同试剂的结果缺乏可比性，影响对疾病的诊断。检查员在检查过程中，应关注溯源程序的有无，所检查试剂盒的校准品采用的是什么溯源途径，所采用赋值方法的依据？每一批试剂盒一级校准品向下传递至试剂盒校准品时的不确定度变化，参与室间质评的结果，不合格品的原因分析是否涉及量值传递。如果缺少相关程序，还要进一步检查相关工作人员的资质、专业、培训、能力确认等情况，确保所生产的试剂盒是符合要求的产品。

【案例二】 检查员抽查批检验报告时发现，在企业的检验报告中未记录校准品、质控品的批号、来源、效期、校准品定值和质控品靶值区间等基本信息，检查企业参考品的管理规程，未对其性能制定定期复验制度，也无复验记录。

分析：根据《医疗器械生产质量管理规范附录体外诊断试剂》应当对检验过程中使用的标准品、校准品、质控品建立台账及使用记录。应当记录其来源、批号、效期、溯源途径、主要技术指标、保存状态等信息，按照规定进行复验并保存记录。上述信息作为检验报告的一部分，用以判断所生产的每批试剂盒的有效的量值信息并实现对检测结果的追溯。

参考品是具有一定定值或参考值性能的物料，储存条件发生变化可能影响参考品的性能，因此在存储期内要定期进行复验，并对复验结果做出评价以决定继续使用、降级使用或报废的决定。检查员要关注复验规程中所规定复验的周期与关键项目有哪些，尤其查看是否规定在冰箱或冷库出现异常情况下，是否应对参考品进行再评价及必要时的复验。

许多企业的检验报告设计成固定的表格形式，有利于结果的记录，但表格的内容往往过于简单，只关注试剂盒性能评价指标，忽略所使用的参考品信息。

（王玉梅）

思 考 题

(1) 体外诊断试剂如何实现全程可追溯?

(2) 核酸检测类(聚合酶链反应方法)体外诊断试剂生产车间和检测室如何布局?

(3) 胶体金划膜工序确认应注意哪些问题?

(4) 简述体外诊断试剂工艺用水的管理要求。

(5) 体外诊断试剂质控品和校准品的管理要求是什么?

(6) 体外诊断试剂生产过程中如何做好安全防护?

(7) 体外诊断试剂的风险有哪些,如何防控? 体外诊断试剂批号的含义?

(8) 体外诊断试剂工艺用水有什么要求?

(9) 体外诊断试剂生产中生化试剂与免疫试剂、分子生物学试剂生产工艺有何不同?

(10) 体外诊断试剂产品研制报告应包含哪些内容?

(11) 体外诊断试剂生产企业主要原辅料的质量标准如何确定?

(12) 量值溯源与量值传递的区别与联系?

(13) 在没有国际或国家参考品,又没有参考方法的情况下,定量试剂盒如何实现量值溯源? 有人认为找家大的企业的试剂盒给自己校准品定值,声称溯源到这家企业,这种说法对吗?

(14) 对于有些定性测定试剂盒,如抗体测定试剂盒,使用自己的试剂获得一个高浓度样本后,进行了系列梯度稀释,制备企业参考盘,检测限则以不低于一定倍稀释定义(如不低于 64 倍稀释即不大于 1∶64),说自己是定性试剂,参考品不需要定值,你认为合适吗?

参 考 文 献

[1] YY/T 0638-2008. 国家食品药品监督管理局 . 体外诊断医疗器械生物样品中量的测量校准品和控制物质中酶催化浓度赋值的计量学溯源性,2008,4.

[2] GB/T 21415-2008. 中华人民共和国国家质量监督检验检疫总局,中国国家标准化管理委员会 . 体外诊断医疗器械生物样品中量的测量校准品和控制物质赋值的计量学溯源性,2008,1.

[3] GB/T 19702-2005. 国家食品药品监督管理局 . 体外诊断医疗器械生物源性样品中量的测量参考测量程序的说明 . 2005,3.

[4] 国家药典委员会 . 中华人民共和国药典[M]. 三部 . 北京:中国医药科技出版社,2015.

[5] 全国标准物质管理委员会 . 标准物质的研制管理与应用,2010. 11.

[6] 中华人民共和国国务院 . 医疗器械监督管理条例[R]. 2014.3
[7] 国家食品药品监督管理总局 . 医疗器械生产监督管理办法[R]. 2014.7
[8] YY/T 0287-2003/ISO 13485 : 2003，医疗器械质量管理体系用于法规的要求[S]. 2003
[9] 中华人民共和国行业标准 . YY0033 : 2003，无菌医疗器具生产管理规范[S].
[10] 中华人民共和国行业标准 . GB50457 : 2008，医药工业洁净厂房设计规范[S].